ÉLÉM D'INFORMATIQUE

5e édition

O'Leary
O'Leary
Hevey
Nadeau

Adaptation française :

Danielle Hevey
chargée de cours, Université de Montréal

et

Jean-Claude Nadeau
chargé de cours, Université de Montréal

Achetez en ligne*
www.cheneliere.ca

*Résidants du Canada
seulement.

Chenelière
McGraw-Hill

CHENELIÈRE ÉDUCATION

Éléments d'informatique, 5e édition

Traduction de: *Computing Essentials 2005, Complete Edition*, de
Timothy J. O'Leary et Linda I. O'Leary © 2005 The McGraw-Hill
Companies, Inc. (ISBN 0-07-283607-5)

© 2006, 2001, 1998, 1995, 1991 Les Éditions de la Chenelière inc.

Édition : Michel Poulin
Coordination : Dominique Page
Correction d'épreuves : Nicole Demers
Conception graphique : Josée Bégin
Infographie : Louise Besner/Point Virgule
Couverture : Michel Bérard

**Catalogage avant publication
de Bibliothèque et Archives Canada**

O'Leary, Timothy J.

Éléments d'informatique

5e éd.

Traduction de: Computing essentials, 2005.

ISBN 2-7651-0459-X

1. Informatique. 2. Ordinateurs. 3. Logiciels. 4. Télématique.
5. Systèmes informatiques. I. O'Leary, Linda I. II. Titre.

QA76.O4514 2005   004   C2005-941419-7

CHENELIÈRE ÉDUCATION

7001, boul. Saint-Laurent
Montréal (Québec)
Canada H2S 3E3
Téléphone : (514) 273-1066
Télécopieur : (514) 276-0324
info@cheneliere-education.ca

ISBN 2-7651-0459-X

Dépôt légal : 1er trimestre 2006
Bibliothèque nationale du Québec
Bibliothèque nationale du Canada

Imprimé au Canada

3 4 5 ITM 14 13 12 11 10

Nous reconnaissons l'aide financière du gouvernement du Canada
par l'entremise du Programme d'aide au développement de l'industrie de l'édition (PADIÉ) pour nos activités d'édition.

Dans cet ouvrage, le masculin est utilisé comme représentant des
deux sexes, sans discrimination à l'égard des hommes et des
femmes et dans le seul but d'alléger le texte.

DANGER

LE
PHOTOCOPILLAGE
TUE LE LIVRE

À Francis Fournelle,
pionnier de l'enseignement
de l'informatique au Québec.

Table des matières

L'ergonomie, l'éthique, les dangers informatiques et la sécurité 267

Annexes

Introduction

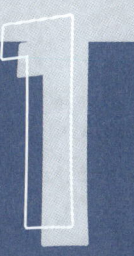

L'objectif de ce manuel est de vous aider à comprendre les notions de base reliées au domaine de l'informatique, notamment les éléments d'un système informatique : les individus, les logiciels, le matériel et les données.

Dans ce chapitre, nous nous attarderons principalement au matériel, aux logiciels et aux données, dont nous fournirons une brève description. Chacun de ces points sera traité en détail dans les chapitres suivants. Nous passerons aussi en revue les points saillants de l'informatique.

Il y a 25 ans, les gens avaient généralement peu de contact – du moins direct – avec les ordinateurs. Bien entendu, on remplissait des formulaires et des questionnaires d'examen informatisés, on payait des factures traitées par des moyens informatiques, mais le véritable travail sur ordinateur était effectué par des spécialistes – les programmeurs, les préposés à l'entrée des données et les opérateurs d'ordinateur.

Puis, l'arrivée du micro-ordinateur a tout changé. De nos jours, presque tout le monde se sert d'un ordinateur aisément. Voici quelques exemples.

- Les ordinateurs sont des outils couramment employés dans tous les domaines. Les auteurs écrivent, les artistes dessinent, les ingénieurs et les scientifiques calculent sur ordinateur. Dans le domaine des affaires, on exerce ces trois types d'activités.
- Les micro-ordinateurs ont suscité la conception de nouvelles formes d'enseignement. Les personnes obligées de rester à la maison, celles qui travaillent selon un horaire variable ou celles qui voyagent fréquemment peuvent suivre des cours au moyen de leur ordinateur branché sur Internet. Un cours n'est plus limité à un endroit précis ni à une durée ou à un horaire déterminés.
- Les ordinateurs ont rendu les connaissances des experts facilement accessibles. Quel que soit votre domaine d'études ou de travail, de l'agriculture aux lois fiscales, il existe probablement des programmes pouvant vous conseiller. Et maintenant, grâce à Internet, le courrier électronique, les forums de discussion et l'accès élargi à l'information mettent à votre disposition des ressources d'une ampleur presque illimitée.

Quel bagage de connaissances le savoir-faire informatique exige-t-il ? Certes, il est impossible, de nos jours, de tout apprendre, d'autant plus que la technologie évolue très rapidement. Mais nul

Figure 1.1
Les éléments
d'un système informatique.

les individus   le logiciel   le matériel   les données

n'est besoin de devenir spécialiste en informatique pour utiliser efficacement un ordinateur. Du reste, très peu de gens sont obligés de tout savoir sur le sujet. L'objectif de ce manuel est précisément de vous enseigner non pas tout ce qu'il y a à connaître, mais plutôt les points importants.

Ainsi, nous nous contentons de présenter les sujets qui, selon nous, vous seront les plus utiles, maintenant et plus tard.

Les éléments d'un système informatique

Lorsque vous pensez à un micro-ordinateur, il est bien possible que seul le matériel vous vienne à l'esprit : vous songez probablement au moniteur ou au clavier. Cependant, un ordinateur représente bien plus que cela. Il faut le voir comme une partie seulement d'un ensemble nommé « système informatique ». Un **système informatique** est composé des quatre éléments suivants : les individus, le logiciel, le matériel et les données (*voir la figure 1.1*).

Un système informatique est composé de quatre éléments : les individus, le logiciel, le matériel et les données.

■ Les **individus** : on pense rarement aux individus en tant que partie d'un système informatique. C'est pourtant la raison d'être des ordinateurs que de rendre plus productifs les gens qui s'en servent. On appelle **utilisateur** une personne qui se sert d'un ordinateur, qu'il s'agisse d'un ordinateur personnel ou d'un ordinateur de plus grande taille accessible à distance.

Au sein des grands systèmes informatiques, des spécialistes s'occupent de concevoir des logiciels et d'amasser des données. Dans les systèmes informatiques de moindre envergure, c'est généralement l'utilisateur qui se charge de toutes ces opérations. Cependant, peu importe le type de système utilisé, il est important de comprendre les rudiments du logiciel, du matériel et des données.

■ Le **logiciel** : le terme « logiciel » désigne un ou plusieurs programmes. Un programme est un ensemble d'instructions qui indique à l'ordinateur, étape par étape, le travail à accomplir. Les programmes que vous utiliserez sont des programmes que l'on peut acheter, que l'on n'a pas à écrire soi-même (*voir la figure 1.2*). Un jeu vidéo sur cédérom ou DVD en est un exemple. Toutefois, nous nous intéressons ici à des catégories de programmes plus utiles, tels que les traitements de texte pour taper des documents ou les tableurs pour faire des analyses. Il existe deux grandes catégories de logiciels : le logiciel d'application et le logiciel système.

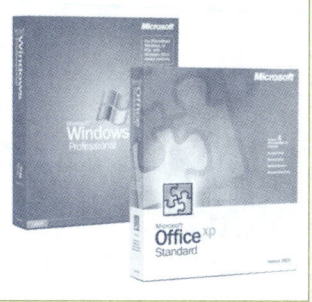

Figure 1.2
Le logiciel.

- Le **logiciel d'application** peut être considéré comme le logiciel de l'utilisateur dans la mesure où il lui permet d'accomplir un travail utile, tel que la mise au point d'un texte ou d'un devis.

  Voici quelques-uns des logiciels d'application les plus répandus :
  - les traitements de texte, pour préparer des documents écrits ;
  - les tableurs, pour calculer et analyser des données ;
  - les gestionnaires de fichiers et de bases de données, pour organiser et gérer de grandes quantités d'informations ;
  - les logiciels de présentation, pour préparer un diaporama sur un sujet particulier ;
  - les programmes de navigation, pour surfer sur Internet et utiliser le service de courriel ;
  - les éditeurs de pages Web, pour mettre au point des sites Web.

- Le **logiciel système**, quant à lui, permet au logiciel d'application d'interagir avec l'ordinateur. Le logiciel système est un logiciel de soutien : il comprend des programmes dont le rôle est de gérer les ressources de l'ordinateur.

  Le **système d'exploitation**, qui interagit entre le logiciel d'application et l'ordinateur, constitue le type de logiciel système le plus important. Le système d'exploitation exécute les programmes, sauvegarde les données et les programmes, et contrôle le traitement des données. Pendant que le système d'exploitation prend en charge les complexités du fonctionnement de l'ordinateur, l'utilisateur peut concentrer ses efforts sur la résolution de ses problèmes.

Le **matériel** : le matériel – les objets tangibles – se compose de plusieurs types d'appareils comprenant le bloc système et tous les dispositifs qui y sont connectés : les périphériques d'entrée et de sortie, les périphériques de stockage et les périphériques de communication (*voir la figure 1.3*).

Figure 1.3
Le matériel.

- Le **bloc système**, qui loge dans le boîtier de l'ordinateur (*voir la figure 1.4*), est constitué de circuits électroniques et comporte deux composantes principales : l'unité centrale de traitement (UCT) et la mémoire. La **mémoire** contient les données et les instructions nécessaires pour le traitement en cours ; l'UCT, quant à elle, exécute chacune des instructions requises. Un **microprocesseur** est une puce qui contient une UCT au complet.

- Les **périphériques d'entrée** sont des appareils qui acceptent des données et des commandes, et qui les mettent sous une forme que l'ordinateur peut traiter. Le clavier et la souris (*voir la figure 1.5*) constituent les appareils d'entrée les plus courants.

- Les **périphériques de sortie** sont des appareils qui convertissent l'information traitée par l'UCT en un format intelligible pour l'humain. Le **moniteur** est sans contredit le plus important des appareils de sortie. Il est doté d'un écran semblable à celui d'un téléviseur.

La qualité des moniteurs ne cesse de s'améliorer ; les images sont de plus en plus claires et précises, et les couleurs, de plus en plus vives et éclatantes. Autre périphérique de sortie important, l'**imprimante** produit des sorties sur papier appelées « imprimés ».

Figure 1.4

L'intérieur
d'un boîtier d'ordinateur.

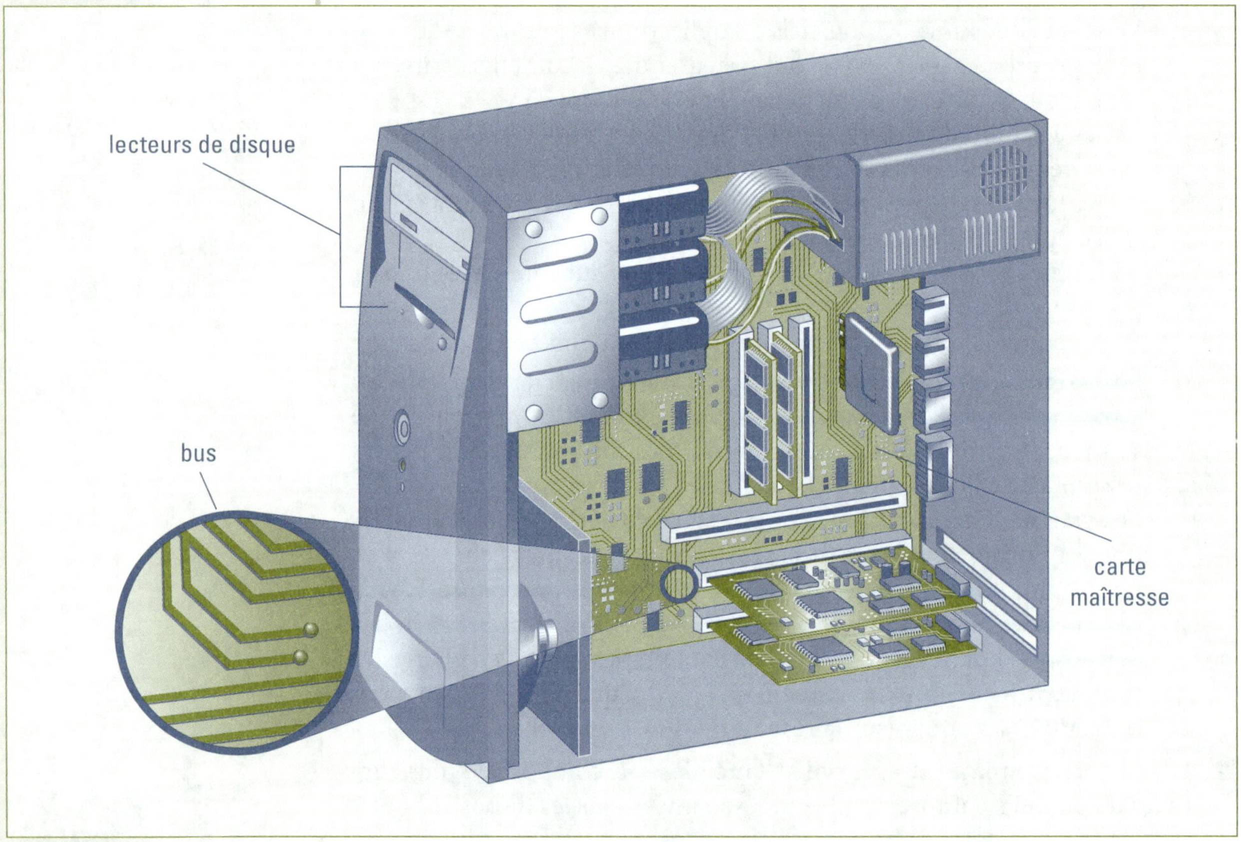

lecteurs de disque

bus

carte
maîtresse

Figure 1.5

Le clavier et la souris
d'un micro-ordinateur.

- Les **périphériques de stockage** sont utilisés pour stocker des programmes et des données de façon permanente. Ils consistent en des appareils situés à l'extérieur du bloc système – même s'ils sont souvent encastrés dans le boîtier de l'ordinateur. Les périphériques de stockage utilisent des supports physiques sur lesquels sont matériellement enregistrées les informations. Les principaux supports physiques de l'information sont le disque dur, le disque optique (*voir la figure 1.6*) et la disquette – remplacée graduellement par les mémoires électroniques comme les mémoires USB.

- Les **périphériques de communication** envoient des données et des programmes d'un ordinateur à un autre. Certains micro-ordinateurs utilisent un **modem** pour convertir les signaux électroniques de l'ordinateur en signaux électriques pouvant voyager par ligne téléphonique ; d'autres utilisent un **modem numérique** ou une **carte réseau** connectés à une voie de transmission à large bande pour obtenir des transferts d'informations beaucoup plus rapides.

Les **données** sont utilisées pour décrire des faits. Si les données sont enregistrées électroniquement dans des fichiers, elles peuvent être utilisées directement comme données d'entrée dans un système informatique. Un **fichier** est un ensemble de caractères ou de codes organisés et traités comme un tout. Les documents préparés grâce à des traitements de texte, les feuilles de calcul créées avec des tableurs, les bases de données gérées par des systèmes de gestion de bases de données, les images mises au point avec des logiciels d'infographie, les diaporamas élaborés avec des logiciels de présentation et les sites Web construits au moyen d'éditeurs de pages Web sont des exemples de fichiers de données (*voir la figure 1.7*).

Figure 1.6
Une disquette et un cédérom.

Figure 1.7
Les données.

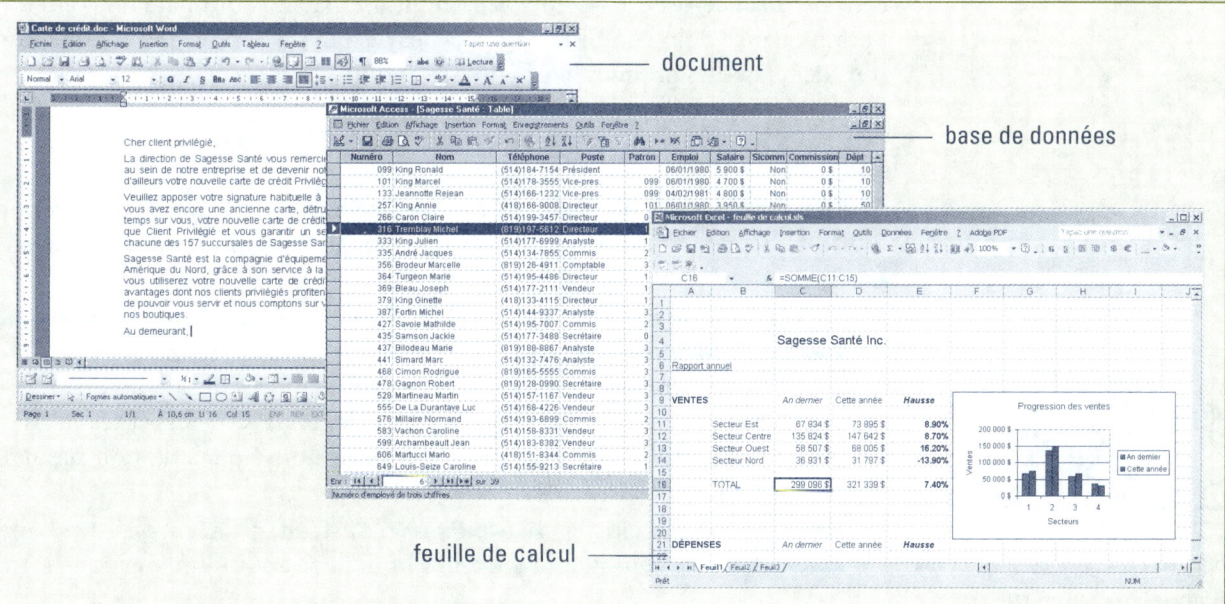

document

base de données

feuille de calcul

Deux configurations de système informatique

Un système informatique peut être composé d'un ordinateur unique assigné à un seul utilisateur, ou à plusieurs y travaillant à tour de rôle. Mais un système informatique peut aussi être composé de plusieurs ordinateurs reliés les uns aux autres. On parle alors d'un **réseau informatique** (*voir la figure 1.8*). Comparativement au micro-ordinateur isolé, le réseau offre l'avantage de permettre le partage des données et des ressources logicielles et matérielles. Quelle que soit la configuration du système informatique, il est possible de connecter les ordinateurs à d'autres réseaux, comme le réseau Internet. C'est d'ailleurs le cas le plus répandu.

L'autoroute de l'information, ou **inforoute**, est une expression qui désigne la tendance actuelle à la prolifération des échanges électroniques à l'échelle mondiale. On peut penser aux réseaux bancaires et financiers qui vous donnent accès à votre compte ou à votre carte de crédit en tout temps, au courrier électronique qui permet de communiquer des messages instantanément, et surtout à la Toile, le **Web**, qui offre des ressources illimitées d'informations à quiconque possède un ordinateur et le moyen de le connecter à **Internet**.

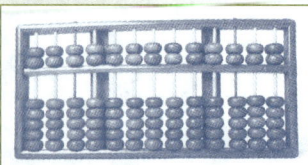

Figure 1.8

Un réseau informatique.

L'histoire de l'informatique se divise en deux parties : l'ère mécanique et l'ère électronique. Cette dernière a connu jusqu'à aujourd'hui une évolution que l'on peut subdiviser en cinq générations.

La petite histoire de l'informatique

On associe assez naturellement l'informatique à son principal outil, l'ordinateur. Celui-ci n'est cependant pas le premier de la longue liste de moyens que l'homme s'est donnés pour conserver et traiter ses informations. Selon certains, les premiers pas importants vers le développement de l'informatique remonteraient à l'an 10 000 avant J.-C. chez les Sumériens. D'aucuns considèrent même le yin et le yang, qui désignent les deux principes fondamentaux de la philosophie taoïste chinoise depuis la plus haute Antiquité, comme les ancêtres du système binaire utilisé par nos ordinateurs contemporains. Sans vouloir minimiser ces belles découvertes, nous nous contenterons de relater les grandes lignes des réalisations plus récentes. Notez que les dates fournies sont approximatives.

L'ère mécanique

Quitte à compter sur ses doigts, l'homme a de tout temps cherché à matérialiser ses calculs. Aussi, ses outils seront dans un premier temps de nature mécanique.

- –2000 Inventé en Chine et introduit en Occident vers l'an 700, l'abaque, ou boulier compteur, constitue un premier « support matériel de calcul ». Il est formé de tiges sur lesquelles sont enfilées des perles que l'utilisateur peut placer et déplacer pour représenter des valeurs et ses calculs. Encore aujourd'hui, le boulier est un outil utilisé dans de nombreuses régions du globe (*voir la figure 1.9*).

- 1642 Le mathématicien Blaise Pascal construit, à l'âge de 19 ans, une calculatrice mécanique (la pascaline) qui peut additionner et soustraire

Figure 1.9

Un boulier compteur.

en tenant compte des retenues. C'est la première machine à calculer et elle fonctionne grâce à huit engrenages (*voir la figure 1.10*).

- 1801 Joseph Marie Jacquard met au point une machine à tisser commandée par des cartes perforées sur lesquelles sont codées les informations pertinentes aux motifs à dessiner. La rencontre d'une certaine configuration de trous provoque le changement des fils de la trame. Le contrôle automatique du processus est assuré au moyen de cartes perforées reliées en bandes continues (*voir la figure 1.11*).

- 1830 Charles Babbage conçoit une machine analytique (précurseur de nos ordinateurs modernes) composée de cinq parties: un dispositif d'entrée et de sortie, un «organe de commande» (unité de contrôle), un «magasin» (mémoire), un «moulin» (unité de calcul) et un dispositif d'impression. Babbage prévoyait des parties mécaniques (engrenages) et des parties automatiques (entrée des données et des instructions sur cartes perforées). Cette machine devait faire le travail d'une calculatrice, mais Babbage n'a jamais pu la construire faute de disposer d'une technologie adéquate.

- 1842 Ada Byron, comtesse de Lovelace et amie de Babbage, s'occupe de faire publier certains de ses travaux (*Observations on Mr. Babbage's Analytical Engine*) après les avoir corrigés et documentés. Elle a élaboré des plans pour les entrées-sorties et a écrit le premier «programme». Elle est considérée aujourd'hui comme le premier programmeur… toutes catégories.

- 1847 Le mathématicien anglais George Boole invente une algèbre, connue sous le nom d'algèbre booléenne (*voir la figure 1.12*), qui va permettre de résoudre des problèmes logiques comme des problèmes arithmétiques. Cette théorie, basée sur les relations binaires entre le «vrai» et le «faux», est maintenant l'assise de l'informatique.

- 1880 Les données du recensement américain de 1880 ont été compilées en sept ans et demi! Pour celui de 1890, Hermann Hollerith met au point un système utilisant les cartes perforées. Les données sont compilées en moins de trois ans. Il fonde ensuite la Tabulating Machine Corporation qui deviendra, en 1924, l'International Business Machine Corporation (IBM). L'ère de la mécanographie durera jusque dans les années 1970.

L'ère électronique

Les quatre premières générations d'ordinateurs sont basées sur des technologies particulières, soit les tubes à vide, les transistors, les circuits intégrés et les circuits intégrés à très grande échelle (VLSI), alors que la cinquième génération se distingue par la connectivité. Grâce à Internet, les ordinateurs peuvent désormais tous communiquer les uns avec les autres.

- La première génération

Les premiers calculateurs électroniques étaient très volumineux, car ils comportaient des milliers de tubes à vide de la taille d'une ampoule électrique (*voir la figure 1.13*). Ils ont été conçus dans un but militaire: décoder les messages cryptés ennemis et effectuer des calculs de trajectoires balistiques.

Figure 1.10
La pascaline.

Figure 1.11
Le métier à tisser de Jacquard.

a	b	a ou b
F	F	F
F	V	V
V	F	V
V	V	V

Figure 1.12
Une des tables de vérité de l'algèbre booléenne.

Figure 1.13
Des tubes à vide.

Figure 1.14
L'ENIAC.

Figure 1.15
L'UNIVAC.

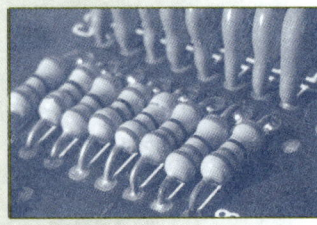

Figure 1.16
Des transistors.

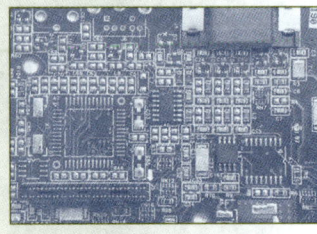

Figure 1.17
Des circuits intégrés.

● **1936** John Vincent Atanasoff et Clifford Berry construisent l'ABC (*Atanasoff-Berry Computer*) à l'université de l'Iowa, aux États-Unis, pour résoudre des équations linéaires en physique. Cette machine est le premier calculateur à utiliser l'algèbre de Boole.

● **1943** Composé de 1500 lampes et d'un lecteur de bandes capable de lire 5000 caractères à la seconde, le calculateur électronique anglais Colossus est conçu pour décoder les messages chiffrés mécaniquement par un appareil allemand nommé Enigma.

● **1946** Le tout premier calculateur entièrement électronique, l'ENIAC (*Electronic Numerical Integrator and Computer*), est construit par John Presper Eckert et John William Mauchly : 18 000 tubes à vide, 30 tonnes, 5000 m², 300 multiplications par seconde (*voir la figure 1.14*). Il consomme beaucoup d'énergie (200 kW), tombe fréquemment en panne (à cause de tubes brûlés). On le programme en déplaçant des fils et des interrupteurs. C'est le premier calculateur d'application générale, les précédents ayant été conçus pour résoudre un problème particulier.

● **1949** Maurice Vincent Wilkes construit l'EDSAC (*Electronic Delay Storage Automatic Calculator*) dans un laboratoire de l'université de Cambridge en Angleterre. Il s'agit du premier ordinateur basé sur l'architecture de Von Neumann, qui inclut entre autres le chargement en mémoire des instructions du programme.

● **1951** L'ordinateur UNIVAC (*voir la figure 1.15*), créé par Eckert et Mauchly, est le premier ordinateur commercial. Cinquante-six exemplaires ont été vendus, dont un au bureau de recensement américain.

■ **La deuxième génération**

Des chercheurs mettent au point les transistors qui vont aussitôt remplacer les tubes à vide. Les transistors (*voir la figure 1.16*) permettent de réduire la taille des ordinateurs tout en augmentant leur puissance de traitement. Les ordinateurs ne sont plus réservés aux militaires ; les scientifiques les utilisent de plus en plus.

● **1956** Création du premier ordinateur à transistors par la société Bell : le TRADIC amorce la seconde génération d'ordinateurs, plus petits et moins énergivores. En outre, IBM commercialise le premier disque dur d'une capacité de 5 Mo.

● **1959** Digital lance le PDP-1, le premier ordinateur commercial interactif (par opposition aux gros ordinateurs de calcul traditionnels). C'est le précurseur des mini-ordinateurs.

● **1959** Début de l'utilisation de circuits intégrés et développement de langages de programmation : FORTRAN pour les applications scientifiques et COBOL pour les applications commerciales.

■ **La troisième génération**

Avec la venue des circuits intégrés, issus de la recherche spatiale, les ordinateurs augmentent leur capacité de calcul tout en diminuant de volume (*voir la figure 1.17*). Désormais, même les petites et moyennes entreprises s'y intéressent.

- 1963 Lancement de l'IBM 360 à base de circuits intégrés (puces). Les avantages sont nombreux : vitesse accrue, miniaturisation (20 à 30 transistors sur une pastille de silicium), baisse de consommation d'énergie. La technologie s'améliore et les coûts baissent. L'utilisation des ordinateurs commence à se répandre.

- 1964 John G. Kemeny et Thomas E. Kurtz conçoivent le langage BASIC au collège Dartmouth.

- 1965 La compagnie Digital Equipment Corporation vend les premiers mini-ordinateurs PDP-8 (16 200 $US) pour les applications scientifiques (*voir la figure 1.18*). La taille des ordinateurs commence à se réduire sensiblement.

- 1969 IBM annonce qu'elle vend dorénavant ses logiciels et ses matériels séparément.

■ La quatrième génération

La technologie des circuits intégrés évolue et on assiste à l'avènement des circuits intégrés à très grande échelle (VLSI). L'ère des micro-ordinateurs commence. Véritable démocratisation de l'informatique, elle permet à tout un chacun de posséder son propre ordinateur. Naturellement, la puissance de traitement continue d'augmenter de façon fulgurante.

- 1971 Intel Corporation réussit à produire un processeur complet en une seule puce, le 4004, qui a quatre bits de largeur. C'est le début de l'intégration à grande échelle (LSI), qui permettra la venue des micro-ordinateurs. Ce microprocesseur servira surtout à alimenter les montres numériques et les premières calculatrices de poche.

- 1975 Xerox met au point le premier réseau local en utilisant la technologie de connexion Ethernet.

- 1975 Une petite compagnie, Altair, met sur le marché le premier micro-ordinateur pour moins de 400 $US (*voir la figure 1.19*). On vise alors une clientèle de hobbyistes, mordus d'électronique.

- 1977 Apple Computer présente son micro-ordinateur : 4 kilo-octets de mémoire, moniteur, interface cassette, bâton de commande, écran graphique couleur, 1298 $US (*voir la figure 1.20*).

- 1980 IBM annonce sa venue sur le marché du micro-ordinateur et signe avec Microsoft de Bill Gates le « contrat du siècle » : Microsoft s'engage à produire le système d'exploitation DOS pour IBM mais, à l'encontre des lois du marché, en conserve les droits d'auteur, ce qui établira la base de son futur empire commercial.

- 1981 Lancement du premier PC d'IBM basé sur le microprocesseur Intel et le système d'exploitation DOS (*voir la figure 1.21*). La puissance de mise en marché d'IBM va consacrer la famille des processeurs 8086 d'Intel et le système d'exploitation MS-DOS en tant que normes au chapitre des micro-ordinateurs.

- 1984 Apple présente le Macintosh basé sur le microprocesseur Motorola et muni d'une interface graphique conviviale (*voir la figure 1.22*).

- 1989 Intel fabrique le microprocesseur 80486, le premier à contenir plus d'un million de composants électroniques.

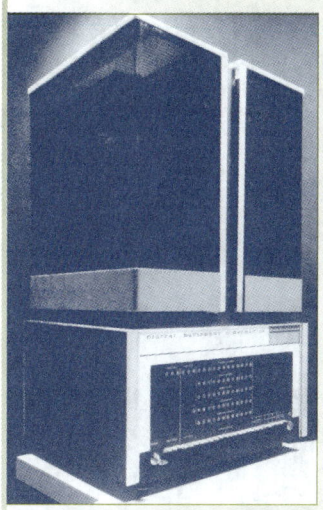

■ **Figure 1.18**
Le mini-ordinateur PDP-8 de DEC.

■ **Figure 1.19**
Le micro-ordinateur Altair.

■ **Figure 1.20**
Le premier ordinateur Apple.

Figure 1.21
Le premier PC d'IBM.

Figure 1.22
Le premier Macintosh.

● 1990 Microsoft introduit Windows 3, une interface graphique pour les PC… et une faible tentative pour lutter contre l'attrait qu'exercent les Macintosh sur les néophytes.

■ La cinquième génération

Avec la prolifération des micro-ordinateurs, le grand public a accès à l'informatique «active» et découvre le monde de la télématique. Les entreprises informatiques misent sur la connectivité et conçoivent les outils que l'on connaît aujourd'hui. C'est l'ère d'Internet.

● 1989 L'établissement du protocole http débouche sur la création du WWW (*World Wide Web*). Celui-ci permet l'accès à tout document rendu disponible n'importe où dans le monde grâce aux techniques de localisation des documents (URL, *Universal Resource Locator*).

● 1993 Intel lance son premier Pentium, qui sera suivi d'une longue lignée.

● 1993 Un logiciel de navigation à interface graphique, Mosaic, apparaît sur le marché et permet à tous de profiter d'Internet. Il donnera ensuite naissance à Netscape.

● 1995 Lancement en grande pompe du système d'exploitation Windows 95 qui, enfin, peut rivaliser avec celui de Macintosh et qui sonne le glas du vétuste DOS.

● 2000 Le «bogue de l'an 2000» fait frémir de nombreuses entreprises et de nombreux gouvernements, qui investissent des sommes d'argent considérables en prévision de l'événement. Finalement, rien de très fâcheux ne se produit.

● 2002 Arrivée des microprocesseurs 32 bits, qui augmentent considérablement la puissance de calcul des micro-ordinateurs. Ces derniers ne sont plus de simples jouets, mais de vraies machines de traitement de l'information.

● 2004 Arrivée des micro-ordinateurs 64 bits, encore plus rapides que leurs prédécesseurs et assez puissants pour rivaliser avec de gros ordinateurs. À suivre…

Questions de révision

Vrai ou faux

F **1.** Le matériel est composé du boîtier, du moniteur, du clavier et du logiciel.

F **2.** UNIVAC a été le premier ordinateur entièrement électronique.

✓ **3.** Un modem sert à transmettre des signaux électroniques par la voie de lignes téléphoniques.

F **4.** Il est essentiel de maîtriser le fonctionnement interne d'un ordinateur pour savoir s'en servir efficacement.

✓ **5.** Les termes logiciel et programme sont synonymes.

✓ **6.** Un programme est un ensemble d'instructions qui indique à un ordinateur le travail qu'il doit effectuer.

F **7.** Un jeu vidéo sur cédérom n'est pas un logiciel puisqu'il ne permet pas de faire du travail utile.

✓ **8.** La partie matérielle d'un système informatique comprend uniquement des périphériques comme le clavier, la souris, l'imprimante et le moniteur.

F **9.** Un réseau informatique permet le partage des ressources matérielles et logicielles.

✓ **10.** Certains considèrent le yin et le yang comme les deux principes à l'origine du système binaire.

Questions à choix de réponses

1. Les fichiers qui contiennent des données structurées et ordonnées en vue de leur traitement sont :
   a) des documents ;
   c) des bases de données ;
   b) des feuilles de calcul ;
   d) des graphiques.

2. Lequel, parmi les logiciels mentionnés ci-dessous, n'est pas un logiciel d'application ?
   a) un navigateur ;
   c) un traitement de texte ;
   b) un tableur ;
   d) aucune des réponses précédentes.

3. Le logiciel qui permet à un logiciel d'application d'interagir avec l'ordinateur s'appelle :
   a) un système d'exploitation ;
   b) un gestionnaire de bases de données ;
   c) un interprète ;
   d) un système informatique.

4. La catégorie de logiciel qui assure la plus grande productivité à l'utilisateur est celle :
   a) des systèmes informatiques ;
   b) des logiciels système ;
   c) des systèmes d'exploitation ;
   d) des logiciels d'application.

5. Lequel des éléments mentionnés ci-dessous est un périphérique de communication ?
   a) un modem ;
   c) un câble téléphonique ;
   b) Internet ;
   d) toutes les réponses précédentes.

6. Lequel, parmi les éléments mentionnés ci-dessous, constitue un exemple de données ?
   a) une image ;
   c) une base de données ;
   b) une feuille de calcul ;
   d) toutes les réponses précédentes.

7. Sur quelle technologie la deuxième génération d'ordinateurs repose-t-elle ?
   a) les tubes à vide ;
   c) les circuits intégrés ;
   b) les transistors ;
   d) le bouclier compteur.

8. La personne que l'on considère comme la première à avoir construit une calculatrice mécanique est :
a) Joseph Marie Jacquard ;
c) Blaise Pascal ;
b) Charles Babbage ;
d) George Boole.

9. Le tout premier micro-ordinateur s'appelait :
a) IBM PC ;
c) Altair ;
b) Apple 1 ;
d) Xerox.

10. Parmi les éléments mentionnés ci-dessous, lequel peut servir de support physique de l'information ?
a) une disquette ;
c) une mémoire USB ;
b) un disque dur ;
d) toutes les réponses précédentes.

Phrases à compléter

1. Les _utilisateurs_ sont des individus qui utilisent des micro-ordinateurs ou qui ont accès à de gros ordinateurs.

2. Les disques et les _disques_ sont utilisés pour stocker des données et des programmes de façon permanente.

3. Un _fichier_ est un ensemble de caractères ou de codes organisés et traités comme une seule entité.

4. Il existe deux grandes catégories de logiciels ; il s'agit du logiciel d'application et du logiciel _système_

5. Le logiciel qui permet de mettre au point les pages des sites Web s'appelle _____.

6. Les périphériques d'entrée les plus courants sont la souris et le/la _clavier_

7. Un système informatique peut être composé d'un ordinateur unique ou de _plusieurs_

8. Le tout premier calculateur entièrement électronique portait le nom de _ENIAC_.

9. La génération d'ordinateurs qui a duré le moins longtemps est la _2ième_.

10. La société _IBM_ a été la première à commercialiser un disque dur.

Questions à développement

1. Décrire les éléments d'un système informatique.

2. Distinguer le logiciel système du logiciel d'application.

3. Nommer les catégories de matériel d'un micro-ordinateur.

4. Quelle est la différence entre la mémoire et les périphériques de stockage ?

5. Résumer les faits saillants ayant mené à la mise au point des micro-ordinateurs modernes.

Les éléments d'un système informatique sont : les individus, les logiciels, le matériel et les données.

LES INDIVIDUS

Les individus

Les **utilisateurs** sont des individus qui travaillent sur ordinateur afin d'augmenter leur productivité.

LE LOGICIEL

Les **logiciels** sont des **programmes**, des instructions qui indiquent à l'ordinateur comment traiter l'information. Il existe deux catégories de logiciels : les logiciels d'application et les logiciels système.

Les logiciels d'application

Les **logiciels d'application** peuvent être considérés comme les logiciels de l'utilisateur dans la mesure où ils lui permettent de réaliser du travail utile.

Le logiciel système

Le **logiciel système** est un logiciel de soutien qui gère les ressources de l'ordinateur. Le système d'exploitation est le logiciel système le plus important ; il agit entre les logiciels d'application et l'ordinateur.

LE MATÉRIEL

Le bloc système

Le **bloc système** loge dans le boîtier du micro-ordinateur. Il est composé de circuits électroniques et comporte deux parties principales.
- L'**unité centrale de traitement** (UCT), qui contrôle et manipule les données pour produire des résultats.
- La **mémoire**, qui retient les données, les instructions et les résultats uniquement pendant le traitement en cours.

Les périphériques d'entrée

Les **périphériques d'entrée** acceptent des données et les mettent sous une forme que l'ordinateur peut traiter. Le **clavier** est un des plus importants appareils d'entrée.

Les périphériques de sortie

Les **périphériques de sortie** convertissent l'information traitée par l'UCT en un format intelligible pour l'homme. Le **moniteur** et l'**imprimante** sont deux appareils de sortie importants.

Les périphériques de stockage

Les périphériques de stockage stockent les données et les programmes de façon permanente. Les principaux supports physiques sont :
- les **disques rigides** ;
- les **disques optiques** ;
- les **mémoires électroniques**.

Le matériel de communication

Les systèmes de communication envoient et reçoivent des données et des programmes d'un ordinateur à un autre. Le **modem** est l'appareil qui permet de relier un ordinateur à une ligne téléphonique. Les **modems numériques** permettent un accès plus rapide.

LES DONNÉES

Les **données** décrivent des faits et des mesures et sont stockées électroniquement dans des fichiers. Un **fichier** est un ensemble de caractères organisés et traités comme un tout. Voici trois types de fichiers courants.
- Les **documents** : lettres, travaux de recherche ou notes de service.
- Les **feuilles de calcul électroniques** : analyses de budget, prévisions des ventes.
- Les **bases de données** : données structurées et organisées en vue de leur repérage.

LES CONFIGURATIONS DES SYSTÈMES INFORMATIQUES

Un système informatique peut être composé d'un ordinateur unique ou bien de deux ordinateurs ou plus reliés en réseau. Grâce aux **réseaux**, il est possible de relier les micro-ordinateurs à des ordinateurs de plus grande puissance pour en partager les données et les ressources. L'accès à **Internet** ouvre la voie à l'**autoroute de l'information** et au **Web**.

HISTORIQUE

L'ère mécanique a précédé l'ère électronique. Durant la première, l'humain s'est évertué à concevoir des outils de calcul basés sur des engrenages.

L'ère électronique se subdivise en cinq générations d'ordinateurs. Les quatre premières sont basées sur des technologies particulières, soit les **tubes à vide**, les **transistors**, les **circuits intégrés** et les **circuits intégrés à très grande échelle**. La cinquième se distingue par la **connectivité** entre les ordinateurs.

Informatique et information

Ce chapitre présente :

1 la définition des termes « informatique » et « information » ;

2 les caractéristiques importantes de l'information : qualités, type et modes de représentation ;

3 la façon dont un ordinateur utilise les chiffres binaires pour représenter les données sous forme d'impulsions électriques ;

4 les catégories d'ordinateur : du superordinateur au micro-ordinateur de poche.

L'informatique est la science du traitement automatique de l'information.

Dans un manuel comme celui-ci, il est tout à fait logique de s'interroger sur la signification du terme **informatique**. En consultant divers dictionnaires, on se rend compte que, par sa définition, l'informatique se résume à l'étude des techniques de traitement de l'information. Par exemple, *Le Petit Robert* nous renseigne ainsi : « [l'informatique est la] science du traitement de l'information ; ensemble des techniques de la collecte, du tri, de la mise en mémoire, du stockage, de la transmission et de l'utilisation des informations traitées automatiquement à l'aide de programmes mis en œuvre sur des ordinateurs ». Tandis que *Le Petit Larousse* précise que « [l'informatique est la] science du traitement automatique et rationnel de l'information en tant que support des connaissances et des communications ; ensemble des applications de cette science, mettant en œuvre des matériels (ordinateurs) et des logiciels ». Il est toutefois remarquable de constater que le mot **information** a un sens beaucoup plus vaste que ce que l'on vient de décrire.

L'information est une formule écrite pouvant transmettre une connaissance.

L'information

Le terme **information** possède, dans le langage courant, un sens qui le rapproche des termes *renseignement, connaissance, nouvelle*, etc. Ne dit-on pas *bulletin d'information* aussi bien que *bulletin de nouvelles, kiosque d'information* pour *kiosque de renseignements, j'ai une information de première main* alors qu'il s'agit manifestement d'une connaissance. Jacques Arsac, un théoricien de la première heure, a défini l'information comme suit : « Une information est une formule écrite susceptible d'apporter une connaissance. Elle est distincte de cette connaissance[1]. »

Autrement dit, l'information, c'est la forme que l'on donne aux connaissances afin que l'on puisse les traiter automatiquement. C'est un ensemble organisé de signaux qui sert à véhiculer autre chose que ces signaux. Contrairement à la machine, l'humain acquiert de nouvelles connaissances en effectuant un traitement intellectuel sur des connaissances déjà acquises. En effet, nous sommes capables de reconnaître un visage familier, de raisonner, de nous souvenir d'événements passés, etc. Les ordinateurs procèdent de manière différente. Nous devons leur fournir les connaissances sous une forme adéquate afin qu'ils puissent leur appliquer des procédures de traitement automatique. Le sens n'a évidemment pas d'importance pour eux ; seule compte la forme. Les résultats, c'est-à-dire les nouvelles informations obtenues de ce traitement, sont interprétés par l'utilisateur lorsqu'il en prend connaissance. La figure 2.1 résume notre propos.

On observe donc une dichotomie entre la FORME et le SENS, entre le CONTENANT et le CONTENU.

Figure 2.1
L'approche théorique.

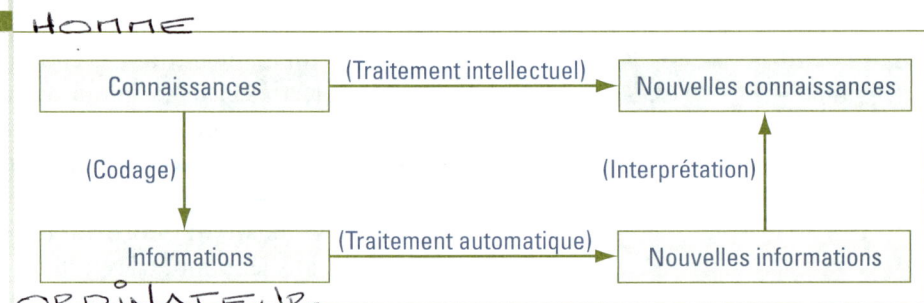

L'approche américaine

Le terme *information* revêt un sens plus pratique, plus concret dans la documentation anglo-saxonne. Ici, l'*information* résulte du traitement de données, les *data*. Les données sont des faits observés ou mesurés, des valeurs brutes auxquelles on applique un certain traitement en vue d'en augmenter la valeur et l'utilité. À l'instar des produits manufacturés issus de transformations appliquées aux matières premières, l'*information* est constituée de données agencées sous une forme ordonnée et utilisable après traitement. On doit être prudent car, en anglais, le mot *information* a un sens plus restrictif qu'en français et désigne les **résultats du traitement**. D'ailleurs, l'informatique, qui en français traite des informations, se dit en anglais *data processing* puisque l'on y traite des *data*.

Dans cette définition, on établit la distinction entre l'AVANT-TRAITEMENT et l'APRÈS-TRAITEMENT, comme l'illustre la figure 2.2.

---

1. Jacques Arsac, *La science informatique*, Paris, Dunod, 1970.

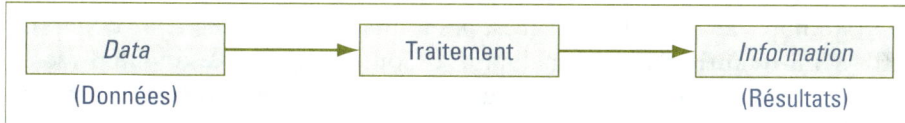

Figure 2.2
L'approche américaine.

Les qualités de l'information

La valeur d'une information est fonction de ses qualités. Nous recherchons l'information de façon à réduire l'élément d'incertitude qui peut être présent lors d'un processus de prise de décision. Plus une information sera de qualité, mieux elle sera en mesure de nous guider dans nos choix. Il faudra toutefois faire des compromis. Il n'est pas toujours possible d'obtenir à temps une information par surcroît exacte, précise, complète, pertinente et concise.

- **Exacte** : une information correcte, non erronée, conforme à la réalité. Exemple : l'âge d'une personne née le 5 juin 1990 est de 15 ans en 2005. Cette information est exacte bien qu'elle manque de précision. Si, toutefois, cette personne déclare qu'elle a 18 ans pour être admise dans une discothèque, l'information fournie est inexacte.
- **Précise** : une information détaillée ou pointue. Exemple : la valeur de la constante PI est égale à 3,14 ou à 3,1416 ou encore à 3,1415926535897932. Toutes ces valeurs sont exactes ; elles ne varient qu'en précision. Le degré de précision nécessaire dépend de l'objectif du traitement à effectuer.
- **Complète** : une information à laquelle il ne manque pas d'éléments. Exemple : lorsqu'on donne rendez-vous à quelqu'un, il est nécessaire de mentionner le lieu et le moment. Pas seulement l'un ou l'autre !
- **Pertinente** : une information qui constitue un apport utile de connaissances. Exemple : si l'on considère le transport urbain à Montréal, une liste des horaires du métro et des autobus est sûrement plus pertinente que la liste des départs d'un aéroport.
- **Concise** : une information brève dont on peut prendre connaissance rapidement. Un résumé des points essentiels mettant en relief des exceptions. L'information importante ne doit pas être placée n'importe où dans un rapport volumineux. Exemple : un graphique représentant l'évolution du chiffre d'affaires d'une entreprise est plus facile à consulter que le relevé complet et quotidien des cotes à la Bourse des six derniers mois de cette même entreprise.
- **Disponible à temps** : une information qui arrive à point nommé, qui laisse le temps de réagir. Exemple : si on avait pu prévoir, dans un délai raisonnable, qu'un tsunami allait dévaster l'Asie en décembre 2004, de nombreuses vies humaines auraient pu être épargnées.

Toutefois, comme nous le mentionnions plus haut, il est très fréquent de devoir faire des compromis.

Les types d'information

Selon la théorie de l'information, il existe trois catégories d'informations : quantitative, semi-quantitative et qualitative.

- **Quantitative** : information mesurable, dénombrable, calculable. Elle représente une quantité. Exemples : un salaire, la durée d'un cours, l'âge d'une personne. Ce type d'information est souvent représenté sous forme de nombre (*25,00 $*), mais ce n'est pas toujours le cas (*vingt-cinq* dollars).

- **Semi-quantitative** (ou qualitative ordonnée) : information qui présente un rang, une relation d'ordre, une modalité, une progression. Exemples : l'alphabet, les numéros de revue, les numéros de route. Notez que toutes les informations quantitatives sont aussi, par nature, semi-quantitatives, mais que l'inverse n'est pas vrai. C'est-à-dire que toutes les informations qui représentent des quantités représentent également une progression (un salaire plus élevé qu'un autre). Par contre, les informations qui représentent une progression ne sont pas toutes numériquement quantifiables (par exemple, on ne peut pas avoir la moitié d'un numéro de revue).
- **Qualitative** : information nominale, ni calculable, ni ordonnable. Exemples : le titre d'un cours, les modèles de voitures, les groupes d'aliments, les statuts matrimoniaux, les noms de famille[1].

La représentation de l'information

L'information peut prendre différentes formes. On choisit la forme – ou représentation – selon le type de traitement à appliquer. Ainsi, la représentation numérique est privilégiée pour effectuer des calculs, tandis que la représentation en langage usuel est mieux adaptée pour la communication entre humains. Il existe plusieurs modes de représentation de l'information ; pour les besoins de notre propos, nous nous contenterons d'en étudier trois, le langage usuel, le code numérique et le code alphanumérique, à la lumière des critères définis ci-après.

- **Complexité** : s'oppose à la simplicité et à la concision. Il s'agit d'un inconvénient puisque plus un mode de représentation est complexe, plus il est difficile à apprendre et à utiliser.
- **Ambiguïté** : un énoncé peut avoir plus d'un sens. Cette caractéristique constitue un inconvénient puisqu'elle nuit à la compréhension et peut même l'empêcher.
- **Redondance** : la redondance se définit comme la complexification d'un code sans ajout d'information. Il s'agit donc d'une modification qui ne change pas le sens d'un énoncé. Il s'agit d'un avantage puisqu'un mode de représentation redondant s'avère autocorrecteur et aide ainsi à la compréhension. Le sens d'un message a plus de chances d'être compris en dépit d'éventuelles erreurs.
- **Mnémonicité** : caractère de ce qui est facile à mémoriser. Pensons aux moyens mnémotechniques dont les étudiants se servent pour apprendre par cœur certaines notions la veille des examens. Il s'agit bien sûr d'un avantage.

---

1. Notez que, dans la liste alphabétique des noms de famille, c'est le code qui est ordonné (l'alphabet), non pas la valeur de l'information elle-même. Un nom de famille n'est pas supérieur ni inférieur à un autre.

Le langage usuel

Le langage usuel, comme le français, le chinois ou le swahili, utilise des symboles graphiques pour créer les mots selon une convention d'écriture dont l'origine remonte loin dans le temps et dont les règles évoluent constamment.

- **Complexité**: le langage usuel est très complexe. Il comprend de nombreuses règles, qui comprennent elles-mêmes de nombreuses exceptions. Il faut environ trois ans pour qu'un enfant apprenne à parler. Et en ce qui concerne l'écriture, c'est souvent l'œuvre d'une vie!

- **Ambiguïté**: le langage usuel est hautement ambigu, car les mêmes formules peuvent avoir des sens différents. Dans l'exemple «la belle ferme le voile», s'agit-il d'une belle femme qui ferme son voile, d'un bâtiment de ferme qui cache quelque chose ou d'une belle femme ferme qui cache quelque chose?

- **Redondance**: le langage usuel est redondant, car on y utilise plus de caractères qu'il n'en faut strictement. On vous a sûrement dit de nombreuses fois qu'il ne fallait pas dire «monter en haut» ou «descendre en bas» parce que c'était redondant! C'est vrai que la redondance alourdit le message, mais on y trouve un avantage indéniable: même en perdant une partie du message, on a de bonnes chances de le reconstituer et de le comprendre. Par exmpl, même près voir upprmé un aracère su quate, cete phrae demere cmpréhnsible … si n s'ymet vramen.

- **Mnémonicité**: il est plus facile pour l'être humain de se souvenir d'un mot que d'une suite de chiffres. Les entreprises l'ont compris et choisissent de plus en plus des numéros de téléphone mnémoniques. Exemple: le numéro «1 800 CAISSES» pour joindre les Caisses populaires du Québec.

La représentation numérique

Pour créer un code numérique, on attribue un numéro à chaque article de l'ensemble en prenant soin de ne pas attribuer le même à deux articles différents. Exemples: un numéro de téléphone, un numéro d'assurance sociale, un code de produit, etc.

- **Complexité**: la représentation numérique est à la fois simple et concise.

- **Ambiguïté**: la représentation numérique n'est pas ambiguë pour autant que l'on procède avec prudence dans l'attribution des numéros.

- **Redondance**: la représentation numérique n'est pas redondante en soi. Mais il est possible d'ajouter de la redondance. Exemple: le neuvième chiffre du numéro d'assurance sociale canadien est le résultat d'un calcul effectué sur les huit premiers auxquels il sert de clé de contrôle. Si l'on connaît huit des neuf chiffres, on peut trouver automatiquement celui qui manque en appliquant l'algorithme approprié.

- **Mnémonicité**: à l'exception des informations quantitatives, la représentation numérique n'est pas très mnémonique pour l'être humain. Exemples: le produit «3268793», Monsieur «332 565 788», etc.

Le code alphanumérique

Un code alphanumérique est composé d'un ensemble limité de chiffres, de lettres ou de symboles, voire d'abréviations. Il est utilisé, par exemple, dans le tableau des éléments chimiques. Il combine les qualités des deux modes de représentation précédents. C'est-à-dire qu'il est moins complexe que le langage usuel, mais plus complexe qu'un code numérique. Il n'est pas ambigu si on est prudent. On peut lui ajouter de la redondance et il est beaucoup plus mnémonique qu'un code numérique. Exemples : les groupes sanguins et les facteurs rhésus (AB⁻, O⁺), les numéros de vols aériens (AF345E) et les codes d'aéroport (YUL, PAR).

Le tableau 2.1 résume les caractéristiques de ces trois modes habituels de représentation de l'information.

TABLEAU 2.1			
Résumé des caractéristiques des trois modes de représentation			
	Langage usuel	**Code numérique**	**Code alphanumérique**
Complexité	Oui	Non	Moins que le langage usuel Plus que le code numérique
Ambiguïté	Oui	Non	Non
Redondance	Oui	Possible	Possible
Mnémonicité	Oui	Non	Moins que le langage usuel Plus que le code numérique

Le système binaire

Les données et les instructions sont représentées électroniquement par un système de numération binaire.

Jusqu'à maintenant, nous avons décrit les informations comme étant formées de caractères graphiques parce que c'est notre façon habituelle de les représenter. Mais sous quelle forme ces caractères sont-ils réellement représentés à l'intérieur de l'ordinateur ?

Si vous aviez l'occasion d'ouvrir le boîtier d'un micro-ordinateur, vous y verriez surtout des circuits électroniques. Or, s'il est une vérité fondamentale à propos de l'électricité, c'est bien que tous ses éléments doivent être soit dans l'état allumé (*ON*), soit dans l'état éteint (*OFF*). En outre, plusieurs autres types de technologies peuvent utiliser cette forme de représentation à deux états *on/off*, oui/non, vrai/faux, ouvert/fermé, présent/absent. Par exemple, un interrupteur ou un circuit électrique peuvent être ouverts ou fermés ; un point sur un disque ou une bande magnétique peut être magnétisé ou non. C'est la raison pour laquelle les fabricants d'ordinateurs utilisent le **système binaire** pour représenter les données et les instructions.

L'utilisation du système binaire pour représenter l'information ne date pas d'hier. En effet, vers la fin du XIXᵉ siècle, lorsqu'on a découvert la télégraphie, avec puis sans fil, on a mis au point le code morse pour transmettre des messages sous forme d'impulsions, des *bips-bips* en quelque sorte. Ce code utilisait justement deux signaux : le trait court et le trait long. À chaque caractère correspondait une séquence particulière de ces deux signaux (*voir la figure 2.3*) et les « radio-télégraphes » (ou « opérateurs radio ») traduisaient

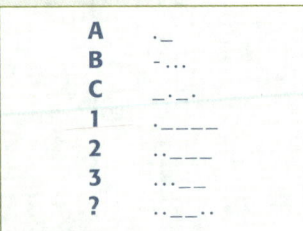

Figure 2.3

Quelques éléments du code morse.

les *bips-bips* en lettres et les lettres en *bips-bips*, ce que l'on peut facilement constater dans de nombreux films dont l'action se situe dans le cadre de la Seconde Guerre mondiale.

Dans la façon moderne d'utiliser le code binaire, on a remplacé les traits – courts et longs – du code morse par les chiffres 0 et 1. Dans un ordinateur, le 0 peut représenter l'état *OFF* et le 1, l'état *ON* de chaque élément de base. Tout ce qui entre dans un ordinateur est ainsi converti en système binaire par l'utilisation de ces deux chiffres. Lorsqu'on appuie sur une touche, le clavier émet automatiquement une séquence d'impulsions électriques assimilables par l'ordinateur. Par exemple, le fait d'appuyer sur la touche F du clavier d'un micro-ordinateur envoie un signal électronique au bloc système où il est converti en ASCII – 01000110 dans le cas du F (*voir la figure 2.4*). Il y a bien d'autres choses à comprendre dans le système binaire et vous trouverez en annexe des renseignements supplémentaires sur son usage dans la représentation des informations.

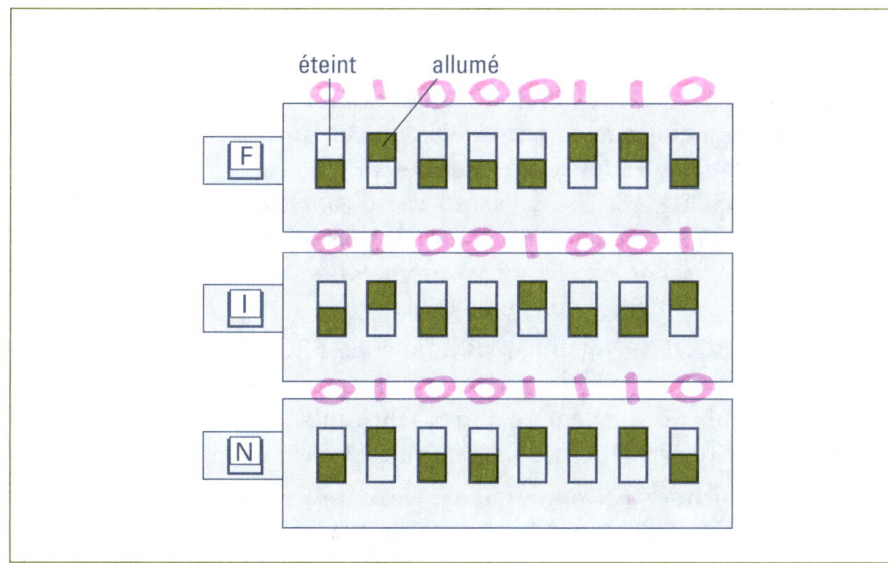

Figure 2.4

Les lettres F, I et N, telles qu'elles sont représentées dans le code binaire à deux états (allumé/éteint) ASCII.

Les unités de mesure de capacité

Chacun des 0 et des 1 du système binaire s'appelle un **bit** – contraction de l'anglais *binary digit*. Les bits sont groupés en paquets de huit appelés **octets** pour représenter les chiffres, les lettres et les autres symboles. Chaque octet représente un caractère – dans plusieurs ordinateurs, il correspond à une case mémoire. Par conséquent, la capacité de la mémoire centrale et celle des périphériques de stockage est exprimée en octets (*voir le tableau 2.2*).

Les mesures de capacité

Il existe plusieurs unités de mesure pour exprimer les capacités en octets.

- Un **kilo-octet** (Ko) équivaut approximativement à 1000 octets. (Plus précisément, 1 kilo-octet est égal à 1024 octets, mais ce chiffre est habituellement arrondi à 1000 octets.) Cette unité de mesure était couramment

TABLEAU 2.2	
Mesure de capacité	**Nombre d'octets**
1 kilo-octet (Ko)	1 millier
1 mégaoctet (Mo)	1 million
1 gigaoctet (Go)	1 milliard
1 téraoctet (To)	1 billion

utilisée pour évoquer la capacité de la mémoire des micro-ordinateurs. Par exemple, les anciens PC d'IBM possédaient une capacité maximale de 640 Ko, ou environ 640 000 caractères de données.

- Un **mégaoctet** (Mo) équivaut à environ un million d'octets. Ainsi, lorsqu'on dit d'un micro-ordinateur qu'il possède 512 Mo de mémoire, comme c'est le cas de nombreux appareils sur le marché, on indique que la capacité de sa mémoire est d'un peu plus de 512 millions d'octets.
- Un **gigaoctet** (Go) équivaut à environ un milliard d'octets. On exprime en giga octets la capacité de stockage des disques des micro-ordinateurs.
- Un **téraoctet** (To) équivaut à plus de un billion – mille milliards – d'octets. Cette mesure n'est utilisée actuellement que pour les ordinateurs centraux et les serveurs.

Remarquez la majuscule de l'abréviation Ko, qui sert à distinguer cette unité de mesure de celle du système métrique dont la valeur est proche mais différente.

Les codes binaires standard

Dans le monde informatique, trois codes binaires se sont généralisés. Deux de ceux-ci, le code ASCII et le code EBCDIC, utilisent huit bits (un octet) pour représenter chaque caractère (*voir le tableau 2.3*). Le troisième, le code Unicode, utilise 16 bits (deux octets) par caractère.

- Le code **ASCII** : ASCII est l'acronyme d'*American Standard Code for Information Interchange.* C'est le code le plus répandu pour la représentation des caractères sur les micro-ordinateurs ; on le trouve aussi sur de nombreux ordinateurs de grande taille.
- Le code **EBCDIC** : conçu par IBM, le code EBCDIC (*Extended Binary Coded Decimal Interchange Code*) est utilisé sur plusieurs de ses modèles et sur certains ordinateurs d'autres fabricants. L'EBCDIC, une norme industrielle pour les ordinateurs centraux, est de plus en plus abandonné.
- Le code **Unicode** : Unicode est un nouveau code universel utilisant 16 bits qui a été mis au point par Apple, IBM et Microsoft. Il permet de représenter tous les caractères des langues internationales, y compris le chinois, l'arabe, le japonais, des langues dont le nombre de symboles est trop élevé pour que ceux-ci soient représentés par huit bits. Le prix à payer pour cette « universalité » est que les fichiers contenant du texte occupent presque deux fois plus d'espace de stockage. On s'attend à ce que le code Unicode, déjà adopté par Windows XP, supplante bientôt tous les autres et devienne LA norme en matière de codage informatique.

Le traitement de l'information

Les manipulations, ou traitements, dont une information peut faire l'objet sont fonction du type de cette dernière. Ainsi, il n'est pas pertinent de soumettre à un quelconque calcul une information non quantitative. Par exemple, le fait de diviser par deux un numéro de téléphone ne donnera aucun résultat significatif. Il est important de connaître le type d'une information étant donné que les traitements informatiques se font automatiquement ; une calculatrice ou un ordinateur ne peuvent pas en connaître le sens. En revanche,

TABLEAU 2.3					
Une partie des codes binaires de représentation des données ASCII et EBCDIC					
Caractère	*ASCII*	*EBCDIC*	*Caractère*	*ASCII*	*EBCDIC*
A	0100 0001	1100 0001	T	0101 0100	1110 0011
B	0100 0010	1100 0010	U	0101 0101	1110 0100
C	0100 0011	1100 0011	V	0101 0110	1110 0101
D	0100 0100	1100 0100	W	0101 0111	1110 0110
E	0100 0101	1100 0101	X	0101 1000	1110 0111
F	0100 0110	1100 0110	Y	0101 1001	1110 1000
G	0100 0111	1100 0111	Z	0101 1010	1110 1001
H	0100 1000	1100 1000			
I	0100 1001	1100 1001			
J	0100 1010	1101 0001	0	0011 0000	1111 0000
K	0100 1011	1101 0010	1	0011 0001	1111 0001
L	0100 1100	1101 0011	2	0011 0010	1111 0010
M	0100 1101	1101 0100	3	0011 0011	1111 0011
N	0100 1110	1101 0101	4	0011 0100	1111 0100
O	0100 1111	1101 0110	5	0011 0101	1111 0101
P	0101 0000	1101 0111	6	0011 0110	1111 0110
Q	0101 0001	1101 1000	7	0011 0111	1111 0111
R	0101 0010	1101 1001	8	0011 1000	1111 1000
S	0101 0011	1110 0010	9	0011 1001	1111 1001

on peut additionner des notes d'étudiants et diviser la somme par le nombre d'étudiants afin d'obtenir la moyenne d'un groupe. En matière de traitement, deux restrictions s'appliquent aux données : seules les informations quantitatives se prêtent à des calculs arithmétiques et seules les informations qualitatives sont exclues des relations d'ordre.

Voici les traitements qu'un ordinateur peut exécuter et les types d'information qui s'y prêtent :

- Calculs arithmétiques (addition, multiplication, etc.) : informations quantitatives seulement.
- Relations d'ordre (plus grand, plus petit, pour le tri) : informations quantitatives et semi-quantitatives.
- Relations d'identité (pareil ou différent) : tous les types d'informations.
- Extraction (extraire un élément d'une chaîne de données) et concaténation (assembler en une seule deux ou plusieurs chaînes de données) : tous les types d'informations.

Les catégories d'ordinateur

Les **ordinateurs** sont les appareils de traitement de l'information les plus performants. Grosso modo, ils se définissent ainsi: ce sont des machines électroniques qui, en exécutant des instructions détaillées, acceptent des données, les traitent et fournissent des résultats.

Il est difficile de classer les ordinateurs selon leurs capacités, étant donné que celles-ci passent de la moins élevée à la plus élevée en suivant une échelle presque continue. Il n'y a pas de frontière qui permet de les séparer de façon rigoureuse. On peut néanmoins placer les superordinateurs à un bout du continuum et les ordinateurs de poche à l'autre bout. Entre les deux extrémités, on trouve une kyrielle d'ordinateurs de dimensions et de puissances diverses. Certains parlent d'**ordinateurs centraux** et de **mini-ordinateurs**, mais ces désignations ne font pas formellement référence à des caractéristiques de taille, de puissance, de capacité de mémoire, etc. D'ailleurs, on constate que le terme «mini-ordinateur» est de moins en moins usité et que l'expression «ordinateur central» désigne non pas une catégorie d'ordinateur de taille moyenne, mais plutôt un ordinateur hôte ou un serveur, soit une fonction prise en charge par un simple ordinateur ou par un réseau d'ordinateurs. Les ordinateurs hôtes et les serveurs sont examinés au chapitre 9.

Les **superordinateurs** sont des ordinateurs extrêmement puissants dotés d'une capacité de calcul énorme. Les premiers ordinateurs, qui sont apparus entre 1945 et 1960, étaient des machines orientées vers le calcul. Déjà, à l'époque, les fabricants cherchaient à mettre au point le modèle le plus puissant sur le marché. Seuls les gouvernements, les universités, les centres de recherche de pointe et les grosses entreprises avaient les moyens de s'informatiser. De nos jours, on constate que ce sont encore sensiblement les mêmes catégories d'utilisateurs qui se servent de telles machines. Celles-ci sont utilisées pour la recherche fondamentale ou pour des applications de calcul numérique intensif. Ainsi, les prévisions météorologiques, la simulation en trois dimensions d'essais nucléaires, la recherche spatiale ou en armement nécessitent des programmes gigantesques pouvant effectuer des milliards d'opérations de calcul. Par exemple, le Altix 3700 de SGI (*voir la figure 2.5*) du RQCHP (Réseau québécois de calcul haute performance), doté de 128 processeurs, de 512 Go de mémoire vive, d'un serveur de disques de 2 To et d'un serveur d'archivage de 10 To, atteint une capacité de traitement d'environ 750 gigaflops – autrement dit 750 milliards d'opérations en virgule flottante par seconde! Un tel ordinateur n'est naturellement pas à la portée de toutes les bourses. Destiné à la recherche de haut niveau, il coûte 33 millions de dollars canadiens (environ 21 millions d'euros).

Les **ordinateurs centraux** (*mainframe*) sont des ordinateurs de taille et de puissance moyennes qui prennent en charge simultanément plusieurs usagers ou plusieurs applications et qui permettent de centraliser le traitement des informations d'une organisation. Leur utilisation est en décroissance, car ils sont de plus en plus remplacés par des parcs de micro-ordinateurs ou de stations de travail. Les ordinateurs de la série Z d'IBM sont des exemples d'ordinateurs centraux (*voir la figure 2.6*).

Les **micro-ordinateurs**, aussi nommés **ordinateurs personnels**, sont apparus au début des années 1980. Contrairement aux ordinateurs dont

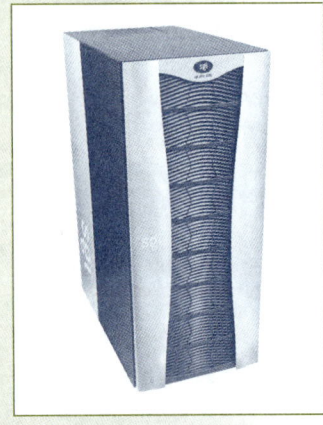

Figure 2.5

Le superordinateur Altix de SGI.

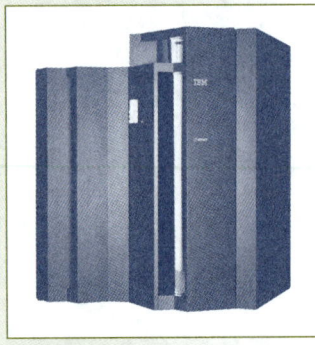

Figure 2.6

Un ordinateur central d'IBM.

nous venons de parler, qui doivent être alimentés en courant électrique à haut voltage et qui nécessitent des pièces spécialement aménagées, les micro-ordinateurs sont peu encombrants et peuvent se placer sur une table de travail. Étant donné leurs prix, qui commencent à quelques centaines de dollars, ils sont accessibles aux particuliers. D'un usage courant dans tous les pays développés, ils pénètrent rapidement les pays en voie de développement, auxquels ils ouvrent la voie de l'informatique. On distingue trois grands modèles de micro-ordinateurs : les ordinateurs de table, les portables et les ordinateurs de poche.

■ Les **ordinateurs de table** sont des postes sédentaires installés à un endroit précis. Ces appareils exécutent, avec plus ou moins de puissance selon leur équipement, les principaux progiciels offerts sur le marché (*voir la figure 2.7*). Dans les organisations où les ordinateurs de table sont haut de gamme et reliés en réseau, on les nomme stations de travail. Les **stations de travail** sont des micro-ordinateurs très performants. Elles sont pourvues de mémoires internes très puissantes, de disques durs de grande capacité, et de dispositifs d'affichage sophistiqués et de très haute résolution. On s'en sert pour des applications infographiques complexes comme l'animation, les effets spéciaux ou le montage vidéo. On les utilise aussi comme serveurs dans des réseaux locaux ou comme serveurs Web. Sun Microsystems, IBM et SGI sont trois fabricants de stations de travail (*voir la figure 2.8*).

■ Les **portables** sont des modèles d'une taille et d'un poids (quelques kilogrammes) qui permettent de les porter en bandoulière. Munis de piles rechargeables, ils sont utilisables en tout lieu. Leur prix est presque deux fois plus élevé que celui des modèles de table de puissance comparable (*voir la figure 2.9*). Les modèles appelés **blocs-notes** s'insèrent facilement dans un porte-documents (*voir la figure 2.10).*

■ Les **ordinateurs de poche** sont des appareils légers (en règle générale, ils pèsent moins de un kilogramme) qui tiennent dans la main (*voir la figure 2.11*). Ils exécutent des tâches d'organisation personnelle – gestion de l'agenda et du carnet d'adresses, éditeur de texte pour les messages, etc. – et permettent même de surfer sur Internet et d'envoyer ou de recevoir des courriels. Ils sont munis d'un programme de reconnaissance de caractères qui donne la possibilité d'entrer des données sur une surface tactile. On peut ainsi choisir des options dans les menus ou écrire de courts messages au moyen d'un stylet approprié. Les ordinateurs de poche sont considérés comme un complément du micro-ordinateur, car ils servent plus souvent de périphériques de stockage temporaire que d'ordinateurs à part entière. En effet, compte tenu de leur taille et de leur poids réduits, on peut facilement les transporter avec soi pour prendre des notes en vue de les transférer sur un micro-ordinateur de dimensions convenant mieux au travail à long terme. Les fonctions de ces ordinateurs sont tellement prisées qu'on les incorpore de plus en plus dans d'autres dispositifs tels que les téléphones cellulaires. Les ordinateurs de poche coûtent quelques centaines de dollars.

■ Les **microprocesseurs** sont des **puces électroniques** utilisées non seulement dans les micro-ordinateurs, mais aussi dans la plupart des

Figure 2.7
Un ordinateur de table.

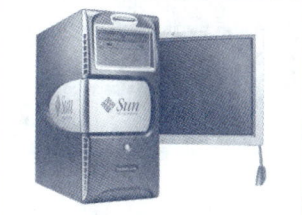
Figure 2.8
Une station de travail
de Sun Microsystems.

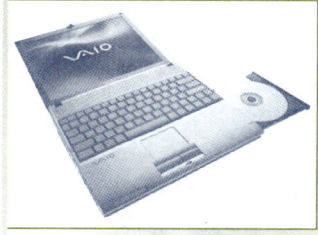
Figure 2.9
Un portable.

Figure 2.10
Un bloc-notes.

Figure 2.11
Un ordinateur de poche.

appareils d'usage courant : téléphones, appareils électroménagers, pièces de voitures, chaînes stéréophoniques, magnétophones, magnétoscopes, cartes à puce, etc. Ce ne sont pas des ordinateurs à proprement parler, mais ils constituent un volet important de l'informatique tant sur le plan de leur production que sur celui de leur programmation. On peut considérer ces modules électroniques comme des sous-ordinateurs dédiés à une tâche unique.

Questions de révision

Vrai ou faux

1. Les micro-ordinateurs sont aussi appelés « ordinateurs personnels ».
2. L'information représentée sous forme numérique est plus mnémonique que sous forme de langage naturel.
3. Dire « 1 kilo-octet équivaut à 1000 octets » est moins précis que de dire « 1 kilo-octet équivaut à 1024 octets », mais est aussi exact.
4. Les codes ASCII et EBCDIC sont parfaitement compatibles, car ils utilisent les mêmes codes pour représenter chacun des caractères.
5. Le code ASCII permet de représenter 256 caractères puisqu'il a une largeur de 8 bits.
6. Tous les types d'informations se prêtent à des opérations de relation d'ordre.
7. Seuls les ordinateurs sont adaptés au traitement automatique ; les humains en sont incapables.
8. L'ajout de redondance à un message rend celui-ci plus mnémonique.
9. Le code morse est un exemple de code binaire.
10. Un mégaoctet correspond environ à un milliard d'octets.

Questions à choix de réponses

1. Dans l'approche américaine, le terme information s'oppose à :
   a) connaissance ;
   b) sens ;
   c) data ;
   d) aucune des réponses précédentes.
2. Laquelle des caractéristiques suivantes sert à la validation d'une information ?
   a) complexité ;
   b) ambiguïté ;
   c) redondance ;
   d) mnémonicité.
3. Un code alphanumérique peut être composé de :
   a) chiffres ;
   b) lettres ;
   c) symboles ;
   d) toutes les réponses précédentes.

4. Un téraoctet est combien de fois plus grand qu'un kilo-octet?
   a) mille fois;
   c) un milliard de fois;
   b) un million de fois;
   d) un billion de fois.

5. Un micro-ordinateur très sophistiqué relié à un réseau est:
   a) une station de travail;
   c) un portable;
   b) un ordinateur bloc-notes;
   d) toutes les réponses précédentes.

6. Les ordinateurs sont des appareils électroniques qui exécutent des instructions, traitent les données et produisent:
   a) des résultats;
   c) des données;
   b) des programmes;
   d) des logiciels système.

7. Les ordinateurs très puissants utilisés principalement pour la recherche sont:
   a) des micro-ordinateurs;
   c) des ordinateurs centraux;
   b) des mini-ordinateurs;
   d) des superordinateurs.

8. Lequel des termes suivants ne représente pas une catégorie d'ordinateurs?
   a) le microprocesseur;
   c) le mini-ordinateur;
   b) le micro-ordinateur;
   d) l'ordinateur central.

9. Sur votre compte de frais de scolarité, on vous indique que vous devez 120 $. Dans ce texte, l'information «120» est:
   a) numérique et non quantitative;
   b) alphabétique et quantitative;
   c) numérique et alphabétique;
   d) numérique et quantitative.

10. Un directeur d'entreprise doit absolument avoir pris une décision à 13 h 30 au plus tard et, pour ce faire, il doit obtenir d'urgence un rapport sur le chiffre d'affaires annuel. Quel facteur, parmi les suivants, est le plus susceptible d'être sacrifié si on veut lui donner satisfaction?
   a) l'exactitude;
   c) la concision;
   b) la précision;
   d) la disponibilité (à temps).

Phrases à compléter

1. Un des avantages du langage usuel par rapport aux autres modes de représentation de l'information est _____.

2. La concaténation de l'information AB et de l'information + donne l'information _____.

3. L'unité de mesure qui équivaut à 1024 octets s'appelle _____.

4. Effectuer une relation d'identité équivaut à se demander si deux informations sont _____.

5. Les ordinateurs qu'on trouve dans la résidence d'un ami appartiennent généralement à la catégorie des _____.

6. Un _____ est un ordinateur d'assez petite taille pour tenir dans la main.

7. Un disque de 40 gigaoctets peut contenir environ _____ de caractères.

8. «Un vendredi 13, à 13 heures 13 minutes, Louis XIII acheta treize bières pour le prix de 13 écus au 1313, 13e Avenue, Paris XIII.» Dans cette phrase, l'information «treize/13/XIII» est _____ fois quantitative sans être numérique.

9. Lorsqu'on encode le groupe sanguin d'un individu en utilisant une ou plusieurs lettres de l'alphabet pour désigner le type de sang, et un signe «+» ou «−» pour désigner le facteur rhésus (par exemple, AB$^+$ ou O$^-$), on utilise une représentation _____ de l'information.

10. Une _____ est une formule écrite qui représente une connaissance.

Questions à développement

1. Calculer avec précision le nombre d'octets correspondant à 512 Mo et à 160 Go.

2. Dresser un tableau énumérant les diverses catégories d'ordinateur et leurs caractéristiques, et donner un exemple de chacune d'elles.

3. Expliquer en quoi le type d'information et le mode de représentation de l'information diffèrent l'un de l'autre. Étayer le propos à l'aide d'exemples.

4. Pour chacune des qualités de l'information, fournir des exemples autres que ceux cités dans ce chapitre.

5. Les ordinateurs traitent des informations quantitatives en base 2 (système binaire). Comment manipulent-ils les informations non quantitatives?

L'informatique est la science du traitement automatique de l'information.

L'INFORMATION

Le terme **information** peut être interprété dans deux sens en informatique.
- L'information est une formule écrite pouvant transmettre une connaissance.
- L'information est le résultat du traitement des données.

Les qualités de l'information
- Exactitude
- Précision
- Complétude
- Pertinence
- Concision
- Disponibilité en temps

Les types d'informations
- Quantitative : calculable
- Semi-quantitative : ordonnée
- Qualitative : ni calculable ni ordonnée

La représentation de l'information
- Le **langage usuel** : complexe, ambigu, redondant, mnémonique.
- Le **code numérique** : simple et concis, non ambigu, non mnémonique, possibilité d'ajout de redondance.
- Le **code alphanumérique** : combine les qualités des deux précédents.

LE SYSTÈME BINAIRE

Les ordinateurs traitent toutes les informations sous forme numérique. Le code utilisé est le **système binaire**, représenté par les chiffres 0 et 1 uniquement. Chacun de ces chiffres s'appelle un **bit**. Les informations non quantitatives sont représentées par des groupes de 8 bits appelés **octets** dans le code **ASCII**. Le code **Unicode** utilise 16 bits par caractère.

Les ordinateurs

Les **ordinateurs** sont les machines de traitement de l'information les plus performantes. Ce sont des appareils électroniques qui, en suivant des instructions détaillées, acceptent des données, les traitent et fournissent un résultat.

Les catégories d'ordinateur

Les **superordinateurs** sont dotés d'une grande capacité de calcul et sont destinés à des usages spéciaux, comme la recherche fondamentale. Les **ordinateurs centraux** et les **mini-ordinateurs** sont de taille et de puissance moyennes. Ils sont surtout utilisés dans les grandes entreprises qui partagent leur puissance de traitement entre plusieurs usagers.

Les **micro-ordinateurs** sont des appareils de petite taille dont la puissance et l'utilisation ne cessent d'augmenter. On en distingue trois catégories : les ordinateurs de table, les portables et les ordinateurs de poche.

Les **microprocesseurs**, qui ne sont pas une catégorie d'ordinateur mais qui en constituent la pièce maîtresse, se trouvent dans de très nombreux appareils informatisés d'usage courant.

Les logiciels d'application

3

Certaines personnes se considèrent comme malhabiles à taper à la machine, à faire des calculs, à tracer des diagrammes ou encore à organiser de l'information. On peut concevoir l'ordinateur comme un outil de travail électronique destiné à les aider à accomplir toutes ces tâches – et davantage. Il suffit de disposer des bons logiciels: les programmes qui dirigent l'ordinateur. Dans ce chapitre, nous décrirons les programmes les plus utiles et, de ce fait, les plus utilisés.

l n'y a pas si lontemps, il fallait recourir à du personnel qualifié pour effectuer de nombreuses tâches que vous pouvez accomplir vous-même sur ordinateur. Les secrétaires tapaient une correspondance d'affaires d'apparence professionnelle; les spécialistes du marketing utilisaient crayons, papier et calculatrice pour établir leurs prévisions de ventes; les graphistes dessinaient à la main des diagrammes hauts en couleur; les experts en traitement de données stockaient des fichiers d'enregistrements sur de gros ordinateurs, tandis que les informaticiens utilisaient des réseaux pour communiquer entre eux. Maintenant, on peut accomplir soi-même toutes ces tâches – et beaucoup d'autres – à l'aide d'un simple micro-ordinateur et de **logiciels d'application**. Bien plus, certains programmes polyvalents réalisent à eux seuls plusieurs de ces tâches.

*Certaines caractéris-
tiques sont communes
à tous les logiciels
d'application.*

Les logiciels d'application

Dans l'introduction, nous avons déjà défini les logiciels comme des programmes, c'est-à-dire des ensembles d'instructions que les ordinateurs exécutent pas à pas. Ces logiciels peuvent être achetés tout faits, auquel cas on parle de **progiciels**, ou être créés sur mesure et on parle alors de logiciels **clé en main**. Le terme « progiciel » vient de la contraction des mots « produit » et « logiciel ». Les progiciels sont des programmes écrits par des programmeurs professionnels visant une distribution commerciale. On peut se les procurer sur Internet ou dans des boutiques d'informatique. Il existe des dizaines de milliers de progiciels destinés uniquement aux micro-ordinateurs. Les logiciels clé en main sont des programmes conçus pour une application particulière à l'intention d'une entreprise donnée. L'entreprise doit en assumer seule les coûts de développement et d'entretien.

Parmi les progiciels, il y a des **logiciels propriétaires**, qui sont vendus uniquement en version directement exécutable. Ils sont utilisables immédiatement, mais ils ne peuvent être l'objet d'aucune modification. Les **logiciels libres** (*open source*), au contraire, sont fournis accompagnés de leur **code source**, qui permet à un programmeur de les adapter à ses besoins et d'en corriger les erreurs. En fait, toutes les personnes qui se procurent un logiciel libre sont fortement incitées à améliorer le produit et à en faire bénéficier la communauté. Notez toutefois que le logiciel libre n'est pas synonyme de logiciel gratuit! On trouve des logiciels libres qui ne sont pas distribués gratuitement et, à l'inverse, des logiciels fermés qui le sont.

Les traitements de texte, les tableurs, les gestionnaires de bases de données, les logiciels de présentation, les éditeurs de pages Web et les navigateurs Web sont des logiciels d'application générale parce qu'ils nous permettent à tous d'accomplir des tâches courantes. Certaines caractéristiques sont communes à la majorité des progiciels. Voici les plus importantes.

La version

Les fabricants de logiciels publient régulièrement de nouvelles **versions** de leurs programmes pour en améliorer la performance et la facilité d'utilisation. Si, d'une version à l'autre, le nom du logiciel reste inchangé, on lui accole généralement un code numérique permettant de voir sa progression. Ainsi on trouvera les logiciels Photoshop 7, WordPerfect 12, Illustrator 10, etc., qui font suite aux versions antérieures Photoshop 6, WordPerfect 11, Illustrator 9. Parfois les changements ne justifient pas une nouvelle version et on rééditera le produit en lui accolant un numéro d'édition: Copernic 6.12, Lotus 1-2-3 9.8, etc. Enfin, certains fabricants associent le numéro de version à l'année de sa parution comme Microsoft Office 2003.

On appelle **compatibilité descendante**, ou **compatibilité amont** (*downward compatibility*), la capacité des logiciels à traiter les fichiers produits par leurs versions antérieures. L'inverse, la **compatibilité ascendante**, ou **compatibilité aval** (*upward compatibility*), est cependant inhabituel. Des problèmes peuvent donc survenir lorsque plusieurs personnes travaillent sur un document commun avec des versions différentes du même logiciel.

La fenêtre

La plupart des progiciels utilisent une **fenêtre** – un cadre entourant une sur-face d'affichage – qui contient le document traité ainsi que les directives nécessaires au traitement. Ils utilisent aussi des fenêtres pour afficher des messages ou requérir des informations de l'utilisateur (*voir la figure 3.1*). Les descriptions qui suivent concernant les éléments de fenêtre s'appliquent à l'environnement Windows.

Figure 3.1

La fenêtre présentée par un logiciel de traitement de texte.

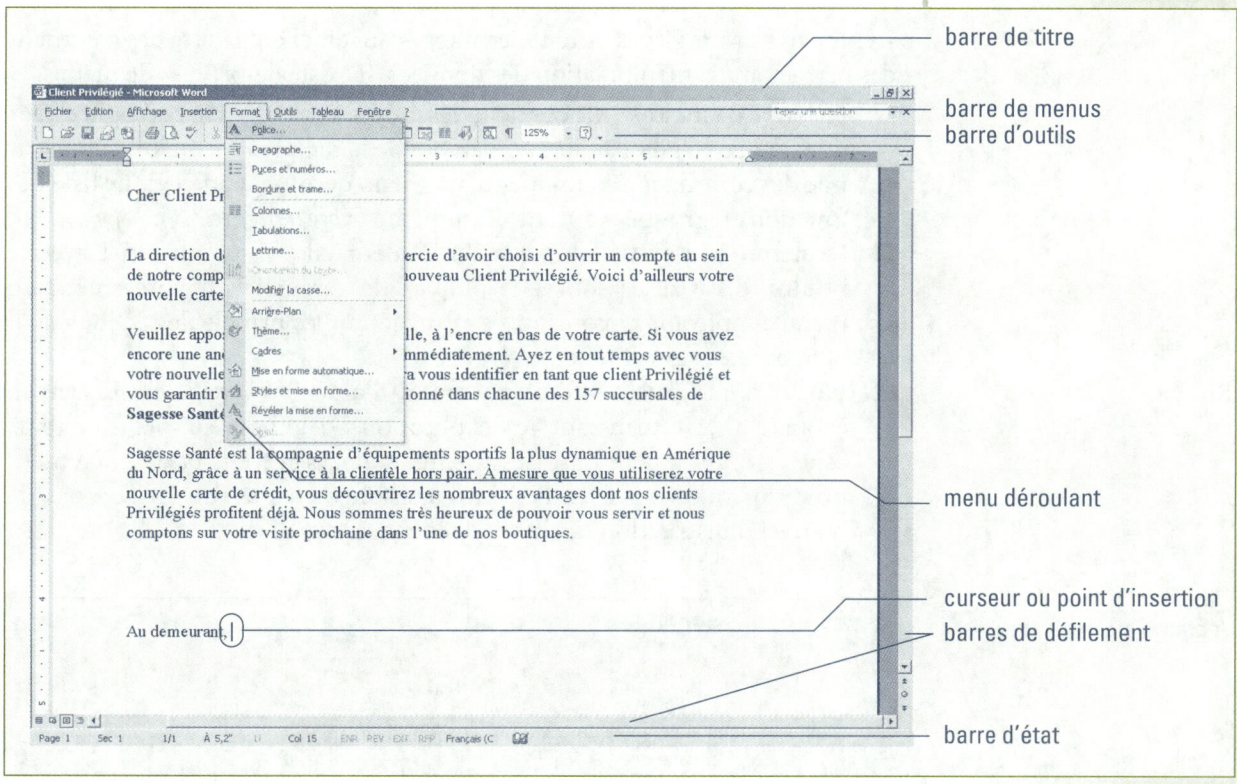

barre de titre

barre de menus
barre d'outils

menu déroulant

curseur ou point d'insertion
barres de défilement

barre d'état

Figure 3.2

La barre de titre.

La barre de titre

Juste sous la bordure supérieure de la fenêtre se trouve la **barre de titre**, sur laquelle s'affiche le nom du logiciel, ainsi que trois boutons, qui ont chacun leur fonction (*voir la figure 3.2*). Le premier (en partant de la droite) sert à fermer l'application en cours. Le deuxième permet de réduire la taille de la fenêtre et de la redimensionner à l'aide de la souris; cette fonction est très utile quand on désire voir plus d'une fenêtre à la fois à l'écran. Ce bouton sert aussi à remettre la fenêtre en format plein écran. Enfin, le troisième bouton sert à réduire la fenêtre à la taille d'un petit rectangle – un bouton – au bas de l'écran. Cette fonction est très commode, car elle permet de mettre de côté le contenu de la fenêtre (application, liste de dossiers et de fichiers, etc.) pour libérer de l'espace à l'écran. C'est comme si, après y avoir inséré un signet, nous laissions un livre de côté sur le coin de notre bureau en vue d'y revenir plus tard.

Le curseur

Le **curseur** (aussi appelé **point d'insertion**) indique l'endroit où seront entrées les prochaines données (*voir la figure 3.1*). Il prend généralement la forme d'un symbole clignotant que l'on peut déplacer à l'aide des touches de contrôle du clavier – comme les touches de **déplacement** (symbolisées par des flèches). On peut également déplacer le curseur au moyen de la souris.

Les menus

La plupart des progiciels offrent des **menus** qui affichent la liste des commandes permettant la manipulation des données. Il existe deux types de menus.

- La **barre de menus** : elle contient des groupes de commandes alignées, sur une ou deux lignes, au haut ou au bas de la fenêtre. Lorsqu'on clique sur une des commandes d'un menu, un menu déroulant affiche une liste des fonctions regroupées autour d'un thème (*voir la figure 3.1*).
- Le **menu contextuel** : lorsque l'utilisateur clique sur un objet avec le **bouton droit** de la souris, la plupart des progiciels lui présentent un menu adapté aux circonstances et suggérant les principales actions qu'il peut exercer sur cet objet.
- Plusieurs progiciels offrent un **menu d'aide** (*voir la figure 3.3*) et un écran d'aide fournissant les explications détaillées sur les différents aspects d'une opération. Ces menus d'aide s'avèrent particulièrement utiles lorsque vous avez besoin d'assistance et que vous n'avez pas de manuel d'instructions à portée de la main.

Figure 3.3
L'écran d'aide d'un tableur.

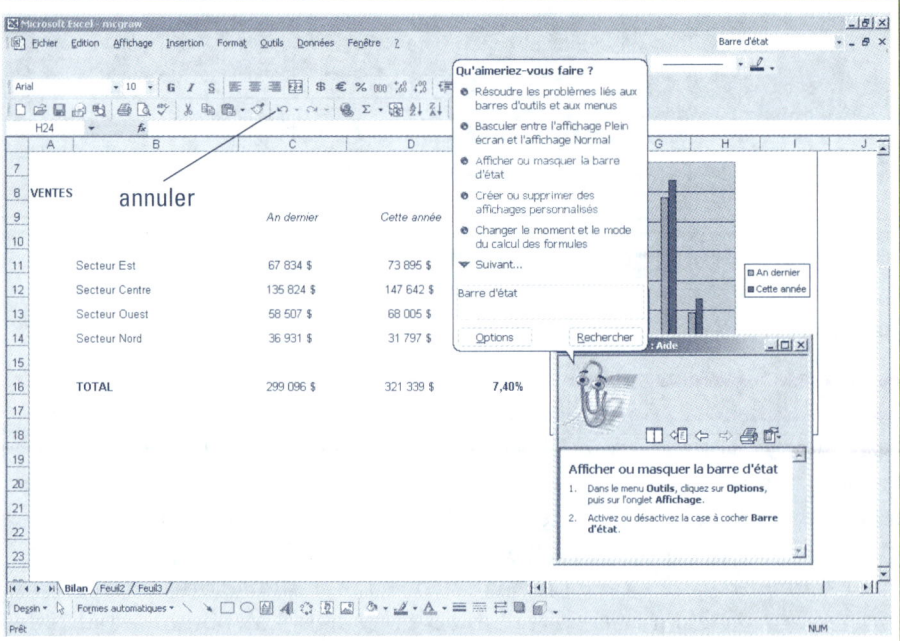

Les logiciels d'application

Les touches de fonction

Le haut du clavier comporte une série de touches, dites de **fonction**, marquées [F1], [F2], [F3], etc. On les utilise comme **touches de raccourci** pour exécuter des fonctions fréquemment utilisées, comme le soulignement. Ces touches jouent un rôle différent selon le progiciel utilisé. Par exemple, appuyer sur [F2] en WordPerfect permet de rechercher un bout de texte dans un document. Par contre, appuyer sur [F2] en Quattro Pro donne la possibilité d'éditer une formule.

Les barres d'outils

Les **barres d'outils**, aussi nommées **barres de boutons** (*voir la figure 3.4*), affichent une suite d'**icônes**, sortes de petites illustrations graphiques représentant les commandes les plus souvent utilisées. L'utilisateur peut ainsi, d'un simple clic de la souris, éviter plusieurs étapes de navigation dans les menus. Quand on place le pointeur de la souris au-dessus d'une de ces icônes, une légende (info-bulle) apparaît pour en décrire la fonction. La barre d'outils standard et la barre d'outils de mise en forme se retrouvent dans presque tous les logiciels d'application pour Windows.

Les barres de défilement

Les dimensions limitées de l'écran ne permettent d'afficher qu'une section du document de travail. Les **barres de défilement** (verticale et horizontale) permettent de déplacer la fenêtre d'affichage sur l'ensemble du document (*voir la figure 3.1*).

L'annulation

Il ne faut pas paniquer si l'on commet une erreur qui produit un résultat catastrophique ; la plupart des logiciels offrent la possibilité d'**annuler** la ou les dernières commandes, ce qui répare ainsi instantanément les dégâts occasionnés. On peut alors reprendre l'opération en toute sérénité (*voir la figure 3.3*).

Le presse-papiers

Un des outils les plus utiles des logiciels modernes est le **presse-papiers,** qui permet de déplacer du texte, des images ou même des fichiers, ou d'en obtenir une copie. La technique est simple : après avoir sélectionné un objet ou un groupe d'objets en un bloc, on choisit la fonction couper ou la fonction

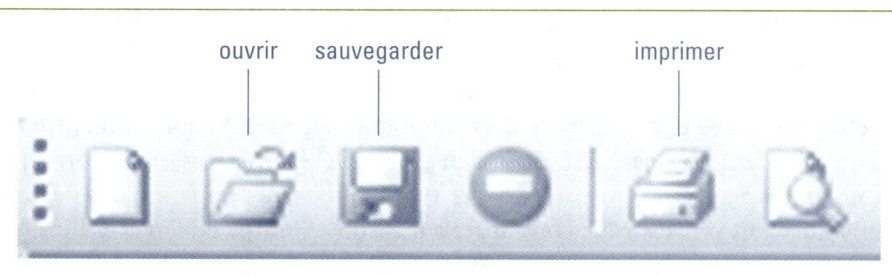

Figure 3.4

Une portion d'une
barre d'outils.

ouvrir   sauvegarder   imprimer

Figure 3.5

Déplacer un bloc avec la fonction couper/coller.

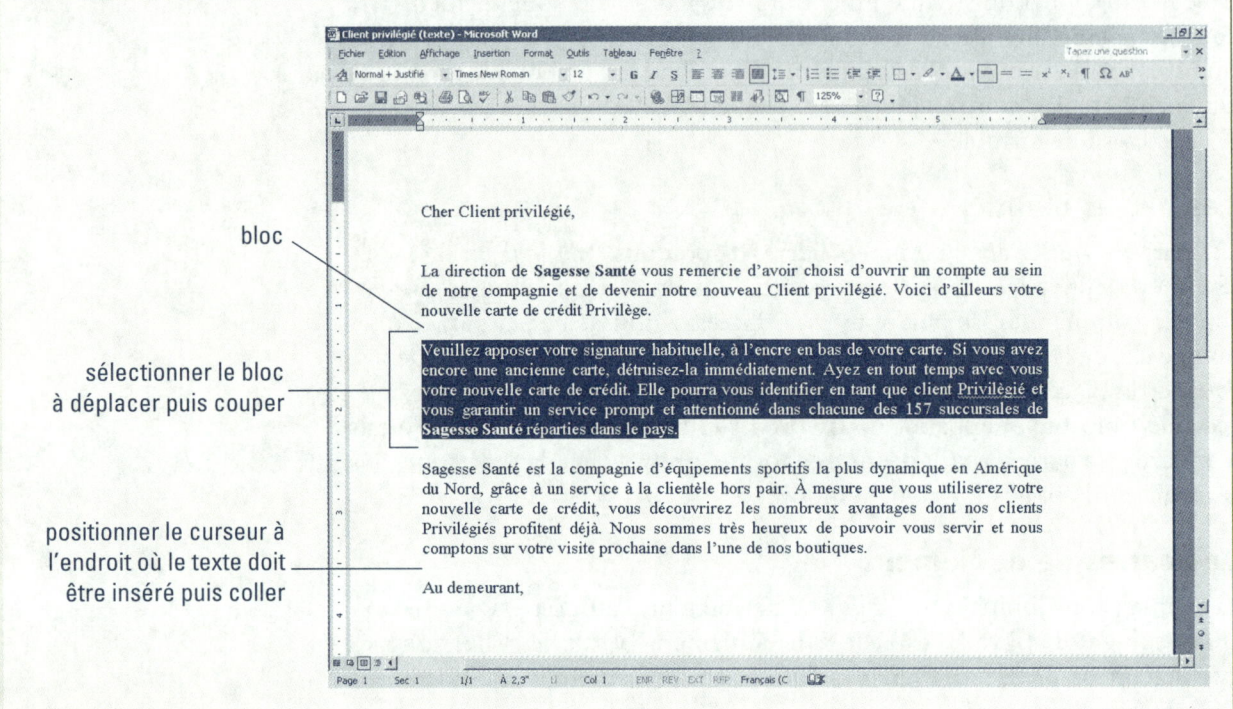

bloc

sélectionner le bloc
à déplacer puis couper

positionner le curseur à
l'endroit où le texte doit
être inséré puis coller

copier – selon que l'on désire déplacer ou reproduire ce bloc. Le système d'exploitation fait alors une copie du bloc dans une zone de mémoire réservée au presse-papiers. Après quoi, il suffit d'amener le curseur à l'endroit où le bloc doit être récupéré et d'activer la fonction coller. On notera que la fonction couper a aussi pour effet de faire disparaître le bloc de l'endroit où il se trouvait initialement (*voir la figure 3.5*).

Le traitement de texte

Le traitement de texte est utilisé pour créer, éditer, sauvegarder et imprimer des documents.

Les logiciels de **traitement de texte** sont utilisés pour créer, éditer, sauvegarder et imprimer des **documents**. Un document peut contenir tout type de texte : lettre, note de service, rapport, dissertation, contrat, etc. Auparavant, on pensait que seules les secrétaires pouvaient se servir des traitements de texte alors que, de nos jours, tout le monde les utilise. En effet, il a été démontré que, parmi les logiciels d'usage courant, ce sont les traitements de texte qui engendrent les plus grands gains de productivité.

Ceux d'entre vous qui ont déjà utilisé une machine à écrire ont une petite idée de ce que peut faire un traitement de texte. D'abord, on entre du texte à l'aide d'un clavier. Mais, au lieu d'observer la progression de votre travail sur papier, vous voyez les mots que vous entrez apparaître à l'écran. Ensuite, vous sauvegardez votre texte sur disque. Enfin, vous mettez l'imprimante en marche et vous imprimez votre travail sur papier.

La possibilité d'effectuer toutes sortes de corrections et celle de modifier le texte à loisir avant de l'imprimer constituent certains des avantages de cette méthode. Naturellement, même une fois imprimé, vous pouvez facilement ramener votre texte à l'écran, effectuer les corrections qui s'imposent et réimprimer le tout. Vous voulez changer l'interlignage d'un rapport rédigé à simple interligne pour l'imprimer à double interligne, modifier la largeur des marges gauche et droite, supprimer certains paragraphes et en insérer de nouveaux provenant d'un autre document? Un traitement de texte vous permet d'accomplir tous ces changements aisément. En effet, les principales fonctions de correction – suppression, insertion et remplacement – peuvent être exécutées par la simple pression d'une touche spécifique du clavier ou par un ou deux clics de souris.

Parmi les progiciels de traitement de texte les plus populaires, on trouve WordPerfect de Corel, Lotus Word Pro d'IBM et Word de Microsoft. Voici certaines des principales caractéristiques des traitements de texte.

La saisie au kilomètre

La **saisie au kilomètre** constitue une caractéristique intéressante des traitements de texte. Ceux-ci sont en effet munis d'un mécanisme grâce auquel vous n'avez plus à appuyer sur la touche [Entrée] lorsque vous arrivez près de la fin d'une ligne pour passer à la suivante. Il est même déconseillé de le faire. La touche [Entrée] sert plutôt à forcer la fin d'un paragraphe ou l'insertion d'une ligne vierge.

La recherche et le remplacement

La fonction **recherche** vous offre la possibilité de trouver un mot ou un nombre présent dans le corps du document. Au cours de la recherche, le curseur se déplace à la première occurrence de la chaîne de caractères recherchée. Si vous le désirez, le programme recherchera toutes les autres occurrences dans le document. Par exemple, avec WordPerfect, si vous recherchez le mot *Chicago* dans le texte, il vous suffit de placer le curseur au début du document, d'activer la fonction recherche, d'entrer le mot recherché – en l'occurrence *Chicago* – et de lancer la recherche. Le curseur se déplace à la première occurrence du mot recherché.

La fonction **remplacement** sert à substituer automatiquement une chaîne de caractères à une autre. Par exemple, on pourrait rechercher le mot *Chicago* et le remplacer par le mot *Acapulco*. Le remplacement peut s'effectuer sélectivement ou globalement pour toutes les occurrences. Les fonctions **recherche** et **remplacement** s'avèrent utiles pour trouver et corriger des erreurs – par exemple, une faute dans le nom d'un client.

Autres caractéristiques

La majorité des traitements de texte offrent les fonctions suivantes.

■ La **justification** : les traitements de texte peuvent effectuer la justification d'un texte – aligner un texte à partir des marges gauche et droite, comme le texte de la figure 3.5.

■ La **mise en relief** : les titres peuvent être centrés ; un mot, souligné ou mis en **gras** (lettres plus foncées).

- Les **notes de bas de page**, la **pagination**, les **tableaux**, les **tables des matières**, les **index** et autres particularités qu'on trouve dans les travaux de recherche peuvent être réalisés facilement.
- Le **correcteur orthographique et grammatical** peut automatiquement vérifier l'orthographe des mots et les accords grammaticaux. Il repère les mots dont la graphie est fautive ou inconnue, et permet de les remplacer par le mot correctement écrit. On ne peut toutefois se fier totalement aux suggestions de corrections grammaticales, la fonction étant loin d'être assez au point pour tenir compte de toutes les subtilités de la langue.
- Le **dictionnaire des synonymes** permet d'éviter les répétitions et de trouver rapidement le mot approprié. Malgré ce que suggère son nom, le dictionnaire de synonymes peut aussi offrir les antonymes d'un terme.
- La **fusion** permet de faire du publipostage, c'est-à-dire d'associer un document type avec une liste de noms et d'adresses de façon à produire, à partir d'un modèle de lettre, une version adaptée à chacun des destinataires.
- L'**édition électronique** est rendue possible grâce à certains traitements de texte perfectionnés. Elle permet de combiner texte et graphiques, et produit des documents dont la qualité s'avère presque de niveau professionnel.
- L'**hypertexte** : comme les gens s'échangent de plus en plus leurs documents par voie électronique plutôt que sur papier, les traitements de texte permettent maintenant d'insérer dans un document une référence à une autre partie du document, voire à une cible d'un autre document. Il suffit alors de cliquer sur la référence pour voir apparaître la cible à l'écran. Cela facilite grandement la consultation en ligne.
- La fonction **plan**, parfois nommée processeur d'idées, utilise les chiffres romains, les lettres et les chiffres arabes pour définir la structure d'un document. Il suffit d'inscrire les titres principaux, puis les sous-titres et les autres rubriques à des niveaux différents. Si, par la suite, il faut changer l'emplacement ou le niveau d'importance d'une idée, on n'a qu'à déplacer le bloc de texte ; les numéros ou les lettres associés aux titres seront automatiquement mis à jour. D'ailleurs, il suffit souvent de déplacer un titre et le système fait suivre automatiquement tous les paragraphes qui en dépendent.

Le tableur

Le **tableur** est basé sur la **feuille de calcul** comptable traditionnelle. Les analystes financiers et les administrateurs ont longtemps employé ce genre de formulaire pour produire des bilans, des prévisions de ventes et des rapports de dépenses. Les tableurs sont utilisés par les analystes financiers, les comptables, les entrepreneurs et d'autres personnes qui doivent manipuler des données numériques. Le tableur comporte des lignes et des colonnes sur lesquelles sont présentées et analysées les données à traiter (*voir la figure 3.6*).

La simulation financière demeure une des plus grandes forces des tableurs. On peut manipuler des chiffres en se servant de formules déjà enregistrées dans une feuille électronique et calculer différents résultats possibles. Par exemple, un restaurateur peut calculer ses revenus en prévoyant le prix de vente de la nourriture sur une période de six mois. Puis, de ces revenus, il

Un tableur est un progiciel permettant de mettre au point une feuille de calcul électronique pour organiser et manipuler des données numériques et faire des simulations.

Figure 3.6

Un tableur.

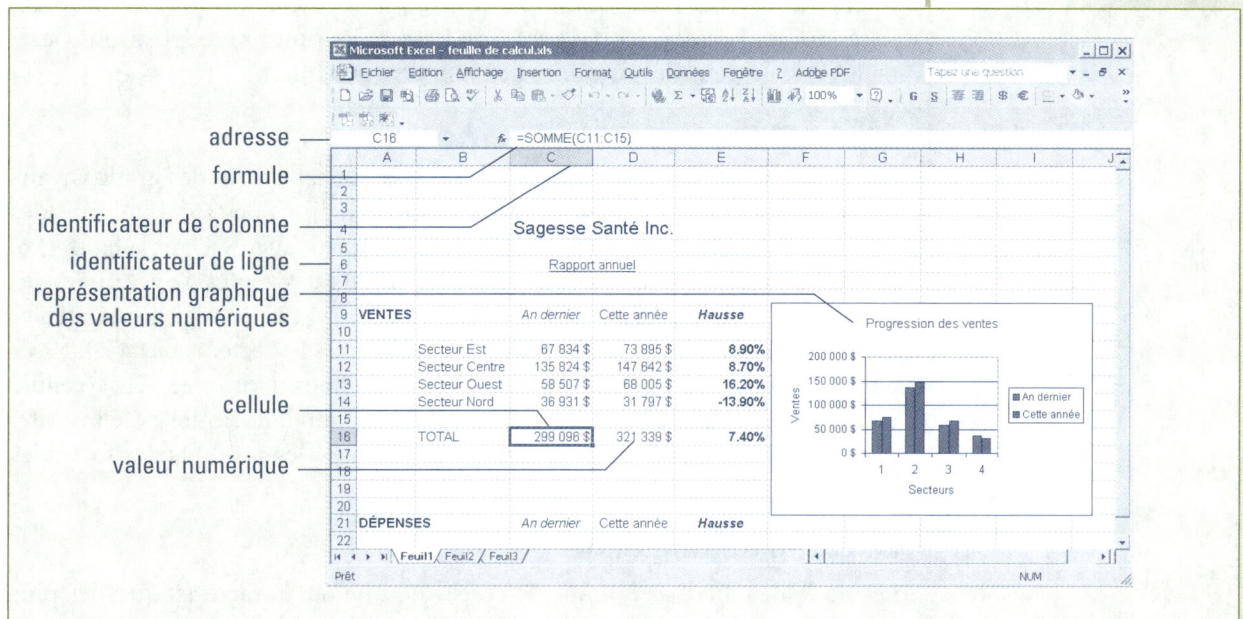

soustrait les dépenses, y compris la paie des employés, la location du restaurant et le coût de la nourriture. Dans le cas où les dépenses seraient trop élevées pour engendrer un profit intéressant, le restaurateur peut modifier certaines entrées dans son chiffrier de façon à minimiser les dépenses ; en réduisant le nombre d'employés, par exemple, il se trouve à diminuer sa masse salariale.

Un tableur contient plusieurs parties (*voir la figure 3.6*). La feuille de calcul est constituée d'**identificateurs alphabétiques de colonnes** situés dans le haut et d'**identificateurs numériques de lignes** se trouvant à gauche. À l'intersection d'une ligne et d'une colonne se trouve une cellule. Une **cellule** peut contenir une donnée. La position d'une cellule s'appelle une **adresse**. Par exemple, A1 est l'adresse de la première cellule dans le coin supérieur gauche de la feuille de calcul, à l'intersection de la colonne A et de la ligne 1. Le **pointeur** de cellule, aussi appelé curseur, définit la cellule active, soit l'endroit où les données seront entrées ou modifiées. Le curseur se déplace à l'intérieur du tableur à peu près de la même manière qu'il se déplace dans un programme de traitement de texte. Dans notre exemple, le curseur est situé dans la cellule C16.

Lotus 1-2-3 d'IBM, Excel de Microsoft de même que Quattro Pro de Corel constituent des exemples de tableurs populaires. En voici les principales caractéristiques.

La mise en forme

Les en-têtes, ou titres, qui annoncent les données des colonnes et des rangées constituent des **littéraux**. Les littéraux sont habituellement formés de mots ou de symboles – comme #. Un ou plusieurs chiffres contenus dans une cellule sont une **valeur numérique**. Les littéraux et les valeurs numériques peuvent être **mis en forme**, ou **formatés**, de différentes façons. Par exemple, un littéral peut être centré, aligné à gauche ou à droite dans la cellule. Une valeur numérique peut être affichée sous la forme d'un nombre décimal, d'une unité monétaire ou d'un pourcentage. Le nombre de positions décimales et la largeur des colonnes peuvent être modifiés.

Les formules

Manipuler les données au moyen de formules constitue un des grands avantages des tableurs. Les **formules** sont des instructions de calcul qui font des liens entre les valeurs inscrites dans des cellules particulières. Dans la figure 3.6, par exemple, on désire additionner les montants des ventes. La formule, qui est affichée sous la barre de menus, soit SOMME (C11:C15), signifie «Calculer la somme des valeurs inscrites dans les cellules C11 (Secteur Est), C12 (Secteur Centre), C13 (Secteur Ouest), C14 (Secteur Nord) et C15 (cellule vide)». Le total est affiché dans la cellule C16, là où la formule a été inscrite. À l'instar des littéraux et des valeurs numériques, les résultats des formules peuvent être mis en forme.

Le calcul automatique

Le mode de **calcul automatique** constitue une des caractéristiques les plus importantes des tableurs. Si vous changez une ou plusieurs valeurs dans la feuille de calcul, toutes les données qui leur sont liées seront automatiquement recalculées. Ainsi, il est possible de modifier la valeur d'une des cellules utilisées dans la formule et de voir le résultat de cette dernière automatiquement ajusté. Par l'effet domino, un changement dans une cellule peut se répercuter sur d'autres cellules.

Pour gérer des problèmes complexes, la fonction de calcul automatique offre donc la possibilité, d'une part, d'enregistrer de longues formules complexes et, d'autre part, de modifier plusieurs valeurs dans les cellules traitées par les formules, de façon à obtenir rapidement divers choix. Par exemple, un entrepreneur qui doit respecter son budget de construction d'une maison peut élaborer une diversité de scénarios à partir de différentes qualités de matériaux ou de différentes hypothèses de salaires.

Autres caractéristiques

La plupart des tableurs offrent diverses fonctions de visualisation des données. En voici quelques-unes.

- L'**affichage graphique des données**: les tableurs donnent la possibilité de présenter les données sous forme graphique: graphiques sectoriels, histogrammes ou autres (*voir la figure 3.7*).
- Les **graphiques intégrés à la feuille de calcul**: les tableurs permettent d'insérer des éléments graphiques, comme des lignes, des flèches et des boîtes, directement sur la feuille de calcul. Vous pouvez donc créer les diagrammes et les histogrammes à même la feuille de calcul autour des données.
- Le **morcellement**: les données de plusieurs petites feuilles de calcul peuvent être réunies à l'intérieur d'un même classeur. Ainsi, il est possible

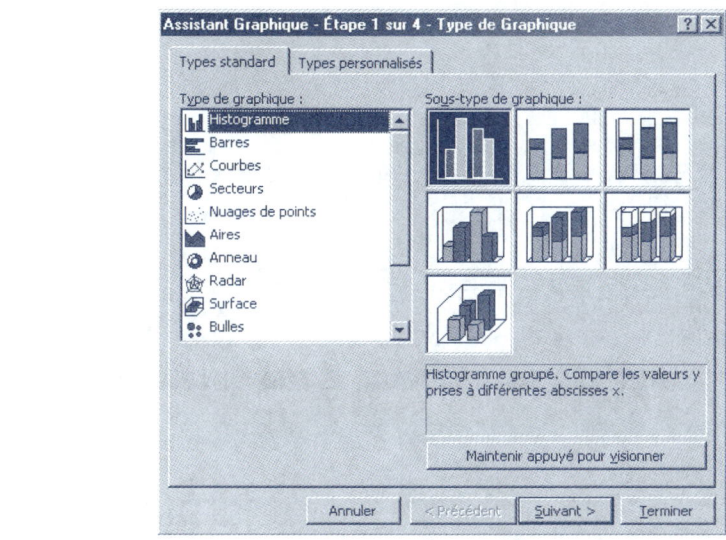

Figure 3.7
Différents types
de graphiques
analytiques.

de travailler sur de petites feuilles, plus faciles à manipuler, tout en les intégrant dans le même fichier.

■ Les **liens dynamiques entre les fichiers** : certains programmes permettent de créer des liens entre les cellules de différentes feuilles de calcul. Lorsqu'une valeur est modifiée dans une des feuilles, les cellules auxquelles elle est liée sont automatiquement mises à jour.

Le gestionnaire de bases de données

Une **base de données** équivaut à un vaste ensemble de données entrées dans un système informatique et stockées pour une utilisation future. Le tout est organisé de façon que les éléments ayant des points en commun soient facilement retrouvés. Les vendeurs utilisent les **gestionnaires de bases de données** pour créer et garder à jour les dossiers de leurs clients. Les acheteurs s'en servent aussi pour suivre leurs commandes et contrôler les stocks en entrepôt. Bien d'autres personnes, comme les professeurs ou les policiers, en font usage dans leurs fonctions.

Un gestionnaire de bases de données organise un vaste ensemble de données de façon que les éléments ayant des points communs soient facilement récupérés.

Un **gestionnaire de bases de données**, ou **système de gestion de bases de données (SGBD)**, est un programme qui permet de créer ou de structurer une base de données et d'en extraire de l'information par la suite. Microsoft Access en est un exemple. La base de données de la figure 3.8 contient des informations sur les employés. Les menus se trouvent au haut de l'écran. La liste des noms et des fonctions des employés constitue une **table**. Chaque ligne d'information concernant un employé en particulier s'appelle **enregistrement**. Chaque colonne d'information à l'intérieur d'un enregistrement est un **champ** (le nom de famille, par exemple).

Pour bien comprendre l'utilité des bases de données, imaginons le scénario suivant. Vous êtes commis au sein d'une grande entreprise et votre patron vous demande une liste des employés qui travaillent pour la compagnie depuis plus de six ans. Les dossiers des employés sont inscrits sur papier, et les noms de

Figure 3.8

Une base de données
contenant les enregis-
trements d'employés.

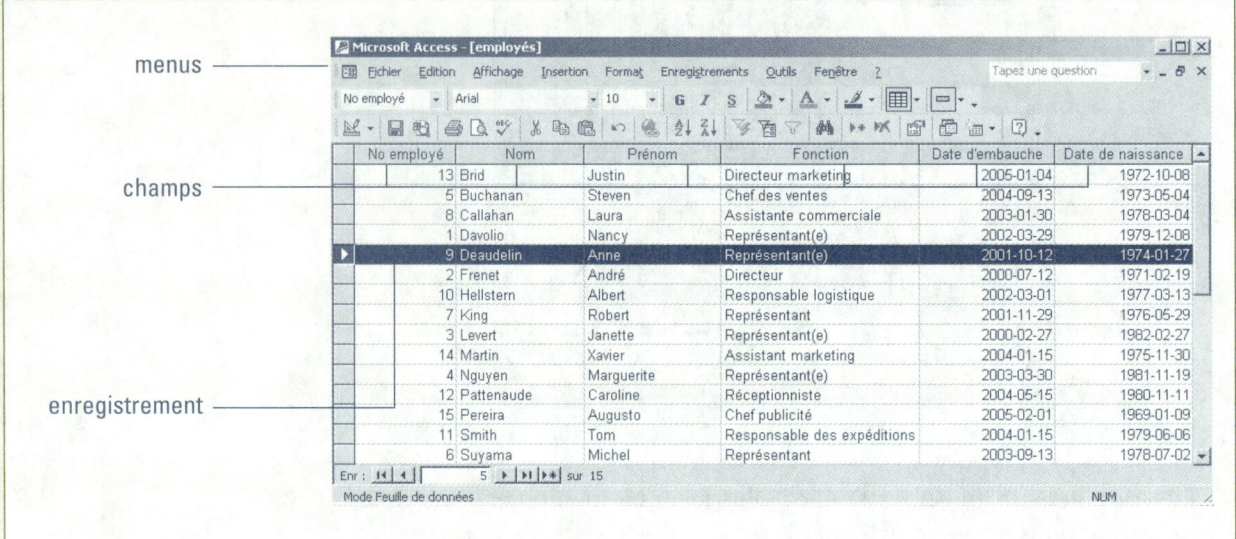

famille classés par ordre alphabétique. Rassembler l'information demandée en parcourant manuellement le contenu de tous les classeurs pourrait vous prendre des jours ou des semaines de travail.

Lorsque la même information est stockée dans une base de données électronique, vous avez accès à cette information « en ligne » en quelques secondes. Vous n'avez qu'à entrer une commande stipulant de vérifier un seul champ – celui de la date d'embauche – de chaque enregistrement. L'ordinateur pourra imprimer la liste de tous les employés engagés au cours de la période sélectionnée.

Les systèmes de gestion de bases de données gagnent constamment en popularité, bien que de façon moins spectaculaire que les traitements de texte ou les tableurs. Access de Microsoft, Lotus Approach d'IBM et Paradox de Corel sont des exemples de SGBD populaires. Les SGBD offrent différentes options selon leur degré de complexité. Voici une description des principales caractéristiques des programmes de gestion de bases de données pour micro-ordinateurs.

L'extraction et l'affichage

Un SGBD est en mesure de trouver rapidement des enregistrements dans un fichier. Dans notre exemple, le programme vérifie chaque enregistrement – en comparant les données d'un champ avec les valeurs que vous spécifiez. Les enregistrements qui satisfont aux critères de recherche peuvent ensuite être affichés à l'écran pour être mis à jour ou corrigés. Par exemple, si un employé a déménagé, vous devrez modifier son adresse. Pour ce faire, vous demanderez au programme de trouver l'enregistrement de l'employé dont le nom inscrit dans le champ NOM correspond à celui que vous précisez. Vous pourrez changer l'adresse de cet employé après avoir trouvé et affiché son enregistrement.

Le tri

Les programmes de gestion de bases de données facilitent la modification de l'ordre des enregistrements dans un fichier. Normalement, les enregistrements ajoutés à une base de données sont insérés les uns à la suite des autres au moment de leur saisie – par exemple, lors du recrutement d'un nouvel employé. Cependant, ces informations peuvent être réordonnées – triées de différentes façons (par exemple, les noms de famille par ordre alphabétique, ou encore les numéros d'assurance ou de sécurité sociale par ordre numérique). Le champ que vous choisissez aux fins de tri (le nom de famille, par exemple) s'appelle une **clé**.

Le calcul et le formatage

Plusieurs programmes de gestion de bases de données incorporent des formules mathématiques. Dans un bureau, par exemple, on peut les utiliser pour déterminer les commissions les plus (ou les moins) élevées. On peut calculer la moyenne des commissions reçues par les vendeurs dans une région du pays. Cette information peut être insérée dans un tableau et imprimée sous forme de rapport.

Autres caractéristiques

Voici quelques fonctions offertes par les systèmes de gestion de bases de données.

- Les **rapports** d'apparence professionnelle : des commandes de formatage permettent d'élaborer la présentation des éléments à insérer dans un rapport, comme les descriptions se trouvant au-dessus des colonnes et des champs. On peut aussi ajouter des éléments graphiques comme des boîtes ou des lignes pour obtenir un document d'apparence professionnelle. Il n'est pas obligatoire d'imprimer tous les champs. Dans le cas d'une base de données qui contient dix champs, il est possible de construire un rapport où seuls les cinq champs nécessaires seront affichés.
- Les **formulaires** d'entrée de données : pour un néophyte, la description des champs peut être déroutante. C'est le cas d'un nom de champ comme « NUMCLN », pour « numéro de client ». Cependant, le formulaire d'entrée peut être établi de façon que l'incitatif « Entrez le numéro du client : » apparaisse au lieu de « NUMCLN » au moment d'entrer l'information. Les champs peuvent être réorganisés à l'écran. Des boîtes et des lignes séparatrices peuvent y être ajoutées.
- Les **langages de programmation** : la plupart des gens qui se servent des systèmes de gestion de bases de données peuvent réaliser ce qu'ils désirent en sélectionnant certaines options d'un menu. Plusieurs SGBD incluent un langage de programmation dont se servent les utilisateurs plus expérimentés pour créer des applications complexes. De plus, certains programmes, comme Access, permettent une communication directe avec les bases de données spécialisées prises en charge par de gros ordinateurs,

grâce à des langages de requêtes comme le SQL (*Structured Query Language*).

Nous décrivons les bases de données plus en détail au chapitre 11.

Le logiciel de présentation

Il est démontré que l'information est plus facile à comprendre lorsqu'elle est présentée sous forme graphique. Une image vaut mille mots – ou mille chiffres. Les **logiciels de présentation** assistée par ordinateur, parfois aussi nommés **PréAO**, permettent d'assembler des textes, des images, des sons et même des animations en faisant ressortir les points importants de votre propos.

Basé sur le concept des diaporamas, le logiciel de présentation (*voir la figure 3.9*) vous permet de créer une succession de fiches (nommées diapositives) sur lesquelles vous pouvez placer des textes de différents formats, des images, des extraits sonores, des animations ou encore une combinaison de tous ces éléments. Puis vous établissez pour chacune d'elles une stratégie d'enchaînement incluant le mode d'apparition (instantané, graduel, animé, automatique ou sur sélection, etc.) et la durée. Au moment de la présentation du diaporama, l'ordinateur fera se succéder tous ces éléments selon ce que vous aurez « programmé ».

Lotus Freelance Graphics d'IBM, PowerPoint de Microsoft et Presentations de Corel sont les principaux progiciels de présentation sur le marché. Ils sont utilisés aussi bien par les enseignants et les instructeurs que par les vendeurs et les représentants.

Figure 3.9

Un logiciel
de présentation.

Caractéristiques

Voici quelques fonctions qui vous sont offertes par les principaux logiciels de présentation.

- Le **mode plan** : vous pouvez travailler en mode plan pour organiser la structure générale de votre présentation, section par section.
- **Les modèles** : vous disposez d'une grande variété de modèles que vous pouvez utiliser comme base de votre diaporama et que vous adaptez ensuite à votre matériel. Ces modèles incluent des formats de texte prédéfinis, des fiches de couleurs bien assorties, des listes à puces, des cadres d'images, etc.
- L'**interaction** : chacune des transitions, au niveau d'une section comme au niveau d'une diapositive, peut être enclenchée automatiquement selon un délai fixe ou bien par le choix et l'intervention de l'utilisateur.
- L'**affichage progressif** : cette fonction permet de dévoiler graduellement le contenu d'une diapositive, c'est-à-dire un élément à la fois, selon un ordre logique pour en faciliter la compréhension.
- La **personnalisation** : vous pouvez insérer des liens hypertextes, intégrer vos propres photos numérisées à l'aide d'un scanneur ou d'un appareil photo numérique, ou encore vos messages oraux à l'aide d'un micro. Si votre ordinateur le permet, vous pouvez même intégrer une scène vidéo et, à la fin, enregistrer votre diaporama sur une bande vidéo.

L'éditeur de pages Web

On ne peut plus regarder la télé ou lire des magazines sans tomber sur des références à des sites Web. La totalité des grandes entreprises et la majorité des moyennes entreprises possèdent sur le réseau Internet une vitrine où elles font la promotion de leur image de marque, de leurs produits et de leurs services à la clientèle. Cette vitrine est importante, car elle donne une grande visibilité : elle est accessible à partir des quatre coins de la Terre. Nous verrons dans les prochains chapitres les détails du fonctionnement d'Internet et de la toile mondiale, mais soulignons pour l'instant qu'il existe des logiciels qui donnent à tous la possibilité de créer et d'entretenir des pages Web.

Un éditeur de pages Web offre la possibilité de créer des documents HTML qui, une fois placés sur un serveur Web, sont disponibles dans le monde entier.

Documents HTML

Une page Web est en fait un **document HTML** (*HyperText Markup Language*). Il s'agit d'un document contenant du texte truffé de codes appelés **balises** donnant les directives sur l'affichage du texte : type et taille des caractères utilisés, couleur d'arrière-plan, image utilisée, adresse des autres documents, etc. Ces directives répondent aux normes du langage HTML et, jusqu'à récemment, il fallait connaître ce langage sophistiqué pour mettre sur pied un site Web.

Heureusement, il est apparu sur le marché des programmes permettant de créer et de gérer des pages Web sans avoir à taper soi-même les codes HTML : le logiciel place les balises appropriées selon les directives que lui donne l'utilisateur. Certains logiciels d'application de base (Word, WordPerfect, Excel, etc.) peuvent enregistrer des textes simples en format HTML, ce qui les rend facilement accessibles. Pour un travail plus raffiné, on peut compter sur des logiciels d'**édition de pages Web** comme WebExpert de Visicom Media, FrontPage de Microsoft, Composer de Netscape et GoLive d'Adobe, dont plusieurs existent en version de base gratuite. Voyons comment fonctionnent ces logiciels.

Caractéristiques

- La **mise en page** et la **mise en forme** : à l'exemple du traitement de texte, et presque aussi aisément, l'éditeur de pages Web permet de gérer l'aspect et la disposition des objets sur la page – changements et attributs de police, alignement du texte, couleur d'arrière-plan, listes à puces ou numérotées, etc.
- Le **tableau** : il constitue la structure la plus largement employée puisqu'il permet d'aligner des éléments côte à côte, par exemple une image et un texte explicatif.
- Les **liens hypertextes** : ils indiquent l'adresse d'une ressource Internet (URL) et ils peuvent, bien entendu, être créés avec un éditeur de pages Web. Ils permettent de lier entre elles les différentes pages d'un site Web ou de pointer des pages externes.
- Divers **affichages** : ils permettent de voir, au lieu de la page d'édition, la page de codes HTML ou un aperçu de la page telle qu'elle sera affichée par un navigateur.
- L'**insertion d'objets** de médias divers : textes, images, animations, clips, émissions de télé, segments de film, musique, paroles, chansons, etc.
- Les **formulaires** : ils facilitent la saisie des données au moyen de zones de texte, de boutons, de cases à cocher, de listes déroulantes, etc.

Le logiciel de navigation

Depuis quelques années, la mise au point de logiciels de navigation faciles d'emploi, combinée avec l'accessibilité grandissante aux ressources d'**Internet**, a fait de la navigation sur le « Net » une activité ludique et professionnelle qui rejoint rapidement en importance l'utilisation des moyens de communication traditionnels comme la télévision et le téléphone. Si ce n'est pas déjà fait, il est probable que d'ici peu vous utiliserez la navigation sur une base quotidienne.

Les **navigateurs** vous permettent de voir les textes et les images que le monde entier met à votre disposition, de trouver et de transférer des fichiers de données, d'envoyer et de recevoir des messages, d'acheter des produits et des services, et quoi encore ! le tout avec une facilité déconcertante. Fini le temps où cette activité était réservée aux professionnels de l'informatique à cause de la complexité de son utilisation. Si vous possédez un ordinateur, le monde informatique est à votre portée.

Les principaux navigateurs sont Internet Explorer de Microsoft, Safari RSS d'Apple et FireFox de Mozilla Foundation ; ils se partagent presque toute la clientèle des internautes.

La navigation

Naviguer sur le Web, c'est passer d'un site Web à l'autre en suivant des **liens hypertextes** (on les nomme aussi **hyperliens**) qui rattachent les millions de

Un navigateur permet entre autres d'accéder aux ressources d'Internet, d'y rechercher des informations et de communiquer avec d'autres internautes.

sites Web les uns aux autres. C'est un peu comme si on pouvait parcourir un magazine en sautant d'un article à l'autre et même en sautant directement à un autre livre, à une autre revue, à un film, à un poste de radio, à une émission télé, etc. On peut aussi accéder directement à un site dont on connaît l'adresse. Grâce au navigateur, vous avez accès à tout cela, simplement en cliquant sur le lien hypertexte ou en tapant l'adresse recherchée.

La recherche d'information

Si vous désirez trouver une information particulière sur Internet sans en connaître la source, votre navigateur vous mettra en contact avec un **moteur de recherche** qui, à l'aide de quelques mots-clés que vous lui fournirez, vous donnera une liste exhaustive, parfois gigantesque, des sites qui répondent à vos critères de recherche. Libre à vous de fouiller dans le tas ou alors de raffiner votre requête en précisant les mots-clés utilisés.

La communication

Communiquer avec le monde extérieur est une activité humaine très importante. Internet permet maintenant de communiquer avec vos proches ou même avec des inconnus partageant des intérêts communs. Ainsi, votre navigateur peut gérer votre **courrier électronique** (*e-mail*) (*voir la figure 3.10*), vous mettre en communication téléphonique et visuelle avec tout autre utilisateur et même vous donner accès à des **clavardoirs** (*chatrooms*), lieux de rencontre où des gens peuvent échanger des points de vue par écrit.

Figure 3.10

Un programme de courrier électronique.

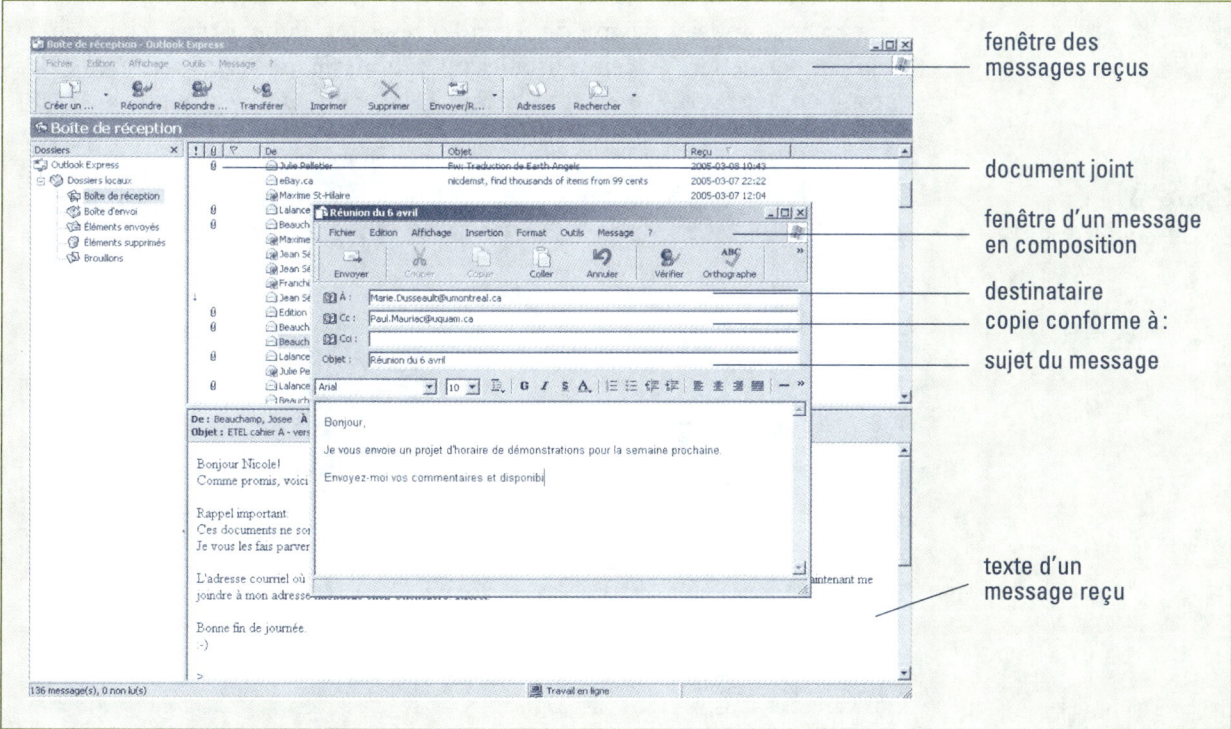

fenêtre des messages reçus

document joint

fenêtre d'un message en composition

destinataire

copie conforme à:

sujet du message

texte d'un message reçu

Le gestionnaire d'informations personnelles (GIP)

Arrêtez-vous un instant pour penser à ce que vous accomplissez tout au long d'une journée, d'une semaine, d'un mois ou d'une année normale. Les professionnels travaillant dans toutes sortes de domaines exécutent les mêmes tâches quotidiennes : ils fixent l'horaire de leurs réunions, rédigent des listes de tâches à accomplir et retiennent des noms, des adresses et des numéros de téléphone utiles. Ils griffonnent des notes, élaborent des plans d'avenir et retiennent des dates importantes comme des anniversaires et des événements spéciaux.

Vous pouvez vous aussi utiliser certains outils dont se servent ces professionnels pour consigner toutes ces informations, comme un agenda, un Rolodex, un carnet d'adresses, des fiches, un tableau mural, des blocs-notes et des classeurs. Les **gestionnaires d'informations personnelles (GIP)** font tout cela et plus encore (*voir la figure 3.11*). De fait, un GIP est une version perfectionnée des meilleurs **agendas électroniques** sur le marché. D'ailleurs, de nombreux modèles de ces petits appareils de poche – aussi nommés **organiseurs** – peuvent être reliés à un ordinateur afin de concilier les informations qu'ils contiennent avec celles inscrites dans le GIP. Ces agendas de poche peuvent donc servir de prolongement aux GIP lors des déplacements de l'utilisateur.

Comme nous l'avons déjà mentionné, les GIP (comme leur version de poche) sont conçus pour vous aider à vous organiser et à demeurer organisé. Cependant, fait plus important encore, ils peuvent maximiser votre productivité sur le plan professionnel. De façon générale, ils incluent un agenda, des listes et le suivi de tâches à accomplir, un carnet d'adresses, un gestionnaire de courrier et un bloc-notes. La plupart d'entre eux activent un signal sonore pour vous rappeler l'heure d'un rendez-vous ou d'une activité planifiée. De plus, ils permettent de centraliser les opérations de messagerie (courrier électronique, télécopies, messages vocaux) de manière à regrouper au même endroit toutes les communications, reçues ou envoyées sous toutes les formes.

Figure 3.11

Un GIP sur Macintosh.

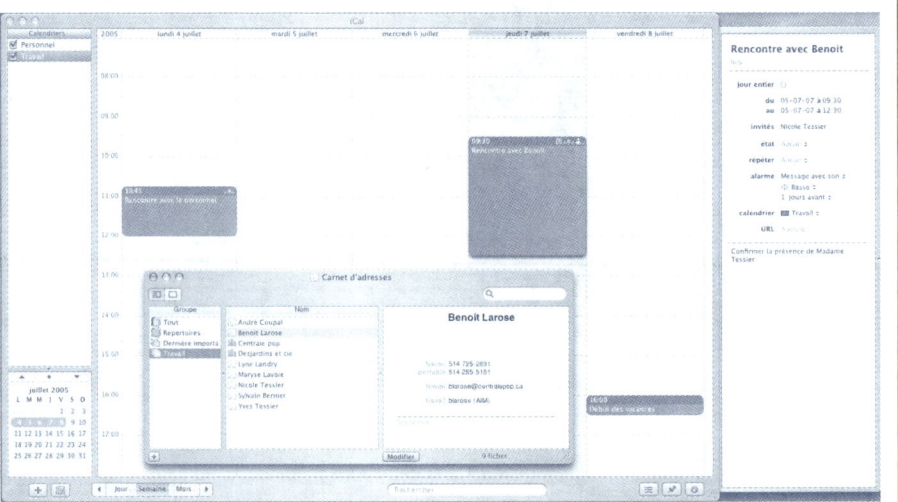

Certains, enfin, s'intègrent au réseau de l'entreprise pour augmenter la productivité des groupes de travail.

Les GIP sont très pratiques. Vous pouvez dès votre arrivée au bureau consulter votre agenda pour avoir une vue générale des activités prévues pour la journée. Plus tard, au moment où vous travaillez, par exemple, avec votre tableur, un client vous appelle pour prendre rendez-vous. Pour ce faire, vous n'avez qu'à réactiver votre GIP, entrer l'heure et la nature de votre rendez-vous à l'endroit approprié de l'agenda et revenir à votre travail. Puis, si vous devez envoyer un message électronique à un client, à un collègue ou à un ami, le GIP appellera votre programme de gestion de courrier et utilisera le carnet d'adresses pour insérer automatiquement le nom du ou des destinataires. Les deux logiciels GIP les plus répandus sont Outlook de Microsoft et Lotus Organizer d'IBM.

La majorité des GIP sont des **programmes résidents**, c'est-à-dire qu'ils sont lancés par le système d'exploitation dès le début d'une session de travail et qu'ils restent actifs à l'arrière-plan jusqu'à ce que l'ordinateur soit éteint. Un de leurs avantages est de libérer de l'espace sur votre bureau en remplaçant blocs-notes, carnet d'adresses, agenda et calculatrice.

Le progiciel intégré

Un **progiciel intégré**, aussi appelé **suite**, consiste en un ensemble de programmes qui travaillent conjointement et partagent les mêmes informations. Par exemple, pour créer un rapport sur l'augmentation du nombre des membres d'un club sportif, on pourrait utiliser toutes les parties d'un progiciel intégré : la base de données fournirait l'accès aux données sur les membres ; le tableur servirait à analyser les données financières et pourrait produire des graphiques pour présenter visuellement les résultats ; le traitement de texte servirait à préparer le rapport contenant le tableau et les graphiques issus du tableur ; le logiciel de présentation permettrait d'illustrer toutes ces données pendant une réunion des membres (*voir la figure 3.12*) ; finalement, ce rapport pourrait être envoyé par courrier électronique grâce au programme de communication.

Un progiciel intégré possède une structure commune qui permet un échange facile entre ses divers programmes. De plus, les progiciels d'application deviennent de plus en plus « inclusifs » – certains traitements de texte contiennent, par exemple, de petits tableurs. Finalement, des programmes comme Windows facilitent le partage des données, non seulement entre les applications accessibles à l'intérieur d'un progiciel intégré, mais également entre des progiciels d'application complètement différents. On compte, parmi les progiciels intégrés les plus populaires, la suite Office de Microsoft, la suite Lotus Smart-Suite d'IBM et la suite WordPerfect Office de Corel. Par ailleurs, la suite OpenOffice de Sun Microsystems offre gratuitement un ensemble d'outils des plus intéressants.

Les logiciels audio et vidéo

Il n'y a pas si longtemps, seuls les laboratoires photographiques et les studios de cinéma et d'enregistrement étaient en mesure de manipuler les photos, les

Un progiciel intégré inclut la plupart des programmes suivants : un traitement de texte, un tableur, un gestionnaire de bases de données, un logiciel de présentation et un programme de communication.

Figure 3.12

Un progiciel intégré.

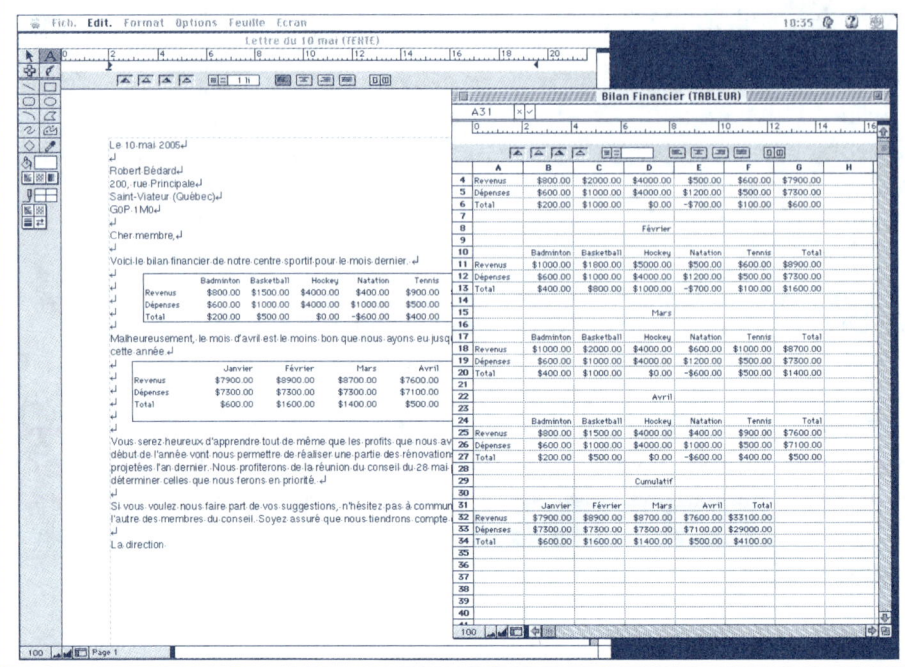

films et la musique. De nos jours, il existe plusieurs programmes pour micro-ordinateur qui permettent à chacun de posséder son petit studio multimédia.

Le logiciel audio

Les **logiciels audio** permettent d'écouter de la musique sur un ordinateur. Ils facilitent aussi les tâches d'enregistrement et d'édition de sons numérisés – qu'il s'agisse de musique ou de paroles. En outre, ils permettent d'obtenir une grande qualité sonore – selon le matériel dont on dispose –, de copier un disque vinyle usagé en filtrant les bruits et les grincements dus aux égratignures, de créer des fichiers de musique WAV, MP3 et WMA. ACID Music de SonicFoundry et Cool Edit de Syntrillium Software sont deux exemples de logiciels audio.

Le logiciel vidéo

Les **logiciels vidéo** permettent de créer des clips vidéo de qualité professionnelle. À l'aide d'un logiciel vidéo ou audiovisuel, on peut visionner un film en mode ambiophonique (3D) ou faire des montages vidéo incluant des transitions et des effets spéciaux cinématographiques (*voir la figure 3.13*). Windows Movie Maker de Microsoft, Nero de Nero AG et iMovie d'Apple sont trois exemples de logiciels vidéo.

Il existe aussi plusieurs logiciels gratuits qu'il suffit de télécharger à partir d'Internet et qui permettent de regarder des clips multimédias et des émissions de télé ou d'écouter des stations de radio. Windows Media Player de Microsoft, QuickTime d'Apple et RealOnePlayer de RealNetworks en sont des exemples.

Figure 3.13
Le logiciel vidéo
iMovie d'Apple.

Quelques applications spécialisées

Les logiciels spécialisés couvrent une gamme d'applications créées à l'origine pour des professionnels de différents domaines qui utilisaient des ordinateurs de grande taille. Mais depuis que ces logiciels sont disponibles sur les micro-ordinateurs, tous les utilisateurs peuvent profiter des techniques que l'on a mises au point. On trouve parmi ces domaines une kyrielle d'applications dont l'infographie et l'intelligence artificielle.

Les logiciels d'application spécialisés répondent à des besoins particuliers. Jusqu'à récemment, ils s'adressaient uniquement aux professionnels.

L'infographie

L'**infographie** (*computer graphics*) est le terme par lequel on désigne l'ensemble des technologies informatiques portant sur le traitement des informations graphiques. Plusieurs de ces technologies, comme l'imagerie médicale, l'animation assistée par ordinateur ou l'analyse d'image (reconnaissance des objets), sont encore réservées aux ordinateurs de grande puissance, mais on a vu apparaître sur le marché du micro-ordinateur de nombreux logiciels permettant de créer, de modifier et d'exploiter les images numériques.

Certains logiciels traitent l'image en mode point; d'autres, en mode vectoriel.

Les logiciels de traitement de l'image

On distingue deux catégories de programmes de traitement de l'image : ceux qui fonctionnent en **mode point** (*Bitmap*) et ceux qui fonctionnent en **mode vectoriel**.

■ Les images de type photo ou peinture tentent, en quelque sorte, de reproduire la réalité ou, du moins, *une certaine réalité*. Les programmes qui

Figure 3.14

Ajustement de la brillance et du contraste lors de la retouche d'une photo avec le logiciel Photo Editor de Microsoft.

traitent ce type d'images les représentent sous forme d'une matrice de **points** – nommés **pixels** –, chaque point ayant sa couleur et sa luminosité propres (*voir la figure 3.14*). L'utilisateur dispose alors d'outils permettant de retoucher l'image, d'enlever un parasite, d'uniformiser les couleurs, etc. Certains programmes peuvent même introduire une illusion de coups de pinceau, ou encore un éclairage particulier, voire attribuer artificiellement un «style Manet» ou un «style Rubens» à une image dessinée ou peinte. Ces logiciels sont de plus en plus utilisés par les médias pour retoucher des photos récentes ou anciennes et leur donner une toute nouvelle perspective. De plus, certains de ces programmes permettent des effets spéciaux, comme la métamorphose (ou morphage) qui fusionne deux images pour produire des images intermédiaires tenant des deux sources à la fois. Notez toutefois que l'agrandissement exagéré d'une image en mode point, faisant apparaître distinctement la forme des pixels, rend les contours de l'image flous et irréguliers (*voir la figure 3.15*). Parmi les programmes de ce type, on note PhotoStudio d'ArcSoft, Photoshop d'Adobe et Photo Paint de Corel.

Aujourd'hui, grâce aux appareils photo numériques et aux scanneurs, qui sont désormais offerts à prix abordable, la retouche photographique n'est plus l'apanage des laboratoires. En effet, des **logiciels de retouche photo** permettent à l'utilisateur d'exécuter des tâches auparavant réservées aux professionnels. Il peut, par exemple, recadrer les personnages, corriger les couleurs, modifier les contrastes, supprimer le rouge dans les yeux, un vilain bouton ou même une personne entière. Picture Manager de Microsoft et PhotoImpact de ULead sont deux logiciels de retouche photo répandus.

Figure 3.15

La lettre A, image agrandie.

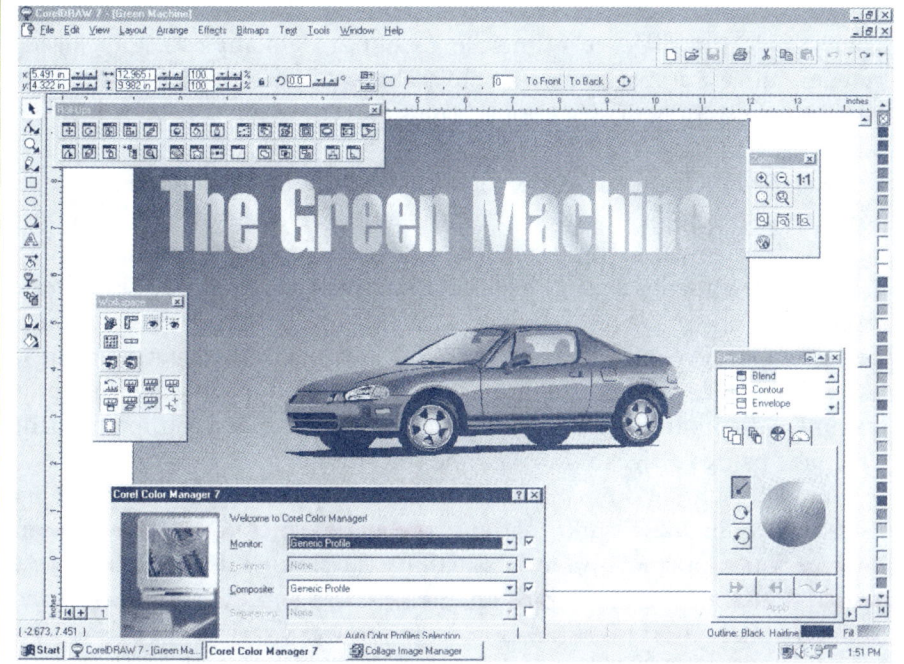

Figure 3.16
La CAO avec CorelDraw.

Dans cette catégorie de logiciels, il y a lieu de mentionner les programmes fournis par les fabricants d'appareils photo et de caméras numériques. Ces petits logiciels sont très utiles pour gérer les dossiers de photos ou de clips. Ils permettent aussi de manipuler ces données. Naturellement, les possibilités offertes varient d'un fabricant à l'autre.

Les dessinateurs, quant à eux, utilisent de préférence des traits, droits ou courbés, des surfaces, des couleurs et des points de convergence pour créer, modifier et sauvegarder leurs dessins (*voir la figure 3.16*). L'image est traitée non pas sous forme de points, mais en tant qu'ensemble d'objets ayant chacun sa forme, sa position et ses attributs de couleurs. L'image est dite **vectorielle** en raison des techniques mathématiques utilisées pour la traiter (*voir la figure 3.17*). Ces techniques diminuent de beaucoup l'espace de stockage nécessaire et le temps de traitement de l'image. C'est pourquoi on l'utilise pour former des objets tridimensionnels, que ce soit en **réalité virtuelle** ou bien en **conception assistée par ordinateur** (CAO). C'est aussi la technologie qui supporte l'affichage Flash, qui permet d'animer les éléments d'une page Web. Des programmes de gestion de dessins, comme CorelDraw de Corel, Illustrator d'Adobe, FreeHand de Macromedia et Designer de Micrografx, offrent des outils pour produire des illustrations de très haute qualité comme celles qu'on voit dans les magazines, les livres ou les publications spécialisées, tandis que des logiciels comme Director de Macromedia et Web Painter de Totally Hip permettront d'en faire des animations.

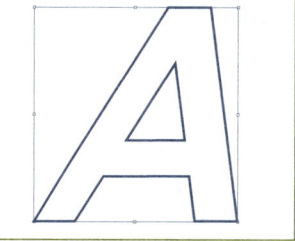

Figure 3.17
Une image vectorielle.

L'intelligence artificielle (IA)

L'objectif de l'intelligence artificielle n'est pas de remplacer l'intelligence humaine, qui est probablement irremplaçable, mais bien d'aider l'être humain à devenir plus productif. Regardons de plus près ce qui intéresse ce domaine de recherche.

Auparavant, la puissance de calcul des ordinateurs servait à résoudre des problèmes structurés – le genre de problème dont nous discutons tout au long de ce manuel. En utilisant leur intuition, leur raisonnement et leur mémoire, les humains étaient meilleurs que les ordinateurs pour résoudre des problèmes non structurés – décider de la création d'un nouveau produit ou de l'acceptation d'un prêt. La majorité des organismes ont pu informatiser les tâches que les commis accomplissaient. Par contre, l'automatisation des travaux nécessitant une grande quantité de connaissances, comme les tâches effectuées par les dirigeants, ne fait que commencer.

Actuellement, le domaine de l'**intelligence artificielle** (**IA**) occupe une place prédominante en informatique. L'IA tente de concevoir des systèmes informatiques pouvant imiter les actions ou simuler les processus de la pensée humaine comme le raisonnement, la capacité d'apprendre à partir d'actions antérieures et la simulation des sens humains tels la vue et le toucher. L'intelligence artificielle s'intéresse à une kyrielle de sujets : les ordinateurs à base de réseaux neuronaux, le raisonnement automatique, l'automatisation des processus cognitifs, la traduction automatique, la reconnaissance de la parole, des visages et des émotions, les sens artificiels (vue, ouïe, etc.), les robots, les systèmes experts, la réalité virtuelle, et bien d'autres encore. On est encore très loin d'une véritable intelligence artificielle correspondant à l'intelligence humaine. Cependant, on a déjà mis au point plusieurs outils imitant la façon dont l'humain traite l'information et résout des problèmes. Certains d'entre eux ont des applications pratiques en gestion, en médecine et dans quantité d'autres champs d'activité.

Abordons maintenant deux domaines où l'« intelligence informatisée » a amélioré les aptitudes et les talents de l'humain : les systèmes experts et la réalité virtuelle.

Les systèmes experts

Quiconque est spécialisé dans un domaine comme la médecine, la comptabilité, l'ingénierie, etc., est en général bien rémunéré lorsqu'on fait appel à lui. Malheureusement, recourir à ses services s'avère dispendieux, sans compter qu'il est parfois difficile de rencontrer cette personne – puisqu'elle n'est pas toujours disponible – et de la remplacer si elle déménage.

Si vous pouviez, d'une certaine façon, vous emparer des connaissances d'un expert et les rendre accessibles à tous grâce à un programme informatique, elles deviendraient disponibles en tout temps et à un coût raisonnable. En fait, si vous étiez vous-même un expert, vous pourriez utiliser ce type de programme pour vérifier vos propres raisonnements et créer votre propre programme en y insérant la majeure partie de votre savoir. C'est le cas des systèmes experts. **Les systèmes experts** sont des programmes informatiques qui fournissent des conseils aux personnes ayant des décisions à prendre et qui, autrement, devraient s'appuyer sur les connaissances d'experts humains. Ces programmes diffèrent des programmes traditionnels.

■ Les programmes traditionnels servent à l'accomplissement de tâches routinières sur des données hautement structurées, et leur exécution est séquentielle, soit du début à la fin du programme. Un programme de paie, par exemple, effectue des calculs de routine à partir d'une base de données d'employés en suivant une séquence d'instructions précise et standard.

■ Les systèmes experts sont utilisés pour obtenir des conseils sur des tâches qui requièrent généralement l'avis d'un expert humain. Plutôt que de se servir d'une base de données, le système expert puise ses informations dans une base de connaissances. Cette base contient des faits précis et des règles pour relier ces faits aux demandes de l'utilisateur, formuler des recommandations et aider l'utilisateur à prendre des décisions. Ces règles sont utilisées au besoin, et le déroulement du traitement est déterminé par l'interaction entre l'utilisateur et la base de connaissances.

Au cours de la dernière décennie, on a créé des systèmes experts dans divers domaines comme la médecine, la géologie, les sciences militaires, les assurances, etc. (*voir la figure 3.18*). Un exemple concret de ces systèmes est le logiciel de traduction automatique de la société Systran que vous pouvez utiliser (gratuitement) pour traduire les pages Web de l'anglais au français, de l'italien à l'anglais, etc. Pensons aussi, par exemple, à Whale Watcher, un système expert interactif d'aide à l'identification des baleines (*voir la figure 3.19*); à Grad Advisor, qui traite les demandes d'admission d'étudiants diplômés à des écoles supérieures; à Spa Advisor, conçu pour déterminer le problème de votre baignoire à partir des symptômes que vous observez et pour vous recommander des solutions; à Job Coach, créé pour donner des conseils sur la recherche d'emploi; à Swinytec, destiné au contrôle de l'élevage porcin; à Tom, mis au point pour diagnostiquer les maladies des tomates et prescrire un traitement approprié; et à Senex, spécialisé dans la gestion des protocoles de traitement du cancer du sein à partir des techniques de pointe.

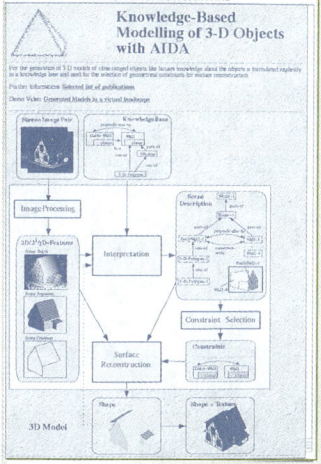

Figure 3.18

Un système expert pour la création d'images 3D.

Figure 3.19

Le système expert Whale Watcher.

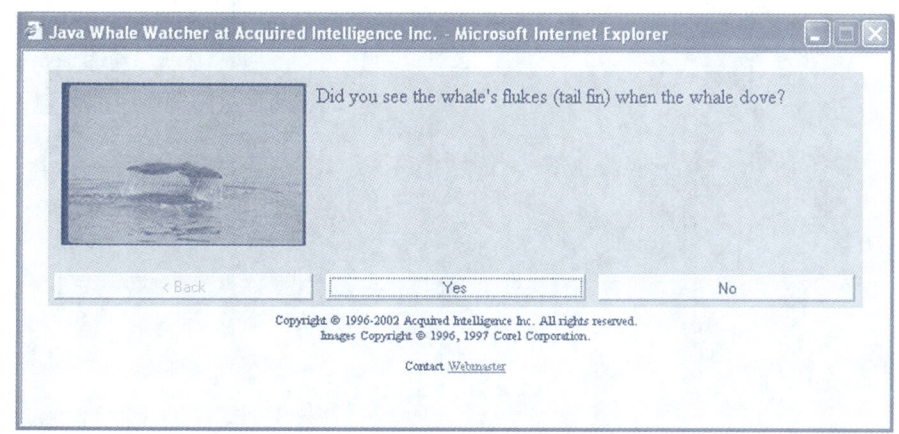

La réalité virtuelle

Imaginons que vous puissiez créer et expérimenter virtuellement toute nouvelle forme de réalité. Vous pourriez voir le monde à travers les yeux d'un enfant, d'un oiseau, ou même d'un homard. Vous pourriez explorer des endroits éloignés, comme la Lune, ou l'intérieur d'un site d'enfouissement de déchets nucléaires, sans quitter votre fauteuil. Ces expériences simulées deviennent rapidement possibles grâce à l'utilisation de l'une des applications de l'intelligence artificielle: la **réalité virtuelle (RV)**, dont le rôle est de recréer un environnement virtuel tellement réaliste qu'il peut berner l'être humain et lui donner l'impression de la réalité. Les équipements de RV sont offerts en mode immersif, auquel cas l'utilisateur porte un visiocasque et des gants sensitifs, ou en mode non immersif, qui suppose l'usage d'une interface beaucoup plus limitée, l'écran d'un moniteur. Cette dernière, agrandie à l'échelle d'un mur ou répétée sur trois ou quatre murs, offre au spectateur qui entre dans la pièce muni de lunettes 3D un univers criant de vérité (*voir les figures 3.20 et 3.21*).

Il existe depuis peu sur le marché des programmes de conception de « mondes virtuels » à des coûts abordables. Ces programmes, comme Quick-Time VR d'Apple, VRML Client de Cortona ou Vrml PAD de Parallel Graphics, utilisent un langage de description de mouvement appelé VRML (*Virtual Reality Modeling Language*) qui permet de créer à la fois l'environnement 3D et les règles de déplacement à l'intérieur de celui-ci.

La réalité virtuelle ouvre la porte à plusieurs nouvelles applications. L'utilisation ludique suprême pourrait ressembler à un gigantesque parc d'attractions virtuel. Plus sérieusement, nous pouvons déjà simuler des expériences importantes ou recréer des environnements de formation comme des simulateurs de vol, des environnements de désensibilisation progressive pour les personnes phobiques, des interventions chirurgicales, des réparations de vaisseaux spatiaux ou le nettoyage des lieux à la suite d'une catastrophe nucléaire.

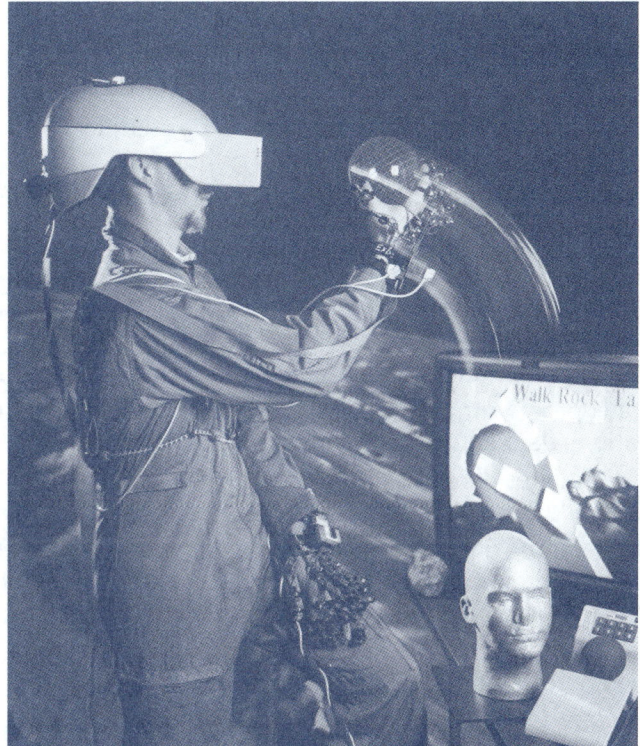

Figure 3.21
Un système de réalité virtuelle non immersive.

Questions de révision

1. Le mot «progiciel» vient de la contraction des termes «programme» et «logiciel».

2. Le curseur indique l'emplacement où la prochaine donnée sera entrée dans un document texte.

3. La saisie au kilomètre est une caractéristique des tableurs.

4. Les programmes de SGBD sont utilisés pour stocker et récupérer des données rapidement.

5. L'expression «logiciel libre» est synonyme de «logiciel gratuit».

6. Grâce aux programmes de navigation, il est possible de vérifier des réservations de billets d'avion et des cotes à la Bourse.

7. Les gestionnaires d'informations personnelles (GIP) incluent un logiciel de gestion de bases de données.

8. Les programmes qui traitent les images de type vectoriel les représentent généralement sous forme de matrice de points pour pouvoir les traiter selon des techniques mathématiques avancées.

9. Les systèmes experts sont des programmes qui remplacent les experts humains pour donner des conseils.

10. Les logiciels qui donnent l'occasion de vivre des expériences en réalité virtuelle ne sont utilisables que sur des ordinateurs centraux ou des superordinateurs.

Questions à choix de réponses

1. La fonction qui permet de revenir sur une opération en cas d'erreur s'appelle:
   a) reculer;
   b) supprimer;
   c) annuler;
   d) refaire.

2. La caractéristique des tableurs qui spécifie les instructions pour les calculs s'appelle:
   a) une formule;
   b) un format;
   c) le recalcul;
   d) le morcellement.

3. Un outil fréquemment utilisé par les travailleurs en marketing pour communiquer des messages ou convaincre leurs clients s'appelle:
   a) un traitement de texte;
   b) un tableur;
   c) un gestionnaire de bases de données;
   d) un logiciel de présentation.

4. Un ensemble de programmes qui travaillent conjointement et partagent des informations s'appelle:
   a) un progiciel combiné;
   b) un progiciel géré;
   c) un logiciel de communication;
   d) un progiciel intégré.

5. Le logiciel le plus approprié pour gérer les données concernant les repas à préparer pour les patients d'un hôpital serait :
   a) un traitement de texte ;
   b) un tableur ;
   c) un système de gestion de bases de données ;
   d) un gestionnaire d'informations publiques.

6. On peut créer un index à l'aide d'un :
   a) traitement de texte ;
   b) tableur ;
   c) système de gestion de bases de données ;
   d) navigateur.

7. La technique du « couper » ou « copier » et « coller » est une caractéristique du :
   a) traitement de texte ;
   b) tableur ;
   c) système de gestion de bases de données ;
   d) toutes les réponses précédentes.

8. En intelligence artificielle, on étudie entre autres la conception des :
   a) systèmes experts ;
   c) systèmes d'exploitation ;
   b) systèmes d'information ;
   d) systèmes de gestion.

9. Un des domaines de l'intelligence artificielle qui simule des expériences à l'aide d'un casque, de gants et de logiciels spéciaux s'appelle :
   a) la réalité virtuelle ;
   c) la CFAO ;
   b) un système expert ;
   d) un intégrateur.

10. Un système expert est un logiciel :
   a) destiné à fournir des conseils aux êtres humains ;
   b) qui puise ses informations dans une base de connaissances ;
   c) conçu pour remplacer l'être humain ;
   d) toutes les réponses précédentes.

Phrases à compléter

1. Le menu _____ apparaît lorsqu'on appuie sur le bouton droit de la souris.

2. Un logiciel _____ permet d'écouter de la musique sur ordinateur.

3. Un logiciel de présentation permet de préparer des _____.

4. Lorsque les fichiers préparés avec une version antérieure d'un progiciel sont compatibles avec ceux de la version courante de ce même logiciel, on parle de compatibilité _____.

5. Le _____ est une zone de mémoire qui permet l'échange de données entre divers logiciels d'application.

6. Les _____ sont utilisés pour le contrôle des stocks ou les listes de clients.

7. Un _____ permet de créer des diaporamas.

8. Le calcul automatique est une caractéristique des _____.

9. _____ est un exemple de progiciel qui traite des images de type photo en les représentant sous forme de points.

10. _____ est un exemple de logiciel permettant de créer des pages Web.

Questions à développement

1. Indiquer comment fonctionnent les formules et le calcul automatique dans les tableurs.

2. Décrire les caractéristiques communes des progiciels d'application générale. Donner, pour chacune d'elles, au moins un exemple d'utilisation.

3. Décrire une situation qui nécessite l'utilisation d'au moins trois applications d'un progiciel intégré.

4. Discuter des domaines auxquels s'intéresse l'intelligence artificielle.

5. Discuter des deux principales technologies infographiques. Illustrer la réponse avec des exemples.

Les **logiciels d'application** font du «travail utile». Il y a plusieurs types de logiciels d'application générale et ils sont utilisés pour accomplir différentes tâches.

Les **progiciels** sont des produits logiciels de consommation.

Les logiciels **clé en main** sont faits sur mesure pour une entreprise.

Les logiciels **libres** sont offerts avec leur code source et sont modifiables.

Les logiciels **propriétaires** sont fournis en version directement exécutable.

Les caractéristiques communes des progiciels d'application générale

Version Indique les modifications majeures et mineures apportées au logiciel

Curseur Indique où les données seront insérées

Fenêtre Contient le document traité, les directives nécessaires au traitement et les barres de défilement

Barre de titre Affiche le nom du logiciel, le nom du fichier et trois boutons de manipulation de la fenêtre

Menus Présentent les commandes disponibles

Barres de boutons Présentent graphiquement les commandes les plus utilisées

Barres de défilement Permettent d'accéder facilement à n'importe quelle partie du document

Annulation Permet d'annuler la ou les dernières commandes effectuées

Presse-papiers Permet la reproduction et le déplacement de portions de texte à l'aide des fonctions couper, copier et coller

Touches de fonction Touches de raccourci propres à chaque logiciel

LE TRAITEMENT DE TEXTE

Un **logiciel de traitement de texte** est utilisé pour créer, éditer, sauvegarder et imprimer des **documents**.

Il est particulièrement utile pour effacer, déplacer, insérer et remplacer du texte. Voici ses principales caractéristiques.

La saisie au kilomètre
Reporte automatiquement le curseur à la ligne suivante ; la touche [ENTRÉE] sert à indiquer la fin d'un paragraphe.

La recherche et le remplacement
Recherche : permet de trouver rapidement une chaîne de caractères dans un document.
Remplacement : permet de remplacer automatiquement une chaîne de caractères par une autre.

Autres caractéristiques
- **Justification**
- **Mise en relief**
- **Notes de bas de page**, **pagination**, **tableaux**, **index** et **tables des matières**
- **Correcteur orthographique** et **grammatical**
- **Dictionnaire de synonymes** et **d'antonymes**
- **Fusion de fichiers** (publipostage)
- **Édition électronique**
- **Hypertexte**
- **Fonction plan**

Exemples : WordPerfect, Word Pro et Word.

LE TABLEUR

Un **tableur** permet de mettre au point une feuille de calcul électronique. Constituée de rangées et de colonnes, cette feuille sert à présenter et à analyser des données. Elle est délimitée par des **identificateurs de colonnes** (haut) et **de lignes** (gauche). L'intersection d'une colonne et d'une rangée s'appelle une **cellule**; sa position, une **adresse**. Le **pointeur de cellule** (le curseur du tableur) indique où se fera la prochaine entrée. Voici les principales caractéristiques du tableur.

La mise en forme
Les **littéraux** (en-têtes ou titres qui annoncent les données des colonnes et des lignes) et les **valeurs** (les nombres ou les dates) peuvent être affichés de différentes façons : en devises, avec des décimales, abrégés, en gras ou en italique, etc.

Les formules
Les **formules** sont des instructions de calcul ; elles servent à manipuler les données.

Le calcul automatique
Si les valeurs des cellules contenues dans une formule changent, le tableur recalcule automatiquement le résultat.

Autres caractéristiques
- **Affichage graphique** des données.
- **Graphiques intégrés** à la feuille de calcul.
- **Morcellement** en petites feuilles de calcul.
- **Liens dynamiques** entre les fichiers.

Exemples : Lotus 1-2-3, Excel et Quattro Pro.

LE GESTIONNAIRE DE BASES DE DONNÉES

Un **gestionnaire de bases de données**, ou **système de gestion de bases de données** (**SGBD**), sert à organiser une grande quantité de données de façon à pouvoir en retrouver facilement les éléments. Les données sont structurées en **champs** et en **enregistrements**. Voici les principales caractéristiques d'un gestionnaire de bases de données.

L'extraction et l'affichage
Les enregistrements peuvent être trouvés et affichés à l'écran pour être mis à jour.

Le tri
On peut trier les enregistrements et les réordonner.

Le calcul et le formatage
Des formules mathématiques servent à manipuler les données. Ces dernières peuvent être imprimées sous forme de rapport.

Autres caractéristiques
- **Formulaires** d'entrée de données.
- **Rapports** d'apparence professionnelle.
- **Langages de programmation**.

Exemples : Access, Approach et Paradox.

LE LOGICIEL DE PRÉSENTATION

Un **logiciel de présentation** permet de créer des diaporamas en assemblant des textes, des images, des sons et des animations. Il sert essentiellement à exposer des idées clairement ou à expliquer des projets afin de les mettre en valeur.

Caractéristiques
- **Mode plan** (permet de structurer une présentation).
- **Modèles** (comportent des codes de mise en relief et de mise en page).
- **Interaction** (sert à adapter le rythme de la présentation).
- **Personnalisation** (permet d'utiliser des documents de diverses sources pour agrémenter les présentations).
- **Affichage progressif** des éléments d'une diapositive.

Exemples : Freelance, PowerPoint et Corel Presentations.

L'ÉDITEUR DE PAGES WEB

Un **éditeur de pages Web** permet de créer des documents HTML et de traiter des pages Web sans être obligé d'apprendre la programmation en codes HTML. C'est le logiciel d'édition de pages Web qui place ces codes selon les directives de l'utilisateur.

Caractéristiques
- **Mise en page** et **mise en forme** du contenu du fichier (permettent de soigner l'apparence des documents).
- **Tableaux** (alignement des objets sur la page).
- **Liens hypertextes**.
- **Affichages** divers : édition, aperçu et codes HTML.
- **Insertions d'objets** de médias et de programmes divers.
- **Formulaires** (enregistrement de données en ligne).

Exemples : FrontPage, Composer, Web Expert et GoLive.

LE LOGICIEL DE NAVIGATION

Les **navigateurs** permettent d'accéder aux ressources d'**Internet** pour y rechercher de l'information, faire des achats, échanger du courrier électronique et des documents.

La navigation
La navigation sur le Web peut se faire en fournissant une adresse précise ou en utilisant les **hyperliens** qui permettent de passer automatiquement d'un site Web à un autre – n'importe où dans le monde – d'un clic de la souris.

La recherche d'information
Les **moteurs de recherche**, auxquels le navigateur donne accès, permettent de trouver des renseignements sur une quantité illimitée de sujets à partir d'un mot-clé ou d'un ensemble de mots-clés.

La communication
Le navigateur peut gérer le **courrier électronique** (*e-mail*) et les communications téléphoniques, et permettre l'accès aux forums de discussion et aux **clavardoirs** (*chatrooms*) où les internautes communiquent interactivement par écrit.

Exemples : Internet Explorer, Safari et Firefox.

Résumé

LE GESTIONNAIRE D'INFORMATIONS PERSONNELLES (GIP)

Un **gestionnaire d'informations personnelles (GIP)** vous aide à vous organiser et à demeurer organisé. Ce logiciel remplace les agendas, les carnets d'adresses et les blocs-notes, et offre en prime des listes de tâches à accomplir et un gestionnaire de courrier électronique.

Exemples : Outlook et Organizer.

LE PROGICIEL INTÉGRÉ

Un **progiciel intégré**, ou **suite**, inclut bon nombre des programmes suivants : traitement de texte, tableur, SGBD, logiciel de présentation et programme de communication. Il facilite l'échange d'informations entre les diverses applications.

Exemples : Microsoft Office, WordPerfect Office et Open Office.

LES LOGICIELS AUDIO ET VIDÉO

Le **logiciel audio** sert à écouter ou à éditer des sons, de la musique en particulier. Il permet, entre autres, la création de fichiers MP3.

Le **logiciel vidéo** donne la possibilité de créer des vidéoclips et de visionner des films sur ordinateur.

Exemples : ACID Music, Cool Edit, Movie Maker et iMovie.

L'INFOGRAPHIE

L'**infographie** désigne l'ensemble des technologies informatiques portant sur le traitement des informations graphiques, depuis l'analyse d'image jusqu'à l'imagerie médicale, en passant par la gestion des photographies familiales.

Les logiciels de traitement de l'image

On regroupe les **logiciels de traitement de l'image** en deux catégories.

■ En **mode point** : les caractéristiques de l'image (couleurs et luminosité) sont représentées sous forme de matrice de points. Ces images sont faciles à retoucher.

Exemples : Photoshop, Photo Studio et Photo Paint.

Le logiciel de **retouche photo** rend la manipulation des photos numériques très aisée. Il permet d'effacer des éléments, d'augmenter la luminosité ou le contraste, etc.

Exemples : Picture Manager, PhotoImpact et les logiciels fournis avec les appareils photo et les caméras numériques.

■ En **mode vectoriel** : l'image est traitée par des techniques mathématiques en tant qu'ensemble d'objets ayant chacun sa forme, sa position et ses attributs de couleurs.

Exemples : CorelDraw, Illustrator, Designer et FreeHand pour les dessins ainsi que Director Web Painter et Totally Hip pour les animations.

L'INTELLIGENCE ARTIFICIELLE (IA)

L'**intelligence artificielle** vise à créer un système informatique pouvant exécuter des fonctions normalement associées à l'intelligence humaine : raisonnement, compréhension, adaptation, etc. L'IA s'intéresse à une foule de domaines, dont les systèmes experts et la réalité virtuelle.

Les systèmes experts

Les **systèmes experts** sont des programmes informatiques qui contiennent les connaissances d'experts humains d'un domaine particulier. Ces programmes diffèrent des programmes traditionnels en ce qu'ils fournissent des conseils, utilisent une **base de connaissances** et suivent des règles, et que leur traitement dépend de l'interaction entre l'utilisateur et la base de connaissances.

La réalité virtuelle

Les logiciels de **réalité virtuelle** créent des mondes différents du monde physique. En mode immersif, ils requièrent le port d'un visiocasque et de gants sensitifs, alors qu'en mode non immersif ils nécessitent simplement le port de lunettes 3D, l'environnement virtuel étant affiché à l'écran d'un ordinateur ou projeté sur un mur. Les applications de la réalité virtuelle sont nombreuses dans le domaine des jeux, mais aussi dans des domaines plus sérieux comme l'éducation et la recherche ou encore la psychologie, où un système de réalité virtuelle pourrait être utile pour soigner des phobies, par exemple.

Les applications Internet

Vous désirez communiquer avec un ami habitant à l'autre bout de la ville ou dans un autre pays, lui envoyer un dessin, une photographie ou simplement une lettre ? Vous voulez obtenir des renseignements sur une destination vacances et sur les activités culturelles qu'on y propose ? Vous aimeriez connaître les détails de la tournée mondiale de votre groupe rock préféré ? Vous cherchez des références pour la préparation d'un travail scolaire, ou encore sur un produit de haute technologie vendu seulement en Europe ? Internet vous offre tout cela et bien plus encore.

Internet est l'élément le plus important de l'**autoroute électronique**, aussi appelée **inforoute**. L'autoroute électronique englobe l'ensemble des communications informatiques qui s'opèrent entre les ordinateurs et les réseaux d'ordinateurs. Elle existe depuis longtemps, mais son usage s'est limité pendant plusieurs années aux communications « d'affaires » : liens entre les banques (guichets automatiques, utilisation des cartes de crédit, transferts de fonds, etc.), les grandes entreprises (banques d'informations), les centres de recherche, les universités, les organisations gouvernementales, etc. À ses débuts, l'inforoute nécessitait l'utilisation de gros ordinateurs interconnectés au moyen de lignes de transmission spécialisées. Les ordinateurs personnels étaient alors limités à la création de babillards électroniques par des passionnés de l'informatique.

Internet, aussi appelé simplement le **Net**, est né en 1969 du projet Arpanet, lancé par l'armée américaine. Ce réseau correspond aujourd'hui à un assemblage de réseaux reliés les uns aux autres (*voir la figure 4.1*). Le **Web** (*World Wide Web*) a été créé au CERN au début des années 1990. Avant le Web, on trouvait un seul média sur Internet : le texte. L'arrivée du Web a permis l'introduction de graphiques, d'images animées, de sons et de vidéos grâce à la mise au point d'une interface de transfert multimédia pour les ressources disponibles sur Internet. Depuis, le Web et Internet constituent ensemble un des outils les plus puissants du XXIe siècle. Au chapitre 10, nous reviendrons plus en détail sur cette page d'histoire.

Souvent, les termes « Internet » et « Web » sont considérés, à tort, comme des synonymes. Internet correspond au réseau physique composé de câbles, de satellites et d'autres moyens de connexion, tandis que le Web est un des multiples services offerts

Figure 4.1

Le réseau mondial Internet.

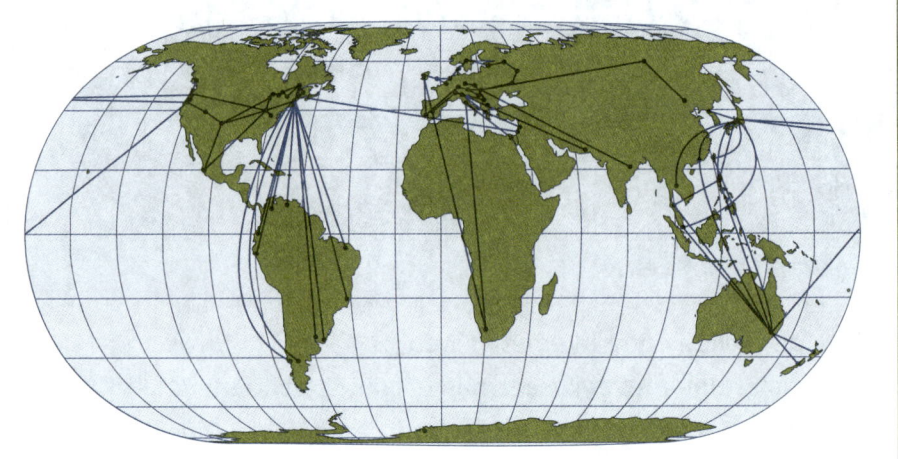

sur le réseau Internet. Le réseau Internet relie des millions d'ordinateurs partout dans le monde. Des centaines de millions de personnes de tous les pays utilisent de façon quotidienne le Web et d'autres services offerts sur le Net, comme le courriel et les forums électroniques.

Internet sert surtout à communiquer, à effectuer des recherches, à faire des achats ou à se divertir. Voici quelques exemples de son utilisation.

■ Communications: le service de courrier électronique (courriel) est l'application la plus populaire de l'autoroute informatique (*voir la figure 4.2*). Grâce à des logiciels tels que Outlook de Microsoft, Thunderbird de Mozilla ou Safari d'Apple, vous pouvez en tirer profit et raffermir les liens avec des personnes très éloignées. Vous pouvez aussi vous joindre à des groupes de discussion ou à des débats portant sur une grande variété de sujets. Il vous est possible de clavarder (*to chat*) en temps réel avec des amis ou de créer votre propre site Web. Mieux encore, les possibilités multimédias d'Internet permettent de tenir des téléconférences,

Figure 4.2

Un exemple de courriel.

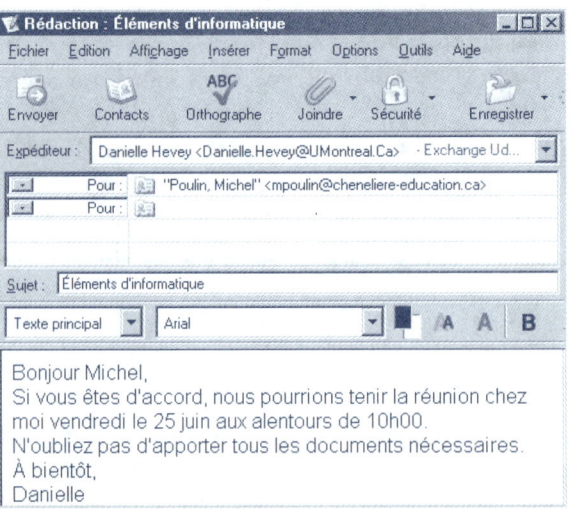

voire des vidéoconférences. Le courrier électronique et la navigation sur Internet sont maintenant accessibles à faible coût à partir d'appareils d'usage courant comme la télévision numérique ou même le téléphone cellulaire.

■ Achats: le commerce électronique évolue rapidement. Vous pouvez visiter un centre commercial cybernétique et vous adonner au lèche-vitrine dans les boutiques les plus courues, trouver les meilleurs soldes ou faire des achats. Vous pouvez payer vos comptes directement de la maison en utilisant votre numéro de carte de crédit.

■ Recherche: Internet est la plus grande bibliothèque du monde. Vous en disposez comme si son contenu se trouvait à votre domicile (*voir la figure 4.3*). On y accède facilement, à un clic de souris près, aux musées les plus prestigieux, aux principaux journaux et périodiques de tous les pays ainsi qu'aux grands réseaux de nouvelles, aux centres de recherche et aux universités. Ainsi, vous avez à portée de la main toute l'actualité locale, nationale et internationale.

■ Recherche d'emploi: de plus en plus d'employeurs diffusent leurs offres d'emploi non seulement dans la presse écrite, mais aussi sur leur propre site ou sur des sites Internet spécialisés dans ce domaine. Certains de ces sites combinent les offres d'emploi et les dossiers de candidature; c'est le cas, par exemple, du site http://www.monemploi.com. Il arrive que les formulaires à remplir soient à la fois incomplets et trop précis, et que, par le fait même, ils ne reflètent pas une image exacte de soi. Le site de Workopolis, qui propose des formulaires dans lesquels est aménagé un

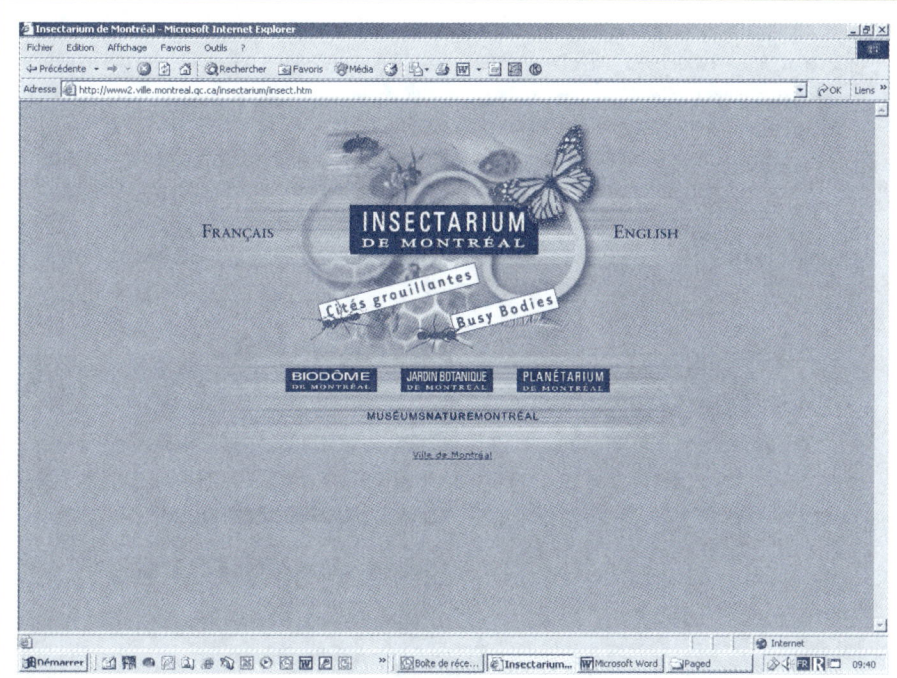

Figure 4.3
L'accès aux sites scientifiques et culturels: l'Insectarium de Montréal.

espace où on peut coller une copie de son CV, fait partie des sites les plus conviviaux (*voir la figure 4.4*).

■ Recherche de logiciels et de mises à jour : une multitude de logiciels d'application et divers logiciels système sont offerts, gratuitement ou non, sur Internet sous forme de programmes téléchargeables et facilement exécutables (*voir la figure 4.5*). Les mises à jour de logiciels sont souvent disponibles uniquement sur Internet. Il est d'ailleurs recommandé de visiter les sites Web des fabricants des divers appareils et logiciels qui composent notre système informatique lorsqu'un problème se pose et, mieux encore, de le faire à intervalles réguliers au cas où une nouvelle mise à jour serait disponible. À cet effet, mentionnons qu'il existe diverses catégories de programmes disponibles sans frais sur Internet. En voici trois :

● **Partagiciel** (*shareware*) : programme gratuit souvent distribué en version réduite, mais qu'on peut enregistrer pour obtenir une version complète ou pour avoir accès aux mises à jour du produit. L'auteur du partagiciel demande une contribution volontaire.

● **Gratuiciel** (*freeware*) : programme gratuit qu'il suffit d'installer sur un système informatique pour qu'il fonctionne.

● **Logiciel démo** (*demoware*) : version d'essai d'un programme, valide pendant un temps limité et distribuée gratuitement dans un but promotionnel.

■ Divertissement : que vous soyez intéressé par la musique, le cinéma, la lecture ou les jeux sur ordinateur, vous trouverez certainement sur le Net matière à vous divertir. Il est très facile de copier du matériel sur Internet, si bien que beaucoup de gens téléchargent des pièces musicales, des textes, des images, etc. Certains de ces transferts, qui s'effectuent en violation des droits d'auteur, suscitent une vive controverse. L'industrie du disque, pour n'en nommer qu'une, condamne cette manière d'agir, qui,

Figure 4.4

Un site de recherche d'emploi.

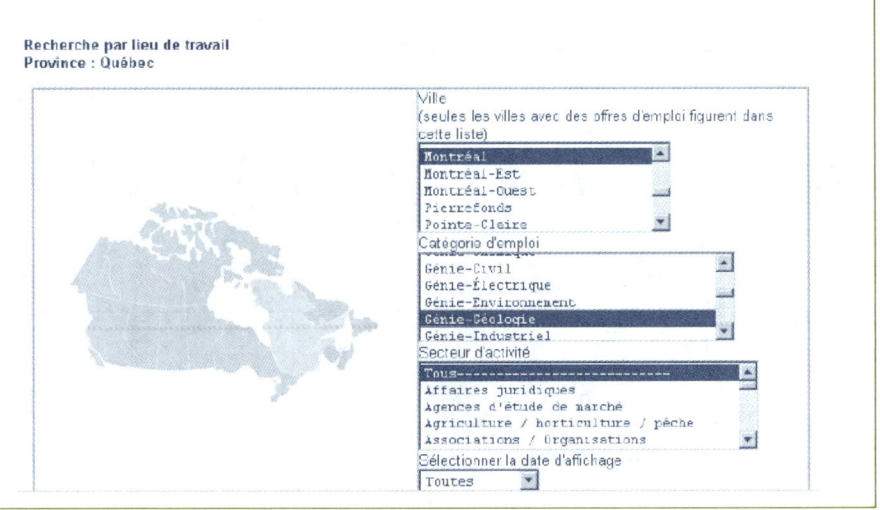

Figure 4.5
Le téléchargement
de logiciel.

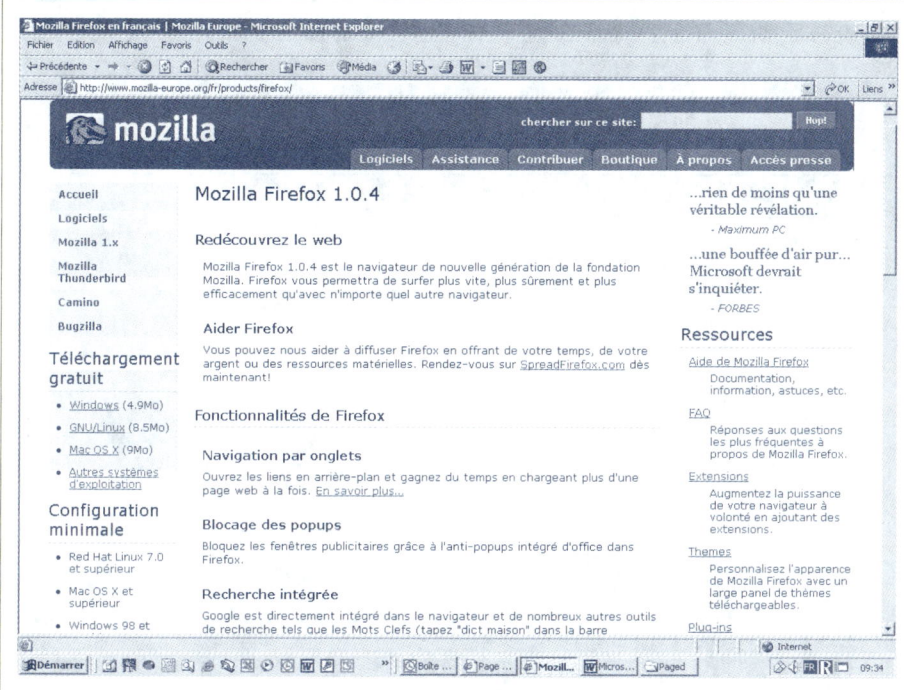

prétend-elle, lui fait perdre des centaines de millions de dollars chaque année. À l'opposé, de nombreux artistes voient dans ce phénomène un moyen économique de se faire connaître puisqu'ils n'ont pas à payer de frais de publicité. Soulignons que, si l'on préfère payer ces produits plutôt que de les obtenir d'une façon controversée, on peut les acheter à l'unité et à prix modique sur certains sites. Au chapitre des jeux, mentionnons par exemple les patiences, les échecs, les mots croisés et les sites qui permettent à plusieurs internautes de jouer simultanément.

- Éducation : les sites offrant une formation en ligne sur Internet se multiplient rapidement. Vous pouvez suivre des cours sur une kyrielle de sujets, que ce soit pour votre culture personnelle ou pour accumuler des crédits en vue d'obtenir un diplôme d'études collégiales ou universitaires (*voir la figure 4.6*). On voit de plus en plus souvent des professeurs distribuer des documents sur Internet et communiquer avec leurs étudiants par courrier électronique.

- Téléphonie par Internet, ou téléphonie IP (*VoIP* pour *Voice over Internet Protocol*) : plutôt que de transiter par une ligne téléphonique, les communications vocales peuvent passer par le Web. La voix est alors numérisée, décomposée en paquets IP puis recomposée instantanément à l'autre bout du fil (*voir le chapitre 10 pour de plus amples renseignements sur la technique de transfert par paquets*). Cette technologie permet d'épargner sur les frais d'appels interurbains et de téléconférences (*voir la figure 4.7*).

- Télésauvegarde (*data vault*), ou sauvegarde à distance, aussi appelée sauvegarde Internet ou en ligne : cette application permet de faire des copies de sécurité d'un disque dur sur un site Internet sécurisé. Cette méthode

Figure 4.6

Un cours en ligne.

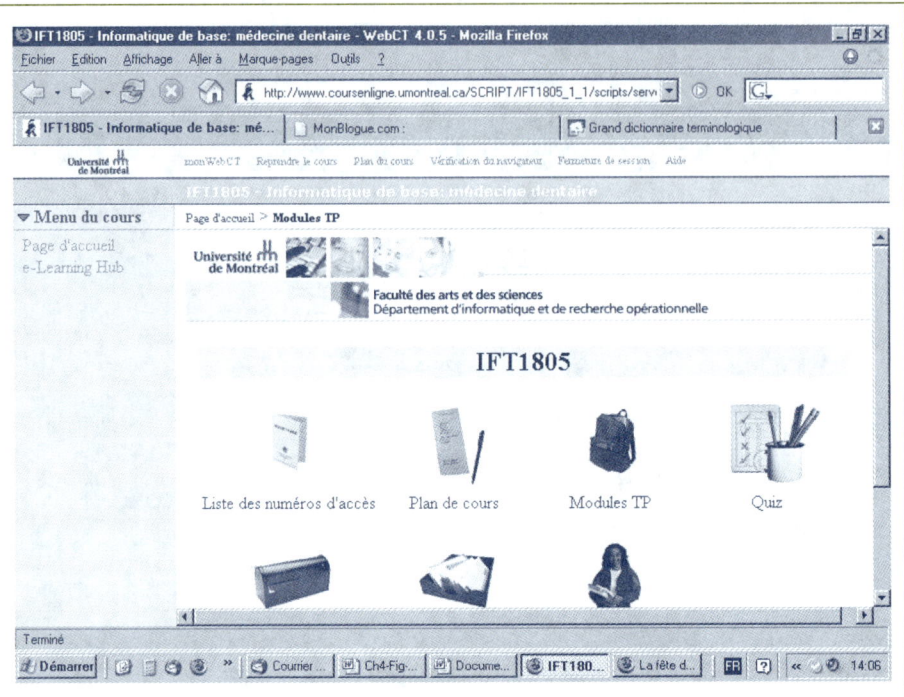

Figure 4.7

La téléphonie par Internet.

assure un avantage considérable par la possibilité qu'elle offre d'accéder aux données à partir de n'importe quel ordinateur relié à Internet (*voir la figure 4.8*). Les entreprises qui fournissent ce service vendent le logiciel approprié et proposent généralement des options de sauvegarde automatique, de cryptage et, bien entendu, un accès facile aux données. Les tarifs varient beaucoup d'un site à l'autre; dans certains cas, ce service est même offert gratuitement. De nombreuses entreprises tentent de se frayer une place dans ce nouveau créneau de marché. Nos données étant irremplaçables, il est important que nous nous adressions à une société fiable et de renom. Outre son coût potentiellement élevé, ce type de stockage présente l'inconvénient d'exiger une connexion Internet pour donner accès aux fichiers qui y sont enregistrés. De ce fait, l'utilisateur est dépendant de l'accessibilité du site et de la vitesse de la connexion Internet. Les entreprises Iomega, Yahoo et Americavault offrent toutes trois la télésauvegarde.

Les sites Web

Un **site Web** est placé dans un dossier d'un **serveur Web**, c'est-à-dire un ordinateur relié au réseau Internet. Un site Web comprend plusieurs pages autonomes, chacune constituant un document qui peut contenir des liens hypertextes et des ressources multimédias de toutes sortes : textes, images fixes ou animées, paroles, musiques, etc. Avant de créer les pages du site, il est bon de planifier l'organisation des liens qui achemineront le visiteur vers les divers documents disponibles. Comme nous l'avons vu au chapitre précédent, une page Web est un **document HTML**, c'est-à-dire un fichier contenant du

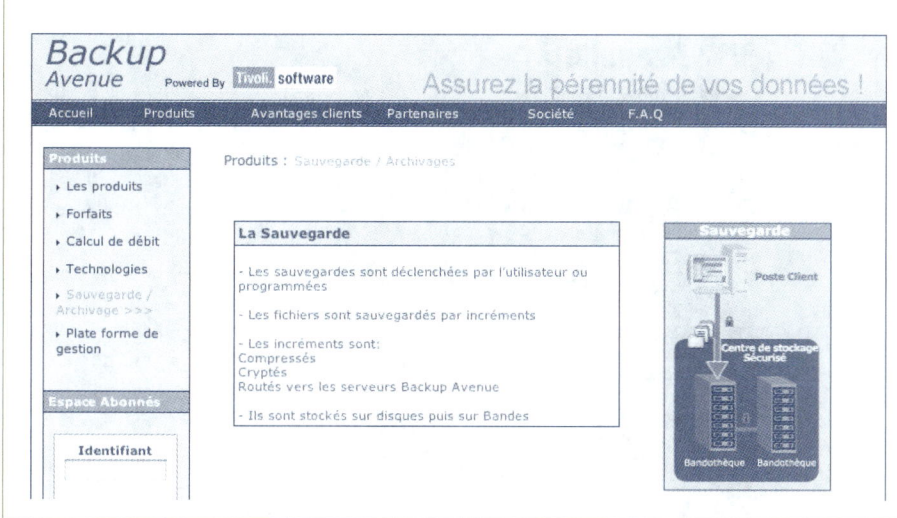

Figure 4.8

La télésauvegarde.

texte dans lequel sont insérés des codes d'affichage (balises) conformes aux normes du langage HTML (*voir la figure 4.9*). Souvent, la première page d'un site Web est construite sous la forme d'une table des matières ou d'un menu, à partir desquels on accède aux autres pages, c'est-à-dire aux documents multimédias interreliés. C'est la **page d'accueil**. Elle représente l'entrée naturelle du site (*voir la figure 4.10*). À ne pas confondre avec la **page de démarrage**,

Figure 4.9

Une page de codes HTML.

```
Netscape - [Source of: http://www.umontreal.ca/]

<HTML>
<HEAD>
  <META NAME="GENERATOR" CONTENT="Adobe PageMill 3.0 Win">
  <TITLE>Universit&eacute; de Montr&eacute;al </TITLE>
  <META NAME="keywords" CONTENT="éducation, education, université, university
  <META NAME="Author" CONTENT="Jacques Cadieux, Ronald Prégent">
</HEAD>
<BODY BGCOLOR="#ffffff" LINK="#006699">

<P><TABLE WIDTH="600" BORDER="0" CELLSPACING="0" CELLPADDING="0">
  <TR>
    <TD WIDTH="10">
     </TD>
    <TD WIDTH="679">
    <IMG SRC="images/accueil_v4.gif" WIDTH="597" HEIGHT="271" ALIGN="BOTTOM"
    NATURALSIZEFLAG="0" ALT="Bienvenue à l'Université de Montréal">
</TD>
  </TR>
</TABLE></P>

<P><TABLE WIDTH="600" BORDER="0" CELLSPACING="0" CELLPADDING="0">
  <TR>
    <TD COLSPAN="3">
    <IMG SRC="images/bord02.gif" WIDTH="584" HEIGHT="9" ALIGN="BOTTOM"
    NATURALSIZEFLAG="2" ALT="" BORDER="0">
</TD>
  </TR>
  <TR>
    <TD COLSPAN="3" ALIGN="CENTER">
    <TABLE WIDTH="600" BORDER="0" CELLSPACING="5" CELLPADDING="3">
      <TR>
        <TD WIDTH="50%">
        <TABLE WIDTH="569" BORDER="1" CELLSPACING="2" CELLPADDING="0">
          <TR>
```

Figure 4.10

Une page d'accueil Web.

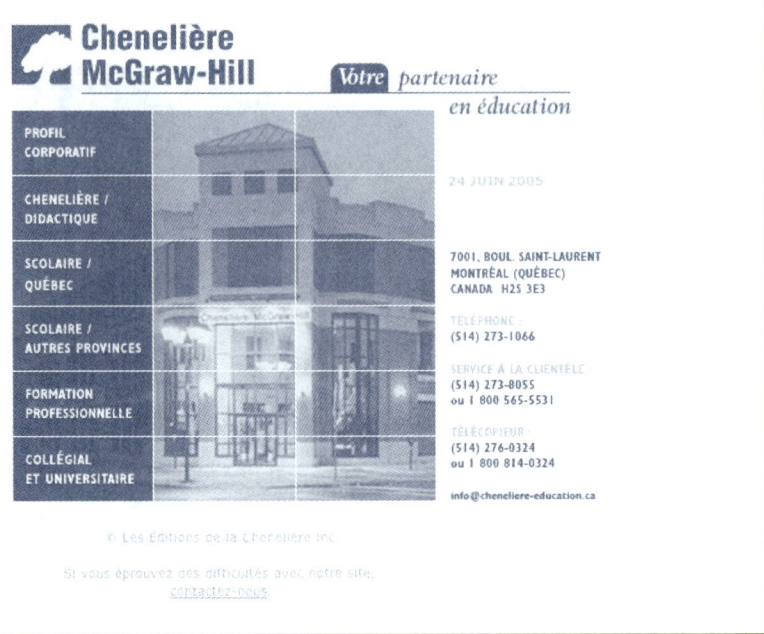

qui apparaît automatiquement lorsqu'on lance l'exécution du navigateur et qui est souvent la page d'accueil d'un site favori.

Sites personnalisés : les **blogues** (*blogs* ou *Weblogs* de *Web logs*, littéralement « journal de bord du Web ») sont des sites Web qui ont l'aspect d'un journal personnel. L'internaute auteur y communique ses idées et ses opinions sur tous les sujets qui l'intéressent. Les visiteurs sont souvent invités à compléter l'information qui s'y trouve ou à commenter les idées qui y sont exposées. Le contenu de ces « chroniques quotidiennes » modernes est en constante évolution et est à l'entière discrétion des auteurs (*voir la figure 4.11*).

Figure 4.11

Un blogue.

Les portails

Les **portails** Web sont des sites créés par de grandes entreprises de communication en vue de fournir au public un point de ralliement sur Internet. Ces sites offrent généralement un moteur de recherche et peuvent proposer un service de courriel gratuit, des clavardoirs (*chatrooms*) et des hyperliens avec une foule d'informations dont les actualités, les nouvelles du sport, des critiques de spectacles, des renseignements sur les voyages, la météo du jour, les cotes de la Bourse et les horaires télé. Par-dessus tout, ils donnent accès aux services d'achats en ligne. Leur but, en offrant une gamme très étendue de services, est de fidéliser les internautes au point de devenir leur porte d'entrée dans Internet, autrement dit leur page de démarrage. En effet, les revenus attribuables à ces sites, qui découlent de la vente de publicité et de biens, sont fonction du trafic enregistré. De nombreux sites autrefois à vocation précise revêtent graduellement les traits d'un portail en incorporant sur leur page principale une multitude de liens d'intérêt général. Yahoo, Canada.com, Service-public.fr et les sites des grands diffuseurs de médias sont des exemples de portails (*voir la figure 4.12*).

Figure 4.12
Un portail.

Les portails personnalisés

Les sites Web des grands organismes ont tendance à se transformer en portails étant donné la panoplie de services personnalisés auxquels ils ouvrent de plus en plus l'accès (*voir la figure 4.13*). Par exemple, de nombreuses universités proposent les services suivants par l'intermédiaire de leur portail :

■ À leurs étudiants :
- ● l'accès à leur dossier scolaire ;
- ● l'inscription en ligne aux cours ;
- ● le paiement des frais de scolarité par carte de crédit ;
- ● l'accès à leur horaire personnalisé ;
- ● la possibilité de communiquer avec leurs pairs, leurs professeurs ou les chargés de travaux pratiques.

■ À leurs employés :
- ● l'accès à leur dossier personnel (pour effectuer un changement d'adresse ou de numéro de téléphone, par exemple) ;
- ● l'inscription en ligne à des cours d'appoint ;
- ● l'accès à des formulaires de demande de participation à des congrès ou à des réunions spéciales ;
- ● la consultation de leur dossier de retraite et même des programmes de calcul des rentes qui tiennent compte des données réelles de l'employé.

■ À leur personnel enseignant :
- ● la possibilité de joindre facilement les étudiants par courrier électronique, par leur site Web personnel ou par un intranet spécialisé ;
- ● la sauvegarde, la mise à jour et l'archivage d'articles scientifiques ;
- ● l'accès à plusieurs curriculum vitae selon les demandes de subvention envisagées ;

Figure 4.13

Un portail personnalisé.

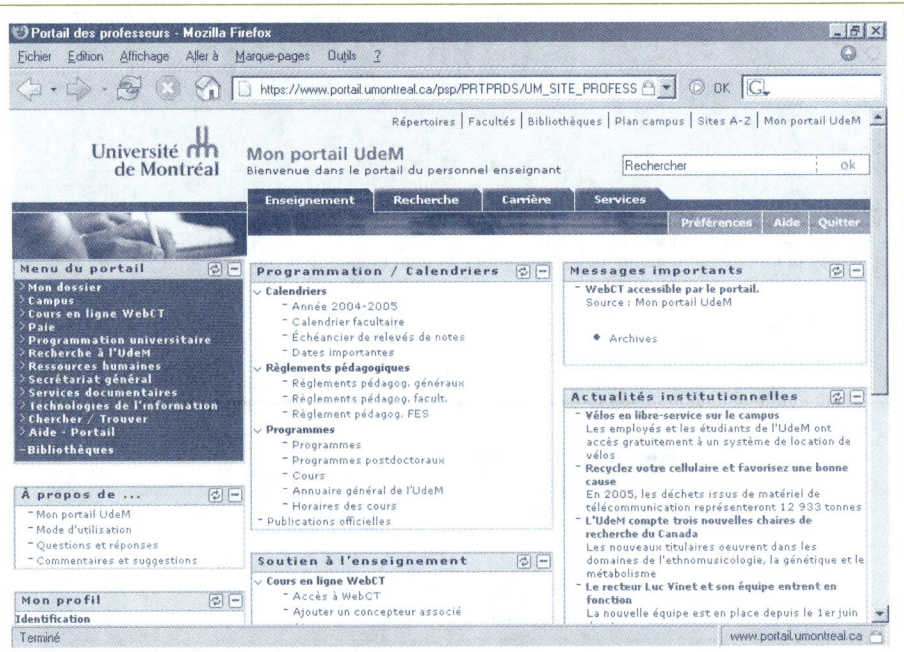

- la possibilité d'archiver les examens de façon que les étudiants puissent les consulter;
- des cours en ligne pour la préparation de cours à distance.

■ Aux futurs étudiants:
- la consultation des programmes et des horaires des cours offerts;
- les règles d'admission des facultés, départements et programmes d'études;
- les demandes d'admission en ligne.

■ À la population en général:
- des mines de renseignements sur les services offerts;
- l'accès (restreint) aux informations offertes par les bibliothèques de l'établissement;
- les horaires des conférences publiques;
- le répertoire téléphonique des employés;
- le plan du campus;
- etc.

L'accès

Internet est un réseau de réseaux et l'accès à celui-ci n'est possible que par l'entremise d'une organisation membre. C'est la raison pour laquelle une multitude de collèges et d'universités offrent à leurs étudiants un accès gratuit à Internet à partir de leurs réseaux locaux. De même, de nombreuses entreprises reliées à Internet donnent à leurs employés la possibilité de se brancher depuis leur bureau. Comme les micro-ordinateurs sont dans ce cas connectés à Internet par l'intermédiaire d'un réseau local, on parle alors d'accès direct. Un lien direct à Internet présente des avantages indéniables: accès à toutes les fonctions, branchement permanent au réseau, accès quasi immédiat à tous les sites et transfert rapide de l'information.

À la maison, l'ordinateur n'offre pas les mêmes avantages. Lorsque l'employeur ou l'université offre la connexion à distance, il suffit à l'employé ou à l'étudiant de disposer d'un modem pour avoir accès au réseau. Si l'on ne peut compter sur la générosité d'un employeur ou d'un collège, il est toujours possible d'avoir recours à un **fournisseur de services Internet** (FSI – en anglais: *ISP* pour *Internet Service Provider*). Les fournisseurs de services possèdent des ordinateurs qui font déjà partie du réseau Internet. Ils disposent d'un certain nombre d'adresses Internet et fournissent, moyennant un prix convenu, une connexion ou un chemin d'accès à chacun de leurs clients. Cette clientèle est d'ailleurs recrutée non seulement parmi les particuliers, mais aussi parmi les petites entreprises qui n'ont pas les moyens de s'offrir une installation directe et qui désirent néanmoins accéder au réseau. Cogeco, Wanadoo et Videotron sont trois FSI bien connus.

Les liens hypertextes

On nomme **hypertexte** une technique qui consiste à placer dans un document une référence (un lien) à un texte secondaire dans le même document ou un autre document disponible quelque part sur un des serveurs du réseau. La présence de tous ces liens permet de passer ainsi d'un document à un autre, comme si tous les documents offerts par l'ensemble des membres faisaient partie d'une même bibliothèque. Par exemple, un document contenant du texte peut très bien inclure un lien hypertexte vers un autre fichier contenant une image de la Joconde. De cette manière, l'affichage du texte du premier document sera automatiquement accompagné de l'affichage de l'image du deuxième fichier. Enfin, comme les documents présentés sur le réseau sont de plus en plus constitués d'images et de vidéos animées et sonores, on peut aussi désigner ce concept par le terme d'« hypermédia ».

Les navigateurs

Comme on l'a vu au chapitre précédent, les logiciels de navigation, ou **navigateurs**, sont indispensables aux excursions sur Internet. Ce sont eux qui permettent de passer d'un site à un autre d'un simple clic sur un lien hypertexte. Les navigateurs interprètent également les codes HTML des pages Web et affichent celles-ci telles qu'elles ont été aménagées par l'auteur. Les logiciels d'édition de pages Web facilitent la mise au point des documents HTML qui composent les sites Web. Ils permettent d'y incorporer des liens hypertextes de façon simple (*voir le chapitre 3 pour de plus amples renseignements sur le sujet*).

Les outils de recherche

Le World Wide Web comporte une quantité incalculable de pages Web interreliées. Les renseignements qu'il contient sont tellement nombreux qu'il est souvent difficile de trouver ce qu'on cherche. Fort heureusement, des outils ont été créés afin de nous aider dans nos recherches. Il existe deux types d'outils de recherche : les répertoires et les moteurs de recherche.

Les **répertoires**, parfois appelés index, sont structurés en fonction d'une hiérarchie de catégories comme les arts, l'informatique, les divertissements, les sciences et les sports. Chaque catégorie est divisée en sous-catégories. En utilisant un navigateur, on peut sélectionner une catégorie, puis des sous-catégories de façon à restreindre les résultats de la recherche à une liste de documents pertinents. Il suffit ensuite de sélectionner le nom d'un document pour que la liaison s'effectue et que le contenu du document s'affiche à l'écran. Yahoo! est le répertoire le plus connu. Vous pouvez le trouver en français au Canada à l'adresse Internet suivante : http://cf.yahoo.com (*voir la figure 4.14*). Le site http://www.toile.qc.ca offre également un répertoire des sites canadiens et internationaux de langue française (*voir la figure 4.15*).

Les **moteurs de recherche** sont structurés comme des bases de données ; ils permettent de rechercher de l'information en se servant de mots clés ou d'expressions. Ces bases de données sont gérées par des programmes spéciaux qui, pour assurer la mise à jour continuelle de celles-ci, parcourent automatiquement le Web, de document en document, à la recherche de nouvelles informations. Google, WebCrawler et Lycos sont des exemples de moteurs de recherche (*voir la figure 4.16*).

En outre, il existe des **métamoteurs** de recherche (*metasearch*), qui soumettent une demande à des dizaines de moteurs de recherche simultanément, colligent les résultats, éliminent les duplications et présentent les divers éléments suivant leur pertinence. Copernic et MetaCrawler sont les exemples les plus connus (v*oir la figure 4.17*).

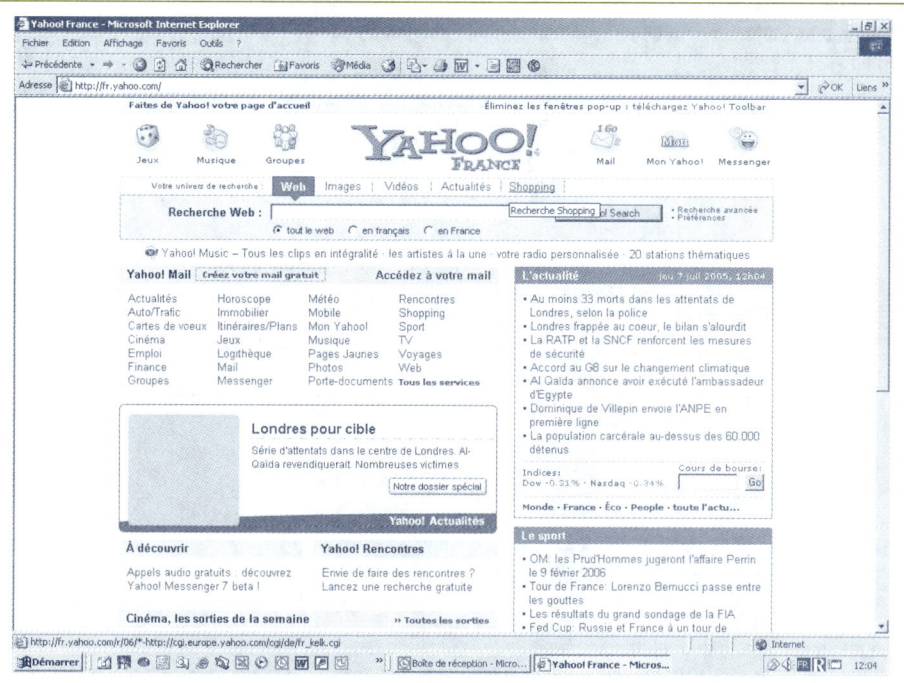

Figure 4.14

Un exemple de répertoire.

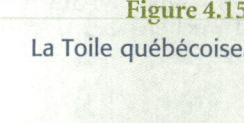

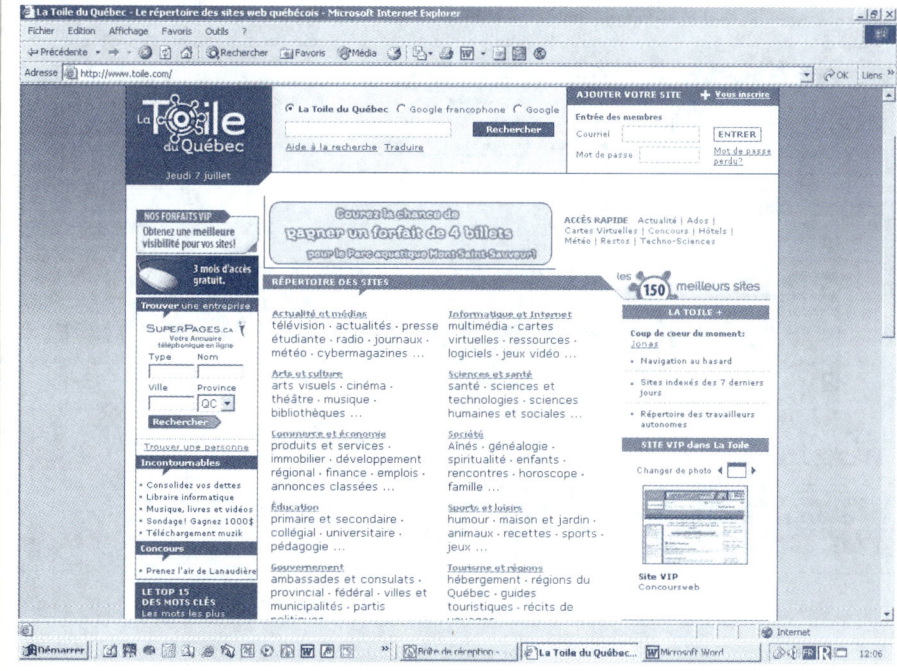

Figure 4.15

La Toile québécoise.

Figure 4.16

Un exemple de moteur
de recherche.

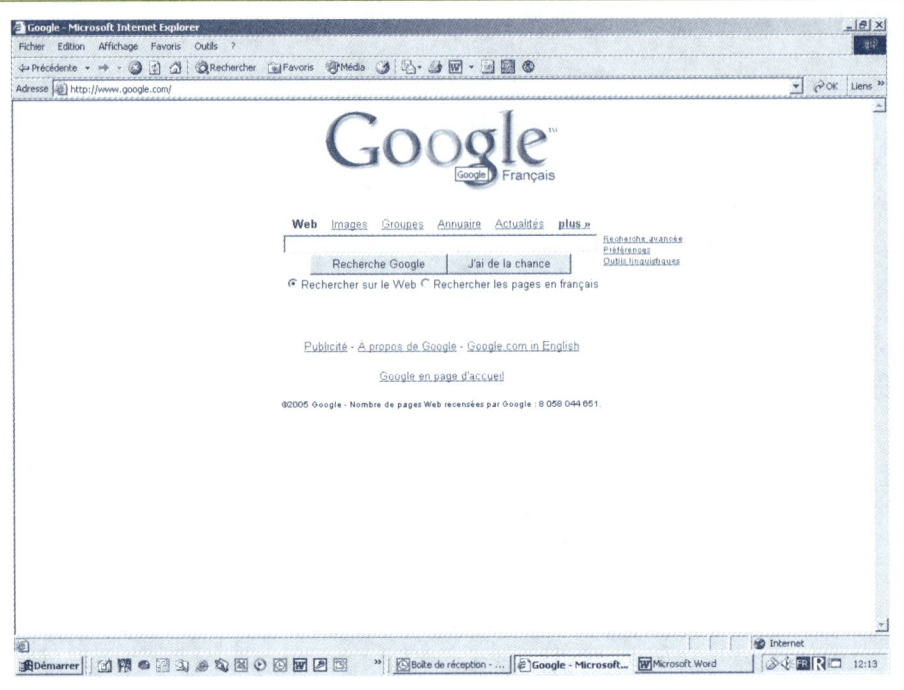

Figure 4.17

Un exemple de métamoteur
de recherche.

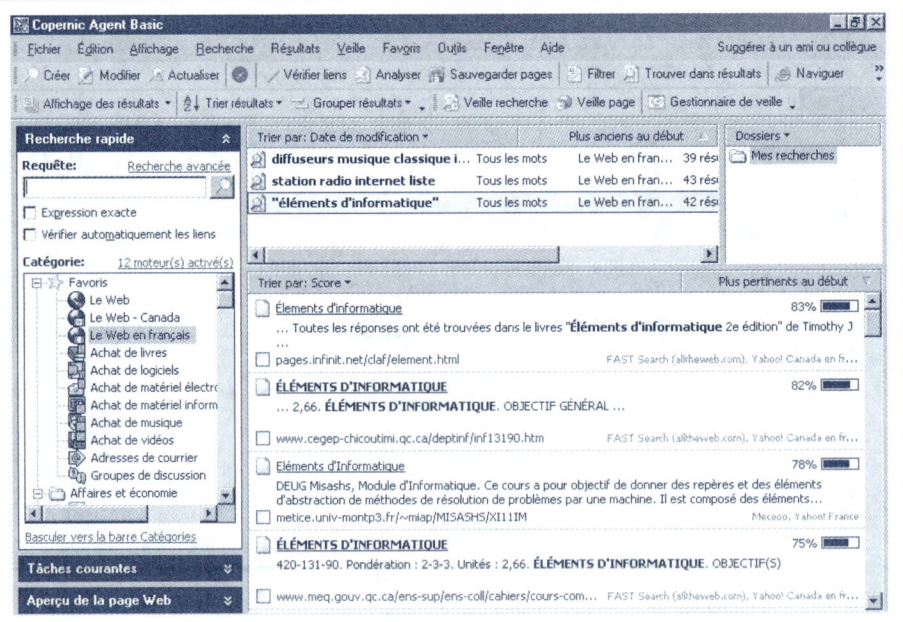

Le commerce électronique

Le monde des affaires s'est d'abord manifesté à l'internaute par ses annonces publicitaires. Internet a adopté certaines modalités de fonctionnement propres au monde des télécommunications – radio et télévision : gratuit pour l'utilisateur et profitable aux diffuseurs grâce aux revenus de publicité. Voilà pourquoi, tout au long d'une « promenade » sur l'inforoute, on est assailli de panneaux publicitaires : de très nombreux sites dits « de service » paient leurs frais d'exploitation et font des bénéfices grâce à des annonceurs qui misent sur la fréquentation de ces mêmes sites.

Depuis quelques années, la présence des gens d'affaires sur le Web s'est accrue et, de plus en plus, les compagnies utilisent Internet pour faire des transactions commerciales entre elles. À preuve, le chiffre d'affaires par voie d'échanges électroniques a connu une croissance fulgurante ces dernières années. En 2000, il avait atteint plus de 150 milliards de dollars. En 2005, les experts prévoient un chiffre d'affaires de 10 milliards d'euros uniquement en France. Selon l'Institut de l'audiovisuel et des télécommunications en Europe (Idate), « les achats en ligne (hors voyages) vont croître sur la planète de 29 % par an pour atteindre 420 milliards d'euros en 2009 ». Les entreprises s'adressent aussi au grand public, qui commence à considérer le Web comme un immense centre commercial. Il y a plusieurs façons de tirer profit de la présence des entreprises dans le monde du commerce électronique – le commerce en ligne. En voici les principaux volets.

- Le lèche-vitrine. Cette activité commerciale est sans contredit la plus populaire auprès des clients potentiels. Comme la majorité des fabricants et des détaillants possèdent leur page Web, il est facile pour le client de trouver sur le Net les produits et les services convoités, d'en étudier les données techniques et d'en comparer les prix et les garanties. Bien que la méfiance soit encore de mise à l'égard du commerce à distance, beaucoup de gens décident de leurs achats sur Internet pour se présenter par la suite chez le détaillant, en particulier dans les domaines des voyages, de l'automobile et des appareils électroniques.

- L'achat en ligne. Cette activité consiste simplement à placer dans un « panier à provisions » virtuel les articles que l'on peut examiner sur le site d'un magasin virtuel. Après quoi, la commande est traitée : paiement, livraison et enregistrement de la garantie. De nombreuses entreprises ont ajouté un service « commerce électronique » à leurs activités ; certaines ont même été créées spécialement à cette fin (*voir la figure 4.18*).

- Les enchères électroniques. Celles-ci fonctionnent à la manière des enchères traditionnelles. Il convient toutefois de distinguer deux types de sites de vente aux enchères, selon que la compagnie qui offre ce service est responsable ou non de la marchandise offerte. Ainsi, il y a des compagnies qui organisent leurs enchères en ligne et qui sont responsables des marchandises qu'on y trouve, et d'autres qui se limitent à organiser la vente aux enchères et à mettre en relation des vendeurs et des acheteurs. Dans ce dernier cas, les objcts mis en vente proviennent du public et la compagnie n'assume aucune responsabilité en ce qui concerne les garanties de paiement, les livraisons ou la qualité de la

Figure 4.18
Les achats en ligne.

marchandise. La prudence s'impose tout particulièrement dans ce genre de transaction (*voir la figure 4.19*).

■ Le paiement électronique. Ce procédé, qui permet d'effectuer un paiement en argent à partir de son ordinateur, suscite la méfiance de nombreux acheteurs. En effet, beaucoup mettent en doute la sécurité des transactions électroniques. Ce manque de confiance constitue assurément le frein principal à l'essor du commerce électronique. D'une part, les gens hésitent à transmettre publiquement leur numéro de carte de crédit et préféreraient payer sur présentation de facture ; d'autre part, les marchands préfèrent que le paiement précède la livraison. Récemment, un nouveau mode de paiement a été mis au point, fruit de la collaboration entre les principales banques et les grandes sociétés émettrices de cartes de crédit : l'argent électronique (*cybercash*). Celui-ci permet à un client ayant obtenu préalablement un « crédit » d'autoriser un paiement sécurisé sans divulguer de renseignements au vendeur. L'acheteur obtient d'un fournisseur de paiement électronique de confiance un crédit d'un montant convenu (122,34 $ ou 70,83 €, par exemple). Le fournisseur lui attribue un numéro de carte de crédit virtuelle qui ne servira qu'une fois. Cette façon de procéder permet de se protéger contre la plupart des fraudes.

■ Le compte bancaire électronique. Grâce à ce procédé, la majorité des clients des banques peuvent gérer leurs comptes bancaires directement par Internet : paiement des comptes courants (factures de téléphone et d'énergie, frais de scolarité, comptes de taxes, etc.), transferts de fonds,

Figure 4.19

Un site d'enchères
électroniques.

opérations de rapprochement bancaire, etc. La plupart des établissements financiers offrent même à leurs clients la gestion de leur portefeuille boursier par l'intermédiaire d'un site Web sécurisé (*voir la figure 4.20*). Toute transaction mettant en jeu des renseignements personnels ou confidentiels et des sommes d'argent commande, à l'évidence, des mesures de sécurité rigoureuses.

La sécurité par cryptage. Cette application consiste à doter les programmes d'échange d'informations (le navigateur du client et le serveur de l'entreprise) d'un module conçu pour modifier le texte du message émis de façon que seul le destinataire puisse le décrypter. Le libellé même du message garantit à la fois l'authenticité de l'envoyeur, qui est le seul à crypter le message de cette manière, et l'exclusivité du destinataire, qui est le seul à pouvoir l'interpréter correctement. Les programmes PGP (*Pretty Good Privacy*) incorporés dans les dernières versions de Firefox et d'Explorer (versions dites «à 128 bits») possèdent les mêmes qualités de brouillage que les meilleurs codes secrets de la CIA, du Mossad ou du KGB. Leur usage, déjà en vigueur dans les entreprises bancaires par exemple, devrait à court terme améliorer considérablement la sécurité des transactions commerciales électroniques. Il est facile de savoir si un site est sécurisé : il suffit de vérifier si l'adresse commence par les caractères

Figure 4.20

Un compte bancaire
sur Internet.

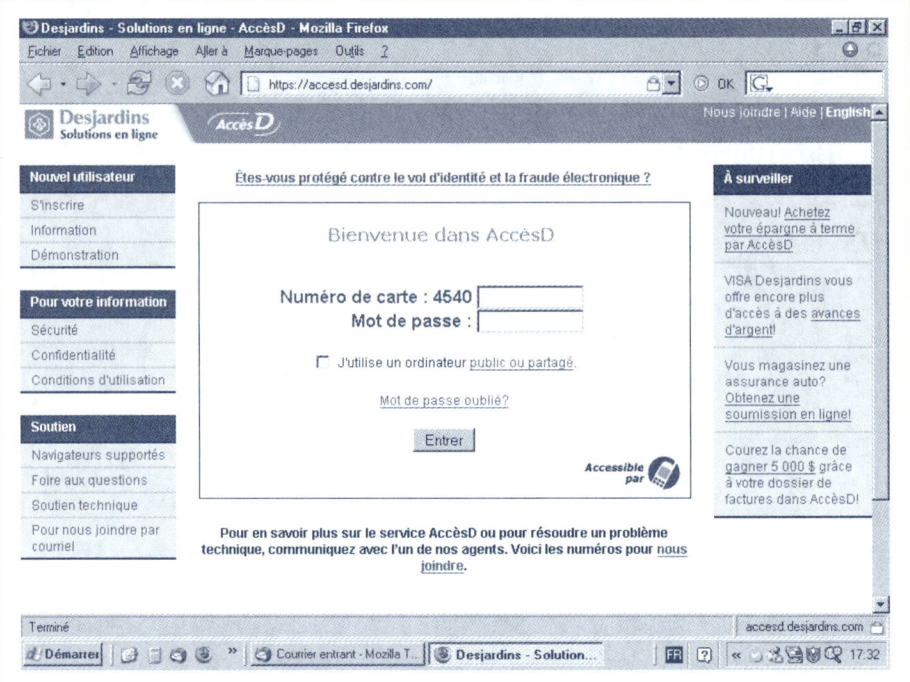

https:// ou shttp://. De plus, les navigateurs affichent généralement un cadenas fermé sur leur barre d'état, au bas de la fenêtre, lorsqu'ils montrent une telle page Web (*voir la figure 4.21*).

Les services multimédias

Depuis l'apparition des micro-ordinateurs multimédias, un vaste échantillon d'outils ont vu le jour pour améliorer l'utilisation d'Internet.

Les **séances de clavardage** (*chat groups*) sont des conversations écrites, par clavier interposé, entre internautes. Contrairement au groupe de discussion, qui fait appel au courrier électronique, le groupe de clavardage est une sorte de **forum** (*voir la figure 4.22*) en temps réel. Pour participer, il suffit de choisir un groupe de clavardage, puis de sélectionner un canal ou un sujet. Ces deux étapes franchies, il ne vous reste plus qu'à causer avec les autres personnes par l'intermédiaire de votre clavier. Les autres membres de ce canal peuvent voir immédiatement à leur écran ce que vous écrivez ; comme vous, ils ont la possibilité de répondre directement. Cet outil connaît une immense popularité.

IRC (*Internet Relay Chat*) est le service de clavardage le plus utilisé. Il faut d'abord s'inscrire au service IRC. Pour ce faire, vous devez utiliser un logiciel spécialisé qui vous permet, en outre, d'ouvrir une session de clavardage et de sélectionner un sujet – un clavardoir – qui vous intéresse. Vous pouvez alors commencer à causer. Ces logiciels spécialisés sont offerts gratuitement sur plusieurs sites Internet.

La **messagerie instantanée** donne à l'internaute la possibilité d'envoyer des messages « en direct » à ses correspondants qui sont simultanément branchés sur Internet (*voir la figure 4.23*). Elle fonctionne de la façon suivante :

Figure 4.21
L'icône d'un site sécurisé.

une fois que l'internaute et ses correspondants se sont inscrits sur un site d'accueil (ICQ, par exemple), chaque branchement sur le site en question est automatiquement signalé. À tout moment, il est possible d'obtenir de ce site la liste des correspondants (*buddies*) accessibles. Les participants peuvent dès lors solliciter une session de clavardage bilatéral ou multilatéral (en groupe) et le serveur de messagerie établira le lien entre les correspondants en

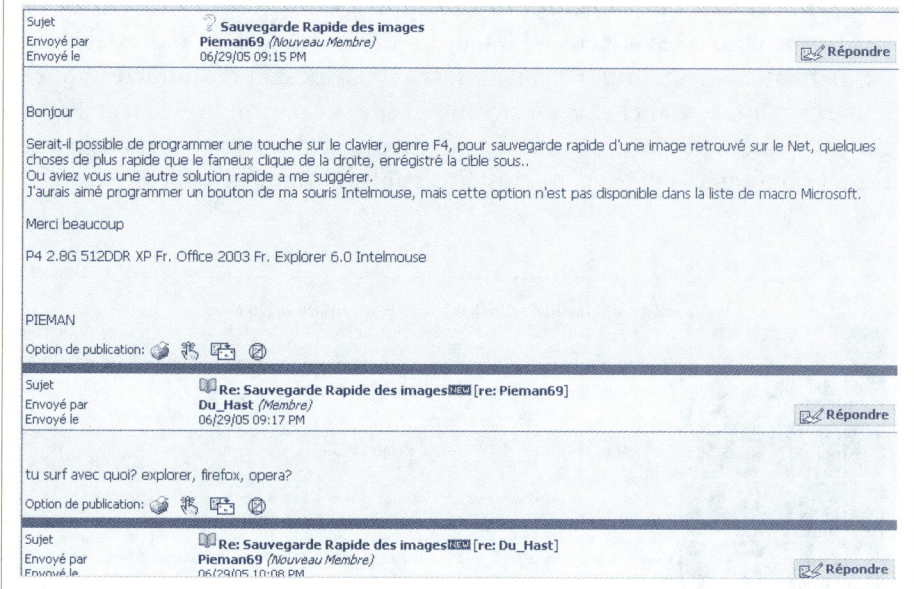

Figure 4.22
Un forum.

Figure 4.23
Une séance de messagerie instantanée.

affichant le texte de chacun dans la fenêtre des autres. MSN Messenger est un logiciel de messagerie instantanée dont l'utilisation est largement répandue.

Sur le Web, on trouve de plus en plus d'émissions de radio ou de télévision en provenance des quatre coins du monde. La technologie de la transmission en temps réel (*RealAudio* et *RealVideo*) permet de diffuser des émissions en direct tout autour du globe. On recense déjà plus d'un millier de stations de radio ou de télévision sur le Web, dont plusieurs diffusent uniquement sur la Toile (*voir la figure 4.24*).

Les programmes conçus à l'intention des diffuseurs de radio-télévision permettent aussi à n'importe quel internaute disposant d'un microphone et d'une caméra de brancher ces instruments sur sa carte multimédia et d'engager des séances de clavardage audio et vidéo avec des amis ou des collègues. Les téléconférences vidéo sont ainsi accessibles à tout le monde.

Figure 4.24

Une liste de diffuseurs de musique sur le Web.

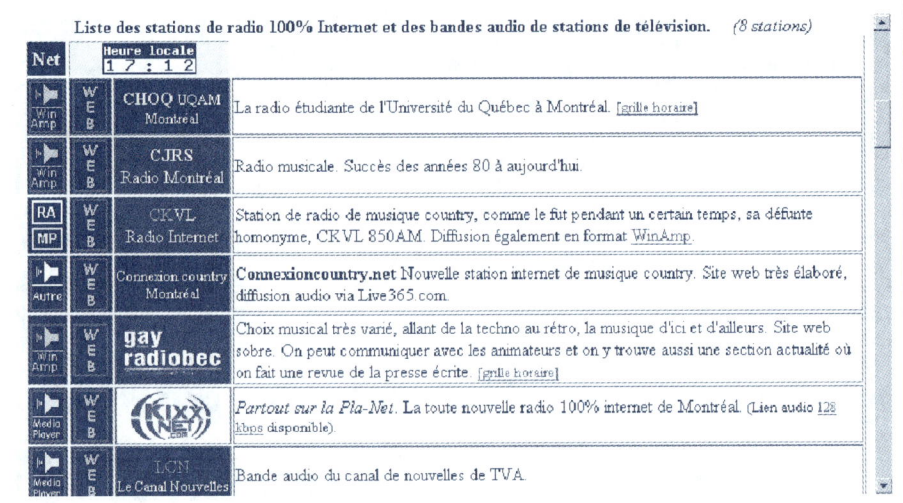

Questions de révision

1. La première page qui s'affiche au moment d'une connexion à un site Web se nomme la page index.

2. Seules les personnes qui se servent de leur ordinateur à la maison ont besoin d'un fournisseur de services Internet; les entreprises disposent d'un accès direct à ce réseau.

3. « Portail » est synonyme de « page de démarrage ».

4. Un moteur de recherche est un logiciel qui fournit une liste de sites Internet correspondant aux mots clés fournis par l'internaute.

5. Les documents accessibles sur le Web sont tous des documents HTML.

6. Pour accéder à Internet à partir de son propre micro-ordinateur, on doit posséder au moins un logiciel de navigation, un compte chez un fournisseur de services à ce réseau et les moyens de s'y connecter.

7. Un blogue est une sorte de virus qui circule sur le Web.

8. Un clavardoir permet aux internautes de communiquer entre eux interactivement par clavier interposé.

9. Certaines mises à jour de logiciel ne sont disponibles qu'à partir d'Internet.

10. Les termes « Internet » et « Web » sont synonymes.

Questions à choix de réponses

1. Un site qui sert de porte d'accès à Internet tout en offrant, entre autres, les plus récentes nouvelles et des sites commerciaux, s'appelle un
   a) portail;
   b) moteur de recherche;
   c) routeur;
   d) navigateur.

2. Un lien hypertexte peut servir à afficher un fichier qui contient
   a) un texte;
   b) une image;
   c) une pièce musicale;
   d) toutes les réponses précédentes.

3. Une page Web peut
   a) contenir des liens hypertextes;
   b) être une page d'accueil;
   c) contenir des images, des sons, du texte et des animations;
   d) toutes les réponses précédentes.

4. Le service IRC permet de faire
   a) des transactions bancaires électroniques;
   b) du clavardage;
   c) de la recherche d'information sur Internet;
   d) la mise à jour de logiciels.

5. Parmi les activités mentionnées ci-dessous, indiquez celle qui est offerte sur Internet.
   a) le courrier électronique;
   b) la recherche d'emploi;
   c) la formation en ligne;
   d) toutes les réponses précédentes.

6. Yahoo! est un
   a) outil de recherche;
   b) navigateur;
   c) site FTP;
   d) groupe de clavardage.

7. Lequel des termes énumérés ci-dessous est synonyme d'« autoroute électronique »?
   a) inforoute;
   b) Internet;
   c) cyberespace;
   d) Web.

8. Lequel des éléments énumérés ci-dessous relève du commerce électronique?
   a) le paiement électronique;
   b) les enchères électroniques;
   c) l'argent électronique;
   d) toutes les réponses précédentes.

9. Un logiciel qui, pour sa promotion, est distribué gratuitement sur Internet et dont l'usage n'est valide que pour une durée limitée est un
   a) partagiciel;
   b) gratuiciel;
   c) logiciel de démonstration;
   d) blogue.

10. Parmi les services suivants, lequel peut-on s'attendre à trouver sur le portail personnalisé d'une université?
   a) l'inscription en ligne;
   b) l'accès à un compte bancaire;
   c) les appels interurbains gratuits par téléphonie IP;
   d) toutes les réponses précédentes.

Phrases à compléter

1. Le/la/l'_____ est une technique de pointage qui est à la base de la navigation sur Internet.

2. Ce qui s'affiche à l'écran après qu'on a cliqué sur une adresse Internet valide s'appelle _____.

3. La/le/l'_____ consiste à faire des copies de sécurité d'un disque dur sur le serveur d'un site Internet sécurisé.

4. La première page affichée par un navigateur au moment de son lancement s'appelle la page _____.

5. Les sites Web personnalisés qui ont la forme d'un journal de bord s'appellent des _____.

6. Les pages Web sont des documents _____.

7. Une méthode qui permet de se protéger contre la plupart des fraudes électroniques consiste à utiliser _____.

8. Les fournisseurs de services Internet ont un accès _____ à Internet.

9. Un _____ est un moteur de recherche qui soumet une demande à plusieurs autres moteurs de recherche.

10. Sur Internet, la sécurité des échanges de renseignements névralgiques, le code d'accès ou le mot de passe d'un compte bancaire par exemple, est assurée par l'opération de _____.

Questions à développement

1. Décrire une séance de clavardage ainsi que les services Internet qui permettent d'y avoir accès.

2. Expliquer ce qu'est le commerce électronique. Énumérer les services qui y sont reliés.

3. Indiquer le type de recherche qu'on peut effectuer sur Internet. Énumérer les outils offerts pour la recherche d'information.

4. Expliquer la différence qui existe entre Internet et le Web.

5. Préciser en quoi consiste la controverse dont est l'objet le téléchargement de musique sur Internet.

Résumé
Chapitre 4

Les applications Internet

Internet, aussi appelé simplement le **Net**, est né en 1969 du projet **Arpanet** de l'armée américaine. Il a évolué jusqu'à devenir le plus important réseau de réseaux du monde. Le **Web** (**World Wide Web**) a été créé au CERN au début des années 1990 et a introduit le transfert des documents multimédias sur Internet.

Aujourd'hui, des centaines de millions de personnes de tous les pays utilisent chaque jour les services Internet.

LES ACTIVITÉS OFFERTES SUR INTERNET

Internet sert surtout à communiquer, à trouver de l'information, à faire des achats ou à se divertir. Voici quelques exemples de son utilisation.

- Le service de courrier électronique (courriel), l'application la plus populaire de l'autoroute électronique.
- Les services de messagerie, qui permettent de clavarder, autrement dit de converser de façon interactive au moyen du clavier.
- Le commerce électronique jumelé au paiement électronique, qui permet de faire des achats tout en restant chez soi.
- La recherche de renseignements de toutes sortes : visites virtuelles de musées, nouveaux emplois, plans d'une fusée, informations touristiques, actualités, horaires télé, etc.
- Le téléchargement et la mise à jour de logiciels : gratuiciels, partagiciels, logiciels de démonstration, logiciels propriétaires ou logiciels libres.
- Les divertissements comme la musique, les vidéoclips, les films d'animation et les jeux.
- Les cours de formation en ligne et la distribution de documents pédagogiques.
- La sauvegarde et la téléphonie.

LES SITES WEB

Un **site Web** se compose de plusieurs pages – Web ou autres – et est placé sur le disque dur d'un **serveur Web**. Les **pages Web** sont des **documents HTML** ; elles contiennent des **liens hypertextes** et des balises du langage HTML. La **page de démarrage** est la page qui s'affiche lorsqu'on lance l'exécution du navigateur. La **page d'accueil** est la première page d'un site ; elle sert à informer l'internaute sur le contenu du site. Un **portail** est un site qui offre non seulement des renseignements sur l'organisme qui l'a mis au point, mais aussi des liens vers des pages d'intérêt général, comme un moteur de recherche, les actualités et les cotes de la Bourse. Un **portail personnalisé** est un site qui offre une panoplie de services personnalisés selon le profil de l'utilisateur.

L'ACCÈS

L'accès à Internet peut se faire au moyen d'un lien direct ou d'une connexion à distance.

- Le lien direct est le plus rapide et il donne un accès presque instantané aux fonctions d'Internet.
- L'internaute peut utiliser Internet à partir de son domicile. Pour ce faire, il doit posséder, outre son micro-ordinateur, un modem (ordinaire, numérique ou câble) et une connexion à distance. Cette dernière est parfois fournie gratuitement par les établissements d'enseignement et les employeurs. Sinon, on doit s'adresser à un **fournisseur de services Internet** qui possède des ordinateurs intégrés au réseau Internet.

LES LIENS HYPERTEXTES

L'**hypertexte** est une technique qui consiste à placer dans un document une référence (un lien) à un texte donné situé dans le même document ou dans un autre. La présence de ces liens permet de passer d'un document à un autre. Les **liens hypertextes** sont représentés par du texte ou des images.

LE LOGICIEL DE NAVIGATION

La **navigation** consiste à accéder à la page de démarrage du navigateur puis, en passant d'une référence (lien) à l'autre, à parcourir plusieurs pages Web. Un **navigateur** est un programme qui permet la navigation en indiquant les liens et en y accédant d'un simple clic de la souris. Un bon navigateur offre ces quatre services de base : courrier électronique, FTP, outils de recherche et HTTP. Firefox et Explorer sont deux exemples de navigateur.

Résumé

LES OUTILS DE RECHERCHE

Il existe des outils de recherche : les répertoires et les moteurs de recherche.

- Les **répertoires** sont structurés par catégories qui sont elles-mêmes divisées en sous-catégories. Un navigateur permet de sélectionner une catégorie, puis une ou plusieurs sous-catégories, histoire de restreindre les résultats de la recherche à une liste de documents pertinents. Yahoo ! est le répertoire le plus connu.
- Les **moteurs de recherche** sont structurés comme des bases de données ; ils permettent de rechercher de l'information à partir de mots clés ou d'expressions. AltaVista, Google et Lycos en sont des exemples.
- Les **métamoteurs de recherche**, comme Copernic, se servent de plusieurs moteurs de recherche.

LE COMMERCE ÉLECTRONIQUE

Le commerce électronique (*e-commerce*) est de plus en plus présent sur le Web. En voici les principaux volets :

- lèche-vitrine ;
- achat en ligne ;
- enchères électroniques ;
- paiement électronique ;
- compte bancaire électronique ;
- sécurité par cryptage.

LES SERVICES MULTIMÉDIAS

Parmi les services multimédias offerts sur Internet, mentionnons :

- les séances de clavardage (*chat groups*) ;
- l'IRC ;
- la messagerie instantanée ;
- les transmissions en temps réel d'émissions de radio ou de télévision.

Les logiciels système

Apprendre à se servir d'un micro-ordinateur, c'est un peu comme apprendre à conduire. On peut se contenter d'en apprendre assez pour être en mesure de prendre la route ou on peut tenter d'en savoir plus sur le mode de fonctionnement d'une voiture et ainsi pouvoir conduire plusieurs types de véhicules et comparer leurs performances. En fait, on peut même en apprendre assez pour devenir mécanicien. De façon similaire, en élargissant ses connaissances sur les micro-ordinateurs, on devient plus apte à les utiliser. Vous n'avez pas à devenir un technicien en informatique mais, plus vous en saurez, plus vous élargirez votre champ de compétences et améliorerez vos habiletés.

Les voitures servent toutes à la même fin : elles nous mènent là où nous voulons aller. Mais la façon de les conduire varie énormément selon les équipements dont elles sont dotées : transmission automatique, direction assistée, freins ABS, détecteurs d'obstacles, phares antibrouillard, etc., autant d'éléments intermédiaires entre le conducteur et le groupe moteur.

Les ordinateurs connaissent une évolution comparable. Quelques-uns d'entre eux sont supérieurs sous certains aspects – plus faciles à maîtriser, par exemple, ou encore assez puissants pour prendre en charge davantage de logiciels d'application. À cet égard, le logiciel système de l'ordinateur – le logiciel de soutien qui agit comme une interface entre l'utilisateur et l'ordinateur – joue un rôle décisif. Le logiciel système sert aussi d'interface entre les logiciels d'application et les appareils d'entrée, de sortie et de traitement (*voir la figure 5.1*).

Même si l'on n'utilise qu'un seul système d'exploitation – Windows, par exemple –, il est important de prendre conscience que ce type de logiciel est fréquemment révisé de façon à pouvoir gérer les ordinateurs offrant les nouvelles technologies, ainsi que les périphériques d'entrée ou de sortie, qui changent eux aussi. Lorsque les systèmes d'exploitation évoluent, on doit être au courant de l'effet de ces changements sur les logiciels installés et sur l'éventualité d'une mise à jour de ses outils de travail.

Figure 5.1

Les utilisateurs interagissent avec les logiciels d'application et les logiciels système. Les logiciels système interagissent avec les logiciels d'application.

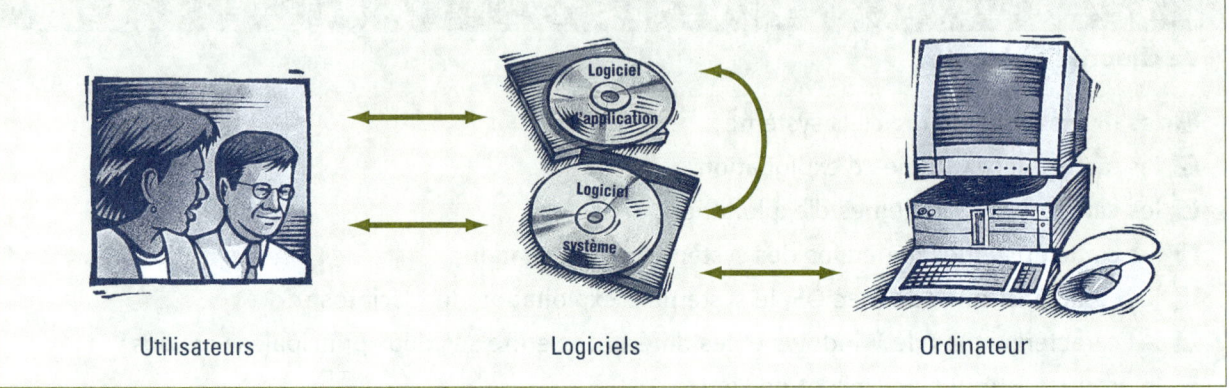

Utilisateurs   Logiciels   Ordinateur

Le logiciel système d'un ordinateur se compose du BIOS, du système d'exploitation, des programmes utilitaires et des outils de programmation.

Quatre types de programmes

Le logiciel système prend en charge les complexités physiques favorisant le bon fonctionnement du matériel. Il contient quatre types de programmes : le BIOS, le système d'exploitation, les programmes utilitaires et les outils de programmation.

- Le **BIOS** (**Basic Input-Output System**) consiste en quelques programmes de soutien stockés de façon permanente dans les circuits électroniques de l'ordinateur (une puce de mémoire non effaçable). Le BIOS prend charge de l'ordinateur au moment du démarrage. Ses **procédures de diagnostic** vérifient le bon fonctionnement des principaux éléments du matériel. Puis les **procédures d'amorce** du BIOS mettent en mémoire le système d'exploitation (Windows, Mac OS ou Unix et Linux pour les micro-ordinateurs) qui se trouve sur le disque dur et lui remettent le contrôle des opérations.

- Le **système d'exploitation** est constitué d'un ensemble de programmes qui gèrent les ressources de l'ordinateur. Il comporte plusieurs fonctions internes de façon que l'utilisateur n'ait pas à se préoccuper de la gestion de ces ressources. C'est le système d'exploitation qui interprète toutes les commandes que vous entrez, au moyen du clavier ou de la souris, pour lancer un programme par exemple, et qui vous permet d'interagir avec les programmes pendant leur exécution. En outre, il gère l'allocation de la mémoire, le stockage des données et la structure des fichiers. Un ordinateur ne peut utiliser qu'un seul système d'exploitation à la fois. Comme le système d'exploitation est la partie la plus importante du logiciel système, c'est sur ce sujet que nous nous attarderons.

- Les **programmes utilitaires** sont destinés à étendre les fonctionnalités de base du système d'exploitation. Certains d'entre eux servent à la protection contre les virus et la perte des fichiers. Nous en passerons quelques-uns en revue un peu plus loin.
- Les **outils de programmation** sont un ensemble de traducteurs de programmes qui permettent aux programmeurs de créer aussi bien des logiciels système que des logiciels d'application. Nous les étudierons au chapitre 12.

Tous les ordinateurs sont dotés d'un système d'exploitation. Les super-ordinateurs en possèdent de très sophistiqués. UNICOS est un système d'exploitation très employé sur les supercalculateurs Cray. Digital Equipment Corporation (DEC) utilise le système d'exploitation VAX/VMS sur ses serveurs. Ces systèmes d'exploitation sont très puissants : ils ont introduit, entre autres, l'utilisation de la mémoire virtuelle, la multiprogrammation et la mise en réseau.

Les systèmes d'exploitation Windows, Mac OS et Unix et Linux sont les logiciels système le plus utilisés sur les micro-ordinateurs. Le choix du système d'exploitation dépend principalement du type d'ordinateur dont on dispose.

Les tâches du système d'exploitation

Les tâches du système d'exploitation sont de nature très variée. On les classe généralement selon les fonctions suivantes :

- gérer les ressources matérielles de l'ordinateur ;
- gérer la structure de stockage des fichiers – données ou programmes ;
- gérer l'exécution des logiciels d'application et les seconder dans leurs tâches ;
- gérer les commandes de l'utilisateur au moyen du clavier ou de la souris ;
- gérer la communication avec les autres ordinateurs dans un réseau.

Le système d'exploitation doit gérer les ressources matérielles de l'ordinateur, la structure de stockage des fichiers, l'exécution des logiciels d'application, les commandes de l'utilisateur et la communication avec les autres ordinateurs dans un réseau.

La **gestion des ressources matérielles** est l'activité qui consiste à contrôler le fonctionnement détaillé de chacun des dispositifs dont est équipé l'ordinateur (nous décrirons ce fonctionnement dans les chapitres ultérieurs). Pour ce faire, le système d'exploitation (SE) est muni d'un ensemble de programmes nommés **pilotes** (*drivers*), dont chacun dirige les opérations d'un périphérique donné. Ainsi, il dispose d'un pilote de souris, d'un pilote de disque dur, d'un pilote d'imprimante, bref, d'un pilote pour chacun des dispositifs offerts sur le marché. Qui plus est, comme les différents modèles de ces dispositifs (par exemple les imprimantes) ne fonctionnent pas tous de la même manière, chacun exige un pilote particulier. Par ailleurs, si un fabricant met sur le marché un nouveau modèle d'un quelconque dispositif, il devra y joindre un cédérom contenant son programme pilote. Avant de se servir du dispositif, l'utilisateur devra **installer** ce pilote, c'est-à-dire en fournir une copie au système d'exploitation. Au passage, mentionnons que les programmes pilotes sont presque toujours accessibles sur les sites Internet des fabricants de matériel. Comme les fabricants améliorent les fonctions des pilotes assez régulièrement, il est utile de se rendre de temps à autre sur leurs sites afin de télécharger les nouvelles versions des pilotes destinés à nos appareils.

La **gestion du système de fichiers** est l'activité exclusive du système d'exploitation; elle consiste à stocker les fichiers sur tous les supports d'information (disques durs, disquettes, CD ou DVD) de façon sécuritaire et ordonnée en vue de les retrouver sans peine par la suite. Ces fichiers sont soit des données (documents de différentes natures), soit des programmes. C'est l'utilisateur qui détermine quels fichiers il veut placer sur son ordinateur et sur quels dispositifs ils seront stockés, mais c'est le SE qui fait le travail et garde un inventaire de tout ce qui se trouve sur chacun. Comme le nombre de fichiers peut être énorme (plusieurs centaines de milliers), il est courant de les regrouper dans des ensembles nommés **dossiers** (ou **répertoires**), qui eux-mêmes seront regroupés dans d'autres dossiers selon une structure hiérarchique. Par exemple, on pourrait placer tous les documents de travail dans le dossier **Mes documents**, puis, à l'intérieur de ce dossier, créer les dossiers **Personnel** (pour les documents personnels) et **Cours** (pour les notes de cours et les travaux scolaires). Au besoin, si on est inscrit à plusieurs cours, on regroupe les documents de travail dans des dossiers portant le nom de chaque cours (*voir la figure 5.2*). Avec l'aide du système d'exploitation, l'utilisateur peut copier, déplacer, effacer et renommer ses fichiers et ses dossiers.

La **gestion de l'exécution des logiciels d'application** est la première raison d'être du système d'exploitation. Lorsqu'il sort de la chaîne de montage, l'ordinateur ne dispose que des programmes BIOS de lancement, de diagnostic et d'amorce; il ne peut rien faire d'utile. Par la suite, on installe le système d'exploitation sur son disque dur. À partir de ce moment, l'utilisateur peut demander au système d'exploitation d'**installer** sur le disque dur toute une panoplie de logiciels d'application dont il s'est procuré une copie – généralement sur cédérom. L'installation d'un programme consiste, pour le système d'exploitation, à enregistrer dans sa banque de données l'endroit où a été placé le logiciel sur le disque dur, de façon à pouvoir ensuite lancer l'exécution de ce logiciel à la demande de l'utilisateur. Ce lancement implique que le SE trouve le programme demandé et contrôle son exécution. Pendant l'exécution, si l'utilisateur demande à son logiciel d'application d'ouvrir un

Figure 5.2

Chaque dossier peut contenir des fichiers et d'autres dossiers.

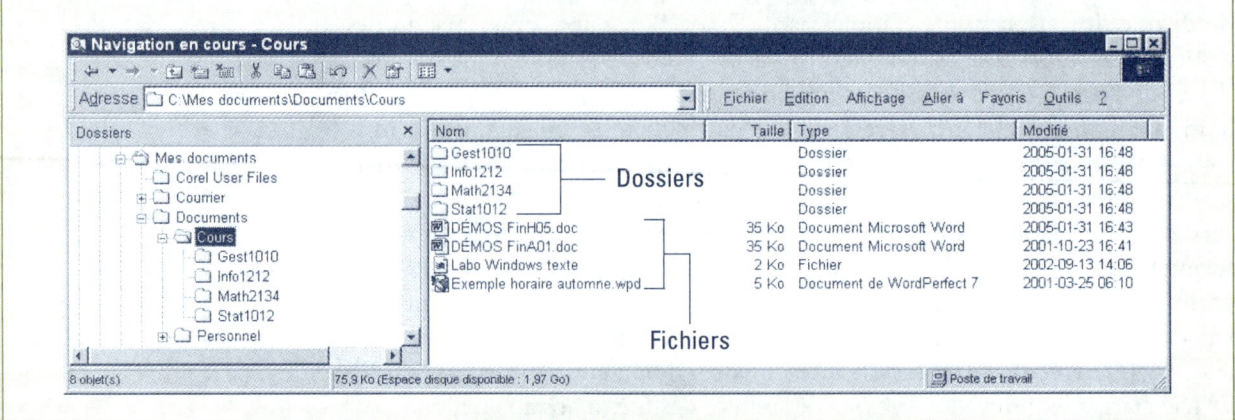

document ou de le sauvegarder, le programme utilisera le SE pour accomplir ces tâches. Quand l'utilisateur commandera l'arrêt de son application, c'est encore le SE qui se chargera de « sortir » ce programme de la mémoire. Soulignons qu'un logiciel d'application doit être traduit en une version compatible avec un système d'exploitation donné pour être pris en charge par ce dernier. De nombreux progiciels sont offerts en diverses versions correspondant à divers SE et offrent de ce fait une grande souplesse aux utilisateurs.

La **gestion des commandes de l'utilisateur** est l'activité qui consiste à établir la façon dont l'utilisateur transmettra ses commandes au système d'exploitation qui, en retour, affichera de façon claire à la fois la progression et les résultats des processus mis en œuvre par ces commandes. Par exemple, l'utilisateur qui désire copier un fichier dans un dossier avant de le traiter au moyen d'un logiciel donné (Word, par exemple) doit savoir quand la tâche est terminée. Le moyen de communication permettant le dialogue entre le système d'exploitation et l'utilisateur est appelé **interface utilisateur**. La qualité de celle-ci se mesure à la possibilité qu'elle offre à l'utilisateur, même néophyte, de maîtriser son ordinateur et d'en tirer le meilleur usage sans avoir à subir une formation poussée, et ce, grâce à un fonctionnement intuitif.

La **gestion de la mise en réseau** a été, dès le début, une préoccupation des informaticiens. Étant donné le prix élevé des premiers ordinateurs (plusieurs millions de dollars), on a voulu très tôt en optimiser la rentabilité en permettant d'abord qu'ils soient utilisés simultanément par plusieurs utilisateurs, puis en les reliant les uns aux autres pour en partager les ressources. C'est donc à l'intérieur des systèmes d'exploitation que l'on a mis au point les modules de programmation nécessaires au bon fonctionnement des réseaux. Nous en verrons les détails dans les prochains chapitres.

Bien que leurs tâches soient les mêmes, les SE se distinguent entre eux par la façon de s'en charger, chacun ayant ses points forts et ses points faibles en fonction, généralement, de la clientèle visée.

Les catégories de systèmes d'exploitation

Même s'il existe des dizaines de types de systèmes d'exploitation, on n'en distingue que trois catégories de base : le système d'exploitation incorporé, le système d'exploitation réseau et le système d'exploitation autonome.

- Les **systèmes d'exploitation incorporés** servent à gérer les ressources des tout petits ordinateurs, tels que les ordinateurs de poche ou les agendas électroniques. Ce type de système d'exploitation est stocké intégralement et en permanence dans l'appareil grâce à l'utilisation de puces de mémoire morte (*voir le chapitre 6 à la page 123 pour une description de la mémoire morte*). Windows Ce et Palm OS comptent parmi les systèmes d'exploitation incorporés les plus populaires (*voir la figure 5.3*).

- Les **systèmes d'exploitation réseau** contrôlent et coordonnent les échanges entre des ordinateurs reliés en réseau. On parle de réseau à partir du moment où deux ordinateurs peuvent communiquer entre eux. Mais il existe des réseaux de bien plus grande envergure comme ceux des universités et des grands organismes. Il est même fréquent que ces grands réseaux intègrent d'autres réseaux de plus petite taille et, la plupart du temps, des ordinateurs de familles ou de catégories différentes.

Figure 5.3

Les ordinateurs de poche ont un système d'exploitation incorporé.

Un système d'exploitation réseau est habituellement stocké sur le disque dur de l'un des ordinateurs du réseau – le **serveur de réseau**. Le serveur de réseau coordonne toutes les communications entre les autres ordinateurs. NetWare, Windows NT Server, Windows XP Server, Unix, VSE/ESA et z/OS sont des exemples de systèmes d'exploitation réseau.

■ Les **systèmes d'exploitation autonomes** (ou **indépendants**) prennent en charge un seul micro-ordinateur. Ils sont stockés sur le disque dur de l'ordinateur dont ils gèrent les ressources. Lorsqu'un micro-ordinateur est relié à un réseau, son système d'exploitation travaille de concert avec le système d'exploitation réseau pour coordonner et partager les ressources. Le système d'exploitation indépendant est alors perçu comme un **système d'exploitation client**. Les systèmes d'exploitation autonomes les plus répandus sont Windows, Mac OS et certaines versions de Unix.

À l'instar des logiciels d'application, destinés à un système d'exploitation donné, les systèmes d'exploitation sont conçus conformément à une architecture (environnement ou plateforme) précise. De plus, il existe des systèmes d'exploitation propriétaires – qui appartiennent à un constructeur ou à un développeur donné et qui nécessitent l'acquisition d'une licence pour leur utilisation – et des systèmes d'exploitation libres – qui peuvent être utilisés, adaptés ou modifiés par quiconque de façon que leur développement serve à l'ensemble de la communauté, comme dans le cas des logiciels d'application. Le système Windows, qui appartient à Microsoft Corporation, est un exemple de système d'exploitation propriétaire. Le système Linux est un exemple de système d'exploitation offert en source libre.

Les caractéristiques des systèmes d'exploitation

L'**interface utilisateur** est la caractéristique la plus visible des systèmes d'exploitation. On en distingue deux types : l'interface en **mode texte** et l'interface en **mode graphique** (*voir la figure 5.4*). Au début de l'ère des ordinateurs, c'étaient surtout des professionnels de l'informatique qui les utilisaient ; ils se contentaient facilement d'une interface austère où le système d'exploitation attendait passivement qu'on lui transmette une commande sous la forme d'une ligne de texte complexe, respectant une syntaxe souvent capricieuse. Les usagers[1] des grands systèmes connaissaient ces commandes par cœur et ne s'en trouvaient pas incommodés. Cependant, avec l'ouverture de l'informatique à des utilisateurs occasionnels venant de disciplines diverses (surtout avec l'arrivée des micro-ordinateurs), l'interface texte a été remplacée par une interface graphique – beaucoup plus conviviale et faisant appel à l'intuition – utilisant des **icônes** (petits symboles graphiques représentatifs de l'objet présenté) et des menus déroulants activés par une souris.

Le **prêt à l'emploi** est une autre caractéristique fondamentale des systèmes d'exploitation. À mesure que de nouveaux matériels plus performants

Les systèmes d'exploitation accomplissent leurs tâches de différentes manières, selon leurs caractéristiques.

---

1. Bien que les termes « usager » et « utilisateur » soient considérés comme synonymes, il est coutume de désigner par « utilisateur » la personne physique qui utilise l'ordinateur et par « usagers » l'ensemble des personnes autorisées à utiliser un gros ordinateur.

Figure 5.4

Une interface graphique
et une interface texte.

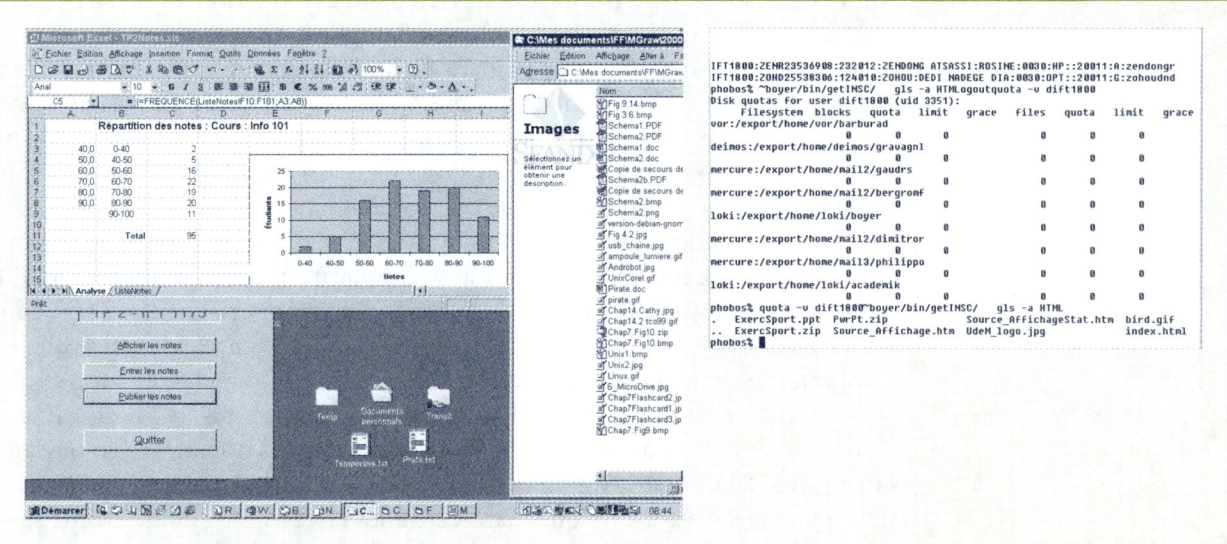

arrivent sur le marché, les utilisateurs tiennent à en profiter le plus rapidement possible. Or, si le SE n'a pas été programmé pour gérer ce type d'équipement, il faudra souvent beaucoup d'adresse (et parfois celle d'un spécialiste) pour arriver à **installer** le périphérique nouvellement acquis. Depuis peu, on a mis au point une norme appelée « prêt à l'emploi » (*Plug and Play*), qui vise à munir tous les équipements informatiques d'un dispositif d'identification signalant sa présence au système d'exploitation. L'utilisateur peut alors brancher ou débrancher n'importe quelle pièce périphérique sans perturber le fonctionnement du SE.

Multiprogrammation, **multitraitement**, **multiusager**, **multitâche** et **multifenêtre** sont des termes qui reviennent souvent lorsqu'il est question de systèmes d'exploitation. Tous ces concepts désignent des façons différentes de rentabiliser l'ordinateur en permettant, grâce au système d'exploitation, le partage de ses ressources entre plusieurs programmes ou plusieurs utilisateurs. La **multiprogrammation** décrit le processus général par lequel le système d'exploitation peut charger plusieurs programmes en mémoire et partager le temps de traitement de l'ordinateur de manière que ces programmes donnent l'impression de s'exécuter en même temps. Lorsque l'ordinateur ne possède qu'un seul processeur, le SE doit partager le temps de ce dernier entre les différents programmes actifs, ce qui, bien sûr, ralentit l'exécution de chacun. Si l'ordinateur est muni de plusieurs processeurs, l'ensemble des tâches est réparti entre eux : on parle plus précisément de **multitraitement**. Il y a alors une véritable *simultanéité* dans le traitement ; autrement dit, plusieurs programmes sont exécutés concurremment par des processeurs indépendants.

Sur les gros ordinateurs, le système d'exploitation **multiusager** doit non seulement recourir à la multiprogrammation et permettre ainsi à plusieurs utilisateurs de travailler en même temps, mais aussi offrir un système de protection pour les fichiers et les dossiers de chacun pour empêcher toute inter-férence entre les différents usagers. Sur les micro-ordinateurs, de coût plus modeste, les utilisateurs travaillent un à la fois et le SE n'a qu'à gérer la protection des ressources personnelles. Le système d'exploitation **multitâche** permet à un même usager de lancer plusieurs applications en même temps : par exemple, imprimer un document, transférer un fichier sur un réseau et chercher un enregistrement dans une base de données. Enfin, le système d'exploitation **multifenêtre** (*voir la figure 5.5*) permettra à chaque tâche en cours d'exécution d'occuper une section de l'écran du moniteur. L'utilisateur peut alors suivre, dans chacune de ces fenêtres, la tâche qui s'y déroule.

La **fiabilité** d'un système d'exploitation se mesure à la capacité de celui-ci à gérer les erreurs des programmes d'application dont il a la charge. En effet, aucun programmeur n'étant parfait, des erreurs risquent de survenir dans le cours de l'exécution d'un programme. Par exemple, il arrive que le programme essaie d'utiliser le contenu d'une case de mémoire qui n'existe pas ou encore de diviser une valeur par zéro. Dans ce cas, le SE doit interrompre l'exécution de ce programme et continuer ses opérations en passant aux autres tâches. Or, certains systèmes d'exploitation sont reconnus pour leur plantage, c'est-à-dire que, dans certaines circonstances, une erreur survenue dans un programme d'application bloquera le fonctionnement de l'ordinateur (on parle alors de **gel**) et interrompra brusquement toutes les autres tâches en progression, allant parfois jusqu'à forcer le redémarrage complet de l'ordinateur (*voir la figure 5.6*).

Enfin, la **portabilité** du système d'exploitation indique s'il est possible de l'utiliser sur différents types d'ordinateurs. Certains SE sont confinés à un seul modèle, tandis que d'autres s'utilisent dans toutes les gammes de matériel.

Pour le simple utilisateur, les systèmes d'exploitation les plus importants sont ceux des micro-ordinateurs. Quiconque désire atteindre un certain degré de compétence en informatique doit donc se familiariser avec les principaux systèmes d'exploitation de micro-ordinateurs offerts actuellement sur le marché, soit Windows, Mac OS ou Unix et Linux.

Figure 5.5

Un système multifenêtre.

Figure 5.6
La fiabilité :
une question de santé.

Le système d'exploitation Mac OS du Macintosh

Afin de rivaliser avec le géant IBM sur le marché du micro-ordinateur, la compagnie Apple a annoncé, en 1981, un nouveau concept de micro-ordinateur qu'elle a mis en marché en 1984. Alors que les PC IBM utilisaient le microprocesseur Intel et le système d'exploitation **DOS**, Apple a choisi d'utiliser le microprocesseur Motorola et, par le fait même, a opté délibérément pour une incompatibilité totale entre les deux familles d'ordinateurs. Le but était de combattre IBM en visant un autre segment du marché.

En effet, l'apparition du micro-ordinateur, au début des années 1980, visait à offrir à des particuliers le genre de services que les gros ordinateurs offraient déjà aux entreprises et aux organisations. Or, les utilisateurs de l'époque étaient en général des spécialistes de l'informatique ; c'est pourquoi DOS a été conçu selon les mêmes caractéristiques que les systèmes d'exploitation des ordinateurs plus gros. Apple visait au contraire l'utilisateur inexpérimenté en lui offrant un environnement axé sur l'intuition (l'ordinateur et le système d'exploitation Macintosh) et fondé sur une interface graphique utilisant la souris et les symboles iconographiques. L'écran du moniteur représentait la surface d'un bureau de travail sur laquelle l'utilisateur étalait et utilisait des objets et des documents. L'exemple classique était la présence d'une corbeille sur le bureau dans laquelle il suffisait de transférer un document pour l'effacer.

Pendant des années, le Macintosh a eu la réputation d'être beaucoup plus convivial que les IBM et les appareils compatibles avec ceux-ci, en ce sens qu'il était nettement plus facile à maîtriser. Alors que DOS exigeait une bonne connaissance de l'informatique, quelques heures de formation sur le Macintosh suffisaient pour que l'utilisateur soit prêt à travailler de façon productive. Cette convivialité, bien sûr, a entraîné la disparition de DOS, qui a dû être remplacé par Windows, alors que Mac OS se maintient toujours en selle.

Apple a conçu plusieurs versions évolutives de son système d'exploitation. La plus récente, la version Mac OS X (dixième version), est très puissante et

Le système d'exploitation Mac OS, qui n'est utilisable que sur un ordinateur Macintosh, a introduit le concept de convivialité dans le monde du micro-ordinateur.

offre les caractéristiques les plus modernes (*voir la figure 5.7*). Il faut ajouter que la compagnie Apple a toujours privilégié l'utilisation de matériel maison pour son Macintosh : souris Macintosh, imprimante Macintosh, disque Macintosh, moniteur Macintosh, etc. De plus, le concept prêt à l'emploi a toujours été inhérent au système d'exploitation, l'ajout de périphériques n'a jamais posé problème et l'on peut maintenant utiliser sans difficulté les périphériques prêts à l'emploi de toute marque.

Caractéristiques

Mac OS a popularisé les interfaces graphiques et leurs menus déroulants, ainsi que le principe des fenêtres et l'utilisation de la souris.

- **Convivialité :** son interface graphique a rendu le Macintosh très populaire, et sa facilité d'utilisation lui a gagné la faveur de nombreux néophytes dans le monde de la micro-informatique.

- **Graphiques et multimédia :** le Macintosh a établi une norme élevée sur le plan du traitement des graphiques ; c'est précisément pour cette raison qu'il est populaire auprès de ceux qui font de l'édition électronique. Il est facile de fusionner du texte et des dessins pour produire des bulletins, des réclames et d'autres documents d'apparence professionnelle. De plus, le Macintosh a toujours été le pionnier dans le domaine du multimédia en donnant la possibilité (et les logiciels pour le faire) de traiter le son et l'animation aussi bien que l'image statique.

- **Interfaces uniformes :** les applications Macintosh possèdent des interfaces graphiques uniformes. D'une application à une autre, l'utilisateur profite du même agencement des objets à l'écran, de menus et d'options similaires. Apple a intégré à son système d'exploitation une interface vocale, *Voice Over*, pour faciliter l'utilisation des micro-ordinateurs aux malvoyants et aux travailleurs manuels. Cette interface est conçue pour interpréter les commandes en anglais, mais on peut construire de nouvelles commandes dans n'importe quelle langue.

Figure 5.7

Le bureau de Mac OS.

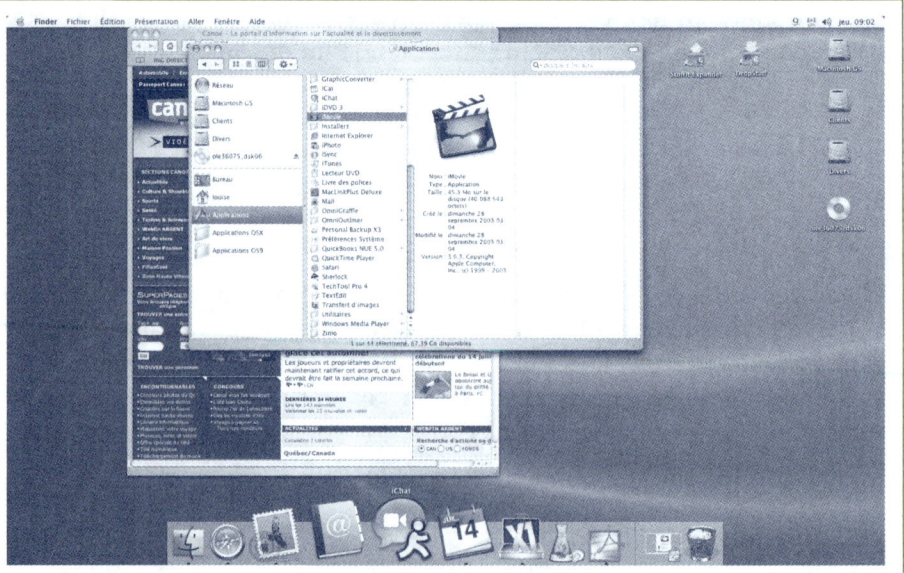

- Multiprogrammation : Mac OS X permet l'exécution de plusieurs tâches se partageant le microprocesseur. Il est aussi multiusager et il prend en charge le multitraitement.

- Une machine « d'affaires » ? Pendant longtemps, Apple a dû se battre contre la perception qu'avaient les entreprises de son produit : « Ce n'est pas un outil de travail assez sérieux pour faire des affaires. » En effet, les gens d'affaires ont eu tendance à acheter des produits d'IBM ou d'autres vendeurs de gros ordinateurs. Beaucoup d'entre eux ont, dès le départ, considéré les micro-ordinateurs d'Apple comme des appareils destinés aux jeux ou aux amateurs. Même si, aujourd'hui, le Macintosh est l'un des plus puissants micro-ordinateurs sur le marché, il demeure sous-utilisé dans le milieu des affaires.

- Coût élevé : contrairement à IBM, Apple ne permet pas qu'on utilise les brevets de fabrication du Macintosh, de sorte qu'il n'y a jamais eu de clones Mac – à l'exception d'une brève tentative entre 1997 et 1998. Les prix sont donc restés sensiblement plus élevés que les modèles bas de gamme des compatibles IBM. Macintosh, malgré des percées importantes dans les milieux journalistique, artistique et universitaire, se maintient autour de 4 %[2] du marché du micro-ordinateur.

- Compatibilité : l'incompatibilité de DOS avec les microprocesseurs du Macintosh (Motorola, puis Power PC) a rendu ces derniers moins attrayants pour les entreprises intéressées par la compatibilité et la connectivité. Toutefois, ces dernières années ont vu des tentatives de rapprochement de la part d'Apple. Ainsi, certains modèles de Macintosh possédaient un module électronique (donc un matériel) permettant d'exécuter des programmes faits pour les compatibles IBM. *Virtual PC* est un logiciel qui permet d'interpréter, sur un Macintosh, des programmes conçus pour Windows, au prix cependant d'un ralentissement notable de l'ordinateur.

- Fiabilité : Mac OS X est construit autour d'un noyau Unix, appelé Darwin. Celui-ci assure une stabilité élevée et offre une grande sécurité sur Internet.

Windows, de Microsoft

Windows existe en deux versions. L'une, **Windows XP Édition Familiale**, vise l'utilisateur domestique qui se sert d'un micro-ordinateur personnel. L'autre, **Windows XP Professionnel**, plus complexe (et plus chère), est destinée aux entreprises dont les postes de travail sont généralement reliés en réseau. On constate que de nombreux utilisateurs préfèrent installer la version professionnelle sur leur micro-ordinateur personnel puisqu'elle est plus robuste et plus fiable.

Windows 95/98/Me/XP Édition Familiale

En 1995, après deux tentatives infructueuses (Windows et Windows 3) pour remplacer DOS et concurrencer le système d'exploitation du Macintosh,

Windows existe en deux versions : l'une pour les micro-ordinateurs personnels, l'autre pour les postes de travail des entreprises.

---

2. D'après une étude de Gartner inc. du 28 juin 2004, citée dans *Le Monde*, 2005.

Microsoft a lancé avec grand bruit son nouveau système d'exploitation, **Windows 95**. Ce n'est qu'à ce moment que l'on a pu dire que l'entreprise avait gagné son pari : le compatible IBM était devenu aussi convivial que son rival. Windows 95 offre une interface graphique de haute qualité, une utilisation judicieuse des icônes et une vision claire des tâches en voie d'exécution par l'ordinateur (*voir la figure 5.8*). De plus, il prend en charge le prêt à l'emploi et le multitâche. Enfin, il possède tous les programmes nécessaires pour utiliser les possibilités des périphériques multimédias et pour se connecter au réseau de l'autoroute électronique.

Cependant, Windows 95 a été conçu pour l'utilisateur domestique qui utilise seul son ordinateur. Il n'est donc pas multiusager et offre très peu de protection en mode de fonctionnement réseau. Microsoft a donc lancé en 1998 une version améliorée, Windows 98, ayant pour objet d'augmenter la rapidité des opérations, d'accroître la convivialité générale et de faciliter l'utilisation d'Internet et du multimédia tout en étant beaucoup plus fiable que Windows 95.

La version actuelle, **Windows XP Édition Familiale**, offre une interface utilisateur orientée davantage sur les tâches que sur les programmes. Ainsi, le menu *Démarrer* affiche des options telles que « Courriel » ou « Internet » plutôt que des noms de programmes comme Outlook et Explorer. Windows XP améliore l'accès à Internet et offre de meilleurs outils multimédias, particulièrement dans le domaine de l'édition et de la visualisation de documents vidéo. En outre, il relie facilement en réseau deux ou trois ordinateurs domestiques pour permettre le partage des ressources. Il offre une meilleure stabilité et une protection accrue contre la perte accidentelle de fichiers. Windows XP autorise le partage d'une connexion Internet par les utilisateurs d'un réseau domestique tout en offrant un pare-feu qui permet une navigation sécuritaire. La version XP de Windows se met à jour automatiquement

Figure 5.8

L'interface graphique de Windows 95.

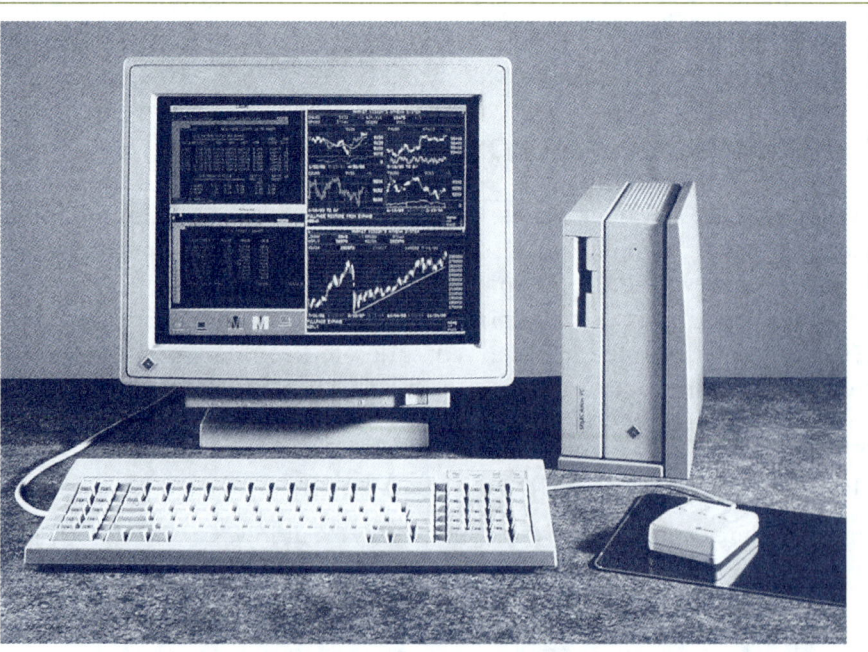

au moyen du programme *Windows Update*. Celui-ci a pour fonction de vérifier régulièrement sur le site Web de Microsoft s'il y a de nouveaux correctifs disponibles pour améliorer son produit, corriger des erreurs ou pallier des dysfonctionnements. Le cas échéant, *Update* le signale à l'utilisateur, qui n'a qu'à accepter ou refuser l'installation des nouvelles procédures. Windows XP se conjugue en plusieurs versions : Édition Familiale, Édition Professionnelle, Media Center, toutes plus ou moins semblables mais destinées à des publics différents.

Quant à la version Millenium Edition (Me) de Windows, improvisée en vue de marquer le passage à l'an 2000, nous nous contenterons de dire qu'elle a été abhorrée par tous les experts et par la plupart des utilisateurs.

Windows NT/2000/XP Édition Professionnelle

Windows NT, **Windows 2000** et la nouvelle version **XP Professionnel** sont destinés davantage aux organismes qu'aux individus. Ce sont des systèmes fiables, car les programmes d'application s'exécutent indépendamment les uns des autres de sorte que si l'un d'eux plante pendant son exécution, il est expulsé sans que les autres programmes en souffrent. En outre, ces systèmes offrent le traitement multiusager en régissant l'accès au micro-ordinateur et à ses ressources. Ainsi, un utilisateur ne risque pas de voir son travail piraté ni détruit par un autre utilisateur. Windows NT possède de grandes capacités de réseautage qui facilitent la mise en réseau et le partage des ressources.

Comme Windows NT possède une interface graphique similaire à celle de Windows 95, l'utilisateur n'est plus conscient de la différence : le système est transparent pour lui. La différence est toutefois perceptible pour le responsable des installations. C'est pourquoi la plupart des ordinateurs de salles publiques (écoles, organismes publics ou privés) fonctionnent de préférence avec NT, même si celui-ci requiert beaucoup plus de mémoire vive et d'espace disque que tous les autres systèmes d'exploitation de micro-ordinateurs. Les versions 2000 et XP Pro de Windows prennent en charge le prêt à l'emploi et facilitent énormément les connexions à des réseaux et à des serveurs très variés. Enfin, notons que tout ce qui a déjà été dit sur la version familiale de Windows XP s'applique à la version professionnelle.

Caractéristiques

On peut résumer comme suit les caractéristiques des différentes versions de Windows.

- Multitâche (toutes les versions), multitraitement et multiusager (XP Pro).
- Gestion de la mémoire et de la norme prêt à l'emploi.
- Interface graphique sophistiquée et convivialité, y compris menus et icônes uniformisés dans les logiciels d'application.
- Quantité considérable de programmes disponibles : presque tous les programmes écrits pour les micro-ordinateurs sont, sinon propres à Windows, du moins offerts en version Windows.
- Possibilité d'échange de données entre les diverses applications : il existe une zone neutre, le Presse-papiers, où tout programme peut envoyer des données ou bien y récupérer celles qui s'y trouvent déjà.

- Capacité de mise en réseau (toutes les versions) et de gestion de réseau (XP Pro).
- Fiabilité (XP Pro).
- Exigence de ressources minimales : Windows ne tourne bien que sur des micro-ordinateurs munis de ressources suffisantes en mémoire et en espace disque.

Unix et Linux

Unix existe depuis longtemps. Créé par la firme AT&T, en 1971, pour les mini-ordinateurs, il constitue dès le départ un très bon système d'exploitation multitâche et multiusager. De plus, il est reconnu pour sa très grande fiabilité dans la gestion d'un réseau. Il est depuis longtemps populaire auprès des informaticiens de formation et des gestionnaires de réseaux.

La popularité de Unix au sein des entreprises s'explique par le fait que, durant plusieurs années, son fabricant a autorisé les universités à l'utiliser moyennant de faibles redevances. Lorsque les ingénieurs et les informaticiens diplômés de ces universités ont déniché un emploi, ils ont tenu à continuer à travailler sous un environnement qui leur était familier, celui de Unix.

Unix est demeuré le favori des ingénieurs et des techniciens grâce à son orientation scientifique et technique. Il est moins connu dans le milieu des affaires, mais tout cela est en train de changer. Avec l'arrivée de micro-ordinateurs très puissants, Unix est de plus en plus présent dans le monde de la micro-informatique et de la gestion de réseaux.

Cette popularité grandissante, Unix la doit à Linus Torvals qui, en 1991, alors étudiant au cycle supérieur à l'université d'Helsinki, en a créé une version pour micro-ordinateur qu'il a baptisée **Linux** (*voir la figure 5.9*). Depuis, le projet **Gnome** a conçu une interface graphique semblable à celles de Macintosh et de Windows ainsi que de nombreuses applications, dont une suite bureautique.

Contrairement aux systèmes d'exploitation Mac OS et Windows, tous les logiciels dérivés de Linux et de Gnome sont du domaine public. C'est donc dire

Unix fonctionne sur plusieurs types de micro-ordinateurs. Il est multitâche, peut servir plusieurs utilisateurs à la fois et prend en charge un réseau de façon très fiable.

Figure 5.9

Linus Torvals, le créateur de Linux, et l'interface de GNU-Linux du Macintosh.

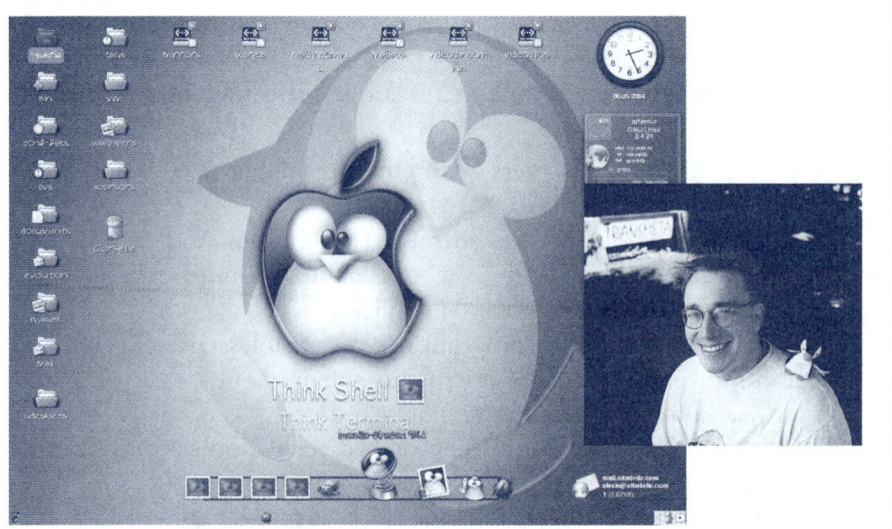

qu'ils sont libres (les programmes sources sont disponibles et peuvent donc être adaptés). La majorité d'entre eux sont gratuits (on ne paie que les frais directs d'acquisition). Les adeptes de Unix voient donc en celui-ci une solution permettant de contrer l'hégémonie de Microsoft sur la micro-informatique.

Caractéristiques

- Portabilité : Unix a l'avantage, pour les professionnels de l'informatique, d'exister sur tous les ordinateurs, du micro-ordinateur au super-ordinateur.
- Multitâche : Unix est multitâche, car il permet l'exécution de plusieurs programmes en même temps, ceux-ci se partageant le temps de l'UCT.
- Multitraitement : Unix peut gérer l'exécution indépendante et concurrente de plusieurs programmes sur les ordinateurs équipés de multi-processeurs.
- Multiusager : outre qu'il partage l'UCT entre divers programmes, Unix le partage entre plusieurs utilisateurs.
- Capacité de mise en réseau : Unix permet le partage de fichiers entre plusieurs types d'ordinateurs reliés en réseau. Bien que les autres systèmes d'exploitation possèdent depuis peu cette caractéristique, les systèmes Unix sont utilisés pour gérer les réseaux depuis plusieurs années. Ils le font avec succès et de façon très fiable.
- Nombre limité de logiciels d'application de gestion : dans les domaines scientifique et technologique, il existe plusieurs programmes d'application exploitables sous Unix. Malheureusement, il en existe très peu dans le domaine des affaires. Les entreprises réduites à choisir parmi les progiciels commerciaux pour micro-ordinateurs ne peuvent profiter d'un vaste choix de progiciels sous Unix. Les entreprises utilisent surtout Unix sur les plus gros ordinateurs et comme serveurs pour leurs réseaux de micro-ordinateurs.
- Difficulté d'apprentissage : Unix est un système d'exploitation très puissant. Ses commandes sont souvent longues et complexes. C'est pourquoi bon nombre d'utilisateurs de micro-ordinateurs le trouvent difficile à apprendre et à utiliser. La mise au point accélérée de l'interface graphique de Linux ainsi que de nombreux outils de travail complémentaires pourraient bien changer complètement le paysage du logiciel système des prochaines années. Unix et Linux – le premier installé sur les gros ordinateurs et le second, sur les micro-ordinateurs – forment la combinaison préférée des professionnels de l'informatique. Bien des observateurs croient qu'ils gagneront à moyen terme la faveur du grand public. La difficulté d'apprentissage de Unix est accentuée par le fait que ses multiples versions ne sont pas standardisées.

Le tableau 5.1 contient les principales caractéristiques des systèmes d'exploitation actuels.

TABLEAU 5.1	
Les caractéristiques des systèmes d'exploitation actuels des micro-ordinateurs	
Système d'exploitation	*Caractéristiques*
Mac OS X	Facilité d'utilisation ; qualité des graphiques ; interface graphique ; multitâche, multiusager et multitraitement ; multimédia ; communication entre les programmes ; compatibilité limitée avec les ordinateurs Macintosh, mais possibilité d'élargissement à moyen terme ; coût élevé.
Windows XP Édition Familiale	Interface graphique ; multitâche et mono-usager ; multimédia ; mise en réseau domestique ; prise en charge du prêt à l'emploi ; protection limitée des données ; plantages occasionnels ; grand nombre de programmes offerts.
Windows XP Professionnel	Interface graphique ; multitâche et multiusager ; multimédia ; protection des données ; prise en charge du prêt à l'emploi ; bonne gestion des réseaux ; fiabilité ; exige de grandes ressources matérielles ; grand nombre de programmes offerts.
Unix/Linux	Portable ; difficile à apprendre ; peu d'applications ; multitâche ; multitraitement et multiusager ; multimédia ; excellent support de réseaux ; grande compatibilité ; interface graphique ; gratuit (Linux) ; de domaine public.

Les utilitaires

Les utilitaires sont des programmes complémentaires au système d'exploitation conçus pour faciliter le travail de l'utilisateur.

En théorie, les systèmes d'exploitation, s'ils étaient parfaits, contiendraient toutes les procédures nécessaires pour que l'ordinateur puisse fonctionner indéfiniment, sans aucun problème. Malheureusement, il ne faut pas beaucoup de temps pour s'apercevoir qu'il n'en est rien. Toutes sortes d'incidents peuvent survenir, et surviennent effectivement : des disques durs qui deviennent illisibles, des virus qui infectent le système et le rendent inopérant, le système d'exploitation qui tombe en panne et ne répond plus, des périphériques qui ne sont plus reconnus et se trouvent paralysés, et quoi encore ! Ces pépins, lorsqu'ils surviennent, rendent le travail sur ordinateur très frustrant. Les utilitaires ont pour but d'éliminer ces difficultés et, en cas d'incident, d'en atténuer les effets.

Il existe sur le marché des centaines de programmes utilitaires destinés à l'exécution de tâches précises que n'offrent pas (ou offrent mal) les systèmes d'exploitation. La plupart sont créés par des petites compagnies ou des individus imaginatifs qui les vendent… pendant un certain temps. Car, à mesure que les systèmes d'exploitation évoluent, les nouvelles versions intègrent les utilitaires qui sont considérés comme les plus pratiques (*voir la figure 5.10*). Ainsi, Windows, Mac OS et Unix contiennent de nombreuses procédures qui, quelques années auparavant, devaient être acquises séparément. On peut classer les programmes utilitaires dans cinq catégories.

■ Les **programmes de dépannage**, comme Norton GoBack, surveillent le déroulement des programmes et tentent de détecter tout signe de malfonctionnement de façon à le corriger avant qu'il ne cause des dommages irréparables.

Figure 5.10

Les utilitaires de Windows.

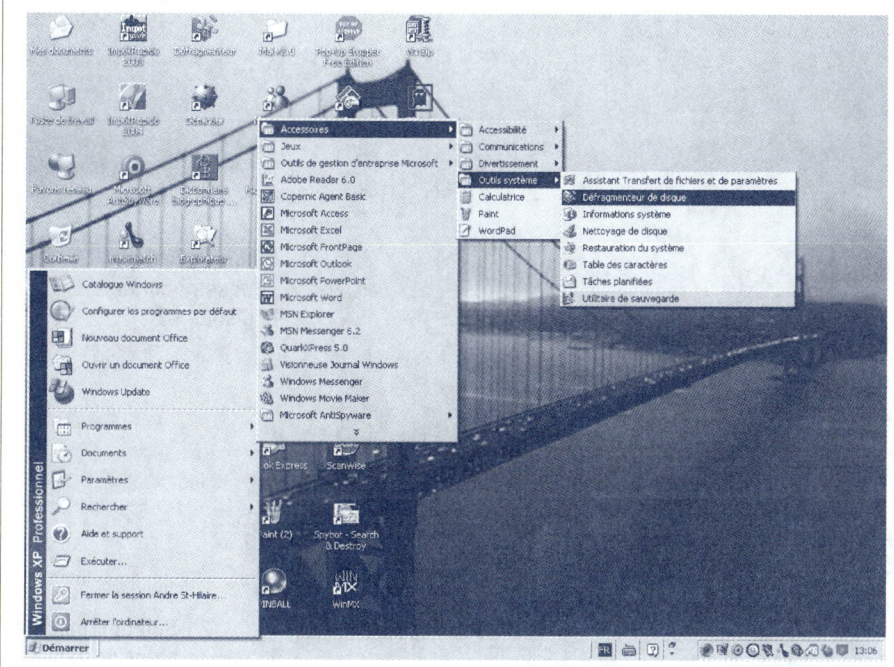

■ Les **programmes antivirus**, comme VirusScan de McAfee, Norton AV de Symantec, analysent automatiquement ou sur commande la mémoire et les fichiers de l'ordinateur pour y détecter la présence de virus et les éradiquer au besoin. Ces virus sont des programmes qui parasitent les programmes d'application et qui ont la possibilité de s'exécuter en même temps que le programme hôte. Ils peuvent alors se propager, c'est-à-dire se recopier dans d'autres logiciels sains et ensuite effacer des fichiers importants ou détruire la structure des fichiers. Si certains virus sont anodins, voire inoffensifs, d'autres entraînent des pertes irrémédiables.

Internet a amené son lot de problèmes. Outre les virus et les vers, les sites Web téléchargent à notre insu des fichiers plus ou moins dommageables et les stockent dans notre micro-ordinateur. Il existe maintenant toute une panoplie de programmes utilitaires permettant d'effacer ces résidus de navigation comme des copies temporaires de fichiers, des programmes témoins (*cookies*) et des espiogiciels (*spywares*). Un grand nombre de ces utilitaires sont disponibles directement et gratuitement sur Internet. Spybot et Ad-aware en sont deux exemples. Le service de courrier électronique, si pratique, véhicule lui aussi des éléments indésirables qui risquent de ralentir considérablement l'arrivée des messages ou même de bloquer l'accès à notre boîte de réception. Des programmes anti-pourriels, conçus pour contrer les courriels importuns ou abusifs, sont disponibles afin de séparer le bon grain de l'ivraie parmi les centaines de messages que nous recevons.

■ Les **programmes de nettoyage** (*voir la figure 5.11*), comme Quick Clean ou Disk Cleanup, permettent de détecter les fichiers inutiles ou désuets sur le disque dur et de les effacer pour en libérer l'espace. Ces fichiers s'accumulent lorsqu'on installe les nouvelles versions des programmes,

Figure 5.11

Le programme de nettoyage Disk Cleanup de Windows.

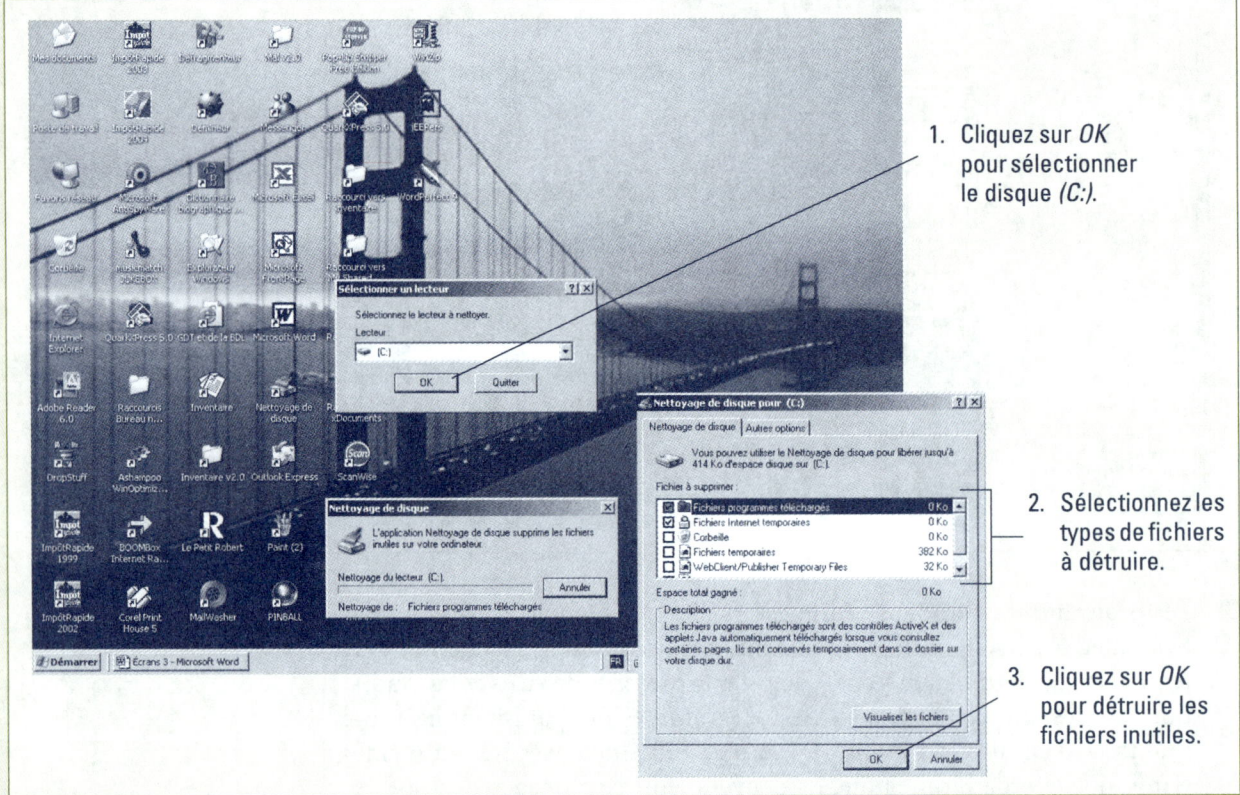

1. Cliquez sur *OK* pour sélectionner le disque *(C:)*.

2. Sélectionnez les types de fichiers à détruire.

3. Cliquez sur *OK* pour détruire les fichiers inutiles.

quand un programme n'est plus du tout utilisé ou encore quand un programme utilise un fichier de travail temporaire mais ne l'efface pas à la fin de sa tâche. En règle générale, le système d'exploitation ajoute sans problème les nouveaux fichiers, mais il n'arrive pas à en retirer toutes les anciennes versions. Le disque dur s'encombre alors de bois mort et devient inefficace. Il est donc essentiel, de temps à autre, de procéder à un bon nettoyage.

Les **programmes de désinstallation** de logiciels sont un autre exemple de programme de nettoyage. Ils servent à supprimer intégralement et de façon sécuritaire les programmes devenus inutiles.

Les **programmes de sauvegarde** (*voir la figure 5.12*) copient automatiquement ou sur demande les dossiers importants du disque dur sur des disques amovibles ou sur un autre ordinateur pour en assurer la récupération en cas de dommage matériel (*crash*) ou logiciel (virus ou corruption accidentelle) irréparable du disque dur. Comme ces incidents ne peuvent tout simplement pas être complètement écartés, il est essentiel de faire régulièrement des copies de sauvegarde des fichiers de travail les plus importants. Le programme Backup inclus dans Windows XP permet d'automatiser cette tâche.

Figure 5.12
Le programme
de sauvegarde Backup
de Windows.

1. Cliquez dans la case du disque *C:*.

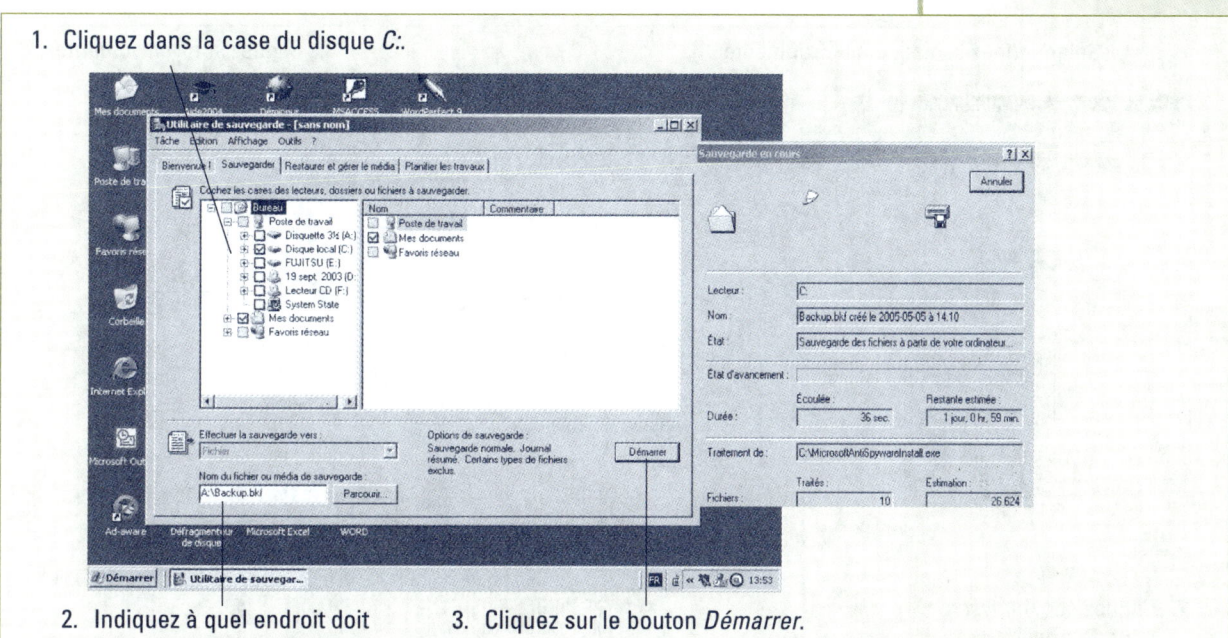

2. Indiquez à quel endroit doit
   être sauvegardé le fichier.

3. Cliquez sur le bouton *Démarrer*.

Les **programmes d'entretien de fichiers** compactent et défragmentent les fichiers. Le compactage des fichiers permet de minimiser l'espace qu'ils occupent sur le disque au prix, bien sûr, d'un traitement supplémentaire au moment du stockage et de la lecture. Il est surtout avantageux de compresser des fichiers (ils peuvent alors être réduits d'un facteur de 2, 5 ou même 50 dans certains cas) quand on veut les transférer (les copier à distance) sur le réseau Internet ou par courrier électronique puisqu'on diminue d'autant le temps de transmission. WinZip est un programme de compactage très répandu. Par ailleurs, après un certain temps de fonctionnement, à force de créer et d'effacer des fichiers, le disque dur finit par contenir un grand nombre de petits blocs d'espaces libres. Les nouveaux fichiers sont alors stockés dans plusieurs petits emplacements dispersés sur le disque plutôt que dans un seul grand emplacement, ce qui à la longue diminue beaucoup l'efficacité du disque. La **défragmentation** permet alors de réécrire le contenu du disque en regroupant les fichiers dans un seul bloc contigu. Windows contient pour sa part un programme nommé Défragmenteur de disque qui, comme son nom l'indique, sert à la défragmentation (*voir la figure 5.13*).

Toutes les versions récentes des systèmes d'exploitation comportent des utilitaires pouvant accomplir la plupart de ces tâches. Plusieurs autres utilitaires sont offerts gratuitement sur Internet. D'autres doivent être achetés; parmi ceux-ci figurent les progiciels intégrés dédiés à ces tâches comme la suite Norton SystemWorks de Symantec.

Figure 5.13

Le défragmenteur
de disque
de Windows.

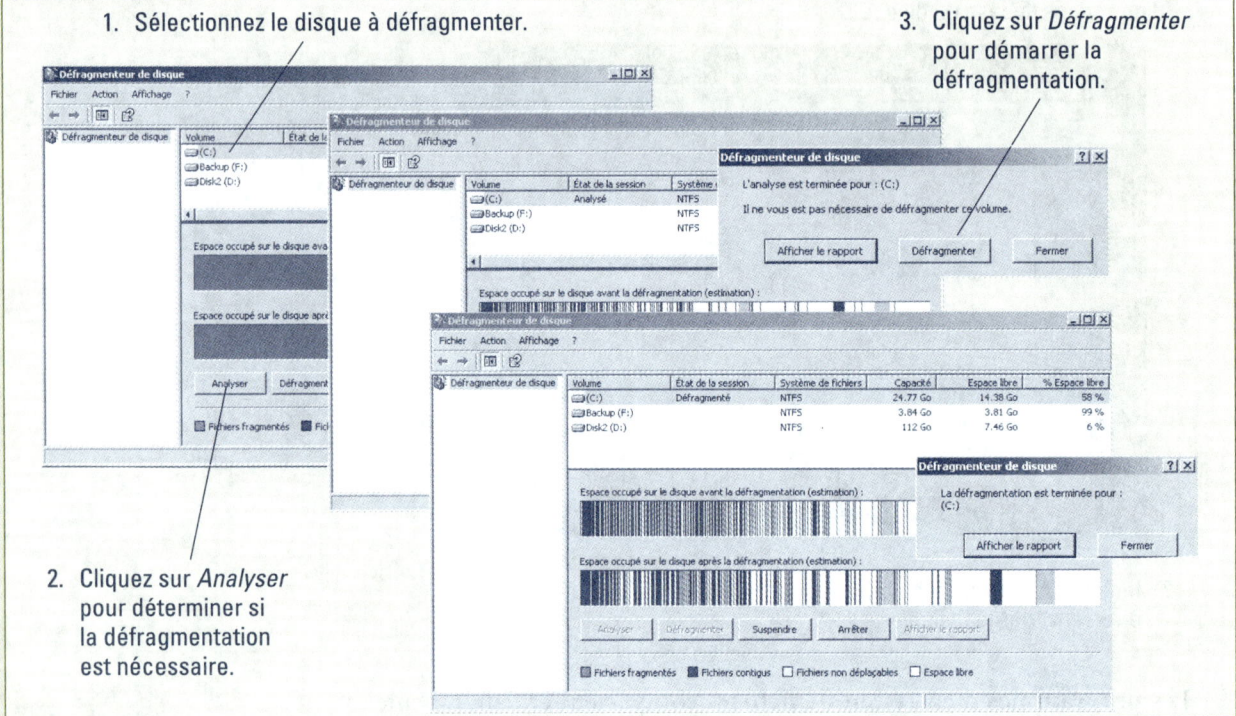

1. Sélectionnez le disque à défragmenter.

3. Cliquez sur *Défragmenter*
   pour démarrer la
   défragmentation.

2. Cliquez sur *Analyser*
   pour déterminer si
   la défragmentation
   est nécessaire.

Questions de révision

Vrai ou faux

1. Un ordinateur ne peut utiliser qu'un seul système d'exploitation à la fois.

2. Chaque logiciel d'application doit gérer lui-même le stockage des fichiers sur les disques et les disquettes de façon que les autres logiciels puissent aussi les lire.

3. Il existe une grande quantité de logiciels d'application domestiques écrits pour Unix.

4. Au moment du démarrage d'un micro-ordinateur, les procédures d'amorce vont lire le système d'exploitation sur le disque dur.

5. Des logiciels système comme Windows permettent l'utilisation simultanée de plusieurs logiciels d'application.

6. Les micro-ordinateurs Macintosh et IBM utilisent le même système d'exploitation.

7. Un système d'exploitation est un ensemble de programmes conçus pour réaliser une application précise répondant aux besoins d'un utilisateur.

8. Les programmes de compression de fichiers font partie des outils de programmation du système d'exploitation.

9. Un système d'exploitation autonome gère un seul ordinateur à la fois.

10. Un antivirus est un logiciel d'application qui permet de détecter et d'éradiquer des virus informatiques.

Questions à choix de réponses

1. L'ensemble des programmes qui aident l'ordinateur à gérer ses ressources s'appelle :
   a) les procédures d'amorce ;
   b) le système d'exploitation ;
   c) les procédures de diagnostic ;
   d) les programmes d'application.

2. Ce système d'exploitation n'est pas utilisé sur les micro-ordinateurs :
   a) Mac OS ;   c) Unix ;
   b) Windows ;   d) Unicos.

3. La technique qui permet à plusieurs programmes d'être exécutés en même temps par plusieurs processeurs s'appelle :
   a) multi-intégration ;   c) multiprogrammation ;
   b) multifenêtrage ;   d) multitraitement.

4. Lequel des systèmes d'exploitation mentionnés ci-dessous est transportable d'un ordinateur à un autre ?
   a) Linux ;   c) Mac OS ;
   b) Windows ;   d) toutes les réponses précédentes.

5. Lequel des systèmes d'exploitation mentionnés ci-dessous n'est pas multiusager ?
   a) Linux ;   c) Mac OS ;
   b) Windows 98 ;   d) Unix.

6. Lequel des systèmes d'exploitation mentionnés ci-dessous est le plus susceptible d'être utilisé sur un ordinateur destiné à contrôler le fonctionnement en temps réel d'une centrale nucléaire ?
   a) Unix ;   c) Windows XP Édition Familiale ;
   b) Windows XP Pro ; d) Mac OS.

7. Lequel des logiciels suivants est un système d'exploitation ?
   a) Word ;   c) Windows ;
   b) Access ;   d) Excel.

8. Quelle caractéristique de Windows désigne la capacité de ce système d'exploitation d'exécuter plusieurs programmes simultanément en partageant le même microprocesseur ?
   a) multiusager ;   c) multifonction ;
   b) multitâche ;   d) multitraitement.

9. Laquelle des tâches mentionnées ci-dessous n'est pas prise en charge par le système d'exploitation ?
   a) gérer les ressources de l'ordinateur ;
   b) charger les programmes en mémoire ;
   c) gérer les commandes de l'utilisateur ;
   d) aucune des réponses précédentes.

10. La caractéristique des systèmes d'exploitation qui consiste à détecter automatiquement un nouveau périphérique s'appelle :
    a) plantage ;
    b) achetez et jouez ;
    c) dépannage ;
    d) prêt à l'emploi.

Phrases à compléter

1. Windows, Mac OS et certaines versions de Linux offrent une interface _____.
2. Ce sont les _____ qui chargent le système d'exploitation en mémoire et qui lui donnent le contrôle de l'ordinateur.
3. Le manque de standardisation dans les différentes versions de _____ constitue son plus grand désavantage.
4. Le système d'exploitation fait partie de la catégorie des logiciels _____.
5. _____ est le système d'exploitation qui a pris la plus grande part du marché des micro-ordinateurs IBM et compatibles depuis 1995.
6. _____ est un système d'exploitation libre de plus en plus utilisé sur les micro-ordinateurs.
7. Les micro-ordinateurs Macintosh utilisent en grande majorité le système d'exploitation _____.
8. Un système d'exploitation dont le/la _____ est très élevé(e) assure que l'ordinateur ne plantera pas fréquemment.
9. Un utilitaire système dont le rôle est d'éliminer les fichiers inutiles : _____.
10. Le système d'exploitation _____ a été le premier à offrir une interface graphique conviviale.

Questions à développement

1. Indiquer quelle est la différence entre les logiciels d'application et les logiciels système.
2. Expliquer la différence qui existe entre la multiprogrammation et le multitraitement.
3. Dresser un tableau comparatif des divers systèmes d'exploitation décrits dans ce chapitre.
4. Qu'est-ce que la norme « prêt à l'emploi » ? En quoi constitue-t-elle une amélioration des systèmes d'exploitation du point de vue de l'utilisateur d'un micro-ordinateur ?
5. Expliquer ce que sont les programmes système utilitaires.

Les **logiciels système** sont destinés à exécuter des travaux de soutien, comme la gestion des tâches et des ressources de l'ordinateur. Le système d'exploitation est la partie la plus importante du logiciel système. Il en existe plusieurs pour les micro-ordinateurs, dont Mac OS pour les ordinateurs Macintosh, Windows pour les IBM et compatibles, et Unix ou Linux pour tous.

LE LOGICIEL SYSTÈME

Quatre types de programmes

- Le **BIOS** consiste en quelques programmes stockés dans la mémoire morte qui prennent charge de l'ordinateur au démarrage. Ses **procédures de diagnostic** vérifient quelques-unes des composantes du système pour s'assurer de leur bon fonctionnement. Ses **procédures d'amorce** lisent le système d'exploitation sur le disque dur et le chargent dans la mémoire vive.
- Le **système d'exploitation** gère les ressources de l'ordinateur.
- Les **programmes utilitaires** sont des compléments du système d'exploitation. Ils permettent, entre autres, de protéger le système contre les virus et contre la perte de fichiers, et de faire des copies de sécurité du disque dur.
- Les **outils de programmation** permettent aux programmeurs de créer des logiciels (système ou d'application) en prenant en charge leur traduction.

LES TÂCHES DU SYSTÈME D'EXPLOITATION

Le système d'exploitation gère :
- les **ressources matérielles** à l'aide de programmes pilotes ;
- la **structure de stockage des fichiers** dans des dossiers ;
- l'**exécution des applications** et il les seconde dans leur tâche ;
- les **commandes de l'utilisateur** grâce à une interface utilisateur ;
- la **mise en réseau** et les **communications entre ordinateurs**.

LES CATÉGORIES DE SYSTÈMES D'EXPLOITATION

Il existe trois catégories de base de systèmes d'exploitation.
- Le **SE incorporé**, destiné aux ordinateurs de poche et aux agendas électroniques.

- Le **SE réseau**, qui contrôle les échanges entre ordinateurs.
- Le **SE autonome**, qui prend en charge un seul ordinateur.

LES CARACTÉRISTIQUES DES SYSTÈMES D'EXPLOITATION

- **interface utilisateur** : en mode texte ou graphique ;
- **prêt à l'emploi** : installation de périphériques selon la norme « prêt à l'emploi » ;
- **multiprogrammation** : exécution simultanée de plusieurs programmes sur un ordinateur ;
- **multitraitement** : exécution concurrente de plusieurs programmes par plusieurs UCT ;
- **multitâche** : multiprogrammation pour un usager sur un ordinateur ;
- **multiusager** : plusieurs utilisateurs simultanés et protection des fichiers de chacun ;
- **multifenêtre** : une fenêtre pour chaque application en cours d'exécution ;
- **fiabilité** : capacité à gérer les erreurs des programmes ;
- **portabilité** : possibilité d'être utilisés sur différentes architectures d'ordinateurs.

MAC OS

Le système d'exploitation Mac OS n'est utilisable que sur un ordinateur Macintosh.

Caractéristiques

- La convivialité (facile à apprendre et à utiliser).
- Les graphiques et le multimédia (normes élevées).
- Les interfaces uniformes (pour toutes les applications).
- La multiprogrammation et le multitraitement (plusieurs tâches peuvent s'exécuter simultanément).
- La perception du marché (le Macintosh est souvent boudé par le monde des affaires).
- Le coût élevé (à un prix équivalent, on obtient un compatible IBM plus puissant).
- La compatibilité (avec les ordinateurs IBM) de plus en plus grande.
- La fiabilité assurée par son noyau Unix.

WINDOWS

Le système d'exploitation Windows offre deux variantes : l'une pour les micro-ordinateurs personnels ; l'autre, pour les postes de travail des entreprises.

Caractéristiques
- La convivialité.
- Le multitâche.
- La norme prêt à l'emploi.
- L'échange des données entre les diverses applications par l'intermédiaire du Presse-papiers.
- La possibilité de mise en réseau.
- La très grande quantité de logiciels d'application disponibles.
- L'exigence de ressources minimales élevées.
- Le multitraitement et le multiusager (versions NT/2000/XP Pro).
- La gestion de réseaux (versions NT/2000/XP Pro).
- La fiabilité (versions NT/2000/XP Pro).

UNIX ET LINUX

Unix est exploitable sur plusieurs types de micro-ordinateurs ; il en existe une version différente pour chaque architecture. C'est un SE très robuste orienté vers les applications scientifiques et techniques.

Caractéristiques
- Le multitâche.
- Le multitraitement.
- Le multiusager.
- La mise en réseau.
- La gestion de réseaux.
- La portabilité.
- La fiabilité.
- Le nombre limité de logiciels d'application.
- Le manque de convivialité.

Linux
Linux est une version libre du système d'exploitation Unix adaptée aux micro-ordinateurs personnels. Elle comprend une interface graphique **conviviale**.

LES UTILITAIRES

Les programmes utilitaires épargnent divers problèmes à l'utilisateur ou en atténuent les effets. On les regroupe en cinq catégories.
- Les programmes de **dépannage** font le guet afin de redresser la situation dès les premiers signes de malfonctionnement. Certains utilitaires sont fournis avec le système d'exploitation ; d'autres doivent être achetés séparément.
- Les programmes **antivirus** analysent tous les fichiers et la mémoire vive de l'ordinateur afin de détecter les virus et de les détruire avant qu'ils fassent des ravages.
- Les programmes de **nettoyage** permettent de récupérer de l'espace sur un disque en effaçant les fichiers inutiles.
- Les programmes de **sauvegarde** copient les dossiers importants du disque dur sur des disques amovibles ou sur un autre ordinateur afin d'empêcher les pertes de données en cas d'endommagement du disque.
- Les programmes d'**entretien** de fichiers permettent de compacter et de défragmenter les fichiers afin de minimiser l'espace requis pour leur stockage.

IMPORTANT

Au moment de mettre sous presse, Apple annonçait officiellement l'abandon de la puce PowerPC au profit des processeurs Intel dans la fabrication de ses nouveaux micro-ordinateurs. Dell, un des plus grands fabricants de micro-ordinateurs, a déjà annoncé qu'elle offrirait le système d'exploitation Mac OS sur ses ordinateurs dès que celui-ci sera disponible.

Résumé

Le bloc système

Ce chapitre présente :

1 les éléments essentiels au fonctionnement de l'ordinateur ;

2 le rôle de la carte maîtresse ;

3 les trois principaux composants du processeur ;

4 les caractéristiques de la mémoire ;

5 le rôle de l'horloge système et du bus ;

6 les ports et leurs connecteurs ;

7 le rôle des cartes d'extension ;

8 le cycle de traitement de l'ordinateur.

Comment l'ordinateur arrive-t-il concrètement à traiter des données ? C'est ce que vous verrez dans les pages qui suivent. À la fin de ce chapitre, vous comprendrez mieux le principe de fonctionnement de l'ordinateur et les caractéristiques des différents modèles sur les plans de la rapidité, de la puissance et de la polyvalence. Ces connaissances vous seront utiles au moment de l'achat ou de la mise à niveau d'un ordinateur, que ce soit pour vous ou pour votre employeur. Les annexes B et C vous donneront des informations supplémentaires à ce sujet.

Si vous pouviez être présent lorsqu'un technicien ouvre un micro-ordinateur pour le réparer, vous verriez qu'il est composé d'un ensemble de circuits électroniques. Dans ce chapitre, nous vous expliquerons leur composition. Vous n'avez pas à connaître le fonctionnement détaillé de toute cette installation électronique. Cependant, il est important que vous en compreniez les principes de fonctionnement généraux de façon à pouvoir juger de la puissance d'un micro-ordinateur en particulier – ou de tout autre ordinateur – et déterminer s'il pourra exécuter les programmes que vous désirez utiliser.

Contrairement aux périphériques, tous les composants du bloc système sont essentiels au fonctionnement de l'ordinateur.

Les éléments essentiels de l'ordinateur

On peut facilement concevoir une automobile fonctionnant sans cendrier, sans vitres électriques, ou même (quoique cela soit plus dangereux) sans essuie-glaces. Toutefois, une automobile qui serait dépourvue de roues, de moteur ou de source d'énergie (essence ou électricité) serait condamnée à l'immobilité. Il en va de même pour l'ordinateur. Plusieurs composants[1]

---

1. En français, on distingue le terme général *composante*, élément constitutif d'un tout, du terme particulier à l'électronique *composant*, pièce matérielle faisant partie d'un circuit électronique (N.d.T.).

sont utiles à sa bonne marche, mais seulement quelques-uns y sont essentiels. Les autres éléments, les périphériques, n'interviennent pas directement dans le traitement de l'information, mais permettent à l'ordinateur de communiquer avec l'extérieur. Parmi les éléments essentiels au fonctionnement du micro-ordinateur, qui forment ensemble le **bloc système**, on retient :

- la carte maîtresse ;
- le microprocesseur ;
- la mémoire ;
- l'horloge système ;
- le bus.

Notez que le bloc système inclut également les cartes d'extension et les ports d'accès. Ces deux éléments, bien qu'ils ne soient pas essentiels au fonctionnement d'un ordinateur, servent à assurer la connexion avec les périphériques, que nous verrons en détail dans les prochains chapitres. Ceux-ci sont regroupés en trois catégories :

- les périphériques d'entrée-sortie, le clavier et le moniteur par exemple, qui permettent d'échanger des données avec l'utilisateur ;
- les périphériques de stockage, comme les disques et les cédéroms, qui permettent de stocker les fichiers de données et les programmes ;
- les périphériques de communication, les modems par exemple, qui servent à communiquer avec les autres ordinateurs.

Une bonne connaissance du rôle de chacun de ces éléments vous permettra de bien comprendre comment il est possible qu'une machine électronique puisse traiter l'information.

Le boîtier

Le micro-ordinateur se présente généralement sous la forme d'un **boîtier** (*voir la figure 6.1*) dans lequel réside le bloc système au complet, c'est-à-dire, comme on l'a vu, tous ses éléments essentiels. On y trouve aussi un bloc d'alimentation qui convertit et distribue le courant électrique à tous les composants et, sauf exception, un ventilateur pour éviter la surchauffe. On y trouve enfin certains périphériques internes comme un disque dur, un modem, un lecteur de disquette, de cédérom ou de DVD. Dans le cas d'un portable, l'écran et le clavier sont également intégrés au boîtier.

Si vous ouvrez le boîtier d'un modèle de table – c'est différent pour le portable –, vous verrez que les pièces sont disposées de façon à être facilement remplacées en cas de bris ou de mise à niveau. L'architecture est modulaire, c'est-à-dire qu'on peut en remplacer des sections entières, comme c'est le cas des pièces d'une voiture. Quant à l'extérieur du boîtier, il est fait de façon à permettre, à l'avant, l'insertion des disquettes et des disques optiques dans leurs lecteurs respectifs et, à l'arrière, la connexion des autres périphériques comme le clavier, l'imprimante et la souris.

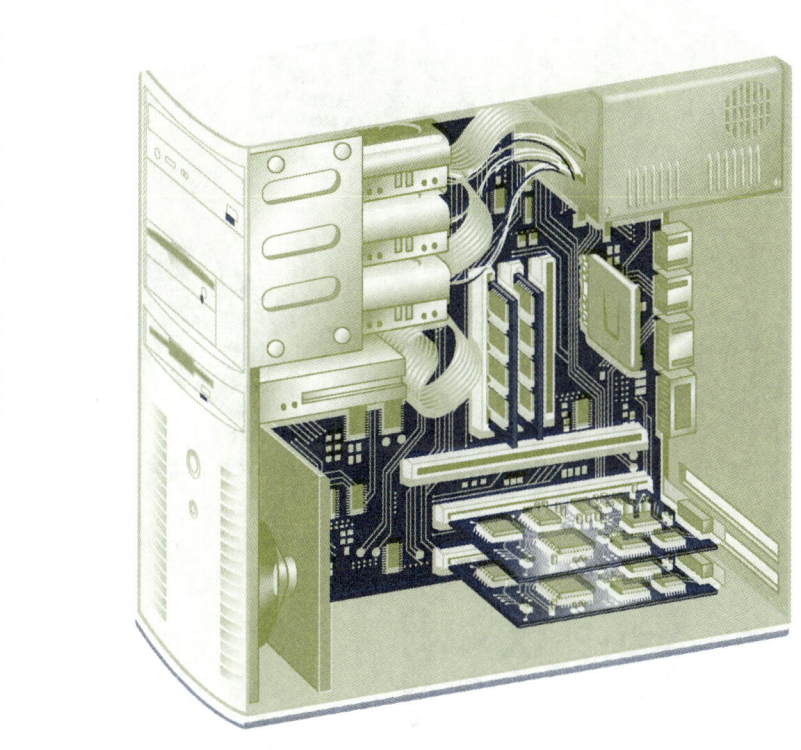

Figure 6.1
L'intérieur du boîtier
d'un micro-ordinateur.

La carte maîtresse

La **carte maîtresse**, ou **carte système**, souvent appelée « carte mère » à cause du mot anglais *motherboard*, est une carte de plastique comportant un grand nombre de puces électroniques et de connecteurs de toutes sortes (*voir la figure 6.3*). Le tout est relié par un **bus**, sorte de réseau intégré de microfils électroniques qui permet la circulation des données.

Une puce (*voir les figures 6.2 et 6.4*) est un ensemble de circuits électroniques gravés sur une petite pastille de silicium (matériau vitreux extrait du sable). Les puces sont également appelées **puces de silicium**, **semi-conducteurs** ou **circuits intégrés**. Certaines puces contiennent de nos jours des dizaines de millions de transistors. Elles sont montées sur un support isolant, un porte-puce, qui est soit directement soudé à la carte maîtresse, soit muni de broches de connexion permettant de l'enficher sur un socle de la carte maîtresse. Le « cœur » de la carte maîtresse est le *chipset* – un jeu de puces intégrées –, qui gère l'échange des données entre les composants de la carte et détermine le type et le nombre de composants qu'on peut y placer. Parmi les autres puces importantes qu'on retrouve toujours sur la carte maîtresse, signalons le microprocesseur, la mémoire ainsi que les contrôleurs de périphériques.

La carte maîtresse connecte ensemble tous les composants du bloc système et permet d'y connecter tous les périphériques.

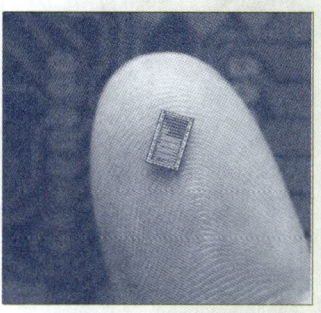

Figure 6.2
Une puce électronique.

Figure 6.3

La carte maîtresse d'un
micro-ordinateur.

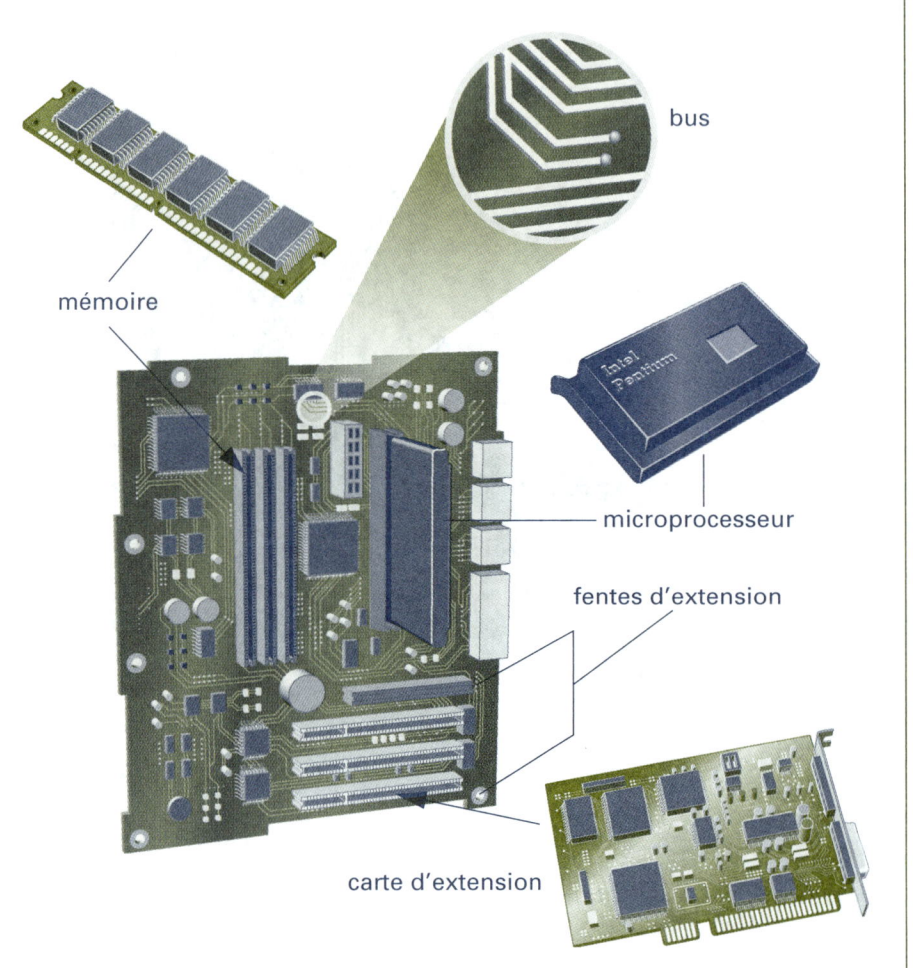

bus

mémoire

microprocesseur

fentes d'extension

carte d'extension

Figure 6.4

Le circuit intégré d'une puce
microprocesseur.

La carte contient aussi de nombreux **connecteurs** permettant de brancher directement les périphériques internes comme un disque dur ou un lecteur de disque ou de disquette, ou des périphériques externes comme la souris et le clavier. Certaines cartes intègrent même des périphériques, par exemple un modem et une carte réseau. Enfin, la carte système contient également des connecteurs spéciaux nommés **fentes d'extension** – ou **logements** – où on peut brancher des cartes auxiliaires, dites **cartes d'extension**.

En somme, la carte maîtresse constitue le point de ralliement pour tous les composants, essentiels ou non, de l'ordinateur, qui doivent y être directement ou indirectement rattachés. Bien qu'elles aient maintenant presque toutes le même format (ATX), il existe de nombreuses variétés de cartes, chacune ayant des caractéristiques qui déterminent la puissance de l'ordinateur.

Le microprocesseur

La partie de l'ordinateur, petit ou gros, qui exécute les programmes, plus précisément les instructions des programmes, s'appelle **processeur**, **unité centrale de traitement** (**UCT**) ou, plus simplement, **unité centrale**. Dans un micro-ordinateur, l'unité centrale tient sur une seule puce de silicium qu'on nomme **microprocesseur** (*voir la figure 6.5*). L'UCT est composée principalement de trois parties : l'unité de commande et de contrôle (UCC), l'unité arithmétique et logique (UAL) et les registres.

L'unité de commande et de contrôle (UCC)

L'**unité de commande et de contrôle** dicte aux autres unités de l'ordinateur la façon d'exécuter les instructions des programmes. L'UCC dirige le mouvement des signaux électroniques entre la mémoire – qui, comme nous le décrirons sous peu, contient temporairement les données, les instructions et les résultats du traitement – et l'unité arithmétique et logique. L'UCC dirige également le flux des signaux électroniques entre l'UCT et les dispositifs d'entrée-sortie.

L'unité arithmétique et logique (UAL)

L'**unité arithmétique et logique**, comme son nom l'indique, exécute les opérations arithmétiques et logiques. Les opérations arithmétiques sont, comme vous vous en doutez sûrement, les opérations mathématiques fondamentales : addition, soustraction, multiplication et division. Les opérations logiques sont des comparaisons – deux données sont comparées pour déterminer si la première est égale (=) à l'autre, ou encore plus petite (<) ou plus grande (>) que l'autre. L'UAL peut aussi extraire un élément d'une information (par exemple, le jour de naissance à partir du code permanent d'un étudiant) ou, à l'inverse, concaténer (mettre bout à bout) des octets pour en faire une information (par exemple, constituer un code permanent à partir de la date de naissance et du nom d'un étudiant).

Les registres

L'UCT contient des éléments de stockage appelés **registres**, qui sont essentiels au traitement (*voir le tableau 6.1*). Les registres – quelques cases de mémoire très rapides directement reliées aux circuits de traitement – contiennent temporairement les données et les instructions pendant leur traitement. Le contenu des registres peut être manipulé beaucoup plus rapidement que celui de la mémoire puisque les registres font partie intégrante de l'unité centrale.

Certains registres ont une fonction précise :

- le **compteur ordinal**, ou **registre d'adresse**, utilisé par l'UCC, indique l'adresse en mémoire de la prochaine instruction du programme en cours d'exécution. L'UCC ajuste ce compteur à mesure que s'exécutent les instructions ;
- le **registre d'instruction**, ou **registre de contrôle**, utilisé par l'UCC, reçoit une copie de l'instruction à exécuter. L'UCC voit alors à lancer les opérations correspondant aux directives de l'instruction ;

Le microprocesseur est une puce sur laquelle réside l'unité centrale de traitement (UCT), composée de l'unité de commande et de contrôle (UCC), de l'unité arithmétique et logique (UAL) et de registres.

Figure 6.5

Un microprocesseur.

TABLEAU 6.1	
Les registres	
Compteur ordinal	Adresse de la prochaine instruction
Registre d'instruction	Instruction en cours de traitement
Registre arithmétique	Valeur pour l'UAL ou reçue de l'UAL

- les **registres arithmétiques**, utilisés par l'UCC et l'UAL, servent à contenir les valeurs à calculer et les résultats des calculs. Ces résultats sont ensuite recopiés dans la mémoire.

Les familles de microprocesseurs

Les différents microprocesseurs se distinguent par leur famille et par leur puissance. On dénombre deux grandes familles de microprocesseurs dans le monde du micro-ordinateur.

- La famille des **Pentium**. Ils équipent la plupart des ordinateurs personnels dits PC ou PC compatibles. Cette gamme de microprocesseurs constitue une longue chaîne évolutive mise au point par la société Intel, dont le modèle de pointe est le Pentium IV (successeur des 8086, 80286, 80386, 80486, Pentium, Pentium Pro, Pentium II et Pentium III). Intel offre aussi une série Celeron, une version bas de gamme de son Pentium, et une série Xéon pour équiper les serveurs et les stations de travail. Par ailleurs, la société AMD produit le microprocesseur Athlon, qui est actuellement l'un des plus puissants de la catégorie, le Sempron, une version bas de gamme, et la série Opteron pour les serveurs et les stations de travail. Il faut noter bien sûr que la concurrence se fait toujours entre les derniers modèles (donc plus puissants) de chaque série. Sauf exception, ces microprocesseurs sont associés aux systèmes d'exploitation Windows et Unix.
- La famille des **Motorola**. Ces microprocesseurs, en particulier les 68000, 68020, 68030 et 68040, ont équipé les premières générations des ordinateurs Macintosh d'Apple. Le **PowerPC**, séries 100, 600, 700 (G3) et 7000 (G4 et G5), mis au point à la suite d'une collaboration entre Apple, IBM et Motorola, équipe les derniers modèles Macintosh. IBM et Motorola fabriquent également leurs propres versions du PowerPC. Sauf exception, ces microprocesseurs tournent avec les systèmes d'exploitation Mac OS et Unix.

Les microprocesseurs d'une même famille possèdent le même jeu d'instructions, de sorte qu'ils peuvent exécuter les mêmes logiciels, système ou d'application. À l'inverse, pour qu'un même programme (par exemple, le système d'exploitation Unix/Linux) puisse fonctionner sur des machines des deux familles, on doit disposer d'autant de versions du logiciel.

La puissance des microprocesseurs

Ce qui distingue les microprocesseurs d'une même famille les uns des autres, c'est leur puissance de traitement. Cette puissance repose sur deux caractéristiques : la longueur des mots et la fréquence d'exécution. L'expression **longueur de mot** fait référence à la taille des registres, c'est-à-dire au nombre de bits (8, 16, 32 ou 64) que l'UCT peut traiter à la fois. Un ordinateur doté de mots contenant un grand nombre de bits sera plus puissant – et plus rapide – qu'un autre dont la longueur de mot est inférieure. Un ordinateur dont les mots sont de 32 bits peut traiter quatre octets en même temps ; un autre dont les mots sont de 8 bits ne pourra accéder qu'à un seul octet à la fois. Or, si un octet suffit pour enregistrer un caractère, on utilise généralement 4 octets (32 bits) pour placer un entier et 8 octets (64 bits) pour un nombre réel. Par

TABLEAU 6.2		
Les vitesses de traitement		
Milliseconde (ms)	un millième de seconde	0,001 ou 10^{-3} s
Microseconde (µs)	un millionième de seconde	0,000 001 ou 10^{-6} s
Nanoseconde (ns)	un milliardième de seconde	0,000 000 001 ou 10^{-9} s
Picoseconde (ps)	un billiardième de seconde	0,000 000 000 001 ou 10^{-12} s

conséquent, l'ordinateur à 8 bits requiert beaucoup plus d'étapes pour traiter l'information et l'ordinateur à 32 bits est plus rapide. À titre d'exemple, le PowerPC peut traiter 64 bits d'un coup comparativement à 32 pour le 80386 et à 16 pour le 80286.

La fréquence d'exécution des microprocesseurs se calcule en mégahertz (MHz) et en gigahertz (GHz), c'est-à-dire en millions et même en milliards de cycles par seconde. Comme l'exécution des instructions se fait étape par étape, plus la fréquence est élevée, plus il y a d'étapes exécutées à la seconde. Par exemple, le premier microprocesseur Intel, le 8086, fonctionnait à 4,7 MHz. De nos jours, les fréquences varient de 1 GHz à 4 GHz, d'où la puissance accrue des ordinateurs modernes. En fait, la vitesse des microprocesseurs double environ tous les 18 mois. Cependant, il ne suffit pas d'augmenter la vitesse de l'horloge interne pour accroître d'autant la puissance de traitement générale de l'ordinateur. Encore faut-il que le bus et l'UCT puissent soutenir la cadence imposée. C'est pourquoi la vitesse de traitement varie beaucoup selon le processeur utilisé (*voir le tableau 6.2*). Par le passé, le temps nécessaire à un micro-ordinateur pour traiter une donnée ou une instruction se mesurait en millionièmes de seconde – c'est-à-dire en microsecondes. De nos jours, les microprocesseurs sont nettement plus rapides et ont assez de puissance pour exécuter des milliards d'instructions par seconde. Il leur suffit donc d'une fraction de nanoseconde pour traiter une instruction.

Il existe de nouvelles technologies qui accélèrent le traitement des données comme l'*hyperthreading* ou l'architecture pipeline ou encore l'installation de deux microprocesseurs sur une carte maîtresse. Le dernier cri dans ce domaine : des microprocesseurs bicéphales (ou bi-cœurs) permettant de doubler les performances en exécutant deux instructions simultanément.

La mémoire

La **mémoire** – également appelée « mémoire interne », « mémoire principale » ou « mémoire centrale » – est la composante de l'ordinateur qui contient :

- les données à traiter ;
- les instructions dirigeant le traitement des données – le programme ;
- les résultats du traitement qu'on veillera à acheminer vers un périphérique de sortie (comme un moniteur ou une imprimante) ou de stockage (comme un disque dur).

Une grande partie du contenu de la mémoire d'un ordinateur est enregistrée de façon temporaire, c'est-à-dire tant que l'ordinateur reste allumé.

La mémoire contient les données, les instructions et les résultats du traitement en cours.

Lorsqu'on l'éteint, les informations qui y sont stockées disparaissent. Il s'agit là d'une des caractéristiques les plus importantes de la mémoire: son contenu est temporaire (non rémanent) et peut disparaître instantanément, par exemple dans le cas d'une panne de courant. Pour éviter des pertes majeures, il importe de sauvegarder régulièrement le travail en cours sur un support de stockage permanent, comme une disquette ou un disque dur. Ainsi, lorsque vous préparez un rapport à l'aide d'un traitement de texte, vous devriez sauvegarder votre travail toutes les cinq ou dix minutes. D'ailleurs, plusieurs logiciels d'application offrent une option de sauvegarde automatique à intervalles fixes.

La capacité de stockage constitue une autre caractéristique primordiale de la mémoire d'un ordinateur. On doit distinguer ici la capacité maximale de la capacité réelle. La capacité maximale reflète, comme son nom l'indique, le nombre de puces de mémoire pouvant être installées sur un type d'ordinateur donné. Par exemple, le premier micro-ordinateur PC d'IBM ne pouvait traiter que 640 000 caractères de données ou d'instructions environ, alors que le PowerPC G5 peut contenir jusqu'à 8 milliards de caractères – 8 Go – , soit environ 12 000 fois plus. La mémoire vive se présente sous forme de barrette de puces (*voir la figure 6.6*).

La capacité de stockage réelle constitue une limite quant à la quantité d'informations (données et instructions) que l'ordinateur peut traiter simultanément, et cette valeur dépend du nombre de puces effectivement installées dans l'ordinateur. Si vous utilisez un micro-ordinateur doté d'une faible capacité de stockage, il est possible qu'il ne soit pas en mesure d'exécuter certains programmes très puissants comme Excel 2003, qui nécessite 128 Mo. Ainsi, avant de faire l'acquisition d'un logiciel, il est important de connaître la quantité de mémoire centrale qu'il nécessite.

La mémoire vive (RAM)

Le type de mémoire dont nous avons parlé jusqu'à maintenant est la **mémoire vive** – également appelée **RAM** pour *Random Access Memory*,

Figure 6.6

Une barrette de puces de mémoire vive.

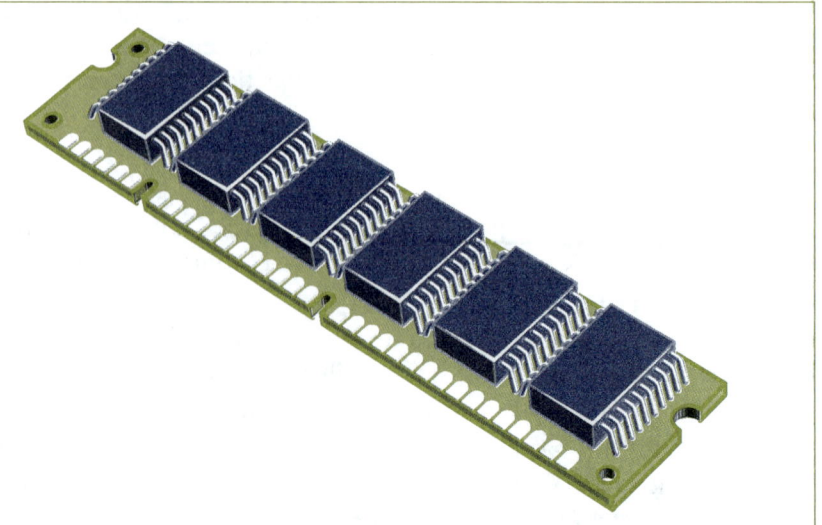

c'est-à-dire mémoire à accès direct. L'accès direct signifie que l'UCC peut accéder directement à une case-mémoire, sans avoir à parcourir les précédentes, grâce à son adresse. Le terme « RAM » revient souvent dans les conversations portant sur les micro-ordinateurs. C'est la mémoire vive qui contient le programme et les données de l'utilisateur au moment où le processeur les traite. Il s'agit essentiellement d'un stockage temporaire ou non rémanent. On peut donc continuellement réutiliser la mémoire en changeant son contenu. C'est ce qui se passe lorsqu'on quitte un programme pour en charger un autre. Les périphériques de stockage – parfois appelés improprement « mémoire secondaire » ou « mémoire auxiliaire » –, dont nous reparlerons au chapitre 8, servent au stockage permanent. Les données stockées sur ces supports doivent être chargées en mémoire vive avant leur utilisation. C'est le cas des données enregistrées sur disque.

Un micro-ordinateur doit posséder suffisamment de mémoire vive pour pouvoir fonctionner en multitâche. Par exemple, alors que Windows XP peut fonctionner avec aussi peu que 128 mégaoctets de mémoire, il n'est vraiment efficace qu'à partir de 256, voire 512 Mo. L'ajout de mémoire vive augmente aussi fortement la performance des micro-ordinateurs utilisant Unix ou Windows NT/2000.

Il existe un nouveau type de mémoire vive, la mémoire flash, qui conserve ses données sans nécessiter d'alimentation électrique. Elle coûte cependant plus cher que la mémoire vive traditionnelle tout en étant beaucoup moins rapide, et il faudra un certain temps pour qu'elle en vienne à la remplacer. Pour l'instant, on l'utilise surtout pour des besoins spéciaux, comme dans les caméras et les appareils photo numériques.

La mémoire cache

Vous entendrez peut-être parler de **mémoire cache** (*cache memory*), qu'on appelle aussi « antémémoire » ou simplement « cache ». Il s'agit d'une petite quantité de mémoire vive qui est intégrée au microprocesseur ou intercalée entre le processeur et la mémoire. Elle joue le rôle d'une zone tampon temporaire et très rapide d'accès entre l'UCT et la mémoire. Dans un ordinateur, les données et les instructions du programme sont généralement regroupées par bloc dans la mémoire vive. L'ordinateur doté d'une mémoire cache (ce ne sont pas tous les microprocesseurs qui en possèdent), plutôt que d'aller chercher ces données et ces instructions une à une, recopie tout le contenu d'un bloc d'adresses de la mémoire centrale dans la mémoire cache de façon que l'UCT y ait accès le plus rapidement possible. La quantité de mémoire cache a donc un effet notable sur la puissance de traitement du microprocesseur. Les mémoires cache de premier et de second niveaux (L1 et L2, de l'anglais *level*) sont situées à l'intérieur même du microprocesseur. Le cache externe, d'une plus grande capacité, est dit de troisième niveau (L3). On observe une tendance à utiliser de plus en plus ce type de mémoire.

La mémoire morte

Un autre type de mémoire, la **mémoire morte** – aussi appelée mémoire **ROM** pour *Read-Only Memory* –, est constitué de puces qui contiennent des programmes intégrés par le fabricant du micro-ordinateur. Contrairement aux puces de mémoire vive, le contenu des puces de mémoire morte ne peut être modifié par l'utilisateur et n'est accessible qu'en mode lecture. L'ordinateur ne peut écrire dans les cases de ce type de mémoire, ce qui protège les instructions qui s'y trouvent. À l'instar de la mémoire vive et de tous les autres types de mémoire électronique, la mémoire morte est une mémoire à accès direct.

Les puces de mémoire morte contiennent habituellement des instructions spéciales qui dirigent les opérations détaillées de l'ordinateur. Comme on l'a vu au chapitre 5, une partie des instructions de la mémoire morte, le BIOS, peut démarrer l'ordinateur (procédures de diagnostic et procédures d'amorce), interpréter les touches du clavier et afficher les caractères à l'écran.

La mémoire CMOS

La **mémoire CMOS** (*Complementary Metal Oxyde Semiconductor* ou mémoire à semi-conducteur à oxyde de métal complémentaire) offre une technologie qui se situe entre la mémoire vive et la mémoire morte. En effet, contrairement à la mémoire vive, une puce de mémoire CMOS ne perd pas son contenu lorsqu'on éteint l'ordinateur, car elle est alimentée par une pile électrique. De même, contrairement à la mémoire morte, il est possible de modifier le contenu de la mémoire CMOS afin d'exécuter la mise à jour du BIOS, par exemple. Notez que l'écriture dans une puce CMOS est beaucoup plus lente que dans la mémoire vive. La mémoire CMOS sert au stockage des paramètres système ajustables comme la date du jour, le type d'imprimante, de clavier, de souris, d'écran, de lecteurs et de graveurs de disque, et la quantité de mémoire.

L'horloge système

L'horloge système permet de synchroniser les opérations des composants du bloc système.

L'**horloge système** est un cristal de quartz qui agit comme oscillateur pour synchroniser les opérations d'un ordinateur. On exprime sa vitesse en **mégahertz** (**MHz**) ou en **gigahertz** (**GHz**). Un mégahertz équivaut à un million de cycles par seconde et un gigahertz, à un milliard. Un ordinateur doté d'une horloge dont la fréquence est plus élevée traitera l'information plus rapidement qu'un ordinateur équivalent dont l'horloge oscille à une fréquence inférieure. On mentionne parfois la fréquence des horloges dans les publicités d'ordinateurs. Ainsi, vous pourriez lire, en ce qui concerne les ordinateurs de la compagnie IBM, que le premier PC possédait une horloge d'une fréquence de 4,7 MHz, tandis qu'un nouveau micro-ordinateur fonctionnant avec le microprocesseur Pentium IV a une horloge qui peut osciller à 3,8 GHz. Dans les premiers micro-ordinateurs, le microprocesseur et le bus étaient cadencés au même rythme, et les informations circulaient avec la même capacité. On a constaté cependant qu'il était beaucoup plus facile d'augmenter la cadence dans le microprocesseur que sur le bus parce que la distance à franchir y est beaucoup plus petite. En fait, plus la taille des microprocesseurs est réduite, plus grande peut être la fréquence d'oscillation. Il y a donc deux horloges qui se synchronisent au moyen du *chipset* de la carte maîtresse. L'**horloge externe**, associée au bus frontal, est incorporée à la carte maîtresse et a habituellement une fréquence de 66, 100 ou 133 MHz. De nouvelles cartes maîtresses supportant une horloge de 800 MHz sont également disponibles depuis peu. Puis la puce du microprocesseur possède sa propre **horloge interne** qui multiplie la fréquence du bus frontal par un facteur de 2, 4, 8 ou même 16, pour lui donner des cadences approchant les 8,5 GHz !

Notons cependant que l'amélioration de la puissance de calcul n'est qu'un des éléments de la puissance de traitement. Ainsi, un programme (par exemple de bureautique) qui fait peu de calculs mais qui utilise beaucoup le disque dur sera plus influencé par la performance du disque que par celle du microprocesseur.

Le bus

Un **bus** (aussi appelé **canal** dans les gros ordinateurs) relie les composants du bloc système les uns aux autres (*voir la figure 6.7*). Il relie entre autres l'UCT à la mémoire vive, à la mémoire morte et aux connecteurs branchés aux périphériques externes. Il constitue la route par laquelle les données voyagent d'un composant à l'autre. Pour poursuivre cette analogie, le bus est une autoroute à plusieurs voies : plus il y a de voies, plus la circulation est rapide et fluide. Ainsi, un bus de 64 bits a une capacité supérieure à celle d'un bus de 16 bits. Plus la capacité du bus est grande, plus les données sont transmises rapidement et plus le traitement en est accéléré, ce qui augmente du coup la puissance de l'ordinateur. En plus de sa capacité, il faut tenir compte de la fréquence du bus qui, à l'instar de celle de l'horloge système, s'exprime en hertz. Comme nous l'avons mentionné précédemment, l'horloge externe détermine la fréquence du bus frontal. Actuellement, les bus affichent des vitesses atteignant des centaines de mégahertz (MHz).

Au début, il n'y avait qu'un bus, le même pour tous (*voir la figure 6.8*). On s'est vite rendu compte que certains composants, comme le moniteur, nécessitaient un transfert de données beaucoup plus imposant que d'autres, comme les claviers ou les souris. On trouve donc sur les cartes modernes à la fois le **bus frontal**, qui relie l'unité centrale à la mémoire, et plusieurs **bus d'entrée-sortie**, ou bus d'extension, pour connecter les contrôleurs des périphériques (comme dans un réseau routier, où l'on trouve des autoroutes à grand débit, des nationales à débit moyen et des routes de campagne à faible débit). Le *chipset* de la carte maîtresse fournit les bretelles d'accès qui permettent à l'information de passer d'une route à l'autre (*voir la figure 6.9*).

Alors que les premiers micro-ordinateurs (Intel 8086) étaient munis d'un bus frontal de 8 bits, les bus frontaux modernes fonctionnent généralement à 64 bits. Quant aux bus d'entrée-sortie, on en compte trois sortes qui peuvent coexister sur la même carte maîtresse.

- Le bus **ISA** (*Industry Standard Architecture*) : ce bus a été mis au point pour le PC d'IBM. Au départ, c'était un bus de 8 bits mais, avec l'arrivée du modèle AT d'IBM, on l'a fait passer à 16 bits. Les anciens microprocesseurs et les cartes d'extension étaient en mesure d'y faire circuler les données de façon satisfaisante, soit à un rythme de 16 Mo par seconde. Ce bus, en voie de disparition, n'est plus utilisé que pour connecter des périphériques lents, par exemple un modem ou une carte son. La vitesse de ce bus est de 8,33 MHz.

Le bus est le réseau de fils qui relie les composants de la carte maîtresse les uns aux autres.

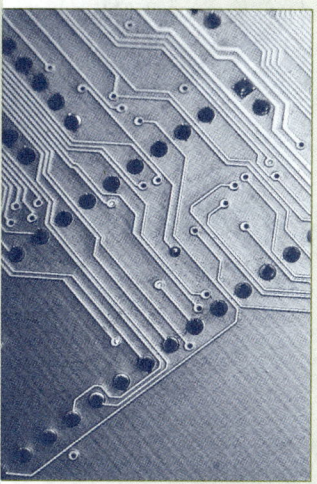

Figure 6.7

Une portion de bus.

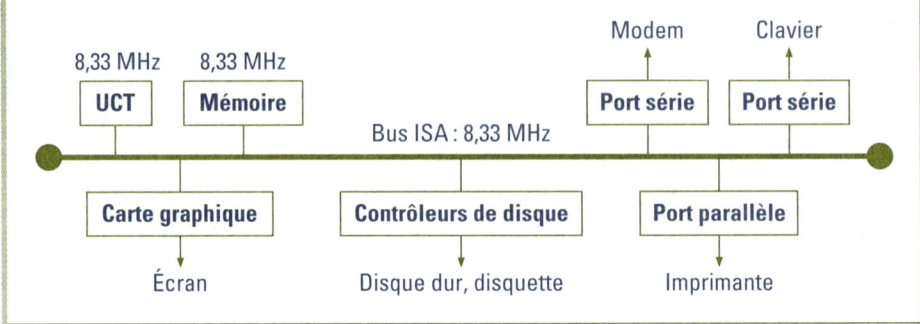

Figure 6.8

La carte maîtresse d'un PC AT (1985).

Modem
Clavier
8,33 MHz
8,33 MHz
UCT
Mémoire
Port série
Port série
Bus ISA : 8,33 MHz
Carte graphique
Contrôleurs de disque
Port parallèle
Écran
Disque dur, disquette
Imprimante

Figure 6.9

La carte maîtresse d'un PC actuel (2005).

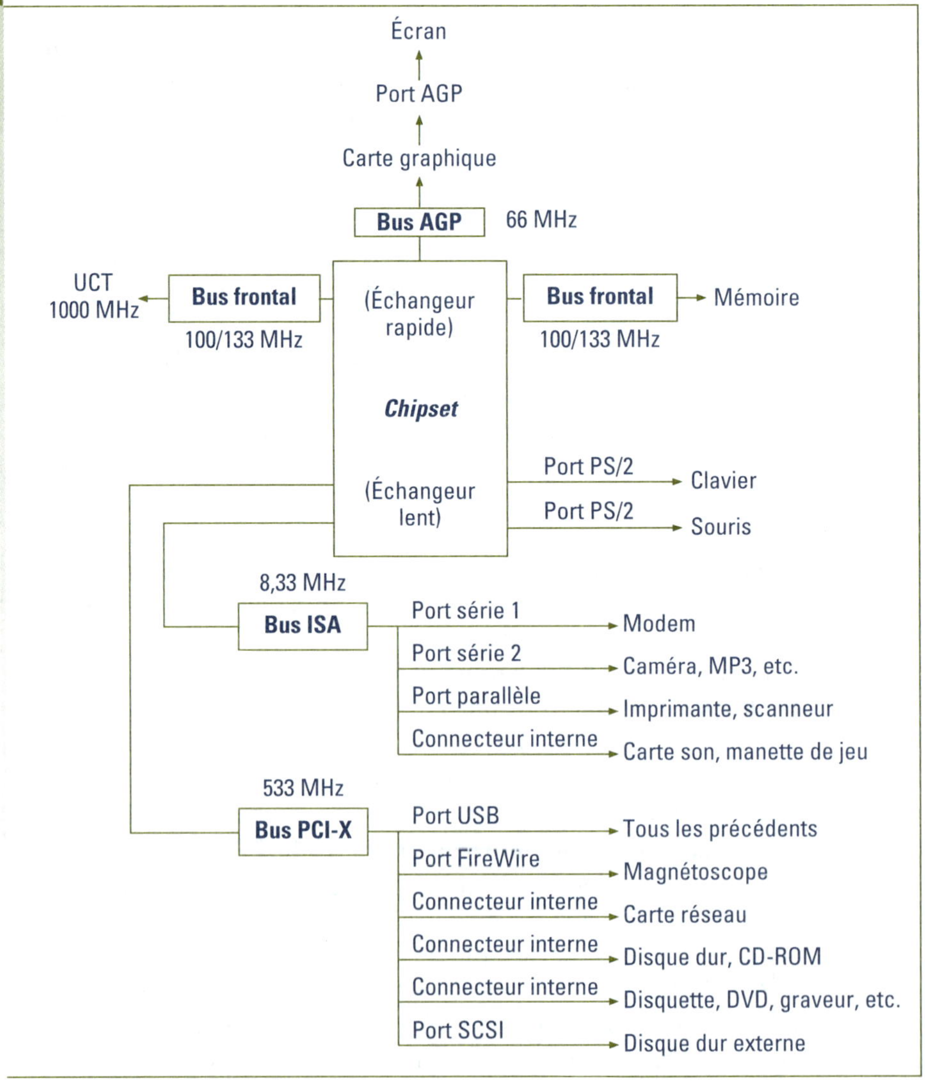

Écran
Port AGP
Carte graphique
Bus AGP
66 MHz
UCT
1000 MHz
Bus frontal
100/133 MHz
(Échangeur rapide)
Chipset
(Échangeur lent)
Bus frontal
100/133 MHz
Mémoire
Port PS/2
Clavier
Port PS/2
Souris
8,33 MHz
Bus ISA
Port série 1
Modem
Port série 2
Caméra, MP3, etc.
Port parallèle
Imprimante, scanneur
Connecteur interne
Carte son, manette de jeu
533 MHz
Bus PCI-X
Port USB
Tous les précédents
Port FireWire
Magnétoscope
Connecteur interne
Carte réseau
Connecteur interne
Disque dur, CD-ROM
Connecteur interne
Disquette, DVD, graveur, etc.
Port SCSI
Disque dur externe

- Le bus **PCI** (*Peripheral Componant Interconnection*) : mis au point par Intel en 1992, ce bus possédait initialement une largeur de 32 bits et une vitesse de 33 MHz, ce qui lui permettait d'atteindre une capacité de transfert de 132 Mo par seconde. C'est celui que l'on retrouve sur presque toutes les cartes maîtresses, tant du côté PC que Macintosh. Au départ conçu pour répondre aux besoins grandissants de l'affichage graphique des moniteurs, il a été déjà remplacé par le bus AGP pour cette tâche particulière.

- Le bus **AGP** (*Accelerated Graphic Port*) : ce bus a été mis au point en 1997, aussi par Intel, dans le but de soulager le bus PCI du trafic grandissant entre la mémoire et le contrôleur graphique (carte graphique), qui dirige les données vers le moniteur. Ce bus a aussi une largeur de 32 bits mais une capacité quatre fois plus grande, soit 528 Mo par seconde. On trouve sur le marché des cartes maîtresses munies d'une version améliorée (AGP 4X et AGP 8X) portant cette capacité à 2 Go par seconde, pour le plus grand bonheur des adeptes des jeux et des logiciels basés sur l'affichage animé en trois dimensions.

- Le bus **PCI Express** : le bus PCI a évolué depuis ses premiers jours. Le nouveau PCI (PCI-X) a une largeur de 64 bits. Il accepte diverses vitesses (66, 100, 133, 266 et 533 MHz). En théorie, il peut donc atteindre un débit de 4,3 Go par seconde. Certains croient que ce bus est appelé, à son tour, à remplacer progressivement le bus AGP.

Les nouvelles normes relatives aux bus mentionnés précédemment garantissent la compatibilité avec les périphériques des premières générations.

Les ports et leurs connecteurs

Un **port** est une interface électronique, dirigée par un programme pilote du système d'exploitation. Il achemine les informations à un **connecteur** situé à l'extérieur du bloc système (généralement à l'arrière du boîtier), ce qui permet de brancher des périphériques tels qu'un clavier, une souris, un moniteur, un modem ou des imprimantes. On distingue plusieurs sortes de ports : le port parallèle, le port sériel, le port USB, le port AGP et le port FireWire. Chacun de ceux-ci amène l'information à plusieurs types de connecteurs selon la nature du port : à 25 ou à 9 broches pour les imprimantes et les modems, à 15 broches pour les moniteurs, à douille circulaire pour les claviers et les souris, etc. (*voir la figure 6.10*).

Le port constitue la voie d'accès à un périphérique donné.

- Les **ports parallèles** : on utilise les ports parallèles pour des périphériques qui envoient ou reçoivent peu de données sur une courte distance. Ce type de port est alimenté directement par le *chipset* et transmet 8 bits simultanément sur 8 fils parallèles. Son utilisation est fréquente pour relier une imprimante au bloc système. Le connecteur associé à ces ports comporte généralement 25 broches. Ce type de port devrait disparaître sous peu.

- Les **ports sériels** : les ports sériels ont plusieurs utilités. On s'en sert pour relier, entre autres, une souris, un clavier ou un modem au bloc système. Les ports sériels sont aussi contrôlés directement par le *chipset*. Ils transmettent les bits, un seul à la fois, les uns derrière les autres sur un seul fil

Figure 6.10

Différents types
de connecteurs.

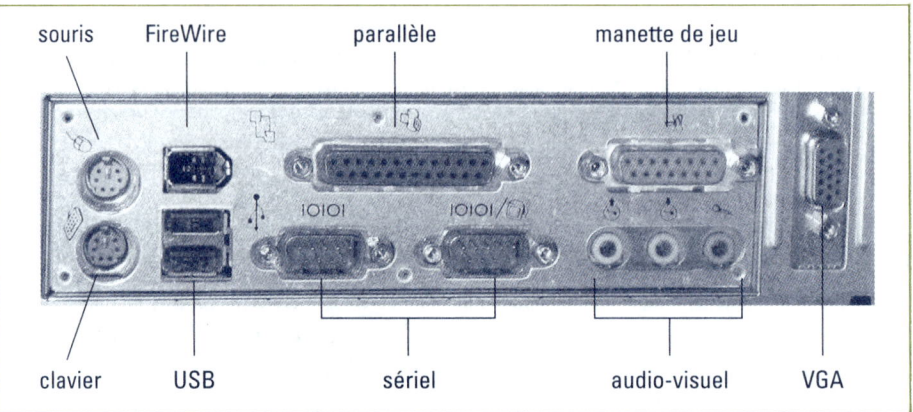

de transmission. C'est le type de connexion à utiliser pour transmettre des données sur une longue distance. Ils débouchent généralement sur un connecteur à 9 broches. Ils devraient aussi disparaître sous peu.

■ Les **ports USB** (*Universal Serial Bus*) : le port USB, auquel on fait souvent référence sous le nom de bus USB, est branché sur le bus PCI. Il vise à remplacer les ports parallèles et sériels par un mécanisme plus souple, permettant de connecter plus d'une centaine de périphériques à basse et moyenne vitesse, simultanément et d'une façon simplifiée. Le port USB permet le branchement et le débranchement des périphériques à chaud (sans avoir à éteindre l'ordinateur). Il se sert du même protocole pour tous les périphériques, simplifiant ainsi grandement leur utilisation. Il prend en charge le prêt à l'emploi et fournit même la tension électrique au périphérique qu'on n'a plus à brancher sur le secteur. Il est donc de plus en plus utilisé sur les nouveaux micro-ordinateurs en remplacement des ports précédents. La nouvelle version, USB 2.0, est 40 fois plus rapide que la précédente.

■ Les **ports AGP** (*Accelerated Graphic Port*) : placé à l'extrémité du bus AGP, le port AGP transmet à très haut débit l'information graphique vers le connecteur vidéo (15 broches). Il est de plus en plus utilisé sur les nouveaux modèles de PC.

■ Les **ports FireWire** (ou IEEE 1394) : le port FireWire permet de connecter des périphériques à très haut débit comme des caméras numériques. Il permet, en théorie, de brancher 65 535 périphériques en même temps. Il est destiné à des utilisations multimédias. Son débit est de 400 Mo/s, mais il devrait atteindre prochainement 1,6 Go/s, voire, à plus long terme, 3,2 Go/s.

Les fentes et les cartes d'extension

Au début de la micro-informatique, les cartes maîtresses des micro-ordinateurs ne contenaient pas de contrôleur graphique, de modem ni de carte son. On ne pouvait donc y connecter directement ni un moniteur, ni un modem, ni de haut-parleurs. Ceux qui voulaient utiliser leur ordinateur pour gérer des communications ou de la musique devaient acheter, en plus de

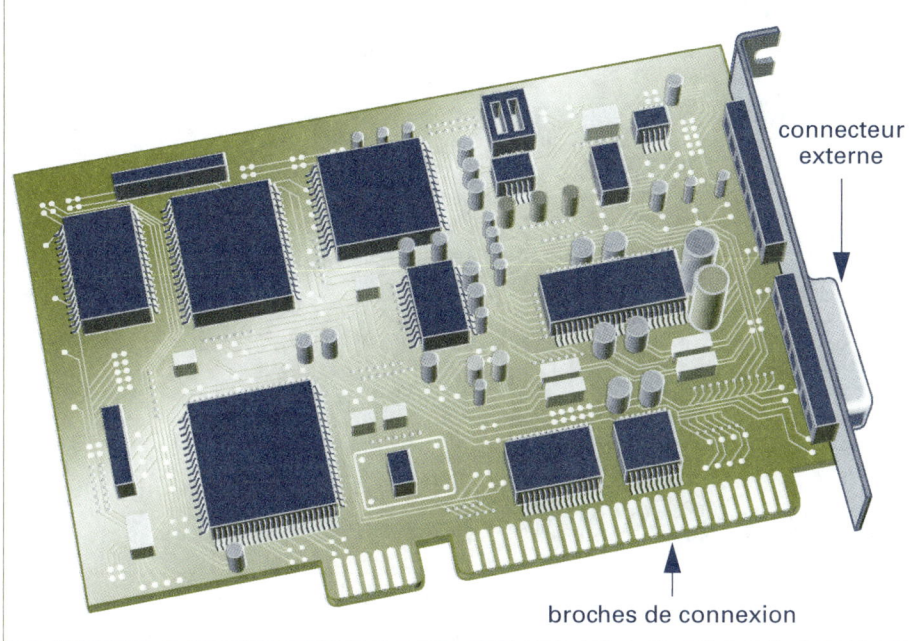

Figure 6.11

Une carte d'extension.

connecteur
externe

broches de connexion

leur périphérique, une **carte d'extension** contenant le contrôleur requis et un connecteur adéquat pour le branchement du dispositif en question. Une carte d'extension permet de connecter des périphériques de toutes sortes à un ordinateur afin d'en élargir les possibilités. En effet, la carte maîtresse contient, le long de chacun de ses bus d'entrée-sortie, un certain nombre de **fentes d'extension**, aussi appelées **logements**, sur lesquelles des cartes d'extension au format correspondant peuvent être enfichées au moyen de **broches de connexion** (*voir la figure 6.11*). Les connecteurs situés à l'extrémité des cartes servent à brancher les câbles reliant l'ordinateur aux périphériques. Voici quelques types de cartes d'extension.

■ La **carte graphique**, ou **carte vidéo**: bien que les nouvelles cartes maîtresses contiennent souvent un contrôleur pour l'affichage graphique, il est possible de connecter sur une fente d'extension AGP une carte graphique supplémentaire de meilleure qualité pour tirer profit d'un moniteur à très haute résolution ou même pour obtenir deux affichages simultanés et indépendants sur deux moniteurs. Il existe des cartes tridimensionnelles destinées aux applications vidéo sophistiquées, comme certains jeux de simulation ou de réalité virtuelle, la recherche médicale ou la conception assistée par ordinateur. Ces cartes, munies d'un microprocesseur et de puces de mémoire vive, peuvent traiter localement les informations graphiques ou l'animation pour accélérer l'affichage.

■ La **carte son** ou **multimédia**: cette carte permet de lire des disques compacts et de se servir de haut-parleurs. On peut aussi y connecter un micro pour enregistrer des messages. Presque tous les logiciels permettent

Figure 6.12
Une carte PC/TV.

aujourd'hui d'intégrer sons, musique ou paroles à leurs documents. Ces cartes se connectent sur des fentes ISA ou PCI.

■ La **carte de communication**, ou **carte réseau** : cette carte sert à connecter un ordinateur à un ou plusieurs autres ordinateurs pour former un réseau de communication. Les utilisateurs de ce réseau peuvent échanger des données, des programmes ou partager du matériel. La carte réseau s'installe dans une fente d'extension reliée au bus PCI du bloc système et permet de relier l'ordinateur à d'autres appareils sur le réseau avec un câble.

■ La **carte PC/TV** : cette carte (*voir la figure 6.12*) permet de brancher un téléviseur ou un magnétoscope et de les alimenter à partir de l'ordinateur. On peut par exemple transmettre les images et les pistes sonores d'un film à partir du lecteur DVD au moyen de connecteurs vidéo standard. Ou, à l'inverse, capter les signaux de la télé (ou du câble) et regarder les émissions sur son moniteur.

■ La **carte PC** : les cartes PC sont de taille réduite – de la grosseur d'une carte de crédit – et sont installées par l'extérieur du boîtier sur les micro-ordinateurs portables qui, on s'en doute, n'ont pas l'espace intérieur pour accueillir des cartes d'extension traditionnelles. On insère facilement ces cartes dans le connecteur de l'ordinateur. On les appelle **cartes PCMCIA** (*Personal Computer Memory Card International Association*) ou plus simplement cartes PC (*voir la figure 6.13*). Il existe de nombreuses cartes pouvant servir à des fins variées, notamment pour se relier à un réseau, augmenter temporairement la mémoire, brancher un disque amovible (pour faire des copies de sécurité) ou une carte de mémoire flash.

Figure 6.13
Une carte PCMCIA.

Le cycle de traitement

Pour repérer les codes binaires qui composent les données et les instructions, l'ordinateur les place en mémoire, dans des emplacements – des cases – en attendant de les traiter. Chaque case est dotée d'une **adresse** formée d'un numéro unique. Ces adresses[2] se comparent à des casiers postaux en ce sens que leur numéro demeure le même tandis que leur contenu peut varier continuellement.

L'exécution d'un programme

Voici comment on peut résumer le rôle de la mémoire et de l'UCT au moment du traitement de l'information. Précisons que les divers composants de l'UCT sont reliés entre eux et avec la mémoire par les circuits du bus et que chaque étape du fonctionnement est provoquée par le signal de l'horloge interne. Dans notre exemple, le programme multiplie deux nombres, 20 et 30, et imprime le résultat: 600. Supposons que le programme est déjà entré en mémoire; il demande à l'utilisateur de soumettre deux valeurs (20 et 30) et il multiplie ces deux valeurs. Puis il achemine le résultat (600) vers l'imprimante. La figure 6.14 décrit le traitement entre le moment où le programme est chargé en mémoire et celui où l'exécution du programme se termine.

L'exécution d'une instruction

Voici, de façon détaillée, le déroulement de l'exécution d'une instruction machine.

- Au top de l'horloge système, l'UCC consulte le contenu du registre d'adresse (le compteur ordinal [CO]). La valeur contenue dans le CO indique l'adresse en mémoire où se trouve la prochaine instruction à exécuter.
- L'UCC va chercher l'instruction en mémoire. Tandis que l'UCC lit le contenu de la mémoire, le contenu du CO s'accroît automatiquement,

Les données et les instructions sont en mémoire, l'UCT effectue le traitement.

---

2. On utilise souvent l'ellipse «l'adresse xxx» pour désigner «la case dont l'adresse est xxx».

assurant ainsi la transmission progressive des adresses des prochaines instructions à exécuter.

■ L'UCC reçoit l'instruction de la mémoire et la copie dans le registre d'instruction (RI) où elle peut la décoder.

■ L'UCC orchestre l'exécution de l'instruction en émettant des signaux électroniques vers les composants appropriés. À titre d'illustration, s'il s'agit d'une addition, l'UCC achemine les valeurs vers l'UAL et en active le circuit d'addition. Dans ce cas, le résultat de l'addition est copié dans le registre arithmétique (RA).

■ Au prochain top de l'horloge, l'UCC reprend le même processus. Elle recommence sans cesse ces opérations, même lorsque vous n'utilisez pas l'ordinateur. C'est à tort que vous croyez que ce dernier reste à ne rien faire!

Remarque: Il s'agit là d'une simplification du processus réel de traitement en vue d'illustrer les opérations fondamentales de l'UCT. Un ordinateur possède beaucoup plus de cases de mémoire (des millions) que dans l'exemple illustré ici. De plus, les adresses et le contenu de la mémoire sont présentés dans un format que l'ordinateur peut interpréter; en effet, ils sont sous forme de signaux électroniques binaires, et non sous forme de lettres et de chiffres.

Figure 6.14

L'exécution
d'un programme.

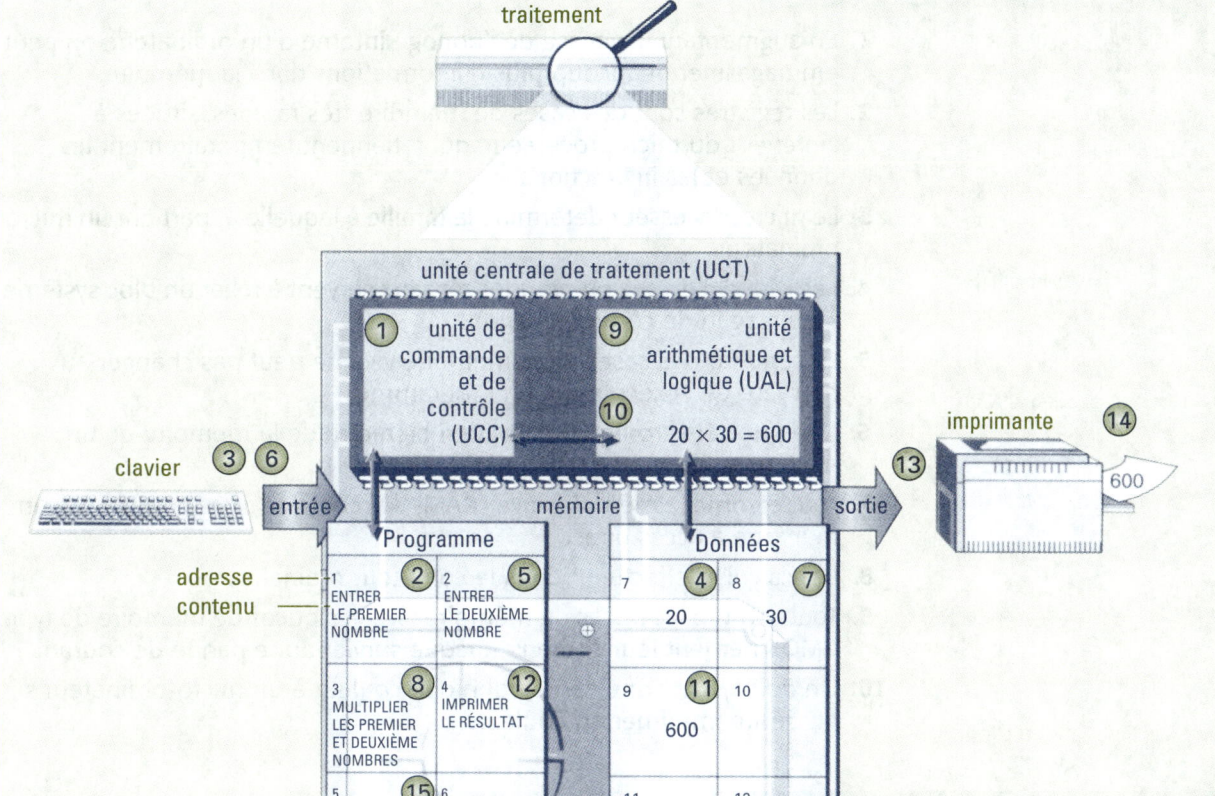

traitement

unité centrale de traitement (UCT)

① unité de commande et de contrôle (UCC)

⑨ unité arithmétique et logique (UAL)

⑩ 20 × 30 = 600

clavier ③ ⑥

imprimante ⑭

⑬ 600

entrée

mémoire

sortie

adresse ——
contenu ——

Programme

1 ② ENTRER LE PREMIER NOMBRE

2 ⑤ ENTRER LE DEUXIÈME NOMBRE

3 ⑧ MULTIPLIER LES PREMIER ET DEUXIÈME NOMBRES

4 ⑫ IMPRIMER LE RÉSULTAT

5 ⑮ FIN   6

Données

7 ④ 20   8 ⑦ 30

9 ⑪ 600   10

11   12

① Une fois le programme chargé en mémoire centrale, l'unité de commande et de contrôle commence à l'exécuter instruction par instruction.

② Le programme demande à l'utilisateur d'ENTRER LE PREMIER NOMBRE.

③ L'utilisateur entre le nombre 20 au clavier. Un signal électronique est envoyé à l'UCT.

④ L'UCC reconnaît ce signal et stocke la valeur dans la mémoire, dans la case 7.

⑤ Après l'exécution de cette première instruction, la deuxième instruction demande à l'utilisateur d'ENTRER LE DEUXIÈME NOMBRE.

⑥ L'utilisateur entre le nombre 30 au clavier, et un signal est envoyé à l'UCT.

⑦ L'UCC reconnaît ce signal et stocke la valeur dans la case 8 de la mémoire.

⑧ La prochaine instruction est exécutée : MULTIPLIER LES PREMIER ET DEUXIÈME NOMBRES.

⑨ Afin d'exécuter cette instruction, l'UCC achemine vers l'UAL une copie du contenu de l'adresse 7 (20) et une copie du contenu de l'adresse 8 (30). L'UAL les place dans ses registres arithmétiques.

⑩ L'UCC avertit l'UAL qu'elle doit multiplier les deux nombres. L'UAL effectue la multiplication : 20 × 30 = 600.

⑪ L'UCC achemine une copie du résultat (600) vers la case 9 de la mémoire.

⑫ La prochaine instruction est alors exécutée : IMPRIMER LE RÉSULTAT.

⑬ De façon à exécuter cette instruction, l'UCC envoie une copie du contenu de l'adresse 9 (600) vers l'imprimante.

⑭ L'imprimante imprime la valeur 600.

⑮ La dernière instruction est exécutée : FIN. Le programme est terminé.

Questions de révision

Vrai ou faux

1. En augmentant la vitesse de l'horloge interne d'un ordinateur, on peut emmagasiner beaucoup plus d'informations dans la mémoire.

2. Les registres sont des cases de mémoire très rapides, situées à l'intérieur du microprocesseur, qui retiennent temporairement les données et les instructions.

3. Le microprocesseur détermine la famille à laquelle appartient un micro-ordinateur.

4. Les cartes d'extension pour les réseaux servent à relier un bloc système à un réseau de communication.

5. Le contenu des cases de la mémoire vive ne peut pas changer au moment de l'exécution d'un programme.

6. Une puce électronique peut aussi bien être de la mémoire qu'un microprocesseur.

7. Tout comme la mémoire vive (RAM), la mémoire morte (ROM) est une mémoire à accès direct.

8. Les calculs s'effectuent dans le compteur ordinal.

9. Tout comme les puces de mémoire vive, les puces de mémoire de type CMOS perdent leur contenu lorsque survient une panne de courant.

10. On doit ajouter une carte graphique couleur à un micro-ordinateur si on désire imprimer en couleurs.

Questions à choix de réponses

1. L'UAL effectue les calculs arithmétiques et :
   a) stocke les données ;
   b) les opérations logiques ;
   c) les tests de parité ;
   d) les calculs binaires.

2. Le nombre de bits que l'UCT peut traiter à la fois se nomme :
   a) largeur d'octet ;
   b) longueur de mot ;
   c) cycle de traitement ;
   d) registre.

3. Une puce qui contient une UCT complète s'appelle :
   a) une mémoire vive ;
   b) une mémoire morte ;
   c) un micro-ordinateur ;
   d) un microprocesseur.

4. Lequel des composants suivants ne fait pas partie du bloc système d'un micro-ordinateur ?
   a) le bus ;
   b) le disque dur ;
   c) la mémoire ;
   d) l'horloge système.

5. Au cours de l'exécution d'un programme, l'adresse de la prochaine instruction est placée dans :
   a) la mémoire cache ;
   b) le compteur ordinal ;
   c) le registre arithmétique ;
   d) le registre d'instruction.

6. L'unité de mesure de la vitesse de l'horloge système d'un ordinateur est :
   a) le hertz ;
   b) la seconde ;
   c) la période ;
   d) le nombre d'opérations par seconde.

7. Le composant électronique qui contient l'instruction en cours d'exécution est :
   a) le bus ;
   b) le compteur ordinal ;
   c) le registre d'instruction ;
   d) le registre d'adresse.

8. Lequel des bus suivants est destiné à des périphériques multimédias ?
   a) ISA ;
   b) FireWire ;
   c) série ;
   d) parallèle.

9. L'UCT est située :
   a) sur le disque dur ;
   b) dans la mémoire ;
   c) dans le bloc système ;
   d) sur le bus.

10. Laquelle des mémoires énumérées ci-dessous est la plus rapide d'accès ?
    a) la mémoire cache ;
    b) la mémoire CMOS ;
    c) la mémoire vive ;
    d) la mémoire morte.

Phrases à compléter

1. Les _____ sont utilisés pour brancher divers périphériques au bloc système, comme une souris, un clavier ou un modem.

2. _____ est la partie de l'UCT qui se charge de diriger l'exécution des instructions des programmes.

3. Le composant de l'ordinateur qui effectue les opérations arithmétiques et logiques est _____.

4. La _____ est un type de mémoire qui garde tout son contenu quand on éteint l'ordinateur.

5. Le _____ transporte les signaux électroniques entre les divers composants électroniques du bloc système.

6. La carte _____ se situe dans le bloc système et contient le microprocesseur et la mémoire.

7. Quand un ordinateur est privé de courant électrique, les données qui se trouvent dans _____ sont perdues.

8. Un ordinateur dont l'horloge interne oscille à 1 GHz n'a besoin que de _____ seconde pour exécuter une instruction.

9. La mémoire _____ est un type de mémoire vive incorporée au microprocesseur.

10. Le port de communication qui permet de connecter plus d'une centaine de périphériques et qui leur fournit une charge électrique s'appelle _____.

1. Décrire le fonctionnement de l'unité de commande et de contrôle, celui de l'unité arithmétique et logique, et celui de la mémoire lors du traitement de l'information.

2. Nommer des cartes d'extension et décrire leur utilisation.

3. Dessiner un schéma de l'intérieur d'un boîtier d'un micro-ordinateur et nommer chacun des composants.

4. Nommer les deux principaux types de puces de mémoire nécessaires dans un micro-ordinateur. Expliquer le rôle de chaque type de puce de mémoire.

5. Dessiner le schéma d'une carte maîtresse et nommer tous les composants qui s'y trouvent.

Les éléments essentiels de l'ordinateur

Les éléments essentiels au fonctionnement d'un ordinateur sont regroupés dans le **bloc système**. Il s'agit de la carte maîtresse, du microprocesseur, de la mémoire, du bus, de l'horloge système, des ports d'accès et des cartes d'extension.

LA CARTE MAÎTRESSE

La **carte maîtresse** contient les puces de mémoire et de l'unité centrale de traitement (le microprocesseur), les bus ainsi que des connecteurs auxquels sont branchés des cartes d'extension ou des périphériques. Le *chipset* de la carte maîtresse gère l'échange des données entre les composants de la carte.

LE MICROPROCESSEUR

Une puce de type **microprocesseur** contient l'**unité centrale de traitement** (**UCT**) complète. Cette dernière est composée, entre autres, de l'unité de commande et de contrôle, de l'unité arithmétique et logique, et de quelques registres. Elle exécute les instructions des programmes.

■ L'**unité de commande et de contrôle** (**UCC**) dirige les signaux électroniques entre la mémoire et l'UAL ainsi qu'entre la mémoire et les appareils d'entrée-sortie de façon à faire exécuter les instructions des programmes.

■ L'**unité arithmétique et logique** (**UAL**) effectue les opérations arithmétiques (calculs) et logiques (comparaisons).

■ Les **registres** sont des éléments de stockage (genre de cases de mémoire vive très rapides) qui assistent l'UCC et l'UAL.

● Le **compteur ordinal** indique l'adresse de la prochaine instruction à exécuter.

● Le **registre d'instruction** reçoit une copie de l'instruction à exécuter.

● Le **registre arithmétique** retient, pour l'UAL, des valeurs à traiter et des résultats.

La capacité d'un microprocesseur s'exprime en **longueur de mot**, qui correspond au nombre de bits que l'UCT peut traiter à la fois. C'est le microprocesseur qui détermine la famille à laquelle appartient un micro-ordinateur. On en distingue deux : d'une part, les **Pentium** et **Athlon** et, d'autre part, les **Motorola**.

Le temps nécessaire à l'exécution d'une instruction se mesure en fractions de seconde : milliseconde (ms), microseconde (µs) et nanoseconde (ns). Leur durée est respectivement de 10^{-3}, 10^{-6} et 10^{-9} seconde.

LA MÉMOIRE

La **mémoire** est composée de cases ayant chacune une **adresse** et contenant les données, les instructions de traitement (programme) et les résultats du traitement pour la durée du traitement uniquement. Les capacités varient selon les ordinateurs.

■ Les puces de **mémoire vive** (**RAM**) retiennent temporairement les données, les instructions et les résultats pendant la durée du traitement.

■ Les puces de **mémoire morte** (**ROM**) contiennent des programmes, fournis par le fabricant, qui permettent de faire fonctionner l'ordinateur. Ces programmes sont protégés puisque l'ordinateur ne peut écrire dans les cases de la mémoire morte.

■ La **mémoire cache**, intégrée au microprocesseur, ou intercalée entre la mémoire et le microprocesseur, stocke un bloc d'instructions à exécuter dans le but d'accélérer le traitement.

■ La **mémoire CMOS** enregistre les paramètres de configuration du micro-ordinateur. Son contenu est modifiable et n'est pas touché par les coupures de courant grâce à l'utilisation d'une pile.

Toutes les mémoires électroniques sont des mémoires à accès direct.

LE BUS

Le **bus** est un ensemble de fils qui relient les divers composants du bloc système et sur lesquels transitent les données, les instructions et les adresses. Le **bus frontal** sert au transit entre l'UCT et la mémoire centrale ; les **bus d'entrée-sortie** servent à connecter les contrôleurs des périphériques. Il en existe plusieurs sortes.

■ Le bus **ISA** : 16 bits de largeur et un débit de 16 Mo/sec.

■ Le bus **PCI** : 32 bits et 132 Mo/sec.

■ Le bus **AGP** : 32 bits et 528 Mo/sec et plus.

■ Le bus **PCI Express** : 64 bits et, théoriquement, 4,3 Go/s.

L'HORLOGE SYSTÈME

L'**horloge système** synchronise les opérations de l'ordinateur. Sa vitesse est exprimée en **MHz** ou **GHz** – million de cycles par seconde. Cette fréquence augmente sans cesse. Il existe deux horloges : l'**horloge externe** cadence les opérations sur le bus ; l'**horloge interne**, qui multiplie la fréquence de la précédente, synchronise les opérations à l'intérieur de l'UCT.

LES PORTS ET LEURS CONNECTEURS

Un **port d'accès** est une interface électronique dirigée par un programme pilote du système d'exploitation. Il achemine les informations à un connecteur, situé en général à l'arrière du bloc système, auquel on peut brancher divers périphériques. Il en existe plusieurs types.

- Le **port parallèle** transmet un octet à la fois.
- Le **port sériel** transmet un bit à la fois.
- Le **port USB,** plus polyvalent, pourrait remplacer les deux précédents.
- Le **port AGP**, à l'extrémité du bus AGP, transmet à très haut débit.
- Le **port FireWire**, connecté au bus PCI, transmet également à très haut débit.

LES FENTES ET LES CARTES D'EXTENSION

Les **cartes d'extension** permettent d'augmenter les capacités d'un micro-ordinateur en lui connectant des périphériques de toutes sortes. La carte maîtresse contient des **fentes d'extension** – logements – dans lesquelles on peut enficher les cartes d'extension. Il existe plusieurs sortes de cartes d'extension, notamment :

- les **cartes graphiques** ou **cartes vidéo** ;
- les **cartes son** ou **multimédias** ;
- les **cartes de communication** ou **cartes réseau** ;
- les **cartes PC/TV** ;
- les **cartes PC** ou **PCMCIA** pour les ordinateurs portables.

L'EXÉCUTION D'UN PROGRAMME

Pour qu'un ordinateur puisse exécuter un programme, il faut d'abord que les instructions nécessaires soient stockées en mémoire. Ces instructions sont exécutées une à une par l'unité centrale de traitement (UCT). Durant son exécution, il est possible que le programme demande à l'utilisateur d'entrer des informations au moyen du clavier ou de la souris. Ces données sont à leur tour acheminées vers la mémoire vive, puis traitées par l'UCT selon les instructions du programme. Les résultats issus du traitement sont stockés en mémoire, puis transmis à un périphérique de sortie, comme une imprimante ou un écran.

L'EXÉCUTION D'UNE INSTRUCTION

À chaque oscillation de l'horloge système, l'unité de commande et de contrôle (UCC) consulte le compteur ordinal et va chercher l'instruction dans la case mémoire correspondante, la copie dans le registre d'instruction, la décode et émet des signaux en direction des autres composants électroniques – l'UAL, par exemple – qui exécutent l'opération demandée.

IMPORTANT

Au moment de mettre sous presse, Apple annonçait officiellement l'abandon de la puce PowerPC au profit des processeurs Intel dans la fabrication de ses nouveaux micro-ordinateurs. Dell, un des plus grands fabricants de micro-ordinateurs, a déjà annoncé qu'elle offrirait le système d'exploitation Mac OS sur ses ordinateurs dès que celui-ci sera disponible.

Les périphériques d'entrée et de sortie

Comment arriver à transmettre des données au bloc système ? Comment en obtenir de l'information ? Nous décrirons dans ce chapitre deux types d'appareils parmi les plus importants de l'outillage informatique : ceux où se réalise l'interaction de l'ordinateur et des utilisateurs. Dans la première partie du chapitre, nous aborderons les périphériques d'entrée ; dans la seconde, les périphériques de sortie.

Chacun de nous comprend une langue écrite constituée de lettres, de chiffres et de signes de ponctuation, le tout représenté au moyen de symboles graphiques. Par contre, les ordinateurs ne peuvent traiter que le langage machine binaire constitué de suites de 0 et de 1. Les périphériques d'entrée et de sortie sont essentiellement des convertisseurs. Les périphériques d'entrée convertissent les symboles graphiques, que l'humain comprend, en symboles binaires que l'ordinateur peut traiter. Les périphériques de sortie font l'opération inverse : ils convertissent les données binaires en caractères que l'humain comprend. Penchons-nous dès maintenant sur les appareils qui effectuent ces conversions.

Les périphériques d'entrée acceptent des données en format lisible par l'humain et les convertissent en langage binaire. L'entrée peut se faire manuellement ou en mode direct.

L'entrée manuelle et l'entrée directe

Les périphériques d'entrée acceptent des données que l'humain peut lire et comprendre, et les convertissent dans un format que l'ordinateur peut traiter. Ce format est composé des signaux électroniques binaires (0 et 1), assimilables par la machine, que nous avons décrits dans les chapitres précédents. Il existe des périphériques d'entrée manuelle et des périphériques d'entrée directe.

■ L'**entrée manuelle** : au moment de la saisie manuelle, les données sont transmises à l'ordinateur au moyen d'un clavier. Ce dernier ressemble à un clavier de machine à écrire, mais il est muni de touches supplémentaires. Cette méthode nécessite une intervention humaine, même si le texte est déjà écrit. L'utilisateur devra alors lire le document original –

appelé « document source » – et le copier manuellement à l'aide d'un clavier.

■ L'**entrée directe** : au moment de l'entrée directe, les données sont captées et converties directement en langage machine sans qu'on ait à les taper au clavier.

L'entrée manuelle

La façon la plus classique de transmettre des données à l'ordinateur consiste à les saisir à partir d'un clavier qui joue le rôle d'un convertisseur. Le clavier comporte en effet des touches sur lesquelles sont affichés les symboles graphiques reconnus par l'opérateur. Quand ce dernier appuie sur l'une des touches, le clavier transmet à l'ordinateur le code numérique correspondant – une suite de 0 et de 1.

Les claviers

Les claviers comportent différentes sortes de touches (*voir la figure 7.1*).

■ Les **touches alphanumériques** : ces touches sont situées au centre du clavier et regroupent les lettres, les chiffres et les signes de ponctuation, comme sur les claviers des machines à écrire.

■ Les **touches de fonction** : ce sont les touches [F1], [F2], etc. On les utilise lorsque le programme qui s'exécute le requiert. Comme elles remplacent des séquences de touches, on les appelle aussi « touches de raccourci » ou « raccourcis-clavier ».

Figure 7.1
Le clavier.

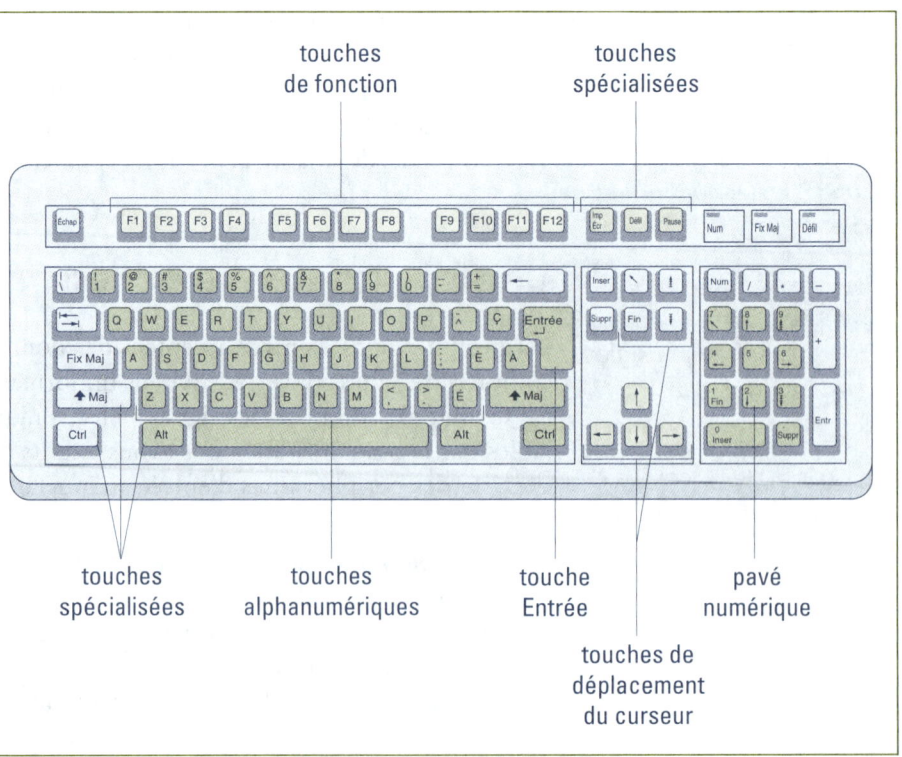

touches de fonction

touches spécialisées

touches spécialisées

touches alphanumériques

touche Entrée

pavé numérique

touches de déplacement du curseur

- Les **touches numériques** : ce sont les touches numérotées de 0 à 9 qui forment un bloc à droite du clavier. On appelle aussi ce bloc **pavé numérique**. On utilise ces touches pour des tâches nécessitant une entrée massive de nombres. Elles sont utiles notamment lorsqu'on travaille avec un tableur.
- Les **touches spécialisées** et les **touches de déplacement du curseur** : les touches [**Échap**] (Échappement), [**Ctrl**] (Contrôle), [**Suppr**] (Supprimer) et [**Inser**] (Insérer) constituent des exemples de touches spécialisées. Ces touches aident à la saisie et à l'édition des données, et permettent d'exécuter des commandes. Remarquez la touche [**Entrée**], souvent appelée [**Retour**] ; elle est utilisée pour confirmer l'entrée d'une commande dans l'ordinateur une fois qu'elle a été tapée. Les touches de déplacement du curseur comprennent les touches [**Début**], [**Fin**], [**Page Haut**] (page précédente) et [**Page Bas**] (page suivante), de même que les quatre touches de direction munies d'une flèche.

En plus du clavier traditionnel, qu'on connaît depuis le début de l'informatique, il existe un clavier dit **ergonomique** (*voir la figure 7.2*). Il s'agit d'un clavier dont la forme et l'inclinaison tiennent compte de la position naturelle des mains. Notez cependant que ce clavier est conçu pour les professionnels de la saisie et n'a aucune utilité pour l'utilisateur ordinaire qui tape « avec deux doigts ». Tout récemment, des **claviers flexibles** ont fait leur apparition sur le marché. Ils sont peu encombrants, car on peut les enrouler ou les plier (*voir la figure 7.3*). Les utilisateurs d'ordinateurs portables disposent ainsi d'un clavier de taille normale. Enfin, il existe des **claviers sans fil**, qui communiquent avec l'ordinateur par rayons infrarouges plutôt que par câble. Ces claviers offrent une grande souplesse quant à leur emplacement sur le bureau.

Figure 7.2
Un clavier ergonomique.

Figure 7.3
Un clavier flexible.

L'entrée directe

L'**entrée directe** est une technique d'entrée de données qui nous épargne l'entrée des données à partir du clavier. Les dispositifs d'entrée directe créent des données compréhensibles pour une machine soit sur un support magnétique, soit directement dans la mémoire de l'ordinateur. Outre qu'elle est rapide et économique, cette méthode réduit le risque d'erreur qu'entraîne l'entrée des données au clavier.

Les dispositifs d'entrée directe se regroupent en trois catégories :

- les périphériques de pointage ;
- les périphériques de balayage ;
- les périphériques d'entrée vocale.

Les dispositifs d'entrée directe comprennent les périphériques de pointage, les périphériques de balayage et les périphériques d'entrée vocale.

Les périphériques de pointage

L'action de pointer du doigt est un geste des plus naturels pour l'humain. Il existe plusieurs appareils qui utilisent cette méthode pour l'entrée directe des données.

- La **souris** : la souris permet de contrôler le déplacement d'un **pointeur** sur l'écran. Ce pointeur se présente généralement sous la forme d'une flèche, mais peut changer de forme selon l'environnement où il se

Figure 7.4

Une souris standard.

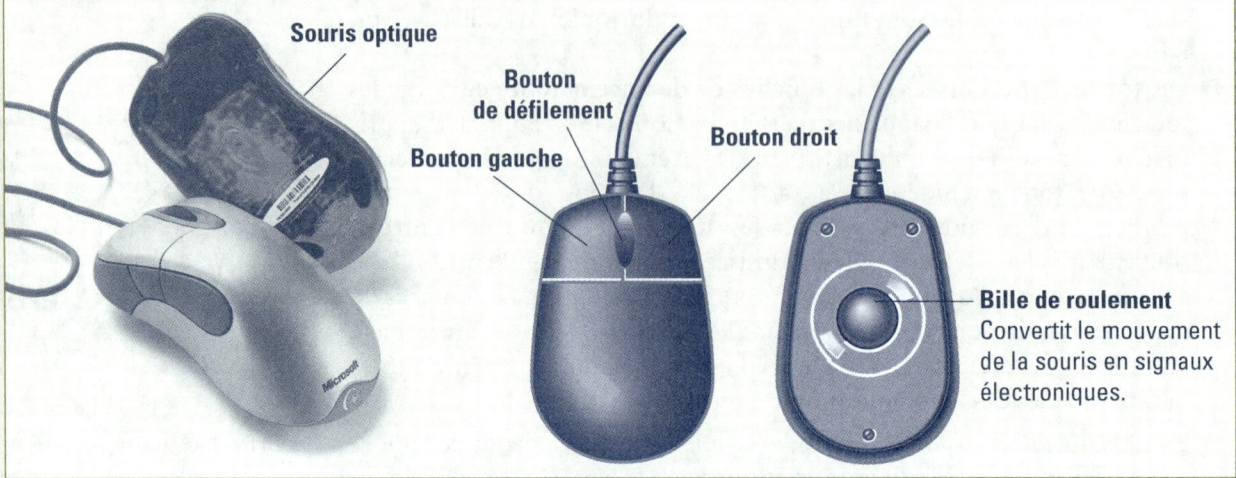

trouve. On se sert du pointeur pour sélectionner des objets ou du texte à l'écran. La plupart des souris sont munies de deux boutons. Celui de gauche sert à sélectionner les objets ou à en déclencher l'ouverture ; celui de droite fait afficher un menu d'options contextuel. Il existe plusieurs types de souris (*voir la figure 7.4*). Le premier est muni d'une bille sous le ventre de la souris et est relié par un câble au bloc système de l'ordinateur. À l'instar du clavier sans fil, la **souris sans fil** remplace le câble par un émetteur à infrarouge, ce qui permet de libérer en partie l'espace de travail. La **souris optique**, quant à elle, remplace la bille (qui a tendance à se salir et à glisser ensuite) par un rayon laser qui détecte toujours le mouvement avec une grande précision. D'autres types de souris – qui ne gardent de la souris que le nom et le principe de fonctionnement – éliminent le besoin d'une surface plane ; aussi, on les trouve fréquemment sur les ordinateurs portables où ils sont incorporés au clavier (*voir la figure 7.5*). Dans un cas, on dispose d'un bouton encastré au centre du clavier et sur lequel on peut exercer une pression latérale dans le sens désiré pour le mouvement du pointeur. On appelle ce type de souris **ergot** ou **bouton de pointage** (*pointing stick*). Dans l'autre cas, la bille est remplacée par une petite surface pouvant détecter le mouvement. Pour contrôler le pointeur, l'utilisateur effleure et tapote cette surface de son doigt (ou d'un crayon). On appelle ce dispositif **pavé tactile** (*touch-pad*).

■ La **tablette graphique** : une tablette graphique sert à dessiner, à calquer un dessin ou à en tracer les contours à l'aide d'un stylet spécial qui ressemble à un stylo (*voir la figure 7.6*). Elle numérise ces données graphiques et les transmet à l'ordinateur. En distinguant diverses forces de pression, elle permet de simuler des coups de pinceau ou des traits de crayon d'aspect naturel. C'est le même type d'appareil qui remplace le clavier sur les ordinateurs de poche.

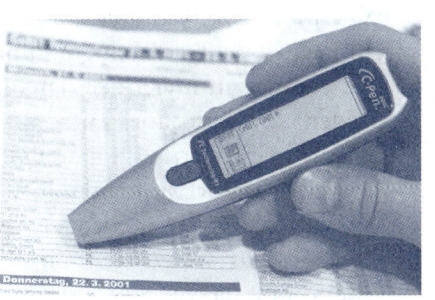

bouton de pointage

pavé tactile

Figure 7.5

Un bouton de pointage
et un pavé tactile.

■ La **manette de jeu**, ou **manche à balai** (*joystick*) : une manette de jeu sert, dans les jeux vidéo et les programmes de simulation, à contrôler les déplacements à l'écran (*voir la figure 7.7*).

Les périphériques de balayage

Les dispositifs d'entrée directe par balayage reproduisent des images de textes, des dessins ou des symboles spéciaux en les convertissant en données numériques pouvant être traitées par l'ordinateur ou affichées sur un moniteur. On distingue, d'une part, les **lecteurs optiques** tels les scanneurs et les lecteurs de code à barres et, d'autre part, les dispositifs de **saisie d'image** comme les caméras et les appareils photo numériques. Les périphériques de balayage comprennent les dispositifs suivants.

■ Le **scanneur** : un scanneur (*voir la figure 7.8*) analyse le contenu d'une page et le convertit automatiquement en signaux électroniques pouvant être conservés dans l'ordinateur. Le processus consiste à balayer chaque image avec un faisceau de lumière et à la décomposer en points noirs ou de couleur. Ces points sont à leur tour convertis en codes binaires pour le stockage. Les scanneurs sont des dispositifs d'entrée de plus en plus utilisés. On s'en sert couramment pour numériser des images, afin d'en conserver une copie ou de les insérer dans un document. Il existe deux types de scanneurs : le modèle de table, ou lecteur optique à plat, dont le mode de lecture ressemble à celui d'un photocopieur – en ce sens qu'il

Figure 7.6

Une tablette graphique.

Figure 7.7

Une manette de jeu.

Figure 7.8

Deux types de scanneurs.

scanneur de table

scanneur portatif

faut placer l'objet à numériser (feuille, page d'un livre ou même des objets en 3D) sur la surface de verre de l'appareil; et le scanneur manuel, qu'on tient dans la main et qu'on fait glisser sur l'objet à numériser.

Il est important de noter que les scanneurs transmettent à l'ordinateur non pas des textes qu'on peut éditer tels quels, mais bien des images de textes qu'il faut donc interpréter. L'image qui provient d'un scanneur doit être interprétée par un programme de reconnaissance de caractères qui verra à convertir les symboles graphiques qui apparaissent dans le document en caractères numériques (ASCII, par exemple) pour qu'on puisse enfin les manipuler dans un traitement de texte. Il importe cependant de choisir un logiciel de bonne qualité, validé pour la langue française, si l'on veut que les caractères accentués soient correctement interprétés.

■ Le **lecteur de code à barres**: vous êtes probablement habitué aux lecteurs de code à barres qu'on trouve dans les magasins (*voir la figure 7.9*). Les lecteurs de code à barres sont des périphériques de balayage qui lisent le code – rayures verticales – imprimé sur les emballages des produits. Les supermarchés utilisent un code appelé **code universel des produits** (**CUP**) (*voir la figure 7.10*). Ce code à barres permet de reconnaître les produits, et l'ordinateur, qui contient les informations sur tous ces produits, fournit automatiquement le nom et le prix du produit, qui figurent alors sur le reçu du client. L'ordinateur peut en même temps faire le compte des ventes et gérer les stocks. Ces appareils sont d'un usage tellement facile que de plus en plus de grands magasins en mettent à la disposition de leur clientèle en libre-service.

■ L'**appareil photo numérique**: l'appareil photo numérique permet de capter une image sur un support électronique plutôt que sur pellicule (*voir la figure 7.11*). L'image peut être observée immédiatement et transmise directement à l'ordinateur où elle sera traitée en quelques minutes (placée dans une page Web ou envoyée par courriel, par exemple). Parmi les nombreuses caractéristiques des appareils photo numériques, notons la définition de l'image et le facteur de zoom. La définition de l'image s'exprime en pixels et détermine le nombre de points d'image – pixels – qui seront enregistrés. Plus la définition est élevée, plus l'image est nette et plus le format sous lequel l'image pourra être imprimée sans déformation sera grand. En ce qui concerne le zoom, les fabricants affichent deux valeurs: le zoom optique et le zoom numérique. Le zoom optique est l'équivalent de ce qu'il est pour la photo traditionnelle, c'est-à-dire un objectif offrant un effet de rapprochement – un peu comme des jumelles. Quant au zoom numérique, qui extrait et agrandit la partie centrale de l'image, il peut produire des images de moindre qualité.

■ La **caméra numérique**: dans la prolongation du développement précédent, on a vu apparaître des caméras vidéo numériques qui, sur le même principe que l'appareil photo, enregistrent sons et images animées sur un support informatique, donc sous forme numérique. Des programmes de traitement vidéo permettent ensuite de réaliser un «montage» en très peu de temps. Une version miniature de la caméra numérique, la **webcam**, se branche directement sur l'ordinateur et permet

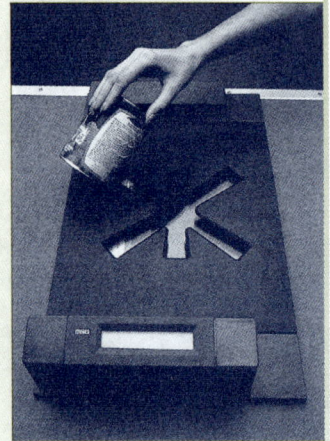

Figure 7.9
Un lecteur
de code à barres.

9 782893 109732

Figure 7.10
Un code à barres.

Figure 7.11
Un appareil
photo numérique.

de diffuser des images vers tous les coins du monde, ou encore d'organiser des vidéoconférences, le tout par Internet.

Les périphériques d'entrée vocale

Un périphérique d'entrée vocale convertit la parole humaine en code numérique. La majorité des systèmes d'entrée vocale doivent être adaptés à un utilisateur en particulier. Dans la phase de préparation, celui-ci lit à haute voix une liste de mots que l'ordinateur enregistre. Puis, dans la phase d'utilisation, les mots qu'il prononce sont comparés aux modèles préenregistrés. Quelques systèmes ont été conçus pour reconnaître des mots, même s'ils sont prononcés par plusieurs personnes. Cependant, jusqu'à récemment, le vocabulaire qu'ils contenaient était limité. Le système à commande vocale *Dragon Naturally Speaking* de ScanSoft reconnaît plus de 300 000 mots et peut s'adapter à la voix de son utilisateur. Certains de ces systèmes traduisent d'une langue à une autre, de l'anglais au japonais, par exemple.

Les périphériques d'entrée vocale permettent aux utilisateurs de se libérer les mains et ainsi d'effectuer d'autres tâches (*voir la figure 7.12*). Les personnes handicapées en retirent de grands avantages. Ils sont également utiles aux préposés aux tests de contrôle de qualité, au tri de colis, aux bagagistes, aux radiologues qui dictent leurs rapports et aux courtiers qui négocient des titres et des valeurs mobilières. Il existe deux types de systèmes de reconnaissance vocale.

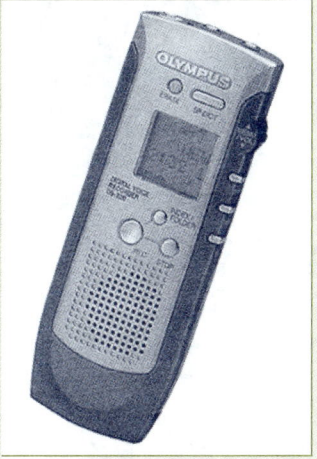

Figure 7.12
Un système de reconnaissance vocale portable.

- **Reconnaissance de la parole** : les systèmes de reconnaissance de la parole servent au contrôle des opérations d'un micro-ordinateur et à l'entrée de commandes avec certains logiciels spécialisés. Par exemple, au lieu d'utiliser le clavier pour enregistrer une feuille de calcul électronique, on peut se contenter de dire « enregistrer le fichier » à haute voix. *Microsoft Voice Command*, destiné aux ordinateurs de poche Pocket PC, en est un exemple.
- **Reconnaissance de mots** : la rédaction de notes de service ou de tout autre document est une activité courante dans tous les domaines. Les systèmes de reconnaissance de mots permettent de dicter directement un texte à un micro-ordinateur à l'aide d'un microphone. L'ordinateur stocke l'information dans un fichier de traitement de texte, ce qui permet de le réviser ou de l'imprimer. *Dragon Naturally Speaking* est un système de reconnaissance de mots.

La sortie sur écran, sur papier et vocale

Les données qui sont entrées et traitées par l'ordinateur demeurent en format binaire jusqu'à ce qu'elles soient rendues intelligibles pour l'humain par les périphériques de sortie.

Les périphériques de sortie des micro-ordinateurs sont les moniteurs, les imprimantes, les traceurs et les périphériques de sortie vocale.

Les périphériques de sortie convertissent l'information accessible à une machine en une forme compréhensible pour les humains.

Figure 7.13
Les pixels.

Les moniteurs

Les **moniteurs** sont aussi appelés **écrans**. Les moniteurs se caractérisent par la variété des couleurs qu'ils peuvent afficher et par la **définition de l'écran** – la précision de l'image affichée. Les images sont représentées à l'écran par des points individuels (*voir la figure 7.13*), ou éléments d'image appelés **pixels** (de l'anglais *picture elements*). Un pixel constitue l'élément le plus petit d'un écran pouvant être allumé ou éteint, teinté de diverses nuances de gris ou de couleurs. La densité de points, soit le nombre de colonnes et de lignes de points, détermine la clarté de l'image, c'est-à-dire la définition de l'écran.

La **taille** d'un écran détermine la surface que pourra occuper l'image affichée. Elle est mesurée diagonalement. On trouve surtout des 15 po et des 17 po (38 cm et 43 cm). Mais il existe de petits écrans (de 9 po à 11 po) sur les ordinateurs portables et de très grands (21 po, 23 po et 27 po) pour les professionnels de l'image et du multimédia (soit de 23 cm à 69 cm). Plus la surface de l'écran est grande, plus la définition doit être élevée pour obtenir un même degré de clarté (résolution).

La **résolution**, quant à elle, représente la densité de points, c'est-à-dire le nombre de pixels par pouce (ppp). Le **pas de masque** correspond à la distance qui sépare les pixels. Plus le chiffre est bas, plus les pixels sont rapprochés et plus l'image est nette. Cet espace se calcule en millimètres (mm). Le **temps de réponse**, exprimé en millisecondes (ms), est le temps nécessaire à un pixel pour s'allumer ou s'éteindre sur un écran plat. Plus le chiffre est petit, moins il y a de traînées à l'écran. La **fréquence de rafraîchissement**, qui correspond au nombre de fois par seconde où une image est réaffichée pour assurer sa visibilité, se calcule en hertz (Hz). Elle est une caractéristique des écrans cathodiques uniquement. Plus la fréquence est élevée, meilleur est le confort visuel.

La **palette de couleurs** désigne l'ensemble des couleurs affichables à l'écran. Sur un écran couleur, chacun des pixels est composé d'un granule rouge, d'un vert et d'un bleu. L'intensité combinée des trois granules, obtenue au cours du balayage, détermine la couleur, la teinte et la brillance du pixel. Le nombre de couleurs de la palette est fonction du nombre de degrés d'intensité de chaque granule. Ainsi, sur les premiers micro-ordinateurs, puisque chaque granule avait 4 niveaux d'intensité (2 bits), il n'y avait que 64 couleurs différentes – soit 4*4*4. De nos jours, les écrans peuvent afficher 256 niveaux d'intensité – chaque granule étant représenté par un octet – et offrent environ 16 millions (256*256*256) de couleurs. C'est beaucoup plus que l'œil humain ne peut discriminer ! Il existe des palettes basées sur 32 bits – on les nomme généralement *True colors* – qui incluent 24 bits pour les couleurs et 8 bits pour les degrés de transparence.

L'**angle de vision** – angle à l'intérieur duquel on doit se placer pour regarder l'écran – doit s'approcher des 180° pour éviter que l'utilisateur soit obligé de se centrer face à son écran et pour permettre à plus d'une personne à la fois de bien voir ce qui est affiché. Le **ratio de contraste** est la différence entre le blanc et le noir. Il est recommandé d'avoir un ratio minimal de 400 : 1. La **luminosité** se calcule en candela par mètre carré (cd/m^2). Ces deux facteurs sont intimement liés, la luminosité pouvant aider à contrebalancer une baisse de contraste.

La performance d'un moniteur est limitée à la fois par ses propres caractéristiques et par celles de la **carte vidéo**, c'est-à-dire le contrôleur d'écran situé sur la carte maîtresse ou sur une carte d'extension enfichable. En effet, cette carte doit contenir suffisamment de mémoire (appelée mémoire vidéo) pour enregistrer les caractéristiques de chacun des pixels. Plus il y a de pixels à l'écran et plus il y a de couleurs possibles pour chacun d'eux, plus cette capacité de mémoire doit être grande.

Il est possible d'ailleurs que les caractéristiques de l'écran d'un micro-ordinateur diffèrent de celles de sa carte vidéo. Cela peut s'observer en particulier sur les portables où l'écran sera de faible résolution (permettant, par exemple, un maximum de 800 sur 600 pixels), alors que la carte vidéo permettra de connecter un moniteur externe de type XGA ou SXGA à haute résolution. La quantité de mémoire nécessaire pour un affichage donné peut être évaluée en multipliant le nombre de pixels à l'écran par le nombre de bits par pixel (pour la couleur) et en divisant le tout par 8 pour obtenir le nombre d'octets.

Les normes

On a élaboré plusieurs normes pour décrire les performances d'un moniteur. Les plus répandues sont le SVGA, le XGA, le SXGA, le UXGA et le WXGA (*voir le tableau 7.1*).

- **SVGA** signifie *Super Video Graphics Array* ou « matrice graphique vidéo ». Cette norme désigne un affichage de 800 sur 600 pixels (environ 500 000 pixels). On la retrouve surtout sur les écrans de 15 po ou moins.
- **XGA**, qui veut dire *Extended Graphics Array* ou « matrice graphique étendue », permet d'afficher 1024 sur 768 pixels (près de 800 000 pixels). Cette norme est adéquate pour les écrans de 17 po et de 19 po.
- **SXGA** signifie *Super Extended Graphics Array* ou « matrice graphique super étendue ». Cette norme désigne un affichage de 1280 sur 1024 pixels (environ 1 300 000 pixels). On la trouve surtout sur les grands écrans de 19 po et de 21 po.
- **UXGA**, ou *Ultra Super VGA*, désigne 1600 sur 1200 pixels (près de 2 millions). Elle incarnera la norme dès que les prix des moniteurs de 23 po ou plus deviendront abordables…
- **WXGA**, ou *Wide XGA*, permet un affichage de 1366 sur 768 pixels, utilisé par les écrans de certains portables dont le rapport largeur sur hauteur (16:9) est supérieur à la normale (4:3).

TABLEAU 7.1		
Les normes de résolution des moniteurs couleur		
Types de moniteurs	*Pixels*	*Dimensions de l'écran*
SVGA	800 x 600	15 po
XGA	1024 x 768	17 po et 19 po
SXGA	1280 x 1024	19 po et 21 po
UXGA	1600 x 1200	23 po ou plus
WXGA	1366 x 768	très large

Un moniteur CRT.

Les écrans

Le nombre de couleurs et la qualité de la résolution dépendent en partie de la technologie qu'utilise le moniteur. La plupart des moniteurs utilisent des **tubes à rayons cathodiques** (**CRT**) – la même technologie que celle des téléviseurs. Les CRT conviennent aux ordinateurs de table (*voir la figure 7.14*), mais ils sont trop volumineux pour être transportés facilement. Les micro-ordinateurs portables utilisent une autre technologie pour projeter l'image à l'écran : celle des **écrans plats**, plus légers et moins énergivores (*voir la figure 7.15*). L'écran repose alors sur un panneau (le couvercle du portable). Il utilise la technologie des cristaux liquides (ACL) ou celle du plasma.

Une nouvelle technologie, celle des **OLED** (*Organic Light-Emitting Diode*, en français « diodes électroluminescentes organiques »), vient d'apparaître sur le marché. Les écrans organiques sont extrêmement minces, transparents et flexibles. On peut les enrouler pour en faciliter le transport (*voir la figure 7.16*). Ils sont destinés aux ordinateurs portables.

Figure 7.15
Deux écrans plats :
celui d'un portable
(à gauche) et un modèle
de table (à droite).

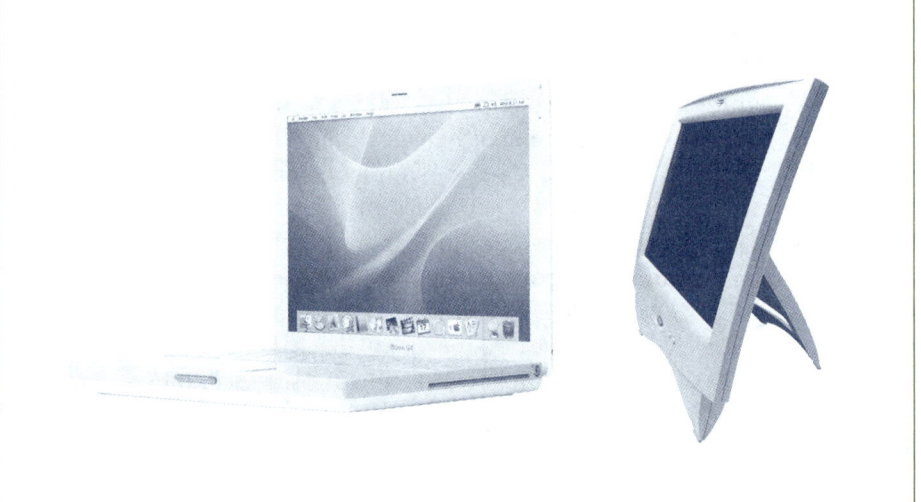

Les imprimantes

Figure 7.16
Un écran à diodes
électroluminescentes
organiques.

Les sorties sur moniteur sont souvent appelées **visualisations**. L'information sortie sur papier – que ce soit grâce à une imprimante ou à un traceur – s'appelle **imprimé**.

Parmi les imprimantes utilisées avec des micro-ordinateurs, les imprimantes à laser et à jet d'encre demeurent les plus répandues.

Les caractéristiques des imprimantes

Voici certaines des caractéristiques communes aux imprimantes des micro-ordinateurs.

- La **résolution** : le nombre de pixels par pouce (ppp) détermine la qualité de l'image.
- La **vitesse** : le nombre de pages par minute (ppm). Les imprimantes ont deux vitesses d'impression selon qu'elles travaillent en couleurs ou en noir. Elles sont moins rapides lorsqu'elles impriment en couleurs.
- Le **partage** : l'imprimante à jet d'encre est souvent reliée à un seul micro-ordinateur ; toutefois, on a tendance à connecter une imprimante couleur à laser à plusieurs micro-ordinateurs par l'intermédiaire d'un réseau, car elle est plus coûteuse.
- La **portabilité** : certaines personnes, celles qui voyagent beaucoup, par exemple, ont non seulement besoin d'un micro-ordinateur portable, mais aussi d'une imprimante facile à transporter. Il existe de petites imprimantes robustes et légères (moins de 3 kg) qui fonctionnent à piles et qui utilisent la technique d'impression à jet d'encre. On peut recharger leurs piles en les branchant à une prise électrique. Certaines peuvent même se recharger dans l'allume-cigare d'une voiture.

Deux types d'imprimantes sont fréquemment utilisés avec les micro-ordinateurs : l'imprimante à laser et l'imprimante à jet d'encre.

L'imprimante à laser

L'**imprimante à laser** (*voir la figure 7.17*) crée des images point par point sur un tambour à l'aide d'un faisceau lumineux. Les caractères ainsi formés sont traités avec un *toner* (sorte de poudre d'encre magnétisée), puis transférés du tambour au papier, auquel ils adhèrent grâce à une technique de chauffement intense. Cette technologie est comparable à celle des photocopieurs.

L'imprimante à laser produit des résultats d'excellente qualité, que ce soit du texte ou des images, en noir et blanc ou en couleurs. La qualité des images produites est tellement élevée qu'elle a donné naissance à l'industrie de l'édition électronique permettant de fusionner des graphiques et du texte. Les publications ainsi produites possèdent un fini qui rivalise avec le travail de certains typographes et graphistes.

De plus, l'imprimante à laser est très rapide et peut produire une page de texte en quelques secondes seulement. On l'utilise souvent pour créer des brochures, des feuillets promotionnels et d'autres documents dont l'apparence constitue un facteur particulièrement important.

L'imprimante à jet d'encre

L'**imprimante à jet d'encre** pulvérise à haute vitesse des gouttelettes d'encre sur le papier. Ce procédé produit des images de qualité courrier et permet d'imprimer en plusieurs couleurs. On utilise souvent l'imprimante à jet d'encre pour reproduire des graphiques en couleurs affichés à l'écran ou lorsque la couleur et l'apparence revêtent une grande importance, comme dans la publicité et les relations publiques. Les imprimantes à jet d'encre sont actuellement les plus vendues.

Figure 7.17

Le fonctionnement d'une
imprimante à laser.

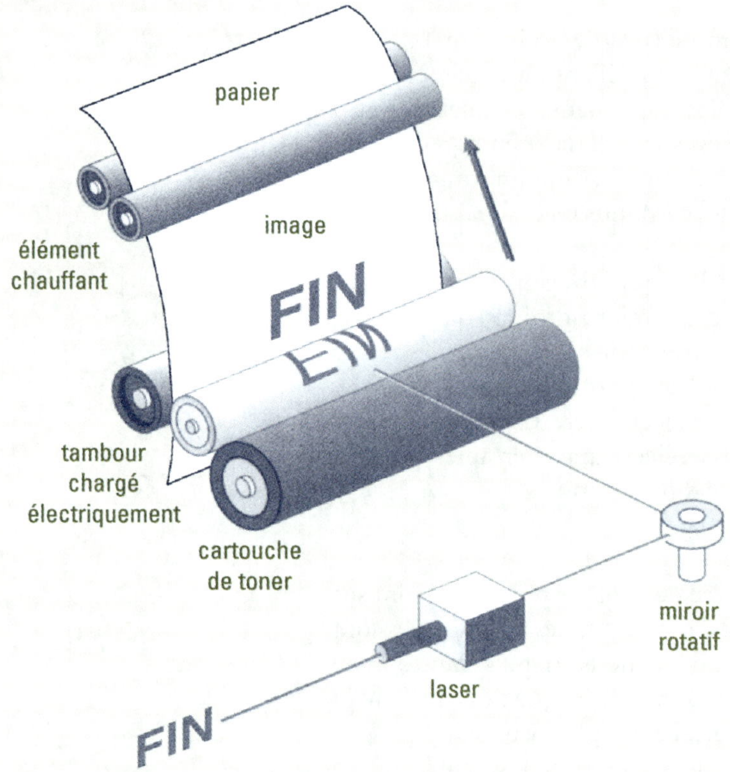

papier

image

FIN

EW

élément
chauffant

tambour
chargé
électriquement

cartouche
de toner

miroir
rotatif

laser

FIN

L'**imprimante photo** grand public utilise généralement la technologie du jet d'encre. Elle existe en format compact et est souvent proposée sans fil et en modèle portable afin de faciliter son transport (*voir la figure 7.18*). Ces imprimantes peuvent souvent fonctionner sans ordinateur. Il suffit d'y insérer une carte mémoire ou d'y brancher l'appareil photo numérique. Il n'est cependant pas essentiel de se procurer une imprimante spécialisée pour imprimer des photographies étant donné que les imprimantes ordinaires peuvent donner des résultats convenables. Il faut toutefois savoir que, peu importe l'imprimante choisie, les photos sont toujours de meilleure qualité lorsqu'elles sont imprimées sur du papier photographique (papier glacé).

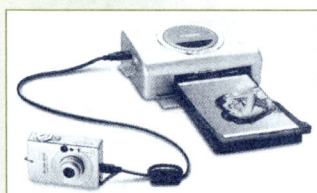

Figure 7.18

Une imprimante photo.

Les traceurs

Les **traceurs** sont des périphériques de sortie spécialisés pour produire des diagrammes à bandes, des cartes topographiques, des dessins d'architecte et même des illustrations en trois dimensions. Les traceurs peuvent produire des documents multicolores de haute qualité d'une taille plus grande que celle que peuvent produire la plupart des imprimantes (*voir la figure 7.19*).

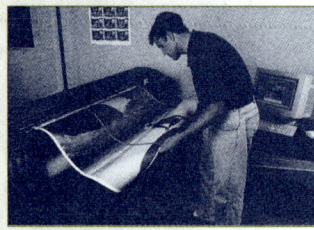

Figure 7.19

Un traceur à jet d'encre.

Les périphériques de sortie vocale

Les **périphériques de sortie vocale** émettent des sons semblables à la parole humaine, mais qui sont en fait souvent des sons préenregistrés. Par exemple, un des programmes conçus pour le micro-ordinateur Macintosh fait dire à l'ordinateur des mots synthétisés à partir de certains caractères alphanumériques. La sortie vocale est beaucoup plus facile à traiter que l'entrée vocale. En fait, vous pourrez entendre souvent de la parole de synthèse, par exemple dans des machines distributrices, des téléphones (boîtes vocales), des ascenseurs et des voitures.

La sortie vocale dans les applications multimédias requiert l'utilisation de haut-parleurs ou d'un casque d'écoute (*voir la figure 7.20*). Ces périphériques sont connectés à une carte son située dans le bloc système. La carte son sert à émettre et à capter des sons.

On peut utiliser la sortie vocale comme outil de renforcement pour l'apprentissage, comme dans les cours de langues étrangères. On l'utilise aussi aux caisses électroniques de certains supermarchés pour vérifier le prix des articles. Évidemment, le plus grand potentiel de cet outil réside dans l'aide aux personnes handicapées.

Les périphériques d'entrée et de sortie

Certains périphériques servent à la fois à l'entrée des informations dans l'ordinateur et à la sortie des résultats. C'est le cas de l'écran tactile et de l'imprimante multifonction.

L'écran tactile

L'**écran tactile** est à la fois un périphérique d'entrée de type pointage et un périphérique de sortie. Il est recouvert d'une membrane de plastique derrière laquelle se croisent des faisceaux invisibles de lumière infrarouge. Cet équipement vous permet de sélectionner des options ou des commandes d'une simple pression du doigt sur l'écran (*voir la figure 7.21*). L'écran tactile est facile à employer et très utile pour obtenir de l'information rapidement. On trouve de plus en plus de dispositifs d'entrée à écran tactile dans les guichets bancaires automatiques et dans les machines qui fournissent des informations aux visiteurs dans les aéroports, les hôtels et les sites touristiques.

L'imprimante multifonction

Une **imprimante multifonction** (tout-en-un) combine les fonctions d'une imprimante, d'un scanneur, d'un photocopieur et souvent celles d'un télécopieur (*voir la figure 7.22*). Cet appareil occupe moins d'espace que l'ensemble des appareils équivalents et revient moins cher à l'achat. Cependant, il est souvent moins efficace que des appareils vendus séparément.

Les périphériques de sortie vocale émettent des sons préenregistrés.

Figure 7.20
Un périphérique de sortie vocale.

Figure 7.21
Un écran tactile.

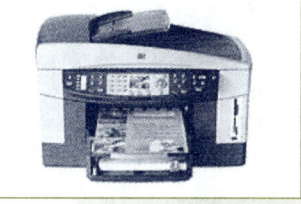

Figure 7.22
Une imprimante multifonction.

Questions de révision

Vrai ou faux

1. Les périphériques d'entrée convertissent des symboles compréhensibles pour les êtres humains en des symboles exploitables par l'ordinateur.

2. Plus le nombre de pixels affichés à l'écran est élevé, plus la définition de l'image est élevée.

3. Les caractères qui apparaissent sur un écran standard sont formés de pixels qui sont allumés ou éteints.

4. Un scanneur est un appareil qui peut servir à numériser l'image d'un document.

5. La gestion des périphériques d'entrée vocale est beaucoup plus complexe que celle des périphériques de sortie vocale.

6. Un écran tactile est un type de moniteur pouvant servir à la fois de périphérique d'entrée et de sortie.

7. Les scanneurs doivent être jumelés à un logiciel de reconnaissance de caractères pour permettre de modifier les textes qu'ils numérisent.

8. Une imprimante à laser produit des documents de meilleure qualité qu'une imprimante à jet d'encre, mais elle est beaucoup plus lente.

9. Un clavier ergonomique peut être enroulé pour faciliter son transport.

10. Une imprimante multifonction peut remplacer à la fois un scanneur, une imprimante et un photocopieur.

Questions à choix de réponses

1. [F1], [F2], [F3], etc., sont des touches :
   a) de fonction ;
   b) numériques ;
   c) alphanumériques ;
   d) spécialisées.

2. Un appareil capable de convertir des images en signaux électroniques binaires pouvant être stockés dans un ordinateur s'appelle :
   a) un moniteur ;
   b) un traceur ;
   c) une tablette graphique ;
   d) une souris.

3. L'imprimante qui produit des images de très haute qualité en utilisant une technologie semblable à celle des photocopieurs est :
   a) une imprimante photo ;
   b) une imprimante à laser ;
   c) une imprimante à jet d'encre ;
   d) un traceur.

4. Parmi les périphériques ci-dessous, lequel n'est pas une unité d'entrée ?
   a) une souris ;
   b) un appareil photo ;
   c) un scanneur ;
   d) un traceur.

5. Quel élément n'est pas considéré comme un périphérique ?
   a) la mémoire ;
   b) la souris ;
   c) le pavé numérique ;
   d) l'appareil photo numérique.

6. Lequel des moniteurs suivants possède la meilleure résolution d'écran ?
   a) UXGA ;   c) XGA ;
   b) SVGA ;   d) SXGA.

7. Parmi les éléments énumérés ci-dessous, lequel ne correspond pas à une technologie utilisée dans les imprimantes ?
   a) le rayon cathodique ;   c) le jet d'encre ;
   b) le laser ;   d) aucune des réponses précédentes.

8. Quelle technologie le clavier sans fil utilise-t-il ?
   a) les rayons laser ;   c) les rayons ultraviolets ;
   b) les rayons infrarouges ;   d) les rayons cathodiques.

9. Nommez un périphérique qui assure à la fois l'entrée et la sortie des données.
   a) une imprimante photo ;   c) un appareil photo ;
   b) un haut-parleur ;   d) un écran tactile.

Phrases à compléter

1. Les périphériques de sortie _____ émettent des sons reproduisant la voix humaine.

2. Un point susceptible de s'allumer sur un écran pour composer une image ou un caractère s'appelle un _____.

3. Le lecteur de code à barres (CUP) fait partie de la catégorie des périphériques d'entrée de type _____.

4. Un(e) _____ est un appareil spécialisé destiné à commander les déplacements d'un objet à l'écran dans les jeux vidéo sur ordinateur.

5. Un(e) _____ permet de numériser le contour d'une image.

6. La _____ est un périphérique qui permet de contrôler la position du curseur à l'écran.

7. L'imprimante à jet d'encre est bon marché, fiable et forme les lettres et les images à l'aide de _____.

8. Un moniteur dont la _____ est de 1024 x 768 pixels pourra produire une image plus nette qu'un autre de 640 x 480.

9. Un _____ est un périphérique qui sert à la fois à l'entrée des données et à la sortie des résultats.

10. Le _____ permet de convertir une image en code numérique.

Questions à développement

1. Indiquer ce qui différencie l'entrée manuelle de l'entrée directe.

2. Définir ce qu'est un pixel.

3. Entre la sortie vocale et l'entrée vocale, indiquer laquelle est la plus difficile à traiter. Pourquoi ?

4. Énumérer les divers périphériques d'entrée/sortie et dresser la liste de leurs caractéristiques.

5. Faire une recherche sur les prix des imprimantes à jet d'encre et à laser, puis en dresser un tableau.

L'entrée

Les **périphériques d'entrée** acceptent des données sous une forme lisible par l'humain et les convertissent en symboles binaires que l'ordinateur peut traiter. L'entrée manuelle et l'entrée directe constituent deux types de périphériques d'entrée.

L'ENTRÉE MANUELLE

La saisie manuelle nécessite un clavier.

Les claviers

Dans le mode d'entrée manuelle, les données sont tapées à l'aide des touches du clavier. Un clavier est composé des touches suivantes.

- Les **touches alphanumériques** servent à entrer les lettres, les chiffres, etc.
- Les **touches de fonction** servent à des tâches fréquentes ([F1], [F2], etc.).
- Les **touches numériques** servent à l'entrée des chiffres.
- Les **touches spécialisées**, comme la touche [ENTRÉE], qui sert à confirmer les commandes, la touche [Suppr] et les **touches de déplacement du curseur**.
- Il existe des claviers **ergonomiques**, dont la forme prévient la fatigue et les risques de blessure, des claviers **flexibles** enroulables et des claviers **sans fil**.

L'ENTRÉE DIRECTE

Les périphériques d'entrée directe incluent les périphériques de pointage, de balayage et d'entrée vocale.

Les périphériques de pointage

- La **souris** dirige les mouvements du pointeur à l'écran. La souris est remplacée par un **ergot de pointage** ou un **pavé tactile** sur les ordinateurs portables. Il existe aussi des souris sans fil.
- L'**écran tactile** permet de sélectionner une option en touchant la zone appropriée sur l'écran.
- La **tablette graphique** permet, à l'aide d'un stylet spécial, de dessiner ou de copier le tracé d'un objet graphique dans l'ordinateur.
- La **manette de jeu**, ou **manche à balai**, commande les déplacements d'un objet à l'écran dans les jeux vidéo.

Les périphériques de balayage

- Le **scanneur** convertit une image en code numérique. Les **logiciels de reconnaissance de caractères** permettent de convertir les symboles graphiques en caractères numériques afin de pouvoir les manipuler dans un traitement de texte.
- Le **lecteur de code à barres** balaie le code — rayures verticales – sur les emballages des produits pour en connaître le prix.
- L'**appareil photo numérique** capte l'image et la stocke électroniquement. Elle ne nécessite pas de pellicule. La définition de l'image et le facteur de zoom sont deux de ses caractéristiques importantes.
- La **caméra numérique** enregistre les sons et les images animées sur un support électronique. La webcam transmet directement par Internet.

Les périphériques d'entrée vocale

Un périphérique d'entrée vocale (aussi appelé « appareil de reconnaissance de la parole ») convertit les mots prononcés par une personne en code numérique. Il en existe deux types.

- Les **systèmes de reconnaissance de la parole**, qui servent à entrer des commandes et à contrôler les opérations d'un ordinateur.
- Les **systèmes de reconnaissance de mots**, qui permettent de dicter à voix haute des informations qui sont stockées dans un fichier de traitement de texte.

LA SORTIE

Les **périphériques de sortie** convertissent l'information issue d'un ordinateur en une forme compréhensible pour les êtres humains. Les périphériques de sortie incluent les moniteurs, les imprimantes et les périphériques de sortie vocale.

LES MONITEURS

Les moniteurs se distinguent par leur définition, leur taille et leurs couleurs.

La **définition** de l'écran se mesure en **pixels** (éléments d'image). Plus le nombre de pixels est élevé, plus la définition de l'écran est grande et, par conséquent, plus grandes sont la qualité et la précision de l'image. La **résolution** se définit comme le nombre de pixels sur une surface donnée.

La performance d'un moniteur dépend du moniteur lui-même ainsi que des caractéristiques de la **carte vidéo** qu'il utilise. Les normes de résolution des moniteurs les plus répandues sont les suivantes : **SVGA, XGA, SXGA, UXGA** et **WXGA**.

Il existe différentes techniques d'affichage pour les moniteurs.
- Les moniteurs à **tubes à rayons cathodiques**.
- Les **écrans plats** utilisent la technologie des **cristaux liquides** (ACL) ou l'affichage au **plasma**.
- Les moniteurs **OLED**, ou organiques, sont ultraminces, transparents et flexibles.

LES IMPRIMANTES

L'information sortie sur papier s'appelle **imprimé**. Les caractéristiques communes aux imprimantes des micro-ordinateurs sont : la **résolution**, la **vitesse**, le **partage** et la **portabilité**.
- **L'imprimante à laser** crée des images à l'aide d'un faisceau lumineux et d'un *toner*. Ce type d'imprimante très rapide produit des résultats d'excellente qualité, que ce soit du texte ou des images.
- **L'imprimante à jet d'encre** pulvérise des gouttelettes d'encre sur le papier. Elle imprime en couleurs et produit des documents de très bonne qualité.

- **L'imprimante photo** est spécialisée dans la reproduction de photographies.
- Le **traceur** est une imprimante de grande taille qui produit des diagrammes à bandes, des cartes topographiques et des dessins d'architecte en plusieurs couleurs.

LES PÉRIPHÉRIQUES DE SORTIE VOCALE

Les périphériques de sortie vocale, comme les haut-parleurs, émettent des sons préenregistrés ou synthétisés qui reproduisent la parole humaine.

LES PÉRIPHÉRIQUES D'ENTRÉE ET DE SORTIE

Certains appareils assurent l'entrée et la sortie d'informations.
- **L'écran tactile** permet, par simple pression ou déplacement du doigt à l'écran, d'entrer des données et de lire les résultats.
- **L'imprimante multifonction** remplace le scanneur, le photocopieur, l'imprimante et souvent le télécopieur.

Résumé

Les périphériques de stockage

Ce chapitre présente :

1. la différence entre le périphérique et le support physique ;
2. les caractéristiques importantes des supports d'information ;
3. le fonctionnement des lecteurs de disquette ;
4. le fonctionnement des différents types de disques rigides ;
5. les différents disques optiques ;
6. les bandes et les cartouches magnétiques ;
7. les cartes de mémoire et les mémoires USB.

Les périphériques de stockage permettent de conserver l'information à l'extérieur du bloc système. Ce type de mémoire permet de stocker des programmes comme WordPerfect et Excel, ainsi que les données traitées par ces programmes comme les textes ou les nombres affichés dans un tableur.

Nous avons décrit la mémoire vive au chapitre 6. Celle-ci est une mémoire à accès direct et permet de stocker temporairement des données et des programmes dans l'ordinateur. Sans électricité, tout le contenu de la mémoire vive est effacé. C'est pour cette raison qu'on la dit **temporaire**. Par conséquent, il faut disposer d'autres moyens externes pour sauvegarder les données et les programmes de façon **permanente.** De plus, on a besoin d'une capacité de stockage beaucoup plus grande que celle qu'il est possible d'avoir en mémoire centrale de l'ordinateur.

Compte tenu du développement rapide des technologies utilisées pour stocker l'information, il y a actuellement sur le marché une très grande variété de dispositifs de stockage qui rivalisent pour devenir ou demeurer LA norme de l'industrie.

On peut, de façon un peu arbitraire, regrouper ces technologies en quatre catégories :
- les disques magnétiques : les disquettes et les disques rigides ;
- les disques optiques ;
- les bandes magnétiques ;
- les mémoires électroniques.

Dans la grande majorité des cas, on doit bien distinguer entre le **périphérique** (par exemple, un lecteur de disquette), qui effectue les opérations de stockage, et le **support** (par exemple, une disquette), qui reçoit l'information. Toutefois, il y a des cas d'exception et certains dispositifs combinent les deux en un seul. C'est notamment le cas des disques durs et des mémoires électroniques.

Les supports d'information

Les micro-ordinateurs peuvent utiliser des disquettes, des disques rigides, des disques optiques, des cartouches de bande magnétique et des mémoires électroniques comme support d'information.

Peu importe la technologie utilisée, on peut classer les différents supports d'information selon les caractéristiques suivantes.

- Leur atout le plus important est sûrement leur **capacité**, qui peut varier de un ou deux mégaoctets (pour les disquettes) jusqu'à des milliers de gigaoctets (pour les serveurs de stockage). Cette capacité, la plus grande possible, doit cependant rester dans les limites du raisonnable pour l'emploi prévu. On assiste actuellement à un accroissement constant de la densité de tous les types de supports.

- Une autre grande qualité des supports d'information est la rapidité avec laquelle l'ordinateur peut accéder à l'information qu'ils contiennent. Deux facteurs concourent à déterminer cette **vitesse d'accès**. En premier lieu, le **temps d'accès**, qui correspond au temps nécessaire au dispositif de lecture pour trouver l'endroit où les informations doivent être lues ou enregistrées. Cette valeur est grandement influencée par la nature mécanique ou électronique de l'enregistrement. En deuxième lieu, le **taux de transfert**, qui détermine le **temps de transfert** et qui correspond au rythme auquel les informations sont transportées dans un sens ou dans l'autre. Ce taux varie de quelques milliers de Ko à des centaines de Mo par seconde. Les périphériques de stockage internes sont reliés au bloc système à l'aide de câbles en nappe permettant un transfert très rapide (*voir la figure 8.1*).

- Les supports d'information se caractérisent également par leur **type d'accès**. La plupart des périphériques de stockage fonctionnent en **accès direct**. C'est-à-dire qu'ils peuvent accéder directement à l'information désirée sans avoir à parcourir l'ensemble du support physique. À l'opposé, les bandes magnétiques sont des supports à **accès séquentiel** puisque le lecteur de bande doit lire la bande jusqu'à ce que l'information soit atteinte.

- De nombreux supports sont **réutilisables**, c'est-à-dire qu'on peut, au besoin, en effacer le contenu et y placer de nouvelles informations. D'autres, comme les cédéroms (CD-ROM), ne peuvent s'effacer et ne sont plus utiles lorsque leur contenu est périmé.

- Enfin, mis à part les disques durs, qui sont fixés à l'intérieur d'un ordinateur, les supports sont pour la plupart **amovibles**, car on peut facilement les faire passer d'un ordinateur à l'autre et s'en servir pour transporter de l'information.

Figure 8.1

Un câble en nappe.

Les disquettes

Les disquettes constituent un médium de stockage amovible de faible capacité.

Les **disquettes** sont faites d'un morceau circulaire et plat de vinyle qui tourne à l'intérieur d'une jaquette. Les données et les programmes sont stockés sous forme de points magnétiques sur le revêtement d'oxyde de métal de la disquette. Les données sont représentées par la présence ou l'absence de ces points selon les codes de représentation des données ASCII ou Unicode.

Les disquettes sont souvent appelées « disques souples » parce que le vinyle qui se trouve à l'intérieur de la jaquette est souple et non rigide. Le dispositif de lecture et d'écriture doit donc être en contact avec la disquette. Le frottement qui en résulte entraîne une usure graduelle de la surface. Les disquettes existent depuis longtemps. Il y en a eu de trois tailles (*voir la figure 8.2*). Le format le plus récent est le plus petit ; il mesure 3 1/2 po (9 cm). La jaquette de la disquette est faite de plastique rigide. Notez dans la figure 8.4 la présence d'un **obturateur de protection** qui, en position ouverte, empêche toute écriture sur la disquette, permettant ainsi de protéger des informations qu'on ne désire plus modifier.

Les lecteurs de disquette

L'appareil utilisé pour lire des données et des programmes stockés sur disquette s'appelle **lecteur de disquette, ou unité de disquette**. Cet appareil est également utilisé pour enregistrer des données et des programmes sur les disquettes. Les lecteurs de disquette des micro-ordinateurs sont habituellement encastrés dans le boîtier. Le lecteur de disquette est muni d'une fente par laquelle on insère la disquette. Cette ouverture est protégée par une porte, généralement une porte à bascule. À l'intérieur, un moteur fait tourner la disquette devant la tête électronique ; celle-ci peut alors se déplacer et lire ou écrire les données à l'endroit voulu sur la disquette. Au cours de l'opération de lecture, la tête détecte la présence des points magnétiques enregistrés sur la disquette et en transmet une copie à l'ordinateur. À l'inverse, au moment de l'écriture, elle reçoit les signaux électroniques de l'ordinateur et les convertit en points magnétiques sur la disquette.

Notez que la lecture engendre une copie des données originales ; elle ne les altère pas. En revanche, l'écriture remplace les informations qui se trouvaient à l'endroit où s'effectue l'écriture. C'est un phénomène similaire à ce qui se produit lorsqu'on enregistre une nouvelle chanson sur une bande magnétique non vierge.

Le fonctionnement d'un lecteur de disquette

On introduit une disquette dans un lecteur de disquette par la fente qui se trouve à l'avant de ce dernier (*voir la figure 8.3*). Pour ce faire, on doit la pousser bien au fond afin de déclencher un mécanisme qui la positionne alors autour d'un axe central et l'y maintient de façon qu'elle puisse tourner sans glisser hors de l'axe. La disquette peut tourner à raison de 360 tours à la minute, selon le modèle du lecteur.

Les points magnétiques représentant les données sont transférés de la disquette à l'ordinateur (et de l'ordinateur à la disquette) grâce à la **tête de lecture/écriture** (*voir la figure 8.4*). Cette tête est placée sur un **bras d'accès** qui se déplace au-dessus de la disquette, entre le rebord et le centre. Avant de lire une section particulière de la disquette ou d'écrire sur celle-ci, le bras d'accès doit d'abord déplacer la tête de lecture/écriture au-dessus de la piste ; cette étape s'appelle **temps de positionnement**. Le lecteur de disquette doit ensuite attendre que la disquette tourne jusqu'à ce que l'information désirée se trouve devant la tête ; c'est le **temps d'attente**.

Les lecteurs de disquette A et B

À l'époque héroïque où les micro-ordinateurs n'utilisaient pas encore de disque rigide, et encore moins de disque optique, il était nécessaire de disposer

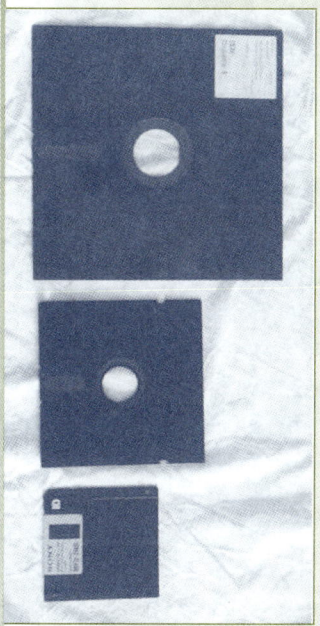

Figure 8.2

Les modèles successifs de disquettes.

Figure 8.3

Un lecteur de disquette.

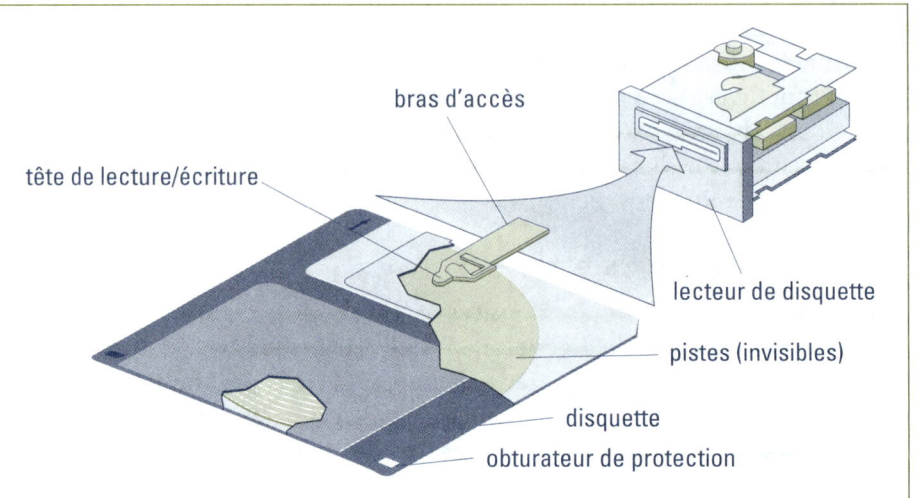

Figure 8.4
Lecture et écriture
sur une disquette.

bras d'accès

tête de lecture/écriture

lecteur de disquette

pistes (invisibles)

disquette

obturateur de protection

de deux lecteurs de disquette. DOS, qui régnait alors sur les IBM et les compatibles IBM, désignait ces deux dispositifs au moyen des lettres **A** et **B**. Cette convention, bien qu'elle ne soit plus nécessaire parce que les ordinateurs modernes ne sont plus pourvus que d'un seul lecteur de disquette, est demeurée avec Windows. En conséquence, il est habituel dans l'environnement Windows de désigner successivement tous les autres périphériques de stockage par les lettres **C** à **Z** suivies d'un deux-points (C: par exemple).

Les éléments d'une disquette

Les données sont enregistrées sur des anneaux appelés **pistes** (*voir les figures 8.4 et 8.5*). Ces pistes sont des cercles concentriques fermés et affichent une surface unie. Chacune des pistes est divisée en un nombre fixe de sections appelées **secteurs**.

La plupart des disquettes sont vendues préformatées, c'est-à-dire que les balises des pistes et des secteurs y sont déjà inscrites. Si tel n'est pas le cas, il faut procéder au formatage des disquettes, sans quoi elles ne seront pas utilisables.

Le formatage d'une disquette

Il fut un temps où la capacité de stockage des disquettes pouvait varier considérablement. Mais la disquette 3½ po (9 cm), double face/haute densité (2HD), est maintenant la norme. L'établissement d'une norme est important pour que les lecteurs de différents ordinateurs puissent lire les mêmes disquettes. Une fois la disquette formatée, chaque côté comprend 80 pistes. Chaque piste est à son tour subdivisée en 18 secteurs. Comme les têtes d'écriture placeront des blocs de 512 octets par secteur, la capacité totale de stockage est donnée par la formule : $2 \times 80 \times 18 \times 512$. Comme $2 \times 512 = 1024$, soit 1 Ko, la formule se résume à 18×80 Ko = 1440 Ko ou 1,44 Mo.

Au cours du formatage, les premières pistes sont réservées à l'inscription d'un registre de la liste des adresses des fichiers. Quand un fichier est enregistré sur la disquette, il est d'abord subdivisé en un certain nombre de blocs de 512 octets. Chaque bloc est ensuite écrit sur le disque à une **adresse** précise déterminée par le numéro de surface, le numéro de piste et le numéro de

Figure 8.5

Les éléments d'une
disquette de 3¹/₂ po (9 cm).

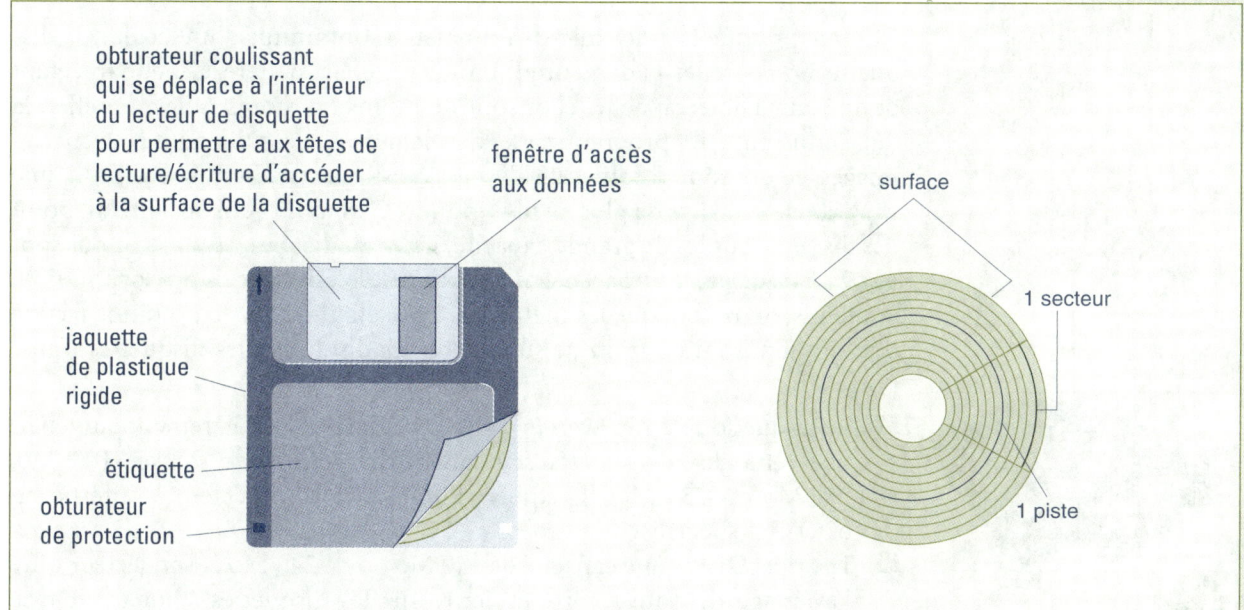

secteur. Le système d'exploitation note dans le registre de la disquette les adresses de tous les blocs du fichier. Au moment de la lecture du fichier, le registre est placé dans la mémoire vive et le système d'exploitation peut ainsi récupérer dans l'ordre chacun des blocs et reconstituer le fichier. Cette manière d'enregistrer l'information par paquets ou blocs, chacun ayant sa propre adresse, permet l'accès direct aux fichiers et constitue une caractéristique propre aux disques de tout genre.

L'entretien des disquettes

L'entretien des disquettes se résume en trois points.

- Prenez l'habitude de garder vos disquettes dans des boîtes rigides. Les jaquettes des disquettes sont généralement fragiles, en particulier l'obturateur coulissant, qui peut s'arracher facilement.
- Ne touchez à aucune des parties visibles à travers la jaquette de protection (comme la fenêtre d'accès).
- Tenez les disquettes loin des champs magnétiques de forte intensité (comme les moteurs électriques et les téléphones), de la chaleur (principalement dans le coffre arrière, sous la lunette arrière ou sur le tableau de bord d'une voiture) et des produits chimiques (tels l'alcool et les solvants).

Naturellement, la meilleure protection consiste à faire des copies de sécurité, ou duplicatas, des programmes et des données. Bien que ces recommandations suggèrent une certaine fragilité, il faut convenir que les disquettes sont malgré tout résistantes. Par exemple, elles peuvent être postées dans une enveloppe de carton et être exposées aux radiations des appareils des points de fouille aéroportuaires sans que leurs données soient altérées. Toutefois, les

disques optiques ont déjà remplacé les disquettes au chapitre des envois postaux.

Les disquettes à haute densité

Comme presque tous les micro-ordinateurs sont munis d'un lecteur de disquette 3$^{1}/_{2}$ po, celles-ci demeurent LA norme en la matière. Cependant, étant
donné leur faible capacité, elles sont de moins en moins utiles. En effet, la
taille croissante des programmes et des fichiers, qui contiennent souvent des
images et du son, commande l'usage de supports physiques offrant une
capacité de stockage de plus en plus grande. C'est pourquoi on a mis au point
des disques souples de grande capacité. Les trois disques les plus connus sont
le **Zip** de Iomega, le **SuperDisk** de Imation et le **HiFD** de Sony Corporation.
Toutefois, on notera que les mémoires USB, étant donné leur grande facilité
d'utilisation, sont en train de supplanter les disques et les disquettes transportables.

- Le disque souple **Zip** (*voir la figure 8.6*) a un boîtier légèrement plus épais
  que celui de la disquette standard, mais permet de stocker 100 Mo,
  250 Mo ou 750 Mo. Il requiert l'utilisation d'un lecteur – interne ou
  externe – spécialisé.

- Le **SuperDisk** a une capacité de 120 Mo ou de 240 Mo et son lecteur offre
  l'avantage de pouvoir lire et écrire sur les disquettes standard. On le
  retrouve souvent dans les ordinateurs portables puisqu'il élimine la
  nécessité de disposer de deux lecteurs différents.

- Le dernier-né, le **HiFD**, a une capacité de 200 Mo ou de 720 Mo. Son lecteur peut aussi utiliser les disquettes standard.

Figure 8.6
Un lecteur et un disque
souple Zip.

*On note quatre types
de disques rigides :
le disque dur, le chargeur
de disques, le serveur de
stockage et le disque
rigide amovible.*

Les disques rigides

Les **disques rigides** sont composés de plateaux métalliques et sont scellés
pour empêcher toute substance de s'infiltrer. En effet, les têtes de lecture/
écriture ne touchent pas à la surface du disque : elles flottent plutôt à un
micron (un millième de millimètre) de sa surface. Il n'y a donc pas d'usure par
frottement, et la précision des opérations de lecture/écriture s'en trouve
grandement améliorée. Toutefois, une simple particule de fumée, une trace
de doigt, une poussière ou un cheveu peuvent causer l'**écrasement des têtes**
(*voir la figure 8.7*).

Ce type d'incident survient lorsque la tête de lecture/écriture ou une
particule entre en contact avec la surface du disque magnétique. L'écrasement des têtes de lecture/écriture constitue un désastre pour un disque
rigide, puisqu'il entraîne souvent la destruction d'une partie ou de la totalité
des données enregistrées sur le disque. Par conséquent, les disques rigides sont
assemblés dans un environnement stérile et scellés, à l'abri des impuretés.

Le principe de fonctionnement des disques rigides est essentiellement
celui des disques souples : l'information est stockée par paquets, chaque paquet
ayant une adresse déterminée par la surface, la piste et le secteur où il a été
placé. Cependant, les paramètres varient d'un disque à l'autre : le nombre de
plateaux (et donc de surfaces), de pistes et de secteurs, ainsi que le nombre

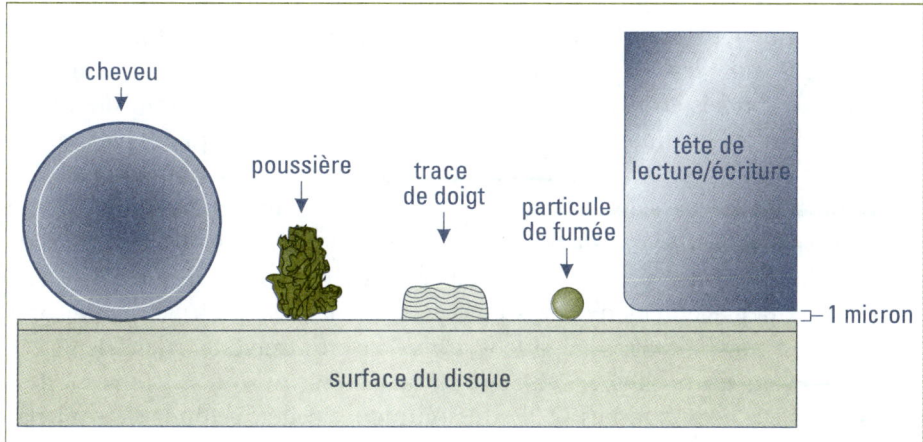

Figure 8.7

Quelques matières pouvant causer l'écrasement de la tête de lecture/écriture.

d'octets par paquet. On note quatre types de disques rigides : le disque dur, le chargeur de disques, le serveur de stockage et le disque rigide amovible.

Les disques durs

Le disque dur est un disque rigide qui se trouve dans le boîtier de tous les micro-ordinateurs. Il est composé d'un ou de plusieurs plateaux métalliques scellés à l'intérieur d'un boîtier. Ce boîtier contient également un moteur qui fait tourner les disques et un bras d'accès muni de têtes de lecture/écriture pour lire et écrire des données sur les disques. Le fonctionnement d'un lecteur de disque dur est semblable à celui d'un lecteur de disquette : il y a d'abord un **temps d'accès** (pour repérer l'information), puis un **temps de transfert** au moment de la lecture ou de l'écriture de données sur les pistes et les secteurs.

Les disques durs sont généralement placés à l'arrière du panneau avant du boîtier. À l'intérieur se trouve un disque rigide généralement d'un diamètre de $3^1/_2$ po (9 cm) (*voir la figure 8.8*).

Les disques durs offrent trois avantages par rapport aux disquettes : leur capacité, leur vitesse et leur fiabilité. En effet, un disque rigide peut contenir beaucoup plus d'informations qu'un disque souple. Par exemple, un disque dur de 250 Go peut contenir plus d'informations que 150 000 disquettes de $3^1/_2$ po (9 cm). De plus, l'accès aux données d'un disque dur est plus rapide puisque celui-ci tourne de 20 à 40 fois plus vite qu'une disquette, soit à 7200, 10 000 ou 15 000 tours à la minute.

Enfin, l'absence d'usure par frottement des têtes et la très grande précision des pièces mécaniques font en sorte que les disques fixes sont beaucoup plus durables que les disquettes. Cet avantage n'élimine cependant pas la nécessité de procéder à la sauvegarde des données importantes sur des copies de sécurité.

Pour ces différentes raisons, à peu près toutes les applications modernes sont conçues pour fonctionner à partir du disque dur. Il est donc important que le micro-ordinateur dispose d'un disque de capacité suffisante.

axe mécanique

disque

bras d'accès muni d'une tête de lecture/écriture

Figure 8.8

L'intérieur d'un lecteur de disque dur.

Les chargeurs de disques

Étant donné leur grande taille, on trouve les **chargeurs de disques** *(voir la figure 8.9)* sur les gros ordinateurs ; ce qui n'empêche pas les micro-ordinateurs reliés en réseau d'y avoir facilement accès. Le lecteur de disque dur d'un micro-ordinateur possède généralement de un à quatre plateaux et de deux à huit bras d'accès. Les chargeurs de disques contiennent tous plusieurs plateaux qui s'alignent les uns au-dessus des autres, offrant ainsi une très grande capacité de stockage. Ces plateaux ressemblent à une pile de microsillons, à cette différence qu'il y a de l'espace entre les disques pour permettre le déplacement des bras d'accès *(voir la figure 8.10)*. Chaque bras d'accès est muni de deux têtes de lecture/écriture : une tête balaie la surface du disque au-dessus d'elle ; l'autre, la surface du disque qui se trouve en dessous. Les surfaces externes (celle du sommet et celle du fond) ne sont pas utilisées. Ainsi, un chargeur de disques à 11 plateaux aura 20 surfaces d'enregistrement et autant de têtes de lecture/écriture. Tous les bras d'accès se déplacent en même temps. Par contre, seule une des têtes de lecture/écriture est activée à la fois.

Grâce à ces chargeurs de disques, les grands systèmes informatiques de traitement, comme ceux des agences gouvernementales, des banques ou des compagnies d'assurances, ont des capacités de stockage qui se calculent en téraoctets, soit en milliers de gigaoctets.

À cause de son coût élevé, ce type de périphérique de stockage est graduellement abandonné au profit des serveurs de stockage.

Figure 8.9
Un chargeur de disques.

Figure 8.10
Le fonctionnement d'un chargeur de disques.

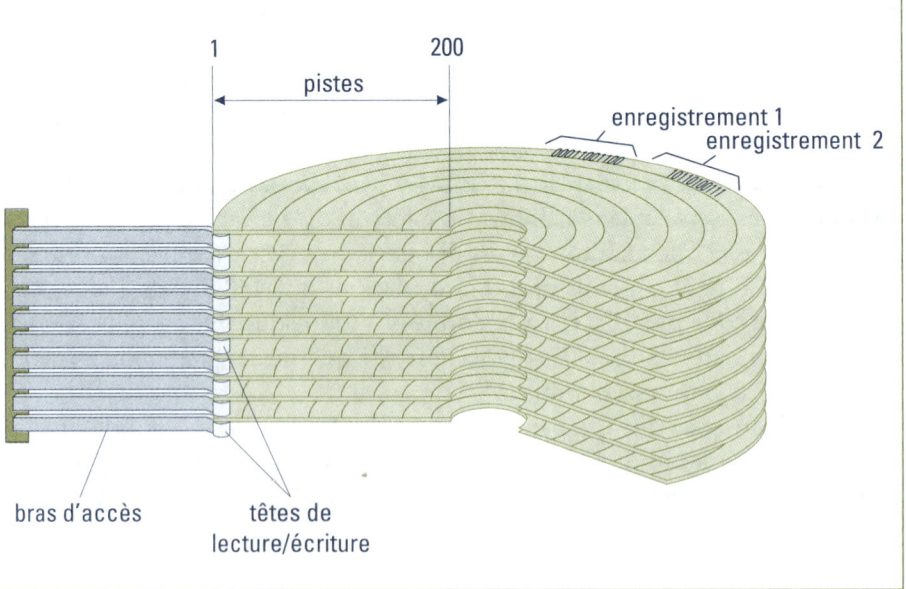

pistes — 1 ... 200

enregistrement 1
enregistrement 2

bras d'accès

têtes de lecture/écriture

Les serveurs de stockage

Les **serveurs de stockage**, appelés communément «tours de disques», sont en fait des ordinateurs réservés à une seule opération : le stockage de données et de programmes en quantités gigantesques (*voir la figure 8.11*). Ils sont dotés de nombreux disques durs reliés en réseau et allient la technologie des serveurs et la technologie de stockage. Par exemple, IBM commercialise le serveur DS8300 dont les 640 disques durs peuvent actuellement stocker 192 téraoctets. Ce serveur repose cependant sur une architecture conçue pour atteindre un pétaoctet (un million de milliards d'octets)! De tels monstres sont, bien entendu, destinés aux ordinateurs de grande taille ou aux réseaux informatiques d'envergure.

Les disques rigides amovibles

Tout comme les nouveaux disques souples, les **disques rigides amovibles**, ou simplement **disques amovibles**, visent à combler un vide dans les besoins de stockage des utilisateurs aux prises avec des quantités de fichiers de plus en plus grandes. Pour quelques dollars de plus que les disques souples, ils permettent des capacités de plusieurs Go (*voir la figure 8.12*). On peut donc les utiliser pour suppléer à un manque de capacité d'un disque dur puisqu'on peut toujours en acheter de nouveaux. On les utilise aussi très avantageusement pour les copies de sécurité du disque dur. De nombreux fabricants en offrent, dont SyQuest, Imation et Iomega.

IBM commercialise un micro-lecteur **MicroDrive**, un disque amovible miniature de 1 po (2,5 cm), incluant le lecteur, qui peut atteindre une capacité de 1 Go. Ce disque repose sur une mince carte PC et peut donc être utilisé simplement en le branchant sur les connecteurs PCMCIA des portables (*voir la page 130*). Bien que ces disques portables aient des capacités de mémoire qui augmentent sans cesse – Iomega, par exemple, fabrique le disque REV qui peut contenir 90 Go de données comprimées –, ils sont de moins en moins utilisés, le public leur préférant de plus en plus les mémoires USB.

L'amélioration des performances

Il existe trois façons d'augmenter les performances d'un disque rigide : la mise en antémémoire, la compression des données et le système RAID.

La **mise en antémémoire** améliore les performances d'un disque rigide en prévoyant les données (ou les programmes) les plus demandées. Pour ce faire, le logiciel et le matériel sont mis à contribution. Le logiciel réserve une partie de la mémoire centrale, qui devient l'antémémoire du disque. La première fois que de nouvelles données sont requises, elles sont recopiées dans cette antémémoire. Puis, lorsque ces données sont réclamées de nouveau, elles sont récupérées directement de la mémoire. La performance du système s'en trouve améliorée d'environ 30 %, car le temps de transfert à partir de la mémoire s'avère beaucoup plus court que le temps nécessaire pour transférer des données à partir du disque.

La **compression** et la **décompression des données** améliorent les performances en réduisant l'espace disque qu'exige le stockage des données et des programmes; ce procédé prend toutefois un certain temps. Avant de les enregistrer sur le disque, le système de compression scrute les données pour

Figure 8.11

Le serveur de stockage IBM DS8000.

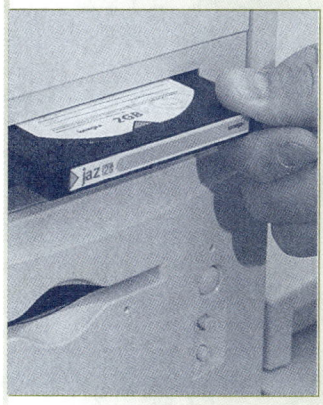

Figure 8.12

Un disque amovible de 2 Go.

déterminer comment réduire l'espace nécessaire en trouvant, par exemple, des séquences répétitives. Celles-ci sont remplacées par un code simple, qui leur est associé. Par exemple, si le mot « Mathusalem » apparaît huit fois dans un texte, la première occurrence sera remplacée par quelque chose comme « § *Mathusalem* », alors que les sept autres seront remplacées par le seul code « § ». Le système de décompression verra à son tour à reconstituer les données originales. Tous les systèmes d'exploitation incluent maintenant un logiciel de compression de données. Des programmes spécialisés plus performants, comme WinZip ou PKZip, sont également offerts sur le marché (*voir la figure 8.13*).

Figure 8.13

Un logiciel de compression des données.

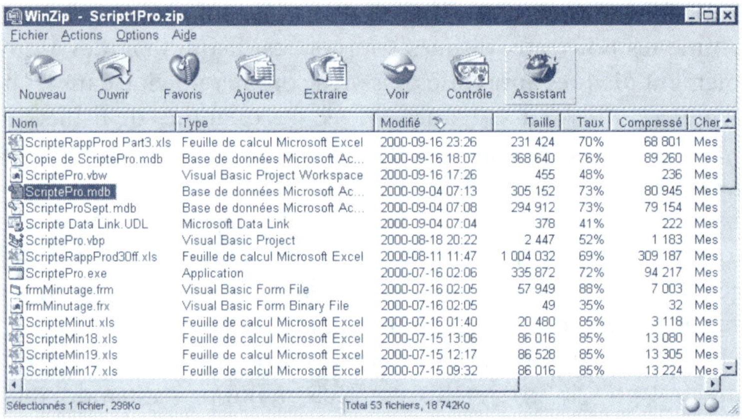

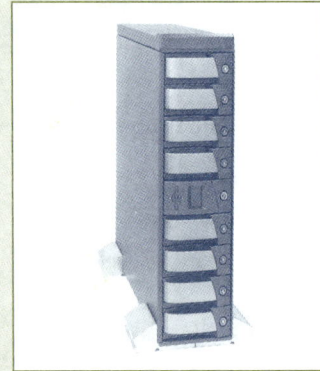

Figure 8.14

Un serveur RAID.

Les disques optiques sont utilisés pour stocker de grandes quantités de données.

Les **systèmes de répartition RAID** (*Redundant Arrays of Inexpensive Disks*) améliorent la performance des disques sur les plans de la vitesse et de la sécurité. Des unités de disque dur (généralement au nombre de 9 ou de 10) sont reliées ou groupées en réseau (*voir la figure 8.14*). Grâce à un logiciel de contrôle, ces disques sont traités comme une seule unité de disque rigide de grande capacité. Ainsi, quand on enregistre un bloc de données, le disque 1 reçoit le premier bit de chaque octet, le disque 2, le deuxième bit, etc., les neuvième et dixième recevant pour leur part le ou les bits de parité. Le temps de lecture/écriture est donc beaucoup plus rapide, puisque chaque disque traite en parallèle un huitième du bloc de données. De plus, si un disque venait à faire défaut, il suffirait de le remplacer et de le reconstruire directement, par redondance, à partir des informations résidant sur les autres disques.

Les disques optiques

Un **disque optique** peut contenir jusqu'à 50 Go de données – l'équivalent de quelques milliers de disquettes. Cette technologie, offerte sur microordinateur, permet aux utilisateurs d'avoir accès à de très grandes quantités d'informations. De nos jours, les disques optiques exercent une grande influence sur les technologies de stockage.

Le système d'enregistrement du disque optique utilise un rayon laser qui représente les données en altérant la surface plastique d'un disque. Par la suite, pour lire les données, un rayon laser plus faible balaie les zones requises pour détecter ces altérations et envoie les données à l'ordinateur. Tout comme les disques magnétiques, les disques optiques subissent un formatage en usine. Les disques optiques ont $4^3/4$ po (12 cm) de diamètre. Ils sont utilisés dans de nombreux domaines de diffusion multimédia (son, photo, vidéo, etc.).

On note deux formats de disque optique : le CD (*Compact Disk*) et le DVD (*Digital Versatile Disk*) qui possède une capacité de 7 à 80 fois plus grande.

Le cédérom (CD-ROM)

CD-ROM est l'abréviation de *Compact Disk Read Only Memory*. Tout comme les disques audionumériques vendus chez les disquaires, un cédérom est un disque à « consultation seulement ». En d'autres termes, l'utilisateur ne peut y inscrire de données ni en effacer. C'est donc dire qu'il n'a accès qu'aux données enregistrées par le fabricant. Les cédéroms servent à la diffusion et à la distribution de grandes bases de données et de données multimédias, par exemple l'encyclopédie *Axis* de Hachette, qui contient l'équivalent de six volumes de textes, des sons et de la musique, 15 000 images et 5 000 schémas. Un cédérom peut contenir entre 540 Mo et 800 Mo de données. Les lecteurs de cédérom sont en mesure de faire jouer les disques audionumériques (*voir la figure 8.15*).

Les cédéroms sont aussi utilisés par les fabricants de logiciels pour la mise en marché de leurs produits. C'est en grande partie grâce à la technologie de reproduction par placage, qui permet d'obtenir rapidement et à très bas prix des milliers de copies du cédérom. L'installation des logiciels est beaucoup plus rapide et plus simple à partir du cédérom.

Une caractéristique importante des lecteurs de cédérom est leur taux de transfert, c'est-à-dire la quantité d'informations lues à la seconde. En effet, un disque audionumérique standard peut être lu à raison de 150 Ko à la seconde en offrant une très bonne reproduction sonore. Mais à cette vitesse, un clip vidéo, qui contient beaucoup plus d'informations, n'affichera que des images syncopées. Aussi, on a mis sur le marché successivement des lecteurs 2X puis des 4X, des 6X, des 8X, des 12X et maintenant des 40X et des 52X, ce qui signifie, bien sûr, des taux de transfert de 2 à 52 fois le débit standard de 150 Ko/s. À partir de 1,2 Mo à la seconde, l'ordinateur peut afficher de grandes images sonores et animées de bonne qualité… pour autant que la puissance du microprocesseur le permette.

Le CD inscriptible (CD-R)

On trouve maintenant sur le marché des CD vierges et des appareils au laser (graveurs) pouvant y enregistrer des données. On désigne ce type de disque par le sigle **CD-R** (pour *Recordable*). Le CD-R ne peut être effacé par l'utilisateur, mais peut être lu plusieurs fois sans se détériorer. Ce support est de type WORM (*Write Once, Read Many*) ; autrement dit, il est non réinscriptible. Il est donc tout indiqué pour l'archivage et peut stocker jusqu'à 650 Mo. On trouve des échangeurs de disques, sortes de *juke-box*, pouvant

Figure 8.15

La lecture d'un cédérom.

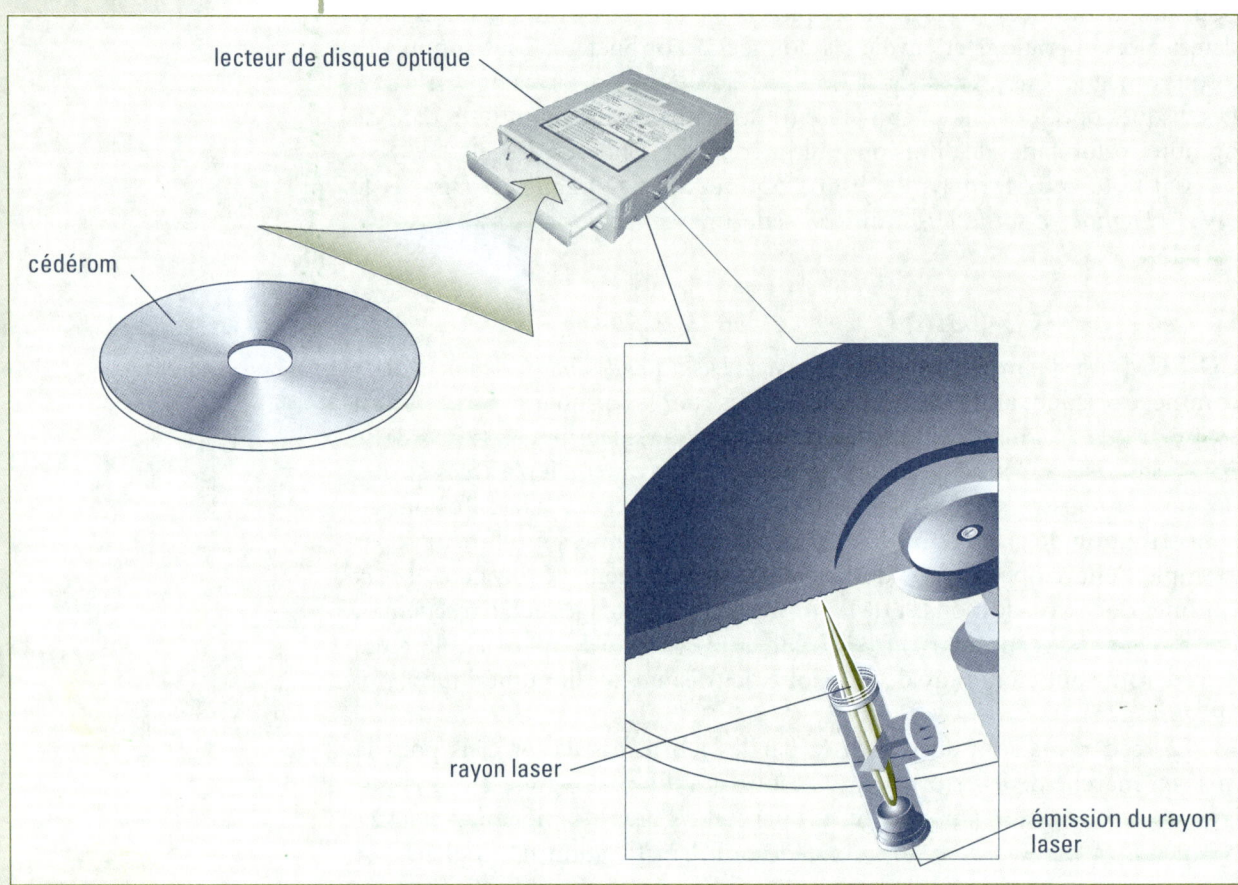

lecteur de disque optique

cédérom

rayon laser

émission du rayon laser

contenir des dizaines de CD-ROM ou de CD-R, donnant ainsi un accès rapide à des milliards d'octets d'informations.

Le CD réinscriptible (CD-RW)

Un disque optique réinscriptible (CD-RW, pour *ReWritable*) peut être réutilisé. On peut effacer des données et en enregistrer de nouvelles autant de fois qu'on le désire. Au cours de l'écriture, la surface du disque n'est pas perforée comme c'est le cas des CD-ROM, mais simplement altérée temporairement, et elle peut ensuite être restaurée par la chaleur du rayon laser. La durée de vie de cette technologie assez récente est compromise par l'arrivée de la technologie du DVD.

Le DVD

Le **DVD** (*Digital Versatile Disk*) constitue une nouvelle norme de référence comparable au disque compact sur le plan du format et du mode de fonctionnement. Ce qui le distingue est sa capacité de mémoire beaucoup plus grande, pouvant aller jusqu'à 50 Go en raison de la norme d'enregistrement double face et double couche *Blu-Ray*. L'avantage principal de ce support est qu'il est commun aux appareils informatiques et aux appareils vidéo, d'où le qualificatif *versatile* (polyvalent). Un ordinateur muni d'une carte PC/TV peut ainsi lire un DVD et transmettre le son et l'image en haute résolution à un téléviseur. Tout comme le cédérom, le DVD se présente à la fois sous forme de lecture seule (DVD-ROM), sous forme inscriptible (DVD-R) et sous forme réinscriptible (DVD-RW). Ces deux derniers sont très pratiques pour faire des copies de sécurité (*backups*) d'un disque dur. On s'attend à ce qu'il remplace toutes les formes de disques compacts et de vidéocassettes et que sa capacité augmente à 200 Go. Les lecteurs et les graveurs de DVD sont beaucoup plus rapides que les lecteurs et les graveurs de CD. Ainsi, 1X correspond ici à 1,32 Mo/s. De plus, tous les lecteurs DVD peuvent lire des CD.

Les bandes magnétiques

Nous avons déjà évoqué les conséquences désastreuses que peut entraîner l'infiltration de particules quelconques sur la tête de lecture/écriture du disque dur d'un micro-ordinateur, soit la perte d'une partie ou de la totalité des données ou des programmes qui s'y trouvent. Pour éviter ce genre d'incident, il est recommandé de faire des copies des fichiers de données du disque dur. Le stockage sur **bande magnétique** peut être très utile pour l'archivage. Les bandes magnétiques entrent dans la catégorie des supports de stockage à **accès séquentiel**. Ce type de stockage est, par conséquent, plus lent que le stockage à accès direct, mais il constitue un moyen économique de faire des copies de sécurité ou des duplicatas de données et de programmes.

Les bandes magnétiques sont des supports physiques à accès séquentiel.

Les cartouches de bande magnétique

De nombreux utilisateurs de micro-ordinateurs se servent d'un appareil appelé **lecteur de cartouche** (*voir la figure 8.16*) pour effectuer la sauvegarde de leur disque dur. Cet appareil permet de faire des copies de sécurité des données qui se trouvent sur un disque dur en les transférant sur une cartouche de bande magnétique. Dans l'éventualité où votre disque dur serait endommagé, vous pourriez le faire réparer (ou en acheter un nouveau), puis récupérer tous vos programmes et vos données en peu de temps. Certaines entreprises se servent de cartouches de bande magnétique de très grande capacité pour archiver le contenu de leur serveur RAID. Par exemple, en utilisant une cartouche 3592 d'IBM, dont la bande magnétique fait 610 mètres, il est possible de stocker entre 300 Go et 900 Go selon que les données sont compressées ou non.

Les mémoires électroniques

Les mémoires électroniques, contrairement aux autres périphériques de stockage, ne comportent aucun élément mécanique mobile. Il n'y a aucun risque de bris de pièces et aucun temps d'attente au moment d'accéder aux données. Ces mémoires sont des supports physiques à accès direct. Les informations sont enregistrées et lues directement sur des puces électroniques, comme s'il s'agissait d'une mémoire centrale. Ce type de stockage coûte plus cher que les autres, mais il est plus fiable et consomme moins d'énergie. Il utilise un type de mémoire vive appelée **flash**. Celle-ci peut retenir l'information

Figure 8.16

L'archivage sur une
cartouche magnétique.

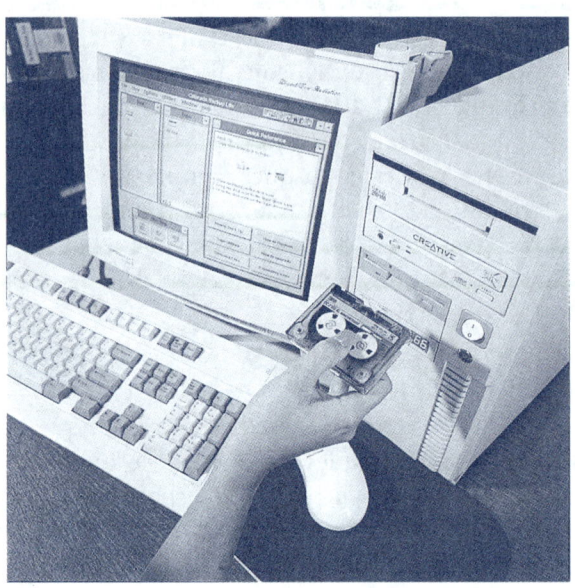

pendant dix ans sans avoir besoin d'alimentation électrique. Il en existe deux types : les cartes de mémoire et les mémoires USB.

Les **cartes de mémoire**, de la taille d'un timbre-poste et presque aussi minces que les cartes de crédit, utilisent des puces de mémoire flash pour enregistrer les données. On en trouve différents types tels que les FlashCard et les SmartCard. Elles ont des capacités variant, selon le prix, de 4 Mo à quelques Go. Cette capacité augmente régulièrement avec la miniaturisation croissante des composants. Ces mémoires s'utilisent dans de nombreux appareils connexes tels que les appareils photo numériques, les baladeurs MP3 et les téléphones cellulaires. Il suffit de raccorder à l'ordinateur l'appareil dans lequel la carte de mémoire est insérée pour exécuter le transfert des données qui y sont enregistrées.

Les **mémoires USB**, souvent appelées **clés de mémoire** ou **clés USB**, sont aussi des puces de mémoire électroniques de type flash. Elles sont également de petite taille. Enfermées dans un étui de plastique doté d'un capuchon, elles offrent une grande résistance, contrairement aux cartes de mémoire qui sont assez fragiles. Les mémoires USB ne nécessitent pas l'utilisation d'un lecteur spécialisé. Il suffit de les brancher à un port USB pour y lire ou y écrire des informations. Elles se transportent facilement et en toute sécurité, même attachées à un porte-clés (*voir la figure 8.17*) ! Les capacités des mémoires USB varient entre quelques mégaoctets et quelques gigaoctets. Étant donné tous ces avantages, on s'attend à ce qu'elles supplantent rapidement les disquettes et les autres formes de disques amovibles.

Pour l'utilisateur d'un micro-ordinateur, les quatre types de supports de stockage (disque magnétique, disque optique, cartouche de bande magnétique et mémoire électronique) (*voir le tableau 8.1*) sont complémentaires. Presque tous les micro-ordinateurs possèdent au moins un lecteur de disquette, un disque dur et un ou deux lecteurs de disque optique. Les utilisateurs qui doivent archiver de grandes quantités d'informations peuvent se

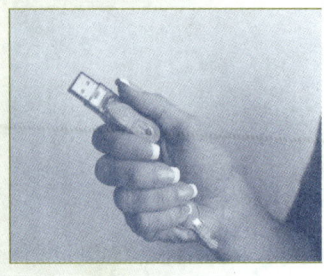

Figure 8.17

Une mémoire USB.

munir d'un lecteur de cartouche. Les cartes de mémoire sont utilisées par tous ceux qui possèdent un lecteur MP3 ou un appareil photo numérique. Enfin, la mémoire USB peut être utile à tout un chacun pour le transport de fichiers.

TABLEAU 8.1	
Les caractéristiques des supports de stockage	
Support physique	**Caractéristiques**
Disquette	Faible capacité, accès direct, accès lent, faible coût, transportable
Disque rigide	Grande capacité, accès direct, rapidité, fiabilité
Disque optique	Grande capacité, accès direct, fiabilité, transportable
Bande magnétique	Grande capacité, accès séquentiel lent, fiabilité, faible coût, archivage
Mémoire électronique	Capacité moyenne, grande rapidité, fiabilité, compacte, transportable

Questions de révision

Vrai ou faux

1. Les secteurs sont des sections d'un disque ayant la forme de pointes de camembert.

2. On utilise les rayons laser pour enregistrer les données sur les disques optiques.

3. Tous les lecteurs de disque optique peuvent graver des CD.

4. Les disquettes utilisent le même système d'adressage que les disques rigides, soit des numéros de surface, de piste et de secteur.

5. La quantité maximale d'information pouvant être stockée sur un disque dépend uniquement de la superficie de ce dernier.

6. Sachant qu'une page de texte contient en moyenne 3000 caractères, on peut dire que la capacité d'une disquette de 1,44 Mo est d'environ 500 pages.

7. La recherche d'une information sur une bande magnétique ne peut se faire que de façon séquentielle.

8. Un fichier est plus rapidement accessible s'il est stocké sur un disque dur que s'il est stocké sur une disquette.

9. Une information enregistrée sur un disque dur est stockée sous forme de petits points magnétisés représentant des 0 et des 1.

10. Le fait de charger en mémoire un programme qui se trouve sur une disquette permet de libérer de l'espace sur cette disquette.

1. Lequel des éléments suivants est un support de stockage à accès exclusivement séquentiel ?
   a) une disquette ;
   c) une bande magnétique ;
   b) un disque rigide ;
   d) un disque optique.

2. Les données sont inscrites sur une disquette par l'entremise :
   a) des secteurs ;
   c) de la tête de lecture/écriture ;
   b) des pistes ;
   d) du format de la disquette.

3. Lequel des dispositifs suivants offre la plus grande capacité de stockage ?
   a) une disquette ;
   c) un DVD ;
   b) un cédérom ;
   d) une boîte de 500 disquettes.

4. Parmi les périphériques de stockage énumérés ci-dessous, lequel est entièrement électronique ?
   a) un serveur de stockage ;
   c) un disque zip ;
   b) une mémoire USB ;
   d) un chargeur de disques.

5. Quelle est la capacité de stockage la plus grande ?
   a) 2 mégaoctets ;
   c) 2000 Ko ;
   b) 2 milliards de bits ;
   d) 2 millions d'octets.

6. Quel support d'information nécessite un formatage ?
   a) une disquette ;
   c) un disque optique ;
   b) un disque dur ;
   d) toutes les réponses précédentes.

7. Lequel des éléments suivants ne peut être considéré comme un support d'information ?
   a) le disque dur ;
   c) la carte de mémoire ;
   b) le disque optique ;
   d) un lecteur de disque.

8. Lequel des supports énumérés ci-dessous offre l'accès le plus rapide ?
   a) le disque dur ;
   c) le cédérom ;
   b) la mémoire flash ;
   d) la disquette.

9. Une disquette formatée sur deux faces, contenant 80 pistes par face, 18 secteurs par piste et 512 caractères par secteur, peut accueillir :
   a) 2,88 Mo ;
   c) 720 Ko ;
   b) 1,44 Mo ;
   d) 11,25 Mo.

10. Quelle est la capacité maximale d'un DVD selon la norme *Blu-Ray* ?
    a) 4,7 Go ;
    c) 25 Go ;
    b) 17 Go ;
    d) 50 Go.

1. Les données enregistrées sur disque sont inscrites sur des anneaux appelés _PISTES_ .

2. Les disques durs ont trois avantages sur les disquettes : la capacité, _FIABILITÉ_ et la rapidité.

3. Le délai nécessaire pour acheminer des données d'un disque vers la mémoire centrale est déterminé par _____ .

4. Un disque _____ est un disque qui est lu par une tête de lecture au rayon laser.

5. On nomme _____ un ordinateur dont le rôle se résume au stockage.

6. La taille d'un disque dur neuf s'exprime actuellement en _____.

7. Sur un disque, chaque secteur possède _____ qui permet d'y accéder directement.

8. Les _____, étant très petites et d'accès très rapide, sont de plus en plus utilisées pour le transport de fichiers.

9. Il existe deux formats de disques optiques : les CD et les _____.

10. Les ordinateurs de grande taille ont recours à _____ pour le stockage de millions de milliards de données.

Questions à développement

1. Expliquer la différence entre l'accès direct et l'accès séquentiel.

2. Nommer les types de périphériques de stockage et décrire leurs principaux avantages et inconvénients.

3. En quoi l'écrasement de la tête de lecture/écriture d'un disque dur constitue-t-il une catastrophe ?

4. Quels sont les différents types de disques optiques ? Préciser leurs différences et leurs ressemblances.

5. Expliquer pourquoi les mémoires électroniques sont plus rapides d'accès que les disques durs et pourquoi ces derniers sont plus rapides que les disquettes.

La mémoire centrale est dite **temporaire**, c'est-à-dire que son contenu s'efface lorsque l'ordinateur est privé d'électricité. Les supports de stockage, eux, sont **permanents** ; on peut donc y stocker des données et des programmes en vue d'une utilisation ultérieure. On distingue les **périphériques de stockage**, qui sont les appareils effectuant les opérations de stockage, des **supports de stockage**, c'est-à-dire les supports physiques sur lesquels est stockée l'information. Il existe divers types de supports de stockage : **disque magnétique** (**disquette**, **disque rigide**), **disque optique**, **bande magnétique** et **mémoire électronique**. On peut les classer selon les critères suivants : **capacité**, **vitesse d'accès**, **type d'accès** (**direct** ou **séquentiel**), possibilité de **réutilisation** et **amovibilité**.

LES ÉLÉMENTS D'UN LECTEUR DE DISQUE OU DE DISQUETTE

Les **lecteurs de disque** comportent un **bras d'accès** qui se déplace au-dessus des surfaces du disque. Le disque tourne autour d'un axe et la lecture ou l'écriture se fait lorsqu'il atteint la position désirée. Le temps nécessaire au repérage des informations s'appelle le **temps d'accès** et se mesure en millisecondes.

Le bras d'accès est muni de **têtes de lecture/ écriture** qui lisent (obtiennent) les données ou le programme se trouvant à cet endroit sur le disque et les transmet à l'ordinateur. Les têtes de lecture/ écriture servent également à écrire (transférer) des données de l'ordinateur sur le disque. Le **taux de transfert**, qui se mesure en kilo-octets (Ko) ou en mégaoctets (Mo), indique à quel rythme les informations voyagent.

LES ÉLÉMENTS D'UN DISQUE OU D'UNE DISQUETTE

Les données et les programmes sont enregistrés sur des **pistes** (anneaux) et des **secteurs** (sections) qui doivent être adaptés à l'ordinateur auquel le disque est destiné ; cette adaptation s'effectue au cours de l'opération de **formatage** (initialisation).

LES DISQUETTES

Les disquettes sont des disques circulaires de $3\frac{1}{2}$ po (9 cm) de diamètre faits de vinyle et protégés par une **enveloppe** de plastique. Un **obturateur de protection réglable** en protège les données.

Le **lecteur de disquette**, encastré dans le boîtier système, possède une fente par laquelle on introduit une disquette. Sur les ordinateurs de la famille IBM, on le désigne par la lettre A.

Il existe également des disquettes à haute densité – Zip, SuperDirk et HiFD pour le transport de gros fichiers.

LES DISQUES RIGIDES

Les disques rigides sont faits de plateaux métalliques et sont scellés pour empêcher toute infiltration de particules. Celles-ci peuvent provoquer l'**écrasement des têtes de lecture/écriture**. L'écrasement des têtes cause des dommages au disque et la perte des données qui s'y trouvent. Il existe quatre types de disques rigides.

Les disques durs
Le **disque dur** se trouve habituellement à l'intérieur du boîtier de l'ordinateur. La capacité et la rapidité d'un disque dur sont beaucoup plus grandes que celles d'une disquette.

Les chargeurs de disques
Certains ordinateurs de grande taille utilisent des **chargeurs de disques**. Ces chargeurs contiennent plusieurs **plateaux** disposés les uns au-dessus des autres pour former une pile et sont munis de plusieurs bras d'accès et de plusieurs têtes de lecture/ écriture.

Les serveurs de stockage
Les **serveurs de stockage** sont utilisés par les gros systèmes informatiques. Ils contiennent de nombreux disques sur lesquels des quantités gigantesques de données peuvent être stockées.

Les disques amovibles
Les **disques amovibles** peuvent être retirés de l'appareil pendant son transport ou lorsqu'ils n'ont plus d'espace libre pour sauvegarder de nouvelles données. Ils offrent une très grande capacité de stockage (plusieurs Mo). On s'attend à ce qu'ils soient abandonnés au profit des mémoires USB.

L'amélioration des performances

La **mise en antémémoire** prévoit les données les plus en demande en les transférant du disque à la mémoire centrale de façon à réduire le temps de transfert.

La **compression des données** réduit la quantité d'espace disque requise pour stocker les données et les programmes. La **décompression** permet de reconstituer les donnés originales.

Le **système de répartition RAID** (*Redundant Arrays of Inexpensive Disks*) augmente les performances de stockage en reliant en réseau des unités de disque dur peu coûteuses de façon qu'elles soient traitées comme une seule unité de disque de grande capacité.

LES DISQUES OPTIQUES

Un disque optique est un disque de plastique qui utilise un rayon laser pour la lecture et l'écriture. Ce disque peut contenir jusqu'à 50 Go. Il en existe deux formats, le CD et le DVD.

- Le **cédérom** (CD-ROM) est un disque à «consultation seulement». En d'autres termes, l'utilisateur ne peut y inscrire de données ni en effacer.
- Le **CD-R** est un disque sur lequel on peut écrire, mais dont on ne peut effacer le contenu (on ne peut donc y écrire qu'une seule fois). En revanche, on peut lire les données qui s'y trouvent autant de fois qu'on le désire.
- Le **CD-RW** est un disque sur lequel on peut écrire, lire et effacer.
- Le **DVD** est une nouvelle norme dont la capacité d'enregistrement est beaucoup plus grande que celle des CD. Il est offert en trois modèles : ROM, R et RW.

LES BANDES MAGNÉTIQUES

Les **cartouches de bande magnétique** sont surtout utilisées pour archiver le contenu des disques durs des micro-ordinateurs et des ordinateurs de plus grande taille.

LES MÉMOIRES ÉLECTRONIQUES

Les **cartes de mémoire**, de la taille d'un timbre-poste, sont entièrement électroniques, donc fiables et rapides. Il existe deux normes de référence : FlashCard et SmartCard. Leur capacité varie de 4 Mo à quelques Go.

Les **mémoires USB** sont aussi des mémoires électroniques. Elles sont protégées par un étui de plastique. Elles ne nécessitent aucun périphérique particulier et se branchent simplement à un port USB.

Les périphériques de communication et les réseaux

Ce chapitre présente :

1. la connectivité, la télématique et les systèmes de communication ;
2. les modems et les cartes réseau ;
3. les terminaux ;
4. les voies de transmission par câble (câble téléphonique, câble coaxial et câble de fibre optique) et par ondes (micro-ondes et infrarouges) ;
5. les largeurs de bande et les protocoles ;
6. les quatre types de réseaux de communication : réseau en étoile, réseau en ligne, réseau en boucle et réseau maillé ;
7. les différentes amplitudes de réseaux : réseau domestique, réseau local et réseau étendu.

Un appareil familier – le téléphone – a énormément élargi le champ d'action que nous offre l'ordinateur. Grâce au réseau téléphonique et au matériel de télécommunication, vous pouvez relier votre micro-ordinateur à d'autres micro-ordinateurs ou à des ordinateurs de plus grande taille. Comme nous l'avons mentionné au chapitre 1, cette connectivité permet de mettre toute la puissance d'un ordinateur central sur votre bureau. Résultat : une productivité accrue.

Peut-être avez-vous à la maison, en plus du téléphone, un micro-ordinateur. Vous possédez peut-être même un ordinateur portable et un téléphone cellulaire. Ou encore, peut-être utilisez-vous pour votre travail ou pour vos études un micro-ordinateur directement relié à d'autres ordinateurs, sans aucune ligne téléphonique ! Quel que soit le cas, l'utilisation combinée d'un média de télécommunication et d'un ordinateur ouvre la voie de la télématique. Le terme **télématique** désigne l'ensemble des applications commerciales ou individuelles issues de la symbiose de l'informatique, des télécommunications et du multimédia. Le volet informatique couvre le traitement automatique de l'information. Les télécommunications désignent les technologies axées sur la transmission de messages au moyen de signaux électromagnétiques. Le multimédia intègre l'ensemble des techniques de diffusion mises au point au cours des dernières années : textes (y compris journaux et magazines), images fixes ou animées, photographies, enregistrements sonores, cinéma, vidéo, radio et télévision. Ces médias existent sur papier, cassettes ou disques laser. La télématique les rend accessibles à distance.

Les télécommunications

Les **télécommunications**, ou communications à distance, sont nées au XIXᵉ siècle avec la télégraphie et la télégraphie sans fil. Jusqu'au XXᵉ siècle, la communication d'une information à distance se faisait par le transport du document contenant le message à livrer (il faut plaindre le pauvre «facteur» d'autrefois!). La découverte de la télégraphie a ouvert la voie à la transmission instantanée du message – sans le support – au moyen de signaux voyageant par câble ou ondes hertziennes. Est ensuite arrivée la téléphonie, qui a permis la mise sur pied du premier véritable réseau mondial. Puis, on a vu apparaître la diffusion d'émissions radiophoniques et télévisées. Aujourd'hui, on peut compter avec les télécopieurs, les téléphones cellulaires, les satellites de communication et la câblo-distribution. Tous ces médias, à l'exception de la télégraphie, tombée en désuétude, font partie de la toile de fond sur laquelle repose la télématique. Ils ont comme caractéristique commune la capacité de transmettre à distance et de façon quasi instantanée des signaux représentant tous les supports du multimédia, c'est-à-dire du texte, des sons ou des images fixes ou animées (*voir la figure 9.1*).

Les **systèmes de communication** sont des systèmes électroniques permettant la transmission de données sur des lignes de communication d'un endroit à un autre. Vous pouvez utiliser ces systèmes à partir de votre micro-ordinateur pour envoyer de l'information à un ami utilisant un autre ordinateur. Vous disposez peut-être d'un poste de travail dans une entreprise dont le système informatique s'étend à tout l'édifice, ou même à tout le pays ou à tous les points du globe, c'est-à-dire que les différentes composantes – unités d'entrée et de sortie, processeur et dispositifs de stockage – sont dans différents lieux, reliés par des lignes électroniques. Il vous est aussi possible d'utiliser des lignes de télécommunication pour vous brancher à une banque de données extérieure et obtenir ainsi des informations que vous pourrez traiter ou analyser sur votre propre ordinateur.

La communication des données est essentielle au monde des affaires. Les **réseaux**, systèmes permettant de relier deux ou plusieurs ordinateurs, représentent une partie importante du monde des communications. Le réseau local est un type de réseau courant dans lequel les ordinateurs sont reliés sur une faible distance, par exemple dans le même édifice. Les employés d'une entreprise s'échangent régulièrement des informations au moyen de ce réseau. Ces informations peuvent porter sur une liste presque infinie de sujets : ventes, clients, prix, horaires, produits, etc.

Figure 9.1

Les éléments de base d'un système de communication.

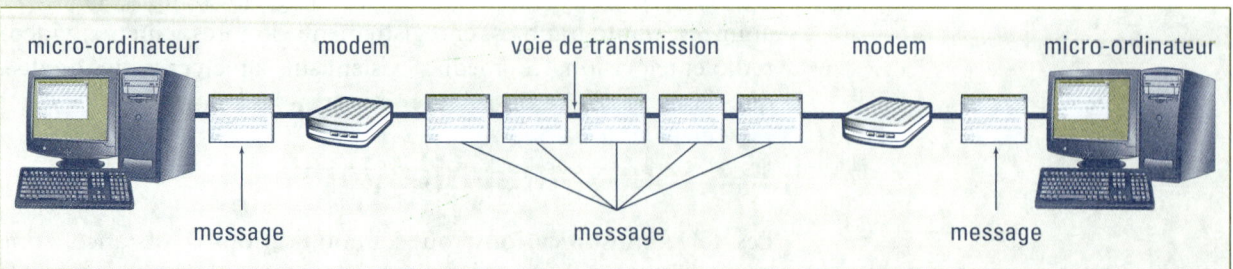

La fusion informatique-télécommunications

Issue du rapprochement entre l'informatique et les télécommunications, la télématique a marqué une étape importante dans la poussée technologique de la fin du XXe siècle. Sa présence se fait sentir tant sur le plan du travail que sur celui des loisirs et de la vie courante. En voici quelques exemples.

- Après le déjeuner, vous branchez votre ordinateur sur votre service de courrier électronique et vous prenez connaissance du message que votre amie Jeanne, en vacances au Japon, vous a transmis durant la nuit (*votre* nuit, bien sûr). Vous visionnez les quatre photos numérisées qu'elle a jointes à son message. Vous lui envoyez un petit mot à votre tour.

- Un peu plus tard, à votre bureau, bien calé dans votre chaise, devant votre ordinateur, vous consultez le rapport que vous préparez en collaboration avec trois collègues. Vous analysez le graphique que Nguyen (au bureau de New York) y a inséré en guise de conclusion et vous ajoutez une remarque (en caractères rouges) sur le risque qu'il comporte d'être mal interprété. Le travail en commun se poursuit... chacun à son ordinateur.

- Quelques instants plus tard, après que Viviane a réclamé une téléconférence pour tirer au clair la pertinence du graphique en question, vous voyez apparaître, chacun dans une fenêtre de votre écran, les trois collègues avec qui vous échangez des points de vue. La distance n'est plus un obstacle.

- Le soir, avant de rentrer à la maison, vous devez ramasser un colis à un endroit de la ville qui vous est complètement étranger. Vous entrez l'adresse sur votre ordinateur de bord relié au satellite géostationnaire de positionnement (GPS). L'écran de l'ordinateur de bord affiche le plan des rues de la ville, votre position actuelle et celle de votre destination, ainsi que le trajet optimal, compte tenu des dernières observations sur les points chauds de la circulation.

- En début de soirée, après avoir payé votre compte d'électricité par l'intermédiaire d'Internet, vous vous branchez sur le site de la Coupe du monde des échecs pour y trouver les dernières nouvelles du tournoi. Puis vous vous joignez à un forum sur le sujet, où des amateurs des quatre coins du monde y vont de leurs commentaires. Des gens avec qui vous vous sentez de plus en plus familier. Vous ajoutez vos prévisions et vos commentaires.

- Finalement, pour terminer la soirée, vous vous connectez à un site Web de radio internationale, à partir duquel vous choisissez Radio-Brasilia qui diffuse une émission de musique sud-américaine fort agréable et, doucement, vous vous enfoncez dans votre fauteuil pour lire une troisième fois *Le Nom de la rose*.

Science-fiction? Ce l'était sûrement, il y a quelques années à peine. Maintenant, toutes ces situations sont réelles et deviennent rapidement monnaie courante. Voyons sur quoi elles reposent.

La télématique, en fusionnant informatique et connectivité, marque une étape importante dans la poussée technologique de la fin du XXe siècle.

La connectivité

La connectivité désigne les moyens techniques permettant à un individu ou à une organisation de se relier à un réseau. Par exemple, vous pouvez connecter votre micro-ordinateur à une ligne téléphonique et ainsi communiquer avec d'autres ordinateurs et d'autres sources d'information. Ces moyens techniques comprennent les périphériques de communication, comme les modems et les cartes réseau ; les voies de transmission, comme les lignes téléphoniques, les câbles coaxiaux et les fibres optiques ; les modes de transmission (série, synchrone, etc.) ; les protocoles et, naturellement, les réseaux informatiques. Grâce à la connectivité, vous avez accès à des ressources matérielles et logicielles de grande envergure (*voir la figure 9.2*).

Les réseaux analogique et numérique

Un réseau peut être analogique ou numérique. Lorsque deux ordinateurs se trouvent côte à côte et communiquent de façon numérique, on peut facilement imaginer un lien direct qui les unit : un simple câble branché aux cartes réseau de chaque appareil et ayant les propriétés requises fera l'affaire. À l'inverse, dès que les distances deviennent importantes, l'établissement du lien physique pose le problème de la faisabilité et, surtout, du coût. Il ne faut donc pas se surprendre que, dès le début des années 1960, au moment où les

Figure 9.2
Un exemple de connectivité.

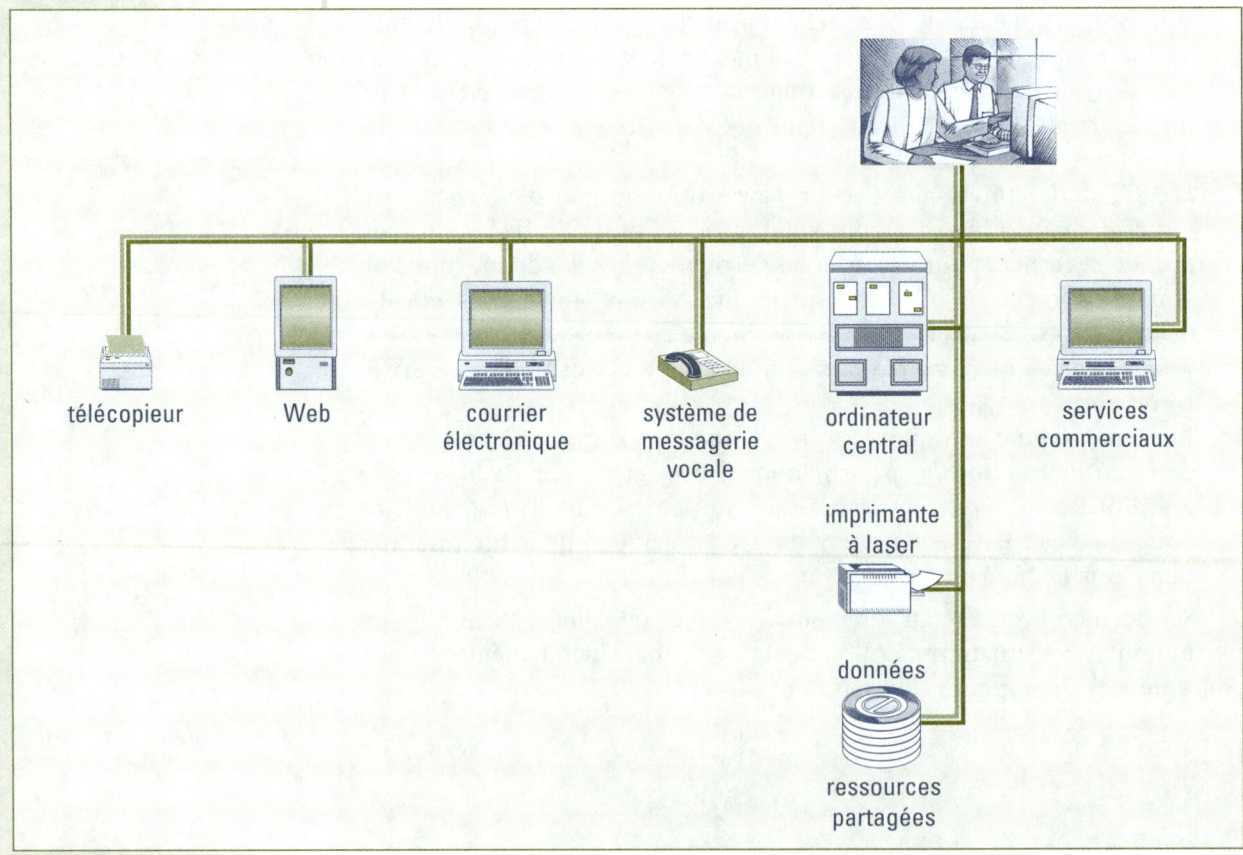

télécopieur   Web   courrier électronique   système de messagerie vocale   ordinateur central   services commerciaux

imprimante à laser

données

ressources partagées

ordinateurs centraux faisaient leur apparition dans les entreprises, on a examiné la possibilité d'utiliser un réseau de communication déjà en place, celui du téléphone, dont les ramifications recouvraient la majorité des zones habitées.

Le réseau téléphonique

Une grande partie des transmissions informatiques s'effectue au moyen de lignes téléphoniques. Cependant, comme le téléphone a été conçu à l'origine pour transmettre la voix humaine, donc du son, il nécessite un **signal analogique**, c'est-à-dire un signal ayant la forme d'une onde, d'une oscillation continue. Or, les ordinateurs émettent et reçoivent des **signaux numériques**, composés de suites d'impulsions électriques : les signaux 1 ou 0 (*ON/OFF*), dont nous avons parlé au chapitre 2 (*voir la figure 9.3*). Pour convertir les signaux numériques de votre micro-ordinateur en signaux analogiques, et vice versa, vous devez utiliser un modem (*voir la figure 9.4*).

Les modems et les vitesses de transmission

Le mot **modem** est la contraction de l'expression « modulateur-démodulateur ». La **modulation** désigne le processus de conversion du mode numérique au mode analogique, en convertissant chaque bit 0 en une onde sonore d'une fréquence de, disons, 640 hertz et chaque bit 1 en un signal de, disons, 800 hertz. La **démodulation** réfère à la conversion du mode analogique au mode numérique par l'opération inverse. Grâce au modem, les ordinateurs numériques transmettent des données au moyen de lignes analogiques téléphoniques. Les communications vocales et les transmissions de données peuvent donc toutes deux s'effectuer sur le même réseau téléphonique – mais pas en même temps, bien sûr !

Le débit avec lequel les données sont transmises peut varier. Ce débit, appelé « vitesse de transmission », est exprimé en **bits par seconde** ou **bps** (et les multiples Kbps et Mbps). Les modems actuels sont limités à 56 Kbps. Puisque la taille des fichiers s'exprime en octets, on utilise de plus en plus des Ko/s, des Mo/s ou des Go/s, soit des octets par seconde (*Bps* pour *Bytes per second* en anglais), lorsqu'on détermine la vitesse de transfert de fichiers, question de faciliter les calculs. Au besoin, on peut facilement comparer les unités en divisant les bps par 10 pour obtenir des o/s (*Bps*).

La plupart des modems offerts sur le marché portent maintenant le nom de *fax*-**modem**, ou de modem télécopieur, parce qu'ils peuvent aussi transmettre et recevoir des documents télécopiés, et ce, au moyen d'un balayage pixel par pixel. Le document est donc reçu sous forme d'image et il peut être imprimé au besoin. Comme c'est le cas des scanneurs, on doit cependant disposer d'un programme de reconnaissance de caractères pour le convertir en texte en vue d'y apporter des modifications. Les modems les plus récents combinent en plus la fonction de « boîte vocale », qui permet d'enregistrer et de réécouter les messages reçus. Au moment de la réception d'un appel, l'appareil reconnaît la nature du signal entrant et, selon qu'il s'agit d'une communication numérique, d'une télécopie ou d'un interlocuteur, il agit comme un modem, un *fax*-modem ou un répondeur. De nos jours, les modems et les *fax*-modems se présentent sous la forme de cartes d'extension ou sont intégrés à la carte maîtresse.

Grâce aux modems, l'utilisateur peut recourir au réseau téléphonique pour relier son ordinateur à des ressources informatiques distantes.

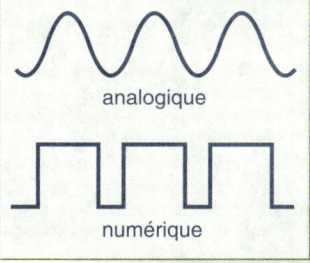

Figure 9.3

Un signal analogique et un signal numérique.

Figure 9.4

Des réseaux analogique
et numérique.

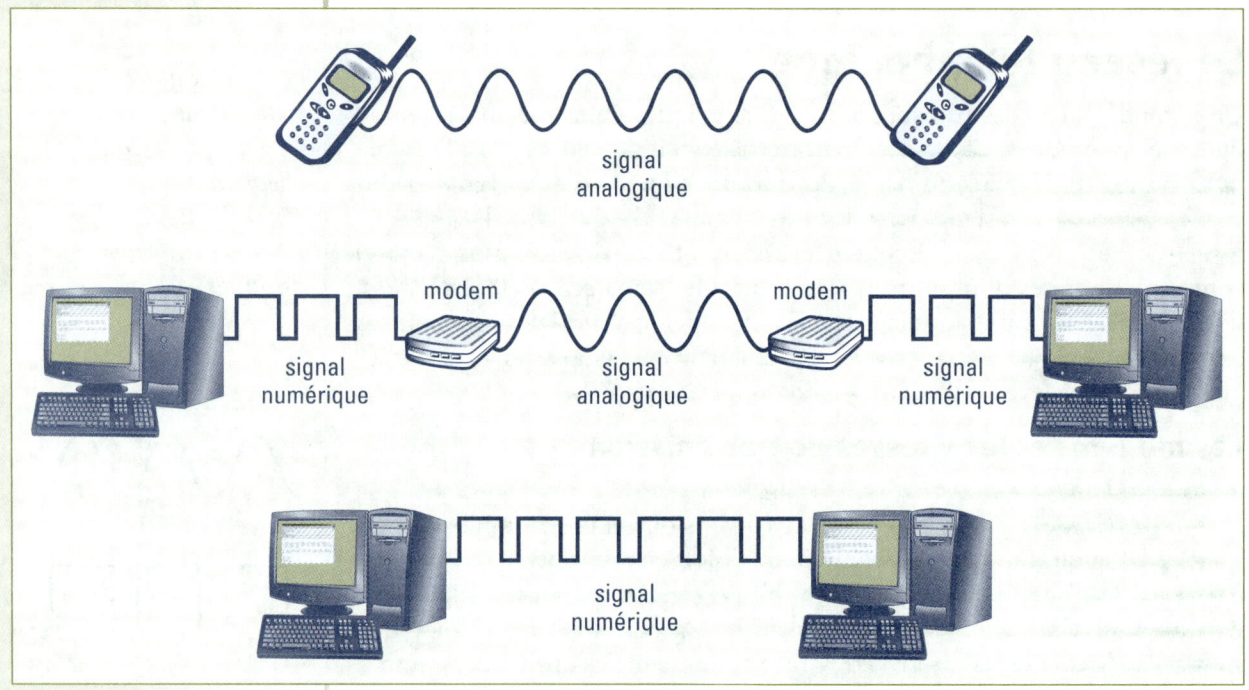

signal
analogique

modem

modem

signal
numérique

signal
analogique

signal
numérique

signal
numérique

Les modems numériques et les cartes réseau

Étant donné le caractère limitatif des câbles téléphoniques ordinaires, on a rapidement mis au point des technologies plus efficaces, et plus coûteuses. La plupart des fournisseurs de service Internet offrent l'accès à haute vitesse utilisant la technologie **ADSL** (*Asymmetric Digital Subscriber Line*). Cette technologie permet de transmettre des signaux numériques (*digital*) entre l'abonné (*subscriber*) et son fournisseur en passant par son câble téléphonique (*line*). On peut atteindre ainsi des débits *asymétriques*: environ 3 ou 4 Mbps en aval, du fournisseur vers l'abonné, et 800 Kbps dans le sens inverse. De leur côté, la majorité des câblodistributeurs vous offrent la possibilité de connecter votre micro-ordinateur à leur réseau câblé, vous permettant ainsi d'obtenir des vitesses (aussi asymétriques) encore plus élevées (10 Mbps en aval et 1 Mbps en amont). Bien sûr, un dispositif particulier est nécessaire pour établir ces connexions: un **modem numérique** relié à une carte réseau ou à un port USB. Étant donné qu'il occupe la même place que le modem standard, on a pris l'habitude de parler de modem dans ce cas-ci également, et ce, bien que le modem numérique – modem câble ou modem ADSL – ne module ni ne démodule le signal électronique.

La **carte réseau** prend en charge la gestion du protocole TCP/IP. Elle communique généralement avec une passerelle qui assure le lien avec l'appareil distant. Les cartes réseau modernes affichent des débits de 10 à 100 mégabits par seconde.

L'avantage considérable de ces connexions est, bien sûr, la haute vitesse, mais aussi le fait qu'elles sont actives en permanence sans gêner la fonction première de ces lignes : la ligne téléphonique demeure libre et la réception des émissions de télévision continue de se faire sans entraves sur le câble. Il faut débourser un peu plus pour une connexion haute vitesse que pour une connexion par modem traditionnel. Mais comme les prix sont à la baisse, on peut penser que bientôt il n'y aura plus que des liens à haute vitesse. On doit retenir cependant que, dans tous les cas où un micro-ordinateur doit être connecté à un réseau, on doit le munir d'un **périphérique de communication** : un modem – ordinaire ou numérique –, une carte réseau ou un port USB qui permettra d'acheminer l'information le long de la voie de transmission.

Une nouvelle technologie, celle du **sans fil** (*WiFi* pour *Wireless Fidelity*), permet un accès nomade à Internet. Cela signifie qu'il n'est plus obligatoire d'être relié physiquement à une voie de transmission au moyen d'une prise téléphonique ou coaxiale. Il est maintenant possible, à condition de souscrire à un abonnement chez un fournisseur d'accès Internet et d'être équipé d'une carte réseau sans fil compatible avec la norme **WiFi** – aussi connue sous le nom 802.11 –, de naviguer sur Internet ou d'utiliser un système de messagerie à partir de n'importe quel endroit à proximité d'une borne d'accès Internet sans fil. Ces **bornes d'accès**, aussi appelées points d'accès (*hotspots* en anglais), sont des antennes émettrices-réceptrices d'une portée de 100 à 300 mètres (*voir la figure 9.5*).

Les terminaux

Les **terminaux** sont des périphériques de communication permettant de transmettre des informations à un ordinateur à distance et d'en recevoir des résultats (*voir la figure 9.6*). Ils sont composés minimalement d'un clavier, d'un moniteur et d'un système de liaison. Il existe plusieurs types de terminaux ; en voici quelques-uns.

■ Le **terminal simple** sert à entrer et à recevoir des données, mais sans pouvoir les traiter. Il ne peut que transmettre les caractères un à un. On l'utilise uniquement pour échanger de l'information avec l'ordinateur, qui

Figure 9.5
Un réseau sans fil.

Figure 9.6
Un système de réseau de terminaux.

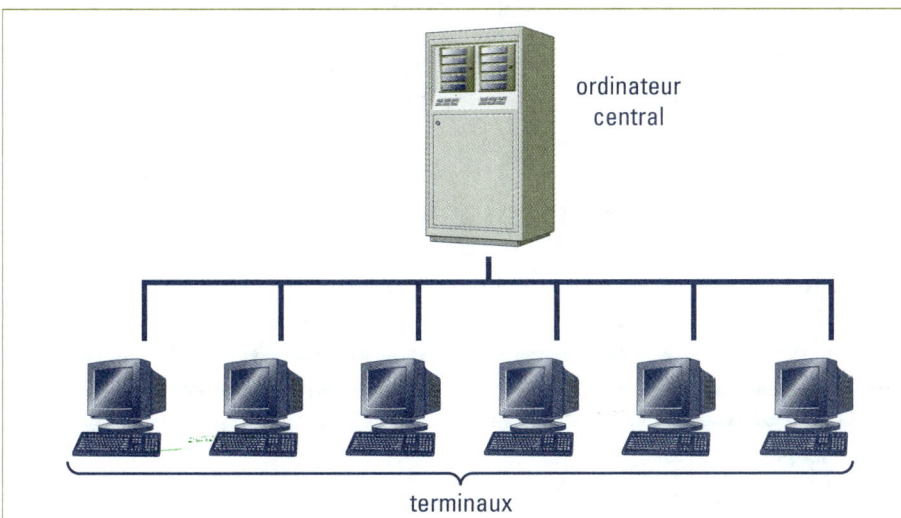

ordinateur central

terminaux

doit alors traiter chacun des caractères. Ce type de terminal peut servir à un préposé aux réservations d'une compagnie aérienne pour avoir accès à un ordinateur central et obtenir des informations sur les vols.

■ Le **terminal intelligent** comprend une unité de traitement, une mémoire centrale et, au besoin, un périphérique de stockage – comme un disque dur. Un terminal intelligent est essentiellement un micro-ordinateur doté d'un logiciel de communication et d'une connexion téléphonique (modem) ou de toute autre liaison qui le relie à un plus gros ordinateur. Les guichets automatiques des établissements financiers sont un exemple type de terminal intelligent traitant sur place une partie de la transaction, mais sous le contrôle des ordinateurs centraux des banques.

■ Un nouveau type de terminal intelligent a fait son entrée sur le marché récemment : le **terminal Internet**. On peut brancher cet appareil à la fois sur un téléviseur standard et sur une ligne de communication reliée à un fournisseur de service Internet. Il donne accès à Internet aux personnes qui ne disposent pas d'un micro-ordinateur, et ce, à un prix raisonnable. Contrairement aux terminaux précédents, celui-ci est d'usage presque exclusivement domestique.

■ Le **terminal de point de vente** est un exemple de périphérique qui permet deux modes d'entrée de données – à partir d'un clavier ou de façon directe –, qui assure la sortie et qui utilise la connectivité pour communiquer avec d'autres ordinateurs. Dans les grands magasins, par exemple, les terminaux de point de vente remplacent les caisses enregistreuses (*voir la figure 9.7*). Ainsi, lorsque vous achetez un chandail, le vendeur entre l'information utile à partir du clavier – code du produit, nombre d'articles vendus, taxes – ou au moyen d'un **lecteur optique** (scanneur manuel ou de table) qui peut décoder automatiquement les caractères spéciaux inscrits sur les étiquettes. Cet appareil émet des faisceaux de lumière qui sont réfléchis par les étiquettes et ensuite captés par des cellules photoélectriques. L'information est alors décodée et transformée en code binaire utilisable par l'ordinateur. Que la saisie s'effectue de façon directe ou à partir d'un clavier, l'information apparaîtra sur l'afficheur numérique du terminal de point de vente. Mais là ne s'arrêtent pas les possibilités de ce type de périphérique. Grâce à son système de liaison, il peut servir à vérifier la validité d'une carte de crédit, à gérer l'inventaire des produits en stock, à passer des commandes ou encore à relever la vitesse à laquelle travaille chacun des employés ou le nombre et la durée des pauses qu'ils prennent.

Figure 9.7

Un terminal de point de vente.

Les données peuvent emprunter deux types de voies de transmission : les câbles et l'espace.

Les voies de transmission

Il existe deux types de chemins permettant aux données de circuler d'un micro-ordinateur à un autre ou à un autre équipement : les câbles et l'espace. Plus précisément, on utilise, pour transmettre des données, trois types de câbles, soit le câble téléphonique (paires torsadées), le câble coaxial et le câble de fibre optique (*voir la figure 9.8*), ainsi que deux types d'ondes, les micro-ondes et les infrarouges.

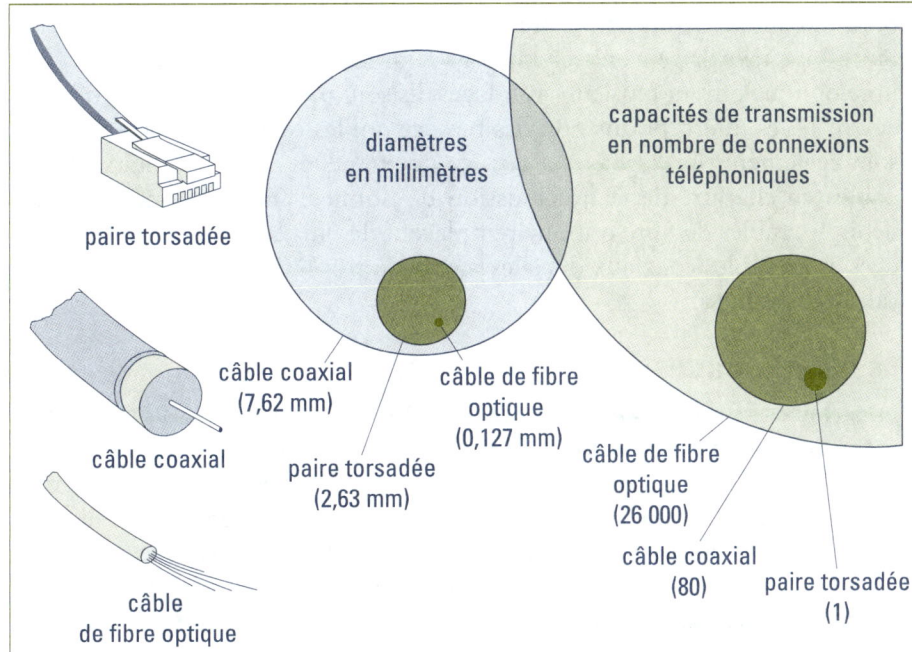

Figure 9.8

La taille et la capacité de transmission de trois types de câbles.

diamètres en millimètres

capacités de transmission en nombre de connexions téléphoniques

paire torsadée

câble coaxial (7,62 mm)

câble de fibre optique (0,127 mm)

câble coaxial

paire torsadée (2,63 mm)

câble de fibre optique (26 000)

câble de fibre optique

câble coaxial (80)

paire torsadée (1)

Il est possible d'utiliser différentes configurations pour installer un réseau reliant des micro-ordinateurs ou encore des postes de travail et d'autres équipements. Avant de décrire ces réseaux, penchons-nous sur les types de voies utilisés pour former les réseaux.

Le câble téléphonique

La majorité des **câbles téléphoniques** que vous pouvez voir tendus entre des poteaux sont faits de paires de fils de cuivre ; ces **paires torsadées** sont groupées par centaines pour former un câble (*voir la figure 9.9*). Une seule paire de ces fils aboutit dans la prise murale où vous branchez votre téléphone. Les câbles téléphoniques représentent depuis longtemps le média de transmission standard pour la voix et les données. Cependant, lorsque c'est possible, on les remplace de plus en plus par de nouvelles technologies plus fiables. En effet, ces câbles ne sont pas isolés et sont sensibles aux interférences de toutes sortes susceptibles de causer des erreurs de transmission.

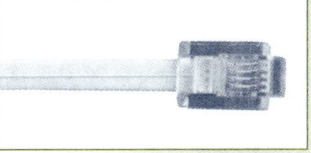

Figure 9.9

Un câble à paires torsadées.

Le câble coaxial

Le **câble coaxial** est un câble de transmission à haute fréquence. Il remplace les multiples fils téléphoniques par un gros fil conducteur recouvert d'une gaine isolante (*voir la figure 9.10*). Le débit du câble coaxial est de 80 fois supérieur à celui d'une paire torsadée. Le câble coaxial est souvent utilisé pour relier les composantes d'un système informatique à l'intérieur d'un édifice. C'est aussi le type de câble qu'utilisent la plupart des câblodistributeurs.

Figure 9.10

Un câble coaxial.

Le câble de fibre optique

Le **câble de fibre optique** est un câble qui transmet les données sous forme d'impulsions lumineuses à travers des filaments de verre (*voir la figure 9.11*). Un câble de fibre optique possède 26 000 fois la capacité de transmission

Figure 9.11

Un câble de fibre optique.

d'une paire torsadée. Cependant, il est beaucoup plus petit. En fait, ces fibres ont un diamètre équivalant à la moitié de celui d'un cheveu. Bien que la distance à laquelle ils peuvent acheminer l'information soit limitée, les câbles de fibre optique offrent plusieurs avantages. Ils sont protégés contre le brouillage et contre les interceptions non désirées, ce qui les rend plus sécuritaires. Ils sont également plus légers et moins coûteux que les câbles coaxiaux, et plus fiables au chapitre de la transmission de données. Étant donné leur haut débit, les câbles de fibre optique remplacent de plus en plus les paires torsadées et les câbles coaxiaux dans les réseaux à très haute vitesse appelés dorsales (*backbones*).

Les micro-ondes

La technologie du **sans fil (WiFi)** permet à des ordinateurs de communiquer entre eux au moyen d'ondes radio à des vitesses théoriques de 22 à 54 Mbps. Ainsi, l'utilisateur d'un ordinateur portable doté de la technologie sans fil peut communiquer avec un ordinateur à distance aussi facilement qu'il peut communiquer avec une autre personne à l'aide d'un téléphone cellulaire.

Dans ce type de voie de transmission, le médium n'est pas une substance solide, mais l'espace lui-même. La transmission par **micro-ondes** utilise des ondes radio de haute fréquence. Ces ondes ne suivent pas la courbure de la Terre et leur portée est limitée – elles ne couvrent que de courtes distances. De fait, les micro-ondes représentent une voie de transmission fiable pour envoyer des données entre les édifices d'une ville. Pour parcourir de plus longues distances, elles doivent utiliser des **stations de relais** ; celles-ci, munies d'antennes paraboliques, sont installées, entre autres, sur les gratte-ciel et les montagnes (*voir les figures 9.12 et 9.13*).

Pour couvrir les plus grandes distances qui séparent les continents, on utilise, comme stations de relais, des **satellites** qui tournent à environ 35 000 kilomètres de la Terre. Plusieurs d'entre eux, gérés par l'*International Telecommunications Satellite Consortium* (Intelsat), propriété de 143 gouvernements, forment un réseau mondial de communication. Les satellites sont répartis autour du globe sur des orbites dites **géostationnaires**, c'est-à-dire qu'ils effectuent leurs rotations de façon à demeurer au-dessus d'un point précis du globe. Cela leur permet d'amplifier et de transmettre les signaux des transmetteurs de micro-ondes situés au sol. Ainsi, les satellites peuvent être utilisés pour transmettre de grandes quantités de données (*voir la figure 9.14*). Leur seul inconvénient réside dans le fait que, par très mauvais temps, la circulation des données peut parfois être difficile.

Les infrarouges

On utilise aussi la voie des airs pour transmettre des signaux utilisant des ondes électromagnétiques proches du spectre des couleurs, les **infrarouges**. Ces ondes sont cependant de faible énergie et ne peuvent traverser des murs. On les utilise donc pour relier des éléments situés dans une même pièce, en particulier pour relier un portable à un poste de travail.

Figure 9.12
Des antennes paraboliques.

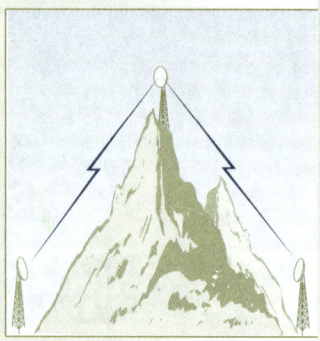

Figure 9.13
La transmission de micro-ondes par une antenne parabolique.

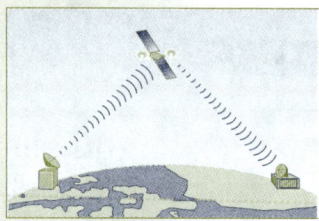

Figure 9.14
La transmission par satellite.

La transmission des données

Plusieurs facteurs entrent en jeu lors de la transmission de données, dont la capacité, ou la largeur de bande, et les protocoles.

La largeur de bande

Les différentes voies de transmission ont des capacités de transmission variables. L'ordre de grandeur de la capacité de transmission d'une voie exprimée en bits par seconde est désigné par sa largeur de bande. Les trois types de largeurs de bande sont les suivants.

- **Bande vocale** : la bande vocale est la largeur de bande propre aux lignes téléphoniques standard. Fréquemment utilisée pour les transmissions par modem, elle s'étend jusqu'à 64 Kbps.
- **Bande moyenne** : la bande moyenne est la largeur de bande des lignes dédiées et numériques qui ne passent pas par les centraux téléphoniques. Elle est utilisée principalement par les ordinateurs centraux ; son débit varie de 64 Kbps à 100 Mbps.
- **Bande large** : la bande large est celle qui comprend les voies de transmission de micro-ondes et des infrarouges, les câbles coaxiaux et les fibres optiques. Elle est utilisée par les ordinateurs de très grande vitesse dont les processeurs communiquent directement les uns avec les autres et par les micro-ordinateurs reliés directement à un réseau ; les transmissions dépassent les 100 Mbps pour atteindre les 30 Gbps.

Les protocoles

Pour qu'une transmission de données réussisse, l'émetteur et le récepteur doivent suivre un ensemble de règles régissant l'échange d'informations, qu'on appelle **protocole**. Tous les progiciels de communication permettent d'établir les règles d'un protocole, comme la vitesse et le mode de transmission, pour que deux ordinateurs puissent communiquer.

Lorsqu'un réseau inclut différents types ou catégories d'ordinateurs, l'établissement d'un protocole peut devenir très complexe. Les protocoles des réseaux doivent être soumis à certaines normes pour que les connexions fonctionnent convenablement. Les normes SNA (*Systems Network Architecture*) de la société IBM ont été parmi les premières à s'imposer sur le marché. Bien qu'elles permettent aux ordinateurs IBM de communiquer entre eux, ceux-ci n'arrivent pas toujours à communiquer avec les autres ordinateurs. Un organisme international de normalisation, l'*International Standards Organization* (ISO), a défini un ensemble de protocoles de communication appelé *Open Systems Interconnection* (OSI) dont le but est de normaliser les fonctions qu'on peut rencontrer dans tous les types de réseaux, que ce soit NetWare pour Macintosh ou LAN Manager pour IBM. Le modèle OSI sépare les fonctions de chaque réseau en sept strates de règles de communication, ou protocoles. Lorsque deux réseaux entrent en communication, leurs strates correspondantes peuvent échanger des données si les micro-ordinateurs et les autres équipements de chaque réseau sont dotés des mêmes fonctions et interfaces. Le protocole le plus important à ce jour est sans contredit le **TCP/IP** (*Transmission Control Protocol/Internet Protocol*). Il a été mis au point pour Internet et il est aujourd'hui la norme internationale en télématique.

Plusieurs facteurs influent sur la transmission des données, dont la largeur de bande et les protocoles.

L'organisation des réseaux

Les voies de transmission peuvent être configurées de plusieurs façons, en réseaux différents, pour répondre aux besoins des utilisateurs. Un réseau d'ordinateurs est un système de communication reliant deux ordinateurs ou plus, ainsi que leurs périphériques. Cet arrangement leur permet d'échanger de l'information et de partager du matériel et des logiciels. Voici la définition de certains termes fréquemment utilisés pour décrire les réseaux.

- Un **nœud** désigne tout élément raccordé au réseau. Ce peut être un ordinateur, une imprimante ou un périphérique de stockage. Chaque nœud possède une adresse ou un identificateur propre qui le distingue de tous les autres nœuds du réseau.

- Un **client** est un nœud qui utilise le réseau pour traiter des données ou partager des ressources. L'utilisateur d'un micro-ordinateur est un client type.

- Un **serveur** est un nœud qui coordonne le partage des ressources et les communications sur le réseau. On distingue les serveurs de fichiers, les serveurs d'imprimantes, les serveurs Web ou les serveurs de bases de données, selon la nature des ressources à partager.

- Un système **client/serveur** possède habituellement plusieurs utilisateurs (clients) et un serveur qui coordonne les activités du réseau en répondant aux requêtes des clients.

- Un système d'**égal à égal** (*peer to peer, P2P*) a généralement plusieurs utilisateurs qui partagent de façon égale la responsabilité de coordonner les activités sur le réseau et qui mettent certaines de leurs ressources à la disposition des autres.

- Dans un système de **traitement réparti**, la puissance de traitement est distribuée et partagée en divers endroits. Ces systèmes sont courants dans les organisations décentralisées où les bureaux régionaux possèdent leur propre système informatique mis en réseau avec l'ordinateur, principal ou centralisé, du siège social.

- Un **ordinateur hôte** est habituellement un ordinateur de grande taille auquel un usager peut se connecter en s'identifiant au moyen d'un mot de passe.

- Un **concentrateur** (*hub*) est un dispositif servant à raccorder les nœuds d'un réseau. Il peut s'agir d'un noeud ou d'un point de raccordement regroupant les câbles des autres nœuds du réseau.

- Une **passerelle** (*gateway*) est un appareil – habituellement un ordinateur – servant à relier deux réseaux dont les structures ou les protocoles diffèrent.

- Un **routeur** (*router*) est un équipement d'interconnexion qu'on installe sur un des nœuds d'un réseau et dont le rôle est de choisir le meilleur chemin par lequel transmettre les données (*voir la figure 9.15*).

- Un **administrateur de système** est une personne dont la fonction est de gérer la configuration d'un système multiutilisateur. Cette personne s'occupe de l'attribution ou de l'annulation des mots de passe, de l'installation des interfaces utilisateurs, de l'installation ou de la suppression des logiciels système et d'application et de la sauvegarde des données.

Quelques mots encore sur les **serveurs**. Ce sont des ordinateurs qui, bien qu'on en méconnaisse souvent l'importance, n'en sont pas moins essentiels

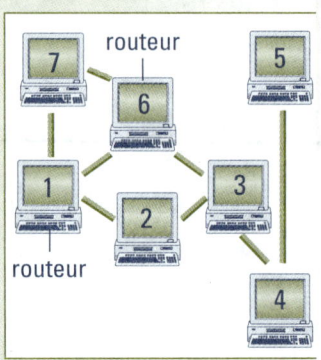

Figure 9.15
Des routeurs.

aux réseaux informatiques. Tous les ordinateurs, depuis les superordinateurs jusqu'aux micro-ordinateurs, en passant par les appareils de taille moyenne, peuvent tenir le rôle de serveur. La fonction de serveur n'est donc pas reliée aux catégories d'ordinateur, telles que décrites au chapitre 2. On distingue les serveurs Web, qui fournissent les pages Web pour Internet, les serveurs de bases de données, qui gèrent de grands volumes de données, et les serveurs de réseaux, qui assurent les communications entre les autres ordinateurs comme les serveurs de noms. Notez qu'un même ordinateur peut fort bien occuper deux ou plusieurs de ces fonctions. Un serveur est un ordinateur qui rend des services à des clients. Un client est un ordinateur qui requiert et utilise les services d'un autre ordinateur, un serveur. Le concept est simple : le client demande au serveur de faire un travail pour lui. Le serveur exécute la tâche et transmet le résultat au client.

Un réseau peut être constitué uniquement de micro-ordinateurs ou il peut intégrer des micro-ordinateurs (ou d'autres équipements) et des ordinateurs plus gros. Les réseaux peuvent être simples ou complexes, indépendants ou répartis sur un vaste territoire. Les quatre principales topologies de réseaux sont la structure en étoile, la structure en ligne, la structure en boucle et la structure maillée.

Le réseau en étoile

Dans le **réseau en étoile**, un certain nombre de petits ordinateurs et de périphériques sont reliés à un ordinateur principal (*voir la figure 9.16*). Celui-ci (le système hôte) peut consister en un gros ordinateur central ou en un simple serveur de fichiers.

Toutes les communications passent par cette unité centrale. Le contrôle se fait par la **technique d'appel**, c'est-à-dire que l'ordinateur central ou le serveur de fichiers demande à chaque dispositif du réseau s'il a de l'information à envoyer et permet à chacun, à tour de rôle, de transmettre ses commandes.

L'avantage du réseau en étoile est qu'il peut servir à fournir un système en temps partagé dans lequel de nombreux utilisateurs partagent les ressources de l'ordinateur principal. Le réseau en étoile est fréquemment utilisé pour relier plusieurs micro-ordinateurs à un ordinateur central, de sorte que chacun peut accéder à la base de données d'une entreprise.

Le réseau en ligne

Dans un **réseau en ligne**, chaque nœud du réseau s'occupe du contrôle de ses propres transmissions, car il n'y a pas d'ordinateur central. Toutes les transmissions circulent sur un câble de connexion commun appelé **bus** (*voir la figure 9.17*). Pendant que les informations passent sur le bus, elles sont examinées par chacun des nœuds pour voir si elles lui sont adressées.

Le réseau en ligne est souvent utilisé pour relier un petit nombre de micro-ordinateurs. Cet arrangement est courant dans les systèmes de courrier électronique ou pour le partage de données stockées sur différents micro-ordinateurs. Lorsqu'il s'agit de partager des ressources communes, le réseau en ligne n'est pas aussi efficace que le réseau en étoile, car il n'offre pas de lien exclusif avec chacun des nœuds. En revanche, en raison de son coût abordable, c'est la topologie la plus courante.

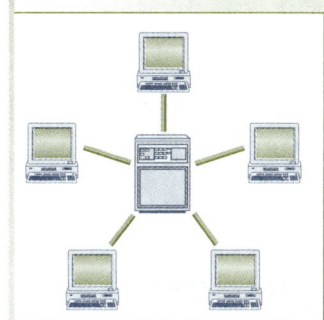

Figure 9.16

Un réseau en étoile.

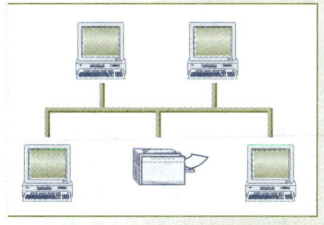

Figure 9.17

Un réseau en ligne.

Le réseau en boucle

Dans un **réseau en boucle,** aussi appelé réseau en anneau, chaque nœud est relié à deux autres nœuds de façon à former un anneau (*voir la figure 9.18*). Il n'y a ni ordinateur hôte ni serveur de fichiers. Les messages circulent sur l'anneau jusqu'à leur destination. Le réseau en boucle est le moins souvent utilisé pour aménager des micro-ordinateurs. En revanche, on s'en sert fréquemment pour relier des ordinateurs plus gros, spécialement quand ceux-ci s'étalent sur de vastes territoires. Ces ordinateurs centraux fonctionnent généralement de façon autonome. Ils effectuent la plupart, ou même l'intégralité, de leurs propres traitements et ne partagent que de façon occasionnelle des données et des programmes avec d'autres ordinateurs centraux.

Un réseau en boucle est utile dans une organisation décentralisée puisqu'il rend possible le système de traitement de données réparties, selon lequel chaque ordinateur peut effectuer une partie du traitement localement. Il peut aussi partager des programmes, des données ou des ressources avec d'autres ordinateurs.

Le réseau maillé

Le **réseau maillé** est composé de plusieurs ordinateurs reliés les uns aux autres selon une structure souple. Les ordinateurs ainsi réseautés peuvent aussi être les hôtes d'autres ordinateurs plus petits ou de périphériques. Dans les réseaux maillés, l'information passe d'un nœud à l'autre par différents chemins, comme par les rues d'une ville (*voir la figure 9.19*). Le réseau maillé n'a pas de structure rigoureuse. Il est fréquemment le résultat de l'interconnexion de réseaux structurés, comme c'est le cas d'Internet.

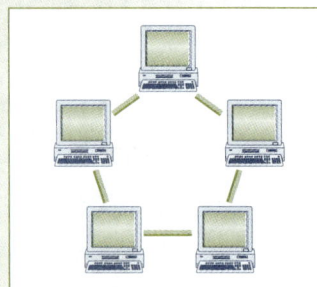

Figure 9.18

Un réseau en boucle.

Figure 9.19

Un réseau maillé.

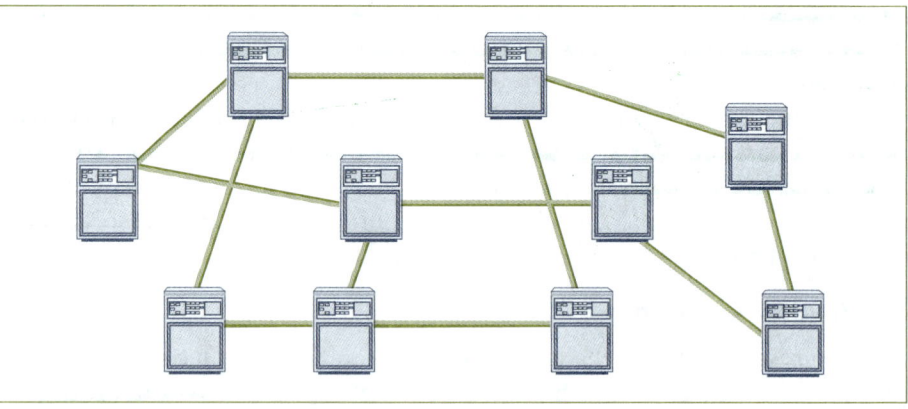

Les catégories de réseaux

Les réseaux de communication varient en dimension. Les deux plus importants sont les réseaux locaux et les réseaux étendus.

Les types de voies de transmission – par câble ou dans l'espace – permettent la formation de plusieurs sortes de réseaux. Les câbles téléphoniques, par exemple, peuvent relier le matériel de transmission à l'intérieur d'un même édifice. En fait, certains édifices modernes – appelés «édifices intelligents» – sont dotés, à l'intérieur de leurs murs, de câbles coaxiaux ou de câbles de fibre optique pour faciliter l'établissement de réseaux de communication.

D'autres réseaux ont une portée nationale ou internationale grâce à l'usage simultané des voies de transmission par câble et dans l'espace.

Il convient de distinguer deux catégories de réseaux : les réseaux locaux et les réseaux étendus.

Le réseau local

Le **réseau local** est composé d'ordinateurs et de périphériques interconnectés situés, en règle générale, dans le même édifice et communiquant directement les uns avec les autres, sans intermédiaire, grâce à leurs cartes réseau. Ce réseau, qui utilise des câbles téléphoniques, coaxiaux ou de fibre optique, ou encore les ondes, adopte souvent **une configuration en ligne.**

La figure 9.20 illustre un exemple de réseau local. Cet aménagement particulier offre deux avantages. D'abord, les utilisateurs peuvent partager les différents équipements (il y a quatre micro-ordinateurs mais seulement un serveur de fichiers et deux imprimantes). Cette mise en commun du matériel permet de faire des économies et d'acquérir ainsi des appareils sophistiqués. Par exemple, le réseau local de la figure 9.20 possède une imprimante laser couleur et un serveur de fichiers, deux appareils assez coûteux. (Chacun des micro-ordinateurs peut aussi posséder une imprimante moins coûteuse.) Ensuite, d'autres appareils peuvent s'ajouter à ce réseau local (par exemple, des serveurs ou des concentrateurs).

Notons que le réseau local illustré à la figure 9.20 possède également une **passerelle** (porte d'accès) par laquelle le réseau local est relié à d'autres réseaux locaux ou à des réseaux plus vastes. Grâce à cette passerelle, on peut relier un réseau local à un autre groupe de travail ou à d'autres réseaux dans le monde, même si leur configuration diffère. Les experts en informatique prévoient un accroissement du nombre de réseaux locaux pour micro-ordinateurs.

Le **réseau domestique** est un type de réseau local destiné aux utilisateurs d'une résidence privée et qui sert principalement au travail à la maison.

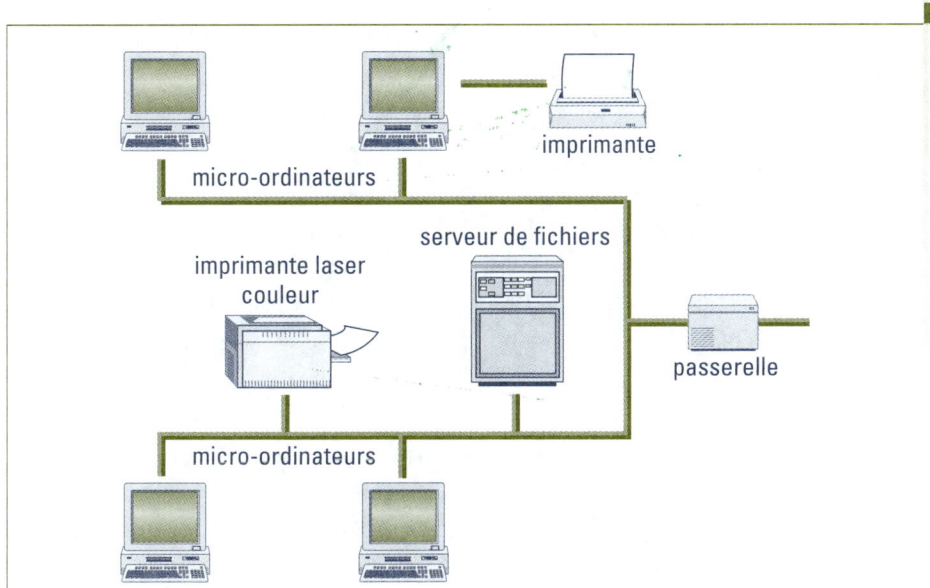

Figure 9.20

Un réseau local incluant un serveur de fichiers et une passerelle.

imprimante

micro-ordinateurs

imprimante laser couleur

serveur de fichiers

passerelle

micro-ordinateurs

Conséquence de la baisse continuelle des prix, il en est aujourd'hui des ordinateurs comme des téléviseurs il y a 25 ans : de plus en plus de foyers en possèdent plus d'un. Avec les nouveaux systèmes d'exploitation, on peut, à très faible coût, connecter entre eux deux ordinateurs ou plus, pour permettre à chacun d'utiliser les ressources des autres (comme le lecteur DVD ou l'imprimante), et surtout le même abonnement à Internet.

Les ordinateurs d'un réseau domestique peuvent être reliés les uns aux autres par l'intermédiaire de fils électriques, de câbles téléphoniques ou de câbles réseau. La façon de procéder la plus simple consiste à utiliser la connectivité sans fil, c'est-à-dire à munir les micro-ordinateurs d'un équipement sans fil et à ajouter une borne d'accès centrale pour l'acheminement de toutes les communications (*voir la figure 9.21*).

Figure 9.21

Une borne d'accès sans fil (*WiFi*) pour réseau domestique.

Le réseau étendu

Le **réseau étendu** a une portée nationale ou internationale. Parmi les types de voies de transmission, il utilise les relais de micro-ondes et les satellites pour atteindre les utilisateurs sur de grandes distances – par exemple, de Los Angeles à Paris. Internet est le réseau étendu le plus utilisé. Il permet de relier des utilisateurs partout dans le monde (*voir la figure 9.22*).

La différence entre le réseau local et le réseau à longue distance tient surtout à leur rayon d'action. Tous deux intègrent différentes combinaisons de matériel, comme des micro-ordinateurs, des serveurs, des ordinateurs centraux et divers périphériques.

Figure 9.22

Un réseau étendu.

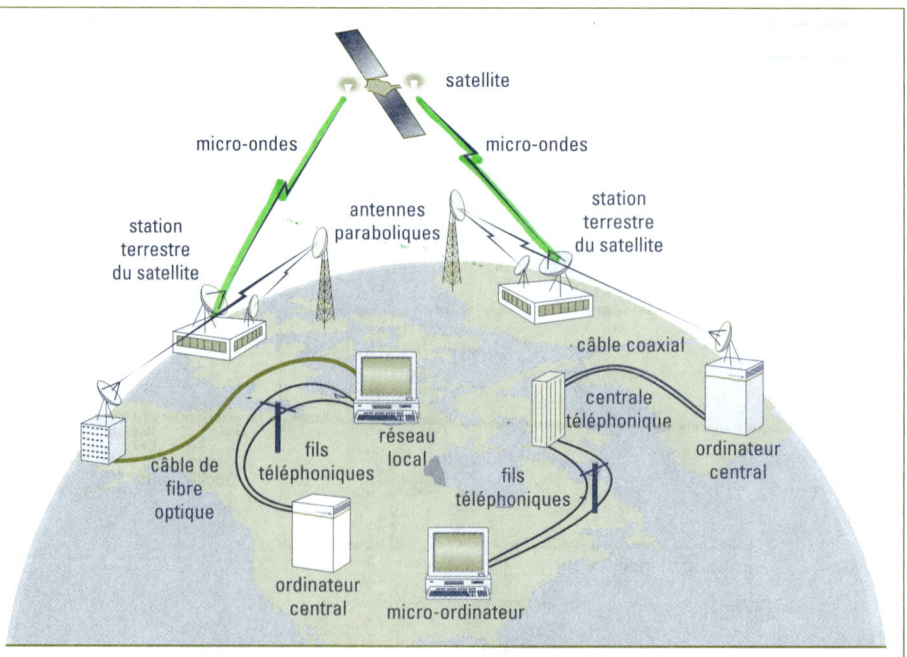

Questions de révision

Vrai ou faux

1. Un réseau local relie deux ou plusieurs ordinateurs à l'intérieur d'un ✓ même édifice.
2. Toutes les communications entre ordinateurs requièrent un modem. F
3. Les modems standard servent à transformer les signaux analogiques en signaux numériques, et vice versa. ✓
4. Les câbles coaxiaux relient les satellites entre eux pour transporter des signaux sur bande large. F
5. La vitesse des modems se mesure en bps (bits par seconde). ✓
6. Les protocoles sont des règles qui assurent la communication dans les réseaux à longue distance ; ces règles ne sont pas importantes pour un F réseau local.
7. La transmission directe de données par micro-ondes entre Montréal et Vancouver serait impossible sans l'utilisation de stations de relais au sol ✓ ou de satellites.
8. «WiFi» est un autre nom pour désigner la technologie du sans fil par ✓ micro-ondes.
9. Une borne d'accès sans fil a une portée d'environ 200 km. ✓
10. Un réseau domestique ne peut être construit qu'avec des câbles F coaxiaux.

Questions à choix de réponses

1. Les conditions météorologiques peuvent perturber le transfert des données sur un réseau, surtout lorsque les nœuds de celui-ci sont reliés par :
   a) des paires torsadées ;   c) des câbles coaxiaux ;
   b) des micro-ondes ;   d) des fibres optiques.
2. Quelle voie de communication transfère les données à la vitesse des impulsions lumineuses ?
   a) un câble téléphonique ;   c) un câble de fibre optique ;
   b) un câble coaxial ;   d) toutes les réponses précédentes.
3. Les règles d'échange d'informations sur un réseau s'appellent :
   a) un protocole ;   c) une borne ;
   b) une configuration ;   d) un routeur.
4. Parmi les voies de transmission suivantes, laquelle n'utilise pas la bande large ?
   a) le câble téléphonique ;   c) la fibre optique ;
   b) le câble coaxial ;   d) les micro-ondes.
5. Parmi les éléments suivants, lequel représente un nœud permettant de relier deux réseaux ?
   a) une passerelle ;   c) un câble coaxial ;
   b) un satellite ;   d) un bus.

6. Lequel des éléments suivants n'est pas une voie de transmission de l'information entre les nœuds d'un réseau?
a) la fibre optique ;
c) le satellite ;
b) le câble coaxial ;
d) le câble téléphonique.

7. Qu'est-ce qu'un nœud dans un réseau?
a) un ordinateur ;
c) un serveur ;
b) une imprimante :
d) toutes les réponses précédentes.

8. Les moyens techniques permettant de se relier à un réseau s'appellent :
a) les protocoles ;
c) la connectivité ;
b) la configuration ;
d) la télématique.

9. Le rôle d'un administrateur de système consiste à :
a) attribuer des mots de passe ;
b) installer des logiciels système ;
c) installer des logiciels d'application ;
d) toutes les réponses précédentes.

10. Sous quel nom désigne-t-on la configuration physique d'un réseau informatique?
a) bande passante ;
c) hiérarchie ;
b) topologie ;
d) pare-feu.

Phrases à compléter

1. Un modem NUMÉRIQUE s'utilise de la même façon qu'un modem standard bien qu'il ne module aucun signal.

2. Les INFRAROUGE vu leur faible énergie, ne peuvent parcourir qu'une courte distance.

3. Les R. ÉTENDU sont des réseaux de portée nationale et internationale permettant de relier des utilisateurs très éloignés.

4. Un SERVEUR est un nœud qui partage ses ressources et coordonne ce partage avec les autres nœuds du réseau.

5. Deux réseaux locaux peuvent être reliés par PASSERELLE

6. Lorsque, au sein d'une entreprise, dans une même pièce, un même édifice ou dans des édifices voisins, on a installé des câbles pour relier entre eux des ordinateurs et des périphériques, on dit qu'on a installé un réseau local.

7. Les câbles téléphoniques, les câbles coaxiaux, les câbles de fibre optique, les infrarouges et les MICROON constituent différentes voies de transmission.

8. Le terme TÉLÉMAT fait référence à l'ensemble des technologies obtenues par le rapprochement de l'informatique, des télécommunications et du multimédia.

9. Un serveur est un ordinateur qui permet à un ordinateur client d'accéder à ses ressources.

10. Le terme _____ désigne l'ensemble des applications découlant de la fusion de l'informatique, des télécommunications et du multimédia.

1. Nommer et décrire les différents types de voies de communication.

2. Expliquer les particularités des différentes largeurs de bande.

3. Dessiner un réseau maillé composé d'un réseau local en ligne, d'un réseau en étoile et d'un réseau en boucle étendu. Expliquer comment un nœud A du premier réseau peut communiquer avec un nœud B du réseau en étoile (dessiner les chemins possibles en prenant en considération que certains nœuds sont parfois défectueux).

4. Dresser la liste des logiciels et du matériel requis pour établir un réseau domestique entre deux ordinateurs.

5. Expliquer ce qu'est la télématique et en décrire trois exemples d'utilisation.

Fusion de l'informatique, du multimédia et des techniques de communication, la **télématique** a pris depuis peu une importance majeure. Elle peut modifier votre vie quotidienne de façon considérable.
La **connectivité** désigne les moyens techniques permettant les connexions dans les réseaux.
Un **réseau** est un système reliant deux ou plusieurs ordinateurs et des périphériques.

LA TÉLÉMATIQUE EN ACTION

Les télécommunications

Les **télécommunications**, ou communications à distance, se sont grandement améliorées depuis l'époque de l'invention du téléphone par Graham Bell ! De nos jours, nous utilisons, en plus du téléphone, le télécopieur, le téléphone cellulaire, les satellites de communication et la câblodistribution.

La fusion informatique-télécommunications

La **télématique** est issue du rapprochement entre l'informatique et les télécommunications. En voici quelques exemples : les services de courrier électronique, les groupes de travail, les téléconférences, les systèmes portatifs de positionnement, Internet et les ordinateurs multimédias.

LES PÉRIPHÉRIQUES DE COMMUNICATION

Les câbles téléphoniques transmettent des **signaux analogiques**, tandis que les ordinateurs émettent et reçoivent des **signaux numériques**.

Les modems et les vitesses de transmission

Un **modem** permet la transmission d'informations au moyen de câbles téléphoniques en convertissant les signaux numériques en signaux analogiques, et vice versa. La vitesse d'un modem s'évalue en bits par seconde (bps) ou, pour plus de commodité, en octets par seconde (o/s).

Le *fax*-**modem** est très répandu sous forme de carte d'extension. La majorité des modems offerts sur le marché intègrent les fonctions de télécopie en plus de celles d'un modem.

Les modems numériques

Le modem numérique utilise la technologie **ADSL** du câble téléphonique ou celle des câbles coaxiaux du câblodistributeur. Ces technologies offrent des débits élevés sans occuper la ligne téléphonique ni perturber les émissions de télévision. Les **modems numériques** nécessitent l'utilisation d'une **carte réseau** ou d'un **port USB**.

La technologie du **sans fil** par micro-ondes (*WiFi*) permet un accès nomade à Internet. Elle exige l'usage d'une carte réseau sans fil qui doit entrer en contact avec une borne d'accès Internet sans fil.

Les terminaux

Un terminal est un périphérique d'entrée et de sortie doté d'un clavier, d'un moniteur et d'un système de liaison.

- Le **terminal simple** envoie et reçoit des données sans assurer aucun traitement.
- Le **terminal intelligent** est doté d'une mémoire, peut traiter les données à l'aide d'un processeur et de logiciels.
- Le **terminal Internet** se branche à un téléviseur et permet de naviguer dans Internet sans ordinateur personnel.
- Le **terminal de point de vente** utilisé dans les commerces, qui remplace les caisses enregistreuses, est composé d'un lecteur optique, d'une caisse, d'un écran et d'un système de liaison.

LES VOIES DE TRANSMISSION

Le câble téléphonique

La majorité des **câbles téléphoniques** sont faits de deux fils de cuivre isolés, enroulés l'un sur l'autre pour former une **paire torsadée** ; celle-ci transmet la voix et des données.

Le câble coaxial

Le **câble coaxial** est un câble de transmission à haute fréquence. Il est fait d'un gros fil conducteur recouvert d'une gaine isolante. Il possède 80 fois la capacité de transmission d'un câble téléphonique. Il est souvent utilisé dans les réseaux locaux.

Le câble de fibre optique

Le **câble de fibre optique** transmet les données sous forme d'impulsions lumineuses à travers des filaments de verre. Il s'agit de la voie de transmission la plus rapide puisque les données voyagent à la vitesse de la lumière.

Les micro-ondes

Les **micro-ondes** sont des ondes radio de haute fréquence qui circulent dans l'espace. Étant donné la courbure naturelle de la Terre, on doit se servir de stations de relais munies d'antennes paraboliques et de satellites géostationnaires pour acheminer un signal de ce type à bon port. Le dernier cri dans ce domaine porte le nom de *WiFi*.

Les infrarouges

Les **ondes infrarouges** sont des ondes électromagnétiques de basse fréquence. Comme elles ne peuvent pas traverser les murs, elles sont réservées aux liaisons d'appareils se trouvant dans une même pièce.

LA TRANSMISSION DES DONNÉES

La largeur de bande

La quantité de données pouvant être transmises dépend de la **largeur de bande** des voies de transmission. La capacité de transmission d'une voie de communication, mesurée en bits par seconde (bps), est de trois types : **bande vocale**, **bande moyenne** et **bande large**.

Les protocoles

Les **protocoles** définissent les règles régissant l'échange d'information à l'intérieur des réseaux. Le plus connu est le protocole **TCP/IP**, qui sert à naviguer dans Internet.

L'ORGANISATION DES RÉSEAUX

Les éléments qui forment les réseaux sont les suivants : **nœud**, **client**, **serveur**, **système client/ serveur**, **système d'égal à égal**, **système de traitement réparti**, **ordinateur hôte**, **concentrateur**, **routeur** et **administrateur de système**.

Le réseau en étoile

Dans un **réseau en étoile**, un certain nombre d'ordinateurs et de dispositifs périphériques sont reliés à un ordinateur principal. Ce réseau est utile lorsqu'on a besoin d'un système en temps partagé.

Le réseau en ligne

Dans un **réseau en ligne**, il n'y a pas d'ordinateur hôte ; c'est un système *P2P*, c'est-à-dire d'égal à égal. Chaque nœud du réseau s'occupe du contrôle de ses propres transmissions qui circulent sur un câble de connexion commun appelé un **bus**.

Le réseau en boucle

Dans un **réseau en boucle**, il n'y a pas d'ordinateur hôte. Chaque nœud est relié à deux autres nœuds. Ce genre de réseau rend possible le **système de traitement de données réparties**.

Le réseau maillé

Un **réseau maillé** est composé de plusieurs ordinateurs reliés les uns aux autres d'une façon souple. Chacun des ordinateurs peut être l'hôte d'un autre ordinateur ou d'un réseau.

LES CATÉGORIES DE RÉSEAUX

Les réseaux d'ordinateurs ont des portées variables. On s'entend pour les regrouper en deux catégories.

Le réseau local

Le **réseau local** est constitué d'ordinateurs et de périphériques situés les uns près des autres. Il prend souvent la forme d'un réseau en ligne et ses nœuds sont reliés par des câbles coaxiaux, des câbles de fibre optique ou des micro-ondes. Le réseau local peut être relié à d'autres réseaux par une **passerelle**.

Le **réseau domestique** représente une autre forme de réseau local. Ce réseau se rencontre dans les résidences privées et relie les ordinateurs et les périphériques d'un individu, d'une famille.

Le réseau étendu

Le **réseau étendu** a une portée nationale ou internationale ; il utilise toutes sortes de voies de transmission ainsi que les relais micro-ondes et les satellites.

Internet: histoire et technique

10

Internet est l'élément principal de l'autoroute électronique. Il transporte l'internaute au cœur du cyberespace. Il est important d'en connaître les bases de même que l'origine. Au chapitre 4, nous avons passé en revue diverses applications du réseau Internet et, au chapitre 9, nous avons vu que la connectivité vous permettait d'étendre la portée de votre micro-ordinateur. Nous avons aussi étudié les réseaux, en particulier pour ce qui concerne leur structure et leur fonctionnement. Nous examinerons maintenant l'histoire du réseau des réseaux et certains aspects techniques de son fonctionnement.

Le **cyberespace** est l'ensemble des « lieux virtuels » (ordinateurs et réseaux d'ordinateurs) auxquels l'internaute peut accéder par l'autoroute électronique. Il se compose du réseau Internet public et de multiples réseaux privés à accès limité, dont la plupart utilisent Internet comme porte d'entrée. L'accès à l'autoroute électronique et à tous les services qui y sont rattachés a subi une première transformation à la suite de la mise sur pied du réseau Internet. Puis, l'introduction de la micro-informatique a, à son tour, révolutionné le monde d'Internet.

Le monde de l'informatique a beaucoup évolué depuis son origine. Cette évolution s'est surtout caractérisée par une décentralisation constante. En effet, alors qu'au début de l'informatique les superordinateurs étaient réservés à l'usage des gouvernements et des très grandes entreprises, de nos jours l'accès à l'ordinateur personnel est généralisé.

Internet est né du projet Arpanet (Advanced Research Projects Agency Network) de l'armée américaine.

La petite histoire d'Internet (de 1970 à 1990)

Au début de l'ère informatique, les ordinateurs sont très gros et coûtent très cher. Rapidement, on met au point des systèmes d'exploitation permettant la multiprogrammation et le mode multiusager. Les postes de travail sont constitués de terminaux simples installés dans des locaux attenants à la salle de l'ordinateur, ou encore dans des bureaux individuels situés dans un même bâtiment. Chaque terminal est muni d'une carte réseau qui lui permet de communiquer avec l'ordinateur central auquel il est relié par un câble. Dans ce réseau en étoile, l'ordinateur central fait office de serveur à tout faire : l'ensemble des ressources, les données comme les programmes, y résident, et l'usager se sert du terminal pour ouvrir une session de travail et faire exécuter les différents programmes qui lui sont utiles. Les systèmes d'exploitation sont arides ; les concepteurs n'ont pas encore découvert le mot « convivialité ».

Bref, les usagers forment pour ainsi dire un groupe d'initiés qui recourent à l'informatique uniquement dans l'exercice de leurs fonctions. Quand les premiers accès à distance seront organisés, ce sera pour répondre à leurs besoins.

L'accès

Deux voies se créent en parallèle : l'une pour relier l'usager à son ordinateur, l'autre pour relier les ordinateurs centraux entre eux. Le plus simple consiste à faire en sorte que l'utilisateur puisse accéder à l'ordinateur depuis un lieu éloigné, par exemple à partir de chez lui. On met donc au point les premiers modems qui permettront de déplacer les terminaux en un lieu éloigné et d'établir la communication au moyen du réseau téléphonique. Les ordinateurs sont munis de plusieurs modems reliés à un central de commutation disposant du nombre équivalent de lignes téléphoniques. Une session de travail se déroule de la même manière, qu'on se trouve sur place ou à distance. Les modems sont lents (de 110 à 1200 bps), mais l'interface de type texte n'est pas très exigeante et le système répond aux besoins individuels.

Les ordinateurs de grande taille, quant à eux, résident dans des lieux de travail ou de recherche géographiquement éloignés les uns des autres : les universités, les centres de recherche, les grandes entreprises et, bien sûr, les établissements gouvernementaux. Le réseau téléphonique standard, qui fonctionne en mode analogique, est complètement inadéquat pour satisfaire aux besoins d'échanges d'information de grand débit. Pour remédier à la situation, on envisage l'établissement de liens numériques qui se feront par câbles téléphoniques directs, puis par câbles coaxiaux, plus sûrs et plus rapides. On verra enfin naître les premiers réseaux de données par micro-ondes. Ce sont généralement des réseaux en boucle, gérés par des programmes spécialisés faisant appel à de nombreux protocoles peu normalisés. Pour permettre à chacun de profiter de ces nouvelles ressources, on crée les premiers services ; ce terme désigne à la fois l'ensemble des programmes recourant à un protocole de communication commun et l'usage particulier que peut en faire l'utilisateur.

Le service Telnet

Le service **Telnet** est une des premières applications offertes par les réseaux (*voir la figure 10.1*). Pour bien illustrer son fonctionnement, prenons l'exemple suivant. Imaginons un professeur enseignant à l'université *M*, située à Montréal, et disposant d'un code pour accéder à l'ordinateur de l'établissement. À partir de n'importe quel terminal du campus, que le professeur se trouve dans une salle de travail quelconque ou dans son bureau, il peut amorcer une session de travail en s'identifiant par une donnée publique, son **code d'accès** (*login*), et une donnée confidentielle, son **mot de passe**

Figure 10.1

Une session Telnet.

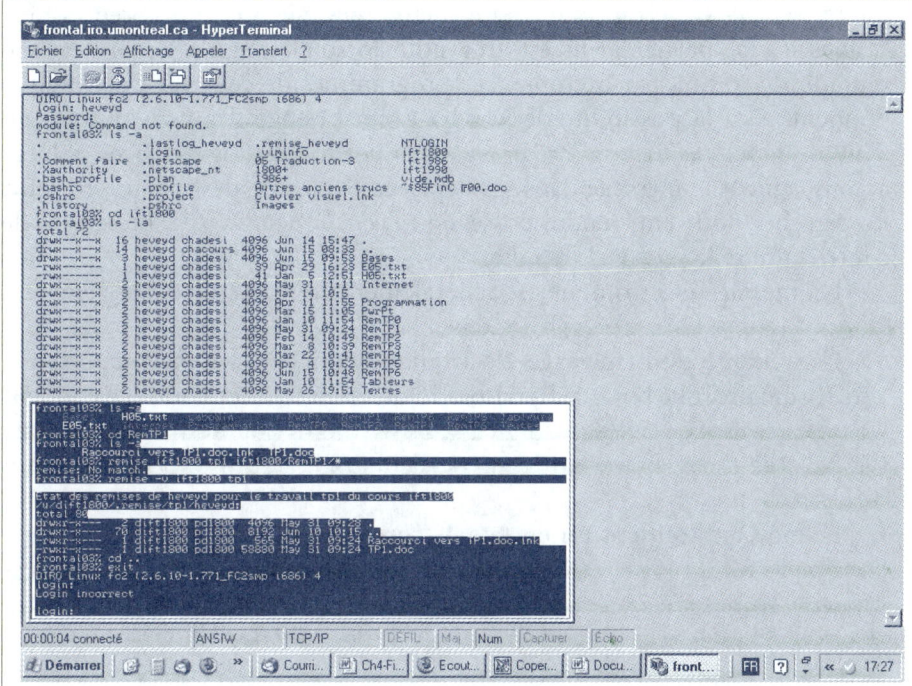

(*password*). S'il possède un poste de travail à la maison, il aura les mêmes possibilités sans qu'il lui en coûte un denier, à condition d'habiter dans la région où est établie l'université. S'il habite à l'extérieur de cette zone, toutefois, il devra assumer des frais d'interurbain. Supposons maintenant qu'il soit aussi professeur invité à l'université *B*, située à Boston, et que lui et des collègues y fassent partie d'un groupe de recherche. Il possède donc, là aussi, un code d'accès et un mot de passe (peut-être les mêmes) pour utiliser l'ordinateur de cet établissement. Si les deux universités sont reliées par un réseau commun, le professeur peut, en recourant au service Telnet, travailler sur l'un ou l'autre ordinateur sans frais d'interurbain. Ainsi, de chez lui, il lui suffit d'entrer en communication avec l'ordinateur *M* (appel local) et de lancer l'exécution du programme Telnet en précisant le nom de l'université *B*. Ce programme communiquera automatiquement avec son homologue de l'ordinateur *B* et servira de lien de communication pour établir une nouvelle session de travail à distance. Le professeur pourra ainsi travailler à distance sur n'importe quel autre ordinateur dans le monde pourvu qu'il dispose d'un code pour y accéder et que l'ordinateur *M* ou *B* y soit relié.

Le courrier électronique

Le service de **courrier électronique**, ou **courriel** (*e-mail*), exige pour son fonctionnement que chaque ordinateur soit identifié de façon unique sur le réseau et que chaque utilisateur disposant d'un code d'accès sur un ordinateur y possède aussi une boîte postale à son nom. Ces deux conditions remplies, les utilisateurs peuvent dès lors, grâce à des programmes comme Pine, Elm ou Eudora, envoyer lettres ou messages sans qu'il soit nécessaire de recourir au service des postes ou aux services de messagerie ni de payer des frais d'interurbain élevés (*voir la figure 10.2*). En outre, le courrier électronique permet de communiquer un même message à de nombreuses personnes. Cette particularité est très utile lorsqu'il s'agit d'organiser une réunion de travail, par exemple. Les programmes de courrier électronique donnent aussi la possibilité de joindre à un message des fichiers texte ou d'autres types de fichiers créés avec n'importe quel logiciel. Ces fichiers accompagnent le message dans ses déplacements, et le destinataire n'a qu'à les détacher pour en prendre possession (*voir la figure 10.3*). Le service de courriel utilise le protocole *Mailto*.

Un message électronique est généralement composé de deux éléments : une enveloppe et le message lui-même.

L'enveloppe d'un message électronique équivaut à l'enveloppe d'une lettre ordinaire. Elle sert à la livraison du message et, à cette fin, elle contient les renseignements techniques sur l'adresse Internet du destinataire et parfois celle de l'expéditeur ainsi que plusieurs oblitérations selon le chemin parcouru.

Le message contient un en-tête, le corps du message et une signature. Placé au début du message, l'en-tête comporte l'adresse électronique du destinataire, l'adresse électronique de l'expéditeur, le nom des fichiers joints au message, s'il y a lieu, et l'objet du message (une brève description qui permet de savoir sur quoi porte un message sans qu'il soit nécessaire de l'ouvrir ; cette partie de l'en-tête est facultative, mais il est fortement recommandé de la remplir par souci de courtoisie et de clarté).

Au-dessous de l'en-tête se trouve le corps du message, qui est suivi à son tour de la signature. D'un usage facultatif, cette dernière fournit des renseignements supplémentaires concernant l'expéditeur. On peut y taper son nom, son adresse et son numéro de téléphone ou de télécopieur, par exemple. Il est possible de préenregistrer cette information dans le programme de courrier électronique et d'en commander l'affichage d'un clic de la souris.

Figure 10.2

Le courrier électronique en mode texte avec Pine.

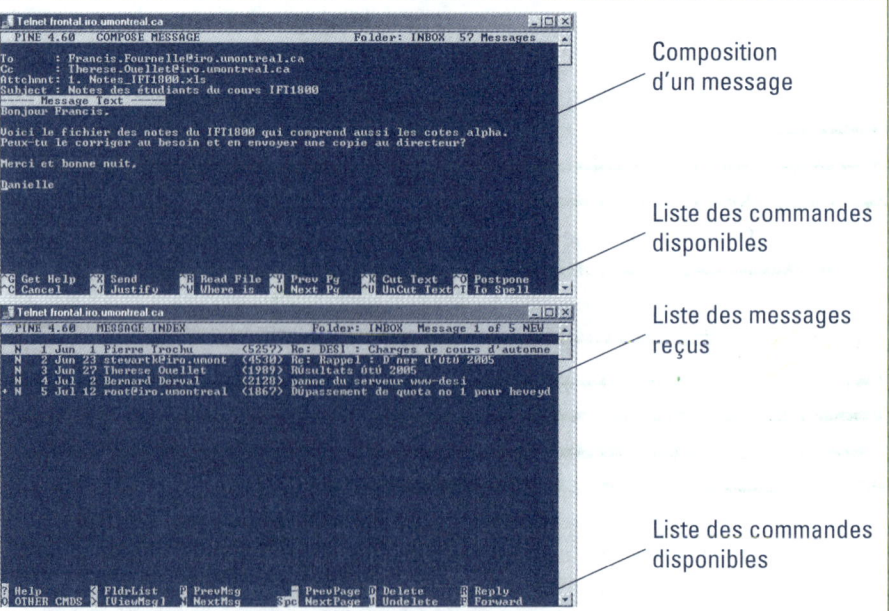

Composition d'un message

Liste des commandes disponibles

Liste des messages reçus

Liste des commandes disponibles

Figure 10.3

Les éléments d'un message
électronique.

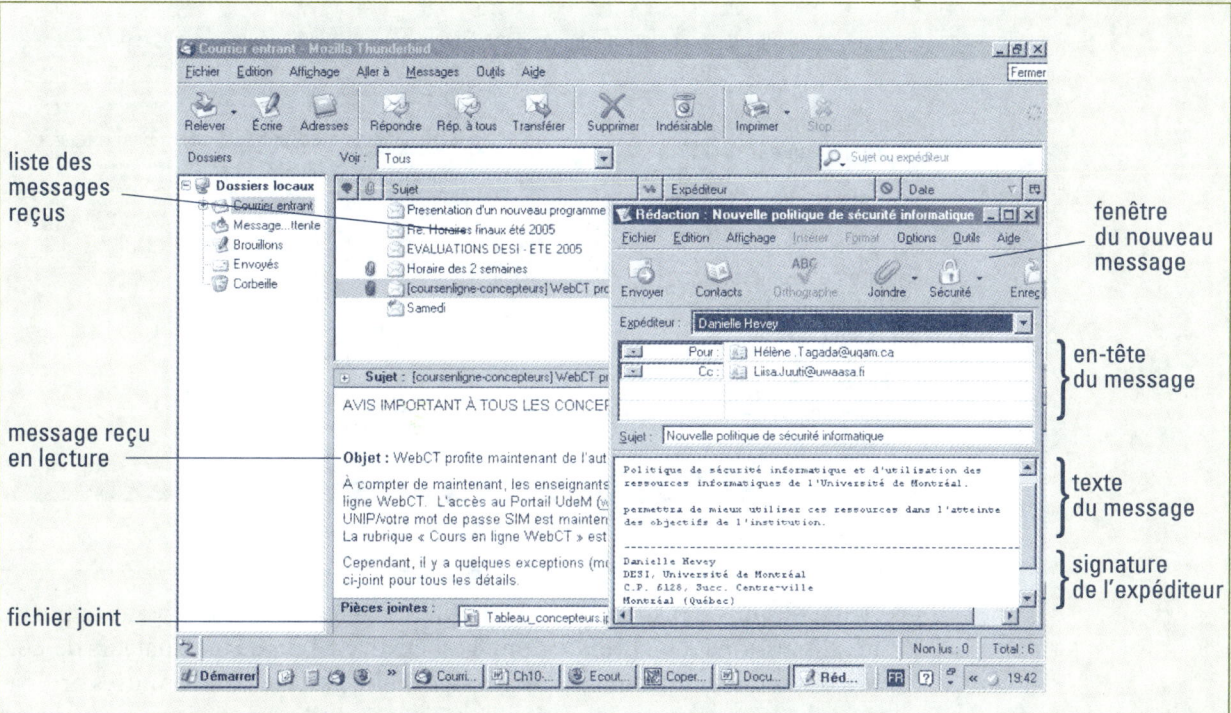

Le courrier électronique est depuis longtemps le service de télématique le plus populaire, en raison de sa grande utilité. En France et en Suède, le service postal a mis sur pied un programme visant à fournir une adresse électronique à chaque citoyen et, depuis quelques années, le gouvernement canadien caresse l'idée d'en faire autant.

Les groupes de discussion

Désireux de faire connaître leurs travaux et de partager de l'information avec leurs collègues, les chercheurs ont rapidement créé un mécanisme d'échange d'idées : les **groupes de discussion** (*newsgroups*), aussi nommés **forums électroniques.** Ce service, qui utilise le protocole *News,* est apparenté au courrier électronique et permet aujourd'hui de participer à des discussions ou à des débats portant sur une grande variété de sujets d'intérêt tant général (actualité politique, critique de films, etc.) que particulier (dépannage micro-informatique, univers de Star Trek). Au cœur de ce service, on trouve un réseau mondial réparti appelé *UseNet.* Celui-ci est formé d'un ensemble de serveurs qui gèrent les articles traitant de sujets particuliers et auxquels les internautes ont accès grâce à un logiciel spécialisé. Chacun des ordinateurs contient une partie de la liste des groupes de discussion. Ces derniers sont classés selon des domaines d'intérêt majeurs, puis subdivisés hiérarchiquement.

Par exemple, un groupe de discussion portant sur la langue française peut avoir l'adresse suivante : fr.lettres.langue.francaise (*voir la figure 10.4*). Il entre dans le domaine principal « français », ensuite dans le sous-domaine

Figure 10.4

Un forum électronique sur
la langue française.

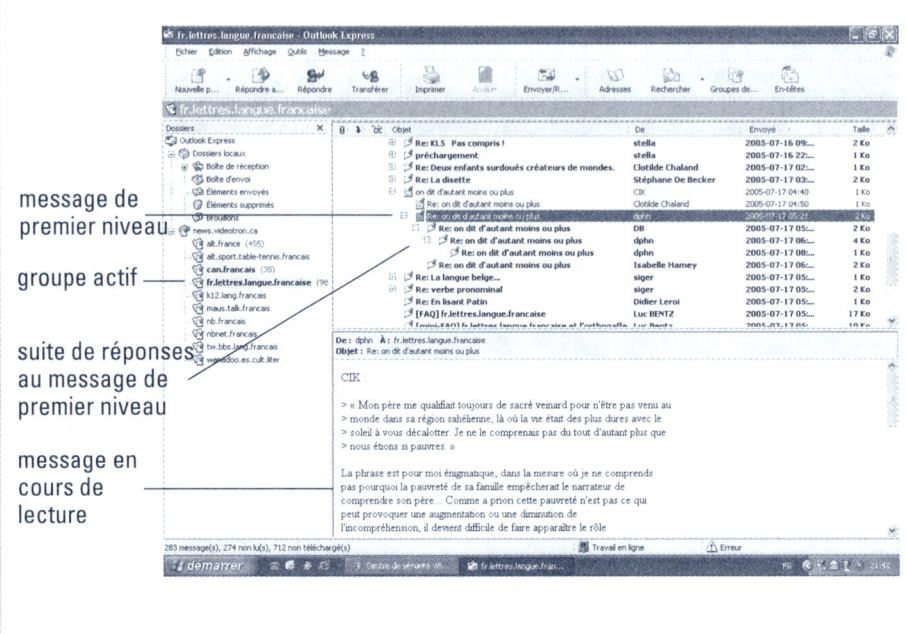

«lettres», puis dans «langue» et, enfin, «française». Ce que vous apportez
aux discussions d'un groupe donné est envoyé à l'un des ordinateurs de *Use-
Net*. Cet ordinateur conserve les messages et les partage avec les autres ordinateurs du réseau à intervalles réguliers. Tous les utilisateurs intéressés peuvent
alors consulter chacun des groupes de discussion. On recense actuellement
plus de 100 000 groupes de discussion; un grand nombre d'entre eux portent
sur des sujets scientifiques.

Le transfert de données

Le transfert de données s'est rapidement imposé comme une nécessité chez
les premiers chercheurs internautes. Le service **FTP** (*File Transfer Protocol*)
vise à combler ce besoin. Il fait appel au protocole de communication FTP et
à un programme FTP qui utilise ce protocole. Revenons au professeur de
notre exemple précédent. Il peut très bien se retrouver à Boston et vouloir
partager avec ses collègues les données qu'il a colligées au cours des derniers
mois. Il lui suffit d'ouvrir une session sur l'ordinateur *B*, de lancer le programme FTP en mode client et d'indiquer le nom de l'université *M*. FTP, le
client de l'ordinateur *B*, appelle FTP, le serveur de l'ordinateur *M*, et le lien
s'établit dès que le code d'accès et le mot de passe sont validés. Notre utilisateur a alors accès à la liste de ses fichiers sur *M* et il peut en obtenir une copie
sur *B* (*voir la figure 10.5*).

La plupart des universités et des centres de recherche mettent à la disposition de la population un ensemble de données d'intérêt public. On peut
accéder à leur ordinateur en s'identifiant par le code d'accès passe-partout
anonymous. Il existe plus de 5000 sites FTP qui donnent accès à des millions
de fichiers publics, comme les cotes de la Bourse, les dernières données sur
les revenus personnels des individus, ou encore des articles et des renseignements concernant la recherche de pointe sur le cancer.

Figure 10.5

Le service FTP.

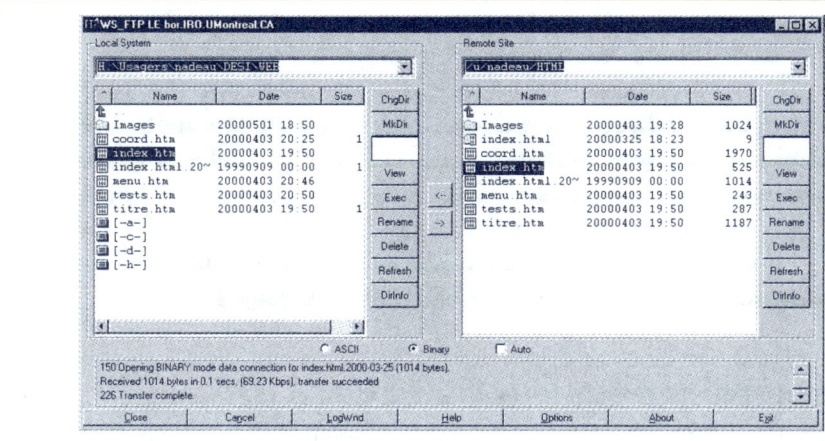

Les services Gopher et WAIS

Le service **Gopher** est essentiellement un outil de recherche. Ce terme, d'origine anglo-saxonne, perd ses connotations culturelles en français; il désigne un petit rongeur voisin de l'écureuil qui est la mascotte de l'université du Minnesota, où a été créé Gopher. Ce service repose sur la présence de serveurs Gopher qui contiennent des listes hiérarchiques de références répertoriant les millions de documents et de fichiers de données disponibles ainsi que les sites FTP où l'on peut se les procurer. Il regroupe l'information par secteurs et par sujets, à la manière d'un catalogue de bibliothèque, facilitant ainsi de façon considérable l'exploration des ressources disponibles (*voir la figure 10.6*). Si l'on désire des renseignements sur un sujet, par exemple une recette de poule au pot, on consulte d'abord la catégorie générale «loisir», puis la sous-catégorie «recette», puis la sous-sous-catégorie «poulet» ou «poule», et ainsi de suite jusqu'à l'obtention d'un choix de dizaines (ou de centaines) de recettes. Gopher est l'ancêtre des répertoires de recherche modernes comme la Toile du Québec (*voir le chapitre 4*).

Figure 10.6

Le service Gopher.

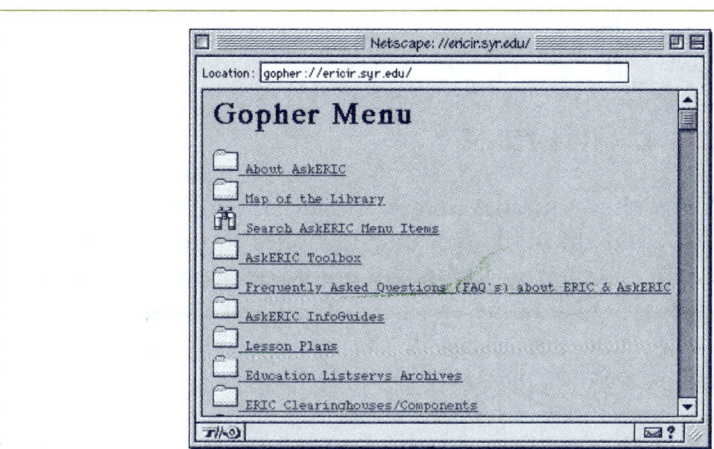

Le service **WAIS** (*Wide Area Information Server*) est un outil de recherche qui élargit les capacités de Gopher. Ce système crée une liste des ressources disponibles sur les divers sites Gopher et en analyse le texte (*voir la figure 10.7*). Il constitue alors un index de mots clés et d'expressions contenus dans chaque document. Une recherche WAIS sur un sujet donné (les mots «poule» et «pot», par exemple) est plus minutieuse et fournit des références plus nombreuses, reposant sur la présence des mots recherchés dans le document. Il existe des centaines de sites WAIS, et bon nombre d'entre eux sont spécialisés dans un domaine particulier. Le service WAIS est le précurseur des moteurs de recherche modernes tels que Google (*voir le chapitre 4*).

Figure 10.7

Le service WAIS.

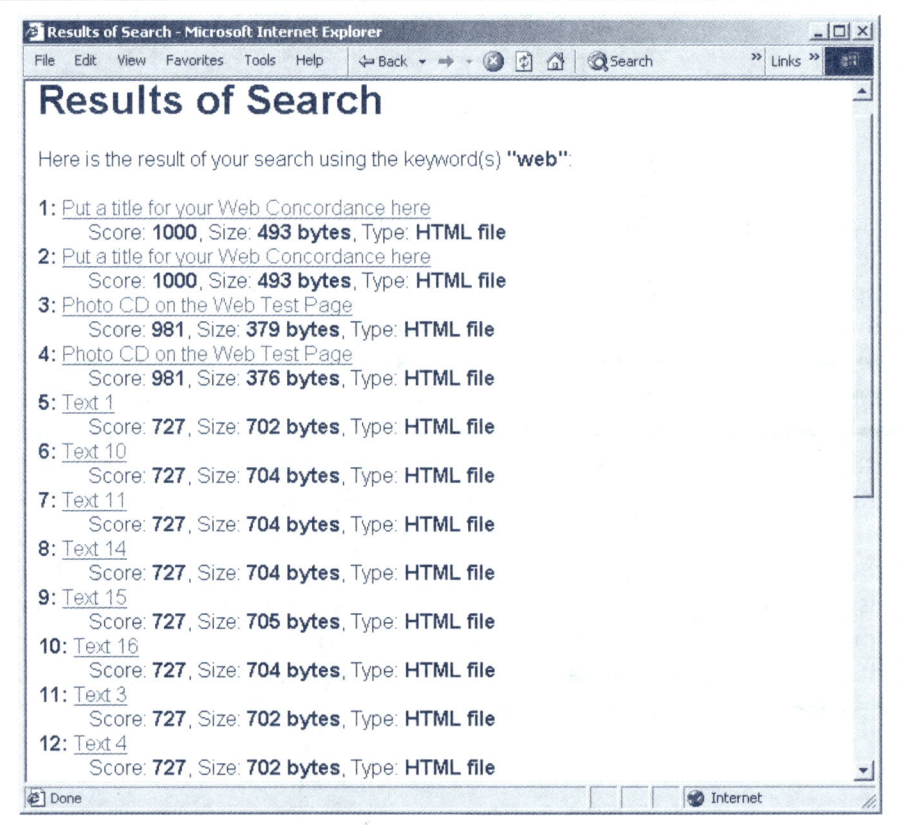

L'évolution d'Internet

Les services télématiques examinés précédemment ont été mis au point sur différents réseaux ayant chacun leurs caractéristiques. Cette diversité posait des problèmes d'interconnexion. Internet a suscité une standardisation qui s'est révélée bénéfique et qui a mené à la création d'un gigantesque réseau mondial. Il est à l'origine d'une nouvelle communauté virtuelle qui s'étend sur toute la surface du globe.

L'origine du réseau Internet remonte à 1969, au moment où le gouvernement américain a mis sur pied un vaste projet de recherche portant sur le réseautage des ordinateurs. Il s'agissait de concevoir un système de

Grâce à la normalisation du protocole de communication TCP/IP, Internet a permis à tous les réseaux existants de s'interconnecter et, ce faisant, est devenu rapidement un réseau mondial.

télécommunication pouvant résister à toute forme d'attaque, fût-elle nucléaire. La solution retenue : la création d'un réseau maillé où l'information pourrait circuler en empruntant une multitude de chemins. Le réseau national Arpanet (*Advanced Research Project Agency Network*) a alors vu le jour. Au départ, ce réseau ne comptait que quatre superordinateurs reliés entre eux (*voir la figure 10.8*). Les agences gouvernementales et militaires américaines l'ont utilisé pour favoriser le partage d'information et de points de vue entre les chercheurs de leurs nombreux programmes. La mise en place de ce réseau international de communication par satellite offrait aux chercheurs des universités et des grands centres de recherche la possibilité d'échanger, sans contrainte de temps ni d'argent, des textes, des documents visuels et des résultats d'expérience. Seuls les centres de recherche et les universités agréées étaient autorisés à adhérer à Arpanet. Au bout d'un certain temps, les civils ayant dépassé en nombre les militaires, l'armée américaine décidait, au début des années 1980, de réserver l'usage d'Arpanet aux recherches militaires et de subventionner un réseau parallèle à l'intention de la recherche scientifique.

La plupart des réseaux sont des réseaux fermés, en ce sens qu'ils appartiennent à ceux qui les ont créés et que leur accès, leur fonctionnement et leur contenu relèvent de ces mêmes propriétaires. Il en est ainsi, par exemple, des réseaux commerciaux tels que Dow Jones qui vendent des services télématiques aux entreprises et aux particuliers. À l'opposé, Internet a été conçu comme un réseau ouvert : les centres de recherche et d'enseignement de même que les organismes gouvernementaux y adhèrent en échange d'une cotisation minime et sont entièrement responsables des contenus et des services qu'ils désirent offrir. En quelques années, le réseau s'étend à d'autres pays. Alors qu'il comprend 23 sites en 1971, le réseau s'élargit à 150 000 en 1989 et franchit le cap du million en 1992. De nos jours, on compte plusieurs centaines de millions de sites.

En réalité, Internet est un réseau de réseaux, c'est-à-dire un réseau qui relie entre eux des milliers d'autres réseaux et des millions d'ordinateurs

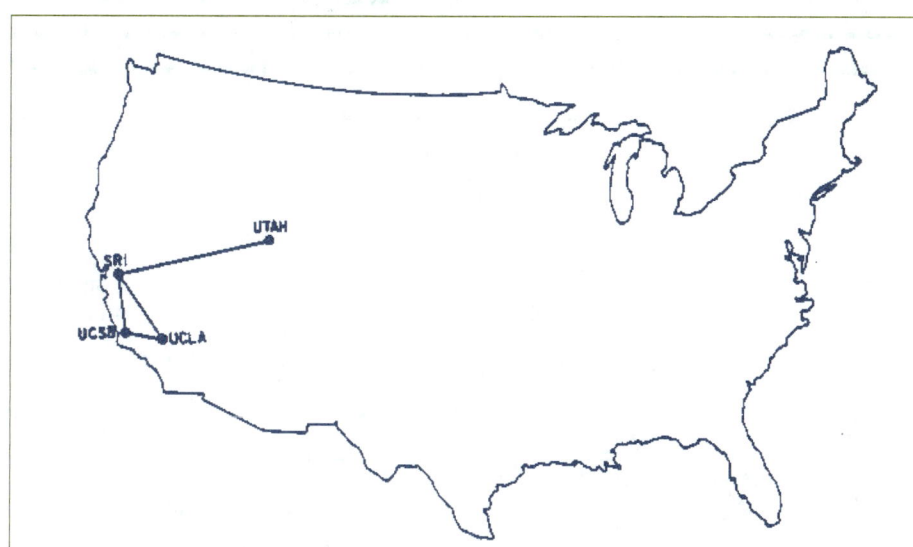

Figure 10.8

Le réseau Arpanet à ses débuts.

selon une structure décentralisée. L'administration du réseau est confiée à des comités de bénévoles nommés par les organisations membres. Ces comités voient au bon fonctionnement des tronçons internationaux du réseau, les dorsales (*backbones*), qui relient les grands centres à très haute vitesse. Puis, dans chaque pays, les organismes locaux prennent en charge le développement et la coordination des ressources. Au Canada, l'infrastructure est assurée par le réseau Ca*Net II (qui en sera bientôt à sa troisième version, toute de fibres optiques), composante canadienne du réseau Internet. Au Québec, le RISQ (Réseau d'informations scientifiques du Québec) compte parmi ses membres les universités et les collèges québécois, des compagnies privées et divers groupes de recherche.

Au départ réservé aux spécialistes, l'accès à Internet s'est étendu à toute la population lorsque, au début des années 1990, le gouvernement américain, désireux de se dégager du financement du réseau, en a donné l'accès aux entreprises commerciales. De plus, étant donné que le micro-ordinateur connaissait à l'époque une expansion prodigieuse grâce aux interfaces conviviales des nouveaux systèmes d'exploitation, l'engouement pour l'inforoute a vite gagné le grand public. Tous les jours, des millions de personnes utilisent Internet. À la fin de l'an 2000, on évaluait à plus de 400 millions le nombre d'utilisateurs d'Internet dans le monde et l'on prévoit que ce nombre devrait dépasser le milliard avant l'année 2006 grâce à l'essor accéléré qu'a pris le réseau dans les pays asiatiques.

Le protocole Internet (TCP/IP)

Le protocole de communication standard utilisé pour transmettre des données sur Internet s'appelle **TCP/IP** (*Transmission Control Protocol / Internet Protocol*). Lorsque des données sont envoyées sur Internet, elles doivent passer par de nombreux réseaux interconnectés. Avant qu'un message soit transmis, il est divisé en petits paquets. Chaque paquet contient l'adresse du destinataire, celle de l'expéditeur et une partie du message, et est envoyé séparément. Les divers paquets d'un même message ne suivent pas nécessairement le même chemin pour parvenir à leur destination. Ils sont remis dans l'ordre initial au moment de leur réception. Le protocole TCP/IP régit la division, la transmission et l'assemblage des paquets. Il dirige aussi les échanges entre l'ordinateur émetteur et l'ordinateur récepteur (*voir la figure 10.9*) ; il

Figure 10.9

Des routeurs et le TCP/IP.

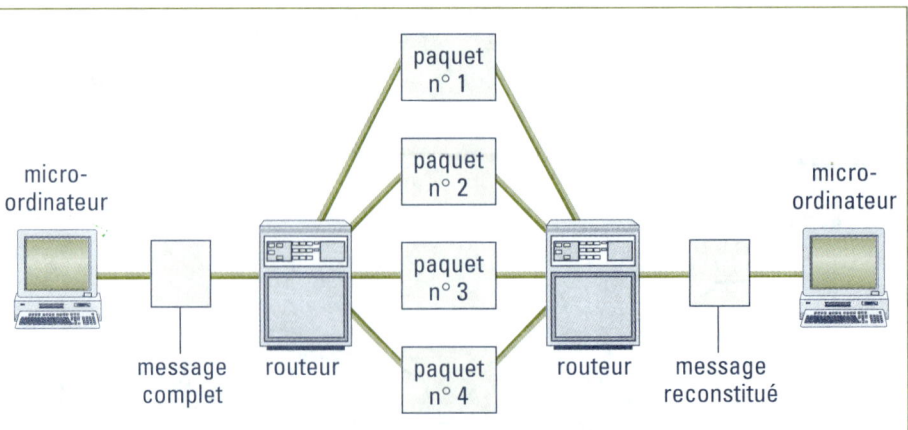

détermine quand et comment la communication aura lieu, s'il est nécessaire de renvoyer un paquet mal acheminé, etc.

L'autre aspect du protocole TCP/IP est le **routage**. Des **routeurs**, répartis d'un bout à l'autre du réseau à des points névralgiques, analysent constamment le fonctionnement des liens et acheminent les paquets le long du trajet le plus propice. Ainsi, un lien défectueux ou congestionné sera automatiquement contourné et n'affaiblira pas l'ensemble du réseau.

L'adresse Internet : numéro et nom

Au cours des premières années d'Internet, tous les organismes participants reçoivent un groupe de numéros pour désigner leurs serveurs et leurs postes de travail. Chaque adresse numérique (IP) est composée de quatre nombres inférieurs à 256 et séparés par un point ; ainsi, 132.204.58.125 est une adresse valide pour un nœud du réseau (*voir le tableau 10.1*). Par exemple, l'Université de Montréal s'est vu attribuer tous les numéros commençant par 132.204, soit un bloc d'environ 64 000 numéros (256^2), qu'elle doit répartir de façon univoque entre chacun de ses ordinateurs susceptibles d'être connectés au réseau. Il en va ainsi de tous les membres d'Internet qui gèrent chacun leur parc d'adresses. Jusqu'en 1983, les internautes doivent utiliser les adresses numériques de tous les ordinateurs avec lesquels ils désirent entrer en contact, une manière de procéder plutôt fastidieuse. Heureusement, on finit par mettre au point, à l'université du Wisconsin, un système de bases de données, des **serveurs de noms** (*DNS* pour *Domain Name Server*), permettant d'attribuer un **nom Internet** – plus facile à mémoriser que des numéros – à chacun des nœuds du réseau (*voir le tableau 10.2*). Comme le transport des messages n'est possible qu'avec l'utilisation du numéro Internet, chaque fois qu'un ordinateur envoie un message à un autre ordinateur dont il ne connaît que le nom Internet, il doit d'abord soumettre le nom du nœud destinataire à un serveur de noms pour obtenir en retour son numéro Internet et établir la communication. Cette distribution d'adresses IP peut toutefois être modifiée pour créer des intranets à l'aide d'un pare-feu. Par exemple, le réseau 10.0.0.0 est toujours un réseau privé.

Pour mieux comprendre le système de noms Internet, prenons l'exemple suivant. Supposons que notre entreprise Sagesse Santé, qui possède un généreux parc d'ordinateurs, désire se relier à Internet. Après avoir obtenu le bloc

TABLEAU 10.1	
La décomposition d'une adresse Internet	
Adresse IP	*Nom Internet*
132.204.24.179	www.iro.umontreal.ca
132.204	le domaine « umontreal.ca »
24	le sous-domaine « iro » (Département d'informatique et de recherche opérationnelle)
179	l'ordinateur « www » tenant lieu de serveur Web de ce département

TABLEAU 10.2	
Une adresse Internet littérale (nom Internet)	
station04.administration.sagessante.ca	Nom Internet
station04	Nom du serveur
administration	Nom du sous-domaine
sagessante.ca	Nom du domaine

de 256 adresses 132.123.22.0 à 132.123.22.255, nous enregistrons le nom de domaine « sagessante.ca ». Le nom de domaine, la propriété d'un membre du réseau, sert à désigner toutes ses ressources et uniquement celles-ci. La partie de droite du nom de domaine indique le pays de provenance (ca = Canada, fr = France, uk = Grande-Bretagne, au = Australie, etc.). Notons que, dans le cas des États-Unis, la partie de droite indique plutôt le type de domaine (edu = éducation, mil = militaire, com = commercial, etc.). Ainsi, « microsoft.com » est le nom de domaine de Microsoft, alors que « microsoft.fr » désigne la filiale française.

L'administrateur de notre réseau local peut maintenant donner un nom à chacun des ordinateurs se trouvant dans son territoire. Par exemple, il appellera « poste.sagessante.ca » l'ordinateur chargé du courrier électronique et lui assignera l'adresse IP 132.123.22.4. Puis, il nommera « www.sagessante.ca » l'ordinateur 132.123.22.5 qui agira comme serveur Web. Il pourra ensuite subdiviser le domaine en sous-domaines, selon les services de l'entreprise. L'ordinateur d'Alain, du service des ventes, sera nommé « pc01.ventes.sagessante.ca » et se verra attribuer le numéro 132.123.22.7, et ainsi de suite. La portion de gauche d'un nom Internet correspond toujours au nom de l'ordinateur désigné, les deux éléments de droite représentent le nom du domaine et, s'il y a lieu, les éléments du centre représentent des sous-domaines de l'organisation. On compte parfois plusieurs niveaux de sous-domaines dans une organisation complexe. Chaque numéro IP doit être unique, mais plusieurs noms peuvent être attribués au même ordinateur, notamment lorsque ce dernier cumule plus d'une fonction.

Une fois les adresses assignées, l'administrateur du réseau crée pour chaque employé une boîte postale sur le serveur de courrier électronique (poste.sagessante.ca), après y avoir installé le logiciel adéquat. Il attribue aussi à chacun un code d'accès et un mot de passe, de même qu'une adresse électronique formée du nom de l'employé ou de son code d'accès et de celui du serveur, par exemple : Marie-Jade.Lemonde@poste.sagessante.ca. L'arobas (@) permet de reconnaître cette chaîne de caractères comme une adresse de courrier électronique (*voir le tableau 10.3*). Le courrier acheminé sous ce nom aboutira donc dans la boîte postale de Marie-Jade Lemonde sur le serveur de courrier Poste du domaine Sagessante.ca.

TABLEAU 10.3	
Une adresse électronique	
Marie-Jade.Lemonde@poste.sagessante.ca	Adresse électronique
Marie-Jade.Lemonde	Identification de l'internaute
@	Arobas : symbole de courriel
poste	Nom du serveur de courriel
sagessante.ca	Nom du domaine

Internet aujourd'hui

Chacun des services décrits précédemment exige de la part de l'utilisateur une bonne connaissance des ordinateurs et des programmes en jeu. C'est pourquoi, avant les années 1990, Internet ou «le Net» a été l'apanage des scientifiques, des universitaires et des chercheurs, bref des gens proches du milieu informatique. De nombreux facteurs ont contribué à la «démocratisation» d'Internet : la décision du gouvernement américain de laisser sa place à l'entreprise privée, la conception de micro-ordinateurs puissants et de systèmes d'exploitation et de logiciels conviviaux, et la mise au point d'interfaces graphiques et d'ordinateurs multimédias. De nos jours, une séance de formation de quelques heures suffit à un novice pour qu'il puisse tirer parti d'Internet.

Le Web (WWW)

Le **World Wide Web** (littéralement, la Toile mondiale), ou **Web**, désigne l'ensemble des documents interconnectés les uns avec les autres au moyen de liens activables, les liens hypertextes. Étant donné que quiconque ayant accès à Internet peut y placer des documents et les munir de liens vers tout autre document du Web, on assiste à un accroissement phénoménal du nombre de documents accessibles au moyen du protocole **HTTP** (*HyperText Transfer Protocol*). HTTP est un service, au même titre que le courrier électronique, FTP ou Gopher. Il a été conçu en 1992 par le Centre européen de recherche nucléaire (CERN) en vue d'améliorer le partage des documents entre internautes. Il existe actuellement des millions de pages Web dans le monde et, si l'on considère la grande diversité de l'information que de nombreux organismes mettent à la disposition du public, et ce, dans tous les domaines, on peut facilement croire que le Web est la Grande Bibliothèque de l'avenir.

La ressource Internet

Pour établir un lien d'un document vers un autre, il faut désigner l'adresse de ce dernier d'une façon claire, précise et non ambiguë. Ce type d'adresse se nomme **URL** (*Uniform Resource Locator*). Une URL peut être saisie dans la case «adresse» d'un navigateur ou intégrée à un texte ou à une image dans une page Web. Dans ce dernier cas, on parle de lien hypertexte et il suffit d'un clic de la souris pour y accéder (*voir le tableau 10.4*). Toutes les URL comportent trois parties. La première correspond au protocole servant à la

L'arrivée des micro-ordinateurs multimédias et des logiciels à interface graphique conviviale a permis aux néophytes d'accéder à Internet et, en particulier, au World Wide Web.

HTTP = SERVICE

TABLEAU 10.4	
Une adresse d'une ressource Internet (URL)	
http://www.sagessante.ca/ventes/bilan.html	URL complète
http	Protocole
www.sagessante.ca	Nom Internet de l'ordinateur
ventes	Nom du dossier
bilan.html	Nom du fichier

connexion à la ressource visée. Par exemple, dans l'URL http://www.sagessante.ca/ventes/bilan.html, on constate que le protocole utilisé pour le transfert des pages Web est http. C'est le protocole le plus souvent utilisé sur le Web. La deuxième partie représente le nom Internet de l'ordinateur où se trouve la ressource à atteindre « www.sagessante.ca ». À droite du nom Internet apparaît le nom du dossier « ventes » et du fichier « bilan.html » où se trouve cette ressource. Lorsque l'URL n'indique aucun nom de fichier, le navigateur présuppose qu'il accédera, par défaut, à la page d'accueil « index.html ».

L'itinéraire d'une demande sur Internet

Le tableau 10.5 explique la chronologie des événements lorsqu'on clique sur un lien hypertexte ou qu'on entre une URL dans la barre d'adresse d'un navigateur. Dans cet exemple, le lien hypertexte incorpore l'URL suivante : http://www.umontreal.ca/infogen/index.html .

TABLEAU 10.5	
Itinéraire d'une demande d'URL	
Le navigateur consulte le serveur de noms et lui donne le nom Internet contenu dans l'URL.	Le nom Internet « www.umontreal.ca »
Le serveur de noms consulte ses bases de données, trouve l'adresse IP correspondant au nom Internet et la retourne au navigateur.	L'adresse IP « 132.204.5.67 »
Le navigateur communique avec le serveur Web 132.204.5.67 et lui demande le chemin mentionné dans l'URL.	Le chemin « infogen/index.html »
Le serveur Web trouve le fichier en question et l'envoie au navigateur.	Dans son dossier « infogen » Le fichier « index.html »
Le navigateur reçoit le fichier, l'interprète et l'affiche à l'écran.	

L'intranet, l'extranet et le pare-feu

Internet a entraîné la mise au point d'outils très puissants permettant la diffusion et l'échange d'information dans tous les domaines. Or, ces mêmes outils, sans remplacer les systèmes d'information vus précédemment, facilitent grandement la circulation de l'information à l'intérieur même de l'entreprise. Alors que les systèmes d'information traditionnels sont des programmes spécialisés d'un coût élevé, les outils conçus pour Internet leur livrent une forte concurrence ; ils sont offerts à des prix très compétitifs et font l'objet de mises à jour régulières. Il est donc plus facile de gérer l'évolution des besoins de l'entreprise.

Si l'on ajoute à cela la tendance de plus en plus généralisée d'avoir une présence dans Internet, ne serait-ce que pour faire du marketing ou pour offrir ses services à la clientèle, on comprend facilement que ces mêmes entreprises aient une propension à rentabiliser leur investissement en appliquant à l'interne (l'intranet et l'extranet) les ressources mises sur pied pour l'externe (Internet).

Tous les services conçus pour Internet et fondés sur les protocoles client/serveur dont nous avons parlé précédemment sont applicables aux intranets et aux extranets. Ce qui les distingue est essentiellement l'accès contrôlé à ces services.

L'intranet

La mise sur pied d'un **intranet** suppose l'utilisation de serveurs et de micro-ordinateurs reliés en réseau. Les serveurs doivent cependant être bien protégés du monde extérieur pour éviter toute intrusion indésirable. Les micro-ordinateurs sont à leur tour reliés au réseau selon le protocole standard TCP/IP. Une fois l'installation technique bien établie (matériel et logiciel), les employés, les gestionnaires par exemple, peuvent profiter des services du système de diverses façons. En voici quelques exemples.

- Le courrier électronique permet à chacun d'envoyer et de recevoir des messages très rapidement. Le message électronique remplace graduellement la note traditionnelle. Et comme ce service peut être « ouvert » sur Internet, les utilisateurs peuvent communiquer avec le monde extérieur. À l'inverse, l'intranet favorise le télétravail (travail à la maison), puisque chacun a accès à ses propres documents ainsi qu'à ceux de ses collègues.

- Les pages Web, et donc les liens hypertextes, sont la base de l'intranet comme d'Internet. Chaque employé a accès à toutes les informations que les différents services placent sur leur site Internet. Ainsi, chaque employé « voit » l'image que l'entreprise projette à l'extérieur et connaît les informations qui sont accessibles aux clients ; il peut ajuster son comportement à cette vision.

- Un système assurant la confidentialité des échanges permet à chaque employé de consulter son dossier personnel : congés de maladie, vacances accumulées, notes de réprobation, échelles des salaires, etc.

- Toujours selon une procédure assurant la confidentialité, les représentants, les directeurs du marketing et de la comptabilité, ainsi que les

L'intranet et l'extranet appliquent à la gestion de l'information d'un réseau la technologie conçue et mise au point pour Internet.

employés autorisés, peuvent consulter les dossiers publics ou confidentiels de différents clients et y apporter les modifications nécessaires.

- Chaque employé peut créer et gérer sa propre page Web et consulter celles de ses collègues.
- En plaçant des documents de travail sur une page Web de l'organisation, un employé peut soumettre un projet à ses collègues et travailler ainsi en collaboration sur des documents communs.
- Des groupes de discussion (forums) peuvent être mis sur pied pour discuter de problèmes concernant les opérations quotidiennes ou les développements projetés.

De nombreuses autres applications peuvent être mises à la disposition des employés et de la clientèle. Il est donc fort probable qu'à moyen terme les systèmes intranet soient de plus en plus utilisés comme compléments des systèmes d'information existants.

L'extranet

Alors que l'intranet permet de gérer adéquatement la circulation de données à l'intérieur de l'entreprise, l'extranet donne la possibilité d'étendre cette gestion à des groupes extérieurs avec lesquels on désire partager de l'information. De nombreuses entreprises, comme GM ou IBM, donnent à leurs centaines de fournisseurs et de revendeurs l'accès à leurs bases de données. De cette façon, ceux-ci peuvent connaître les échéances de fabrication et les caractéristiques techniques des produits, tant actuels que nouveaux. Il leur est alors facile de planifier leur propre calendrier de commande ou de production. La gestion globale de la production s'en trouve améliorée.

En somme, un extranet est un réseau privé qui repose sur la technologie d'Internet et qui relie les entreprises exerçant des activités communes ou complémentaires. Cette ouverture au réseau interne doit cependant être contrôlée et limitée aux organismes choisis.

Le pare-feu (*firewall*)

Pour protéger son réseau d'information interne contre toute forme d'intrusion, l'entreprise le munit généralement d'un système de sécurité appelé **pare-feu** ou coupe-feu (*firewall*). Ce système repose sur un **serveur** *proxy*, un ordinateur dédié à cette fonction (*voir la figure 10.10*). Toutes les demandes d'information de l'intérieur vers l'extérieur *et* de l'extérieur vers l'intérieur passent par lui; son rôle est d'analyser puis de filtrer cette information. On obtient ces logiciels de compagnies spécialisées en la matière, comme Check Point et Lucent, ou encore de grandes compagnies informatiques comme AltaVista et IBM.

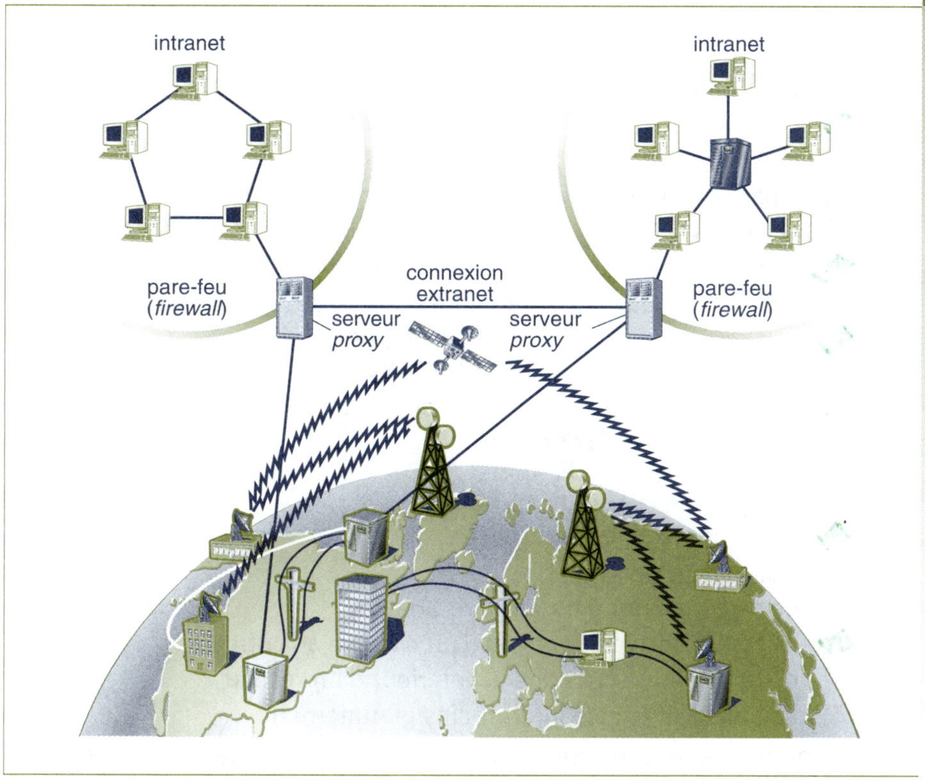

Figure 10.10

Les intranets,
les extranets,
les pare-feu et
les serveurs *proxy*.

Questions de révision

Vrai ou faux

1. Les URL servent à acheminer le courrier électronique. **F**

2. L'arobas (@) permet de reconnaître une adresse de courrier ✓
électronique.

3. Les codes d'accès désignent les adresses numériques Internet et sont
composés de quatre nombres (entre 0 et 256) séparés par des points. **F**

4. Le courrier électronique est apparu avec les premiers réseaux d'ordinateurs, mais il ne s'est vraiment répandu qu'avec le développement **F**
d'Internet.

5. Une adresse Internet est formée d'un numéro suivi d'un nom et doit ✓
être unique sur le réseau.

6. Les expressions « mot de passe » et « code d'accès » sont synonymes. **F**

7. Les forums électroniques utilisent le protocole News. ✓

8. L'origine du réseau Internet remonte aux années 1940. **F**

9. Le protocole de communication standard pour les transmissions sur ✓
Internet s'appelle TCP/IP.

10. Les intranets et les extranets utilisent les outils qui ont été conçus pour ✓
Internet.

1. L'ancêtre du réseau Internet s'appelle :
   a) Arpanet ;   c) Armynet ;
   b) M-Net ;   d) Intranet.

2. Cette partie d'un message électronique indique le nom de l'expéditeur :
   a) la signature ;   c) l'enveloppe du message ;
   b) l'en-tête ;   d) l'objet du message.

3. Le service Internet qui permet de transférer des fichiers est :
   a) FTP ;   c) Gopher ;
   b) Telnet ;   d) WAIS.

4. Un groupe de discussion est aussi appelé :
   a) une séance de clavardage ;
   b) un sous-domaine d'Internet ;
   c) un système client/serveur ;
   d) un forum électronique.

5. Le service Telnet permet :
   a) de se connecter à un autre ordinateur ;
   b) de transférer des données d'un compte à l'autre ;
   c) de tenir des discussions à l'intérieur d'un réseau ;
   d) de faire des appels interurbains gratuitement.

6. Le protocole de communication standard pour les transmissions sur la Toile (le Web) se nomme :
   a) WAIS ;   c) TCP/IP ;
   b) FTP ;   d) Gopher.

7. Lequel des éléments suivants fait partie du nom Internet d'un ordinateur ?
   a) le protocole ;   c) le nom du domaine ;
   b) le nom du fichier ;   d) le nom des sous-dossiers.

8. Parmi les divers services offerts aujourd'hui sur Internet, lesquels étaient déjà utilisés il y a 35 ans, au tout début de ce réseau ?
   a) le courrier électronique et les transferts de fichiers FTP ;
   b) le WWW et le courrier électronique ;
   c) les transferts de fichiers FTP et les forums électroniques ;
   d) le WWW et les sessions de communication Telnet.

9. Parmi les paires énumérées ci-après, quels sont les deux éléments qui sont parfaitement interchangeables ?
   a) un nom d'utilisateur et un mot de passe ;
   b) un nom Internet et une adresse Internet ;
   c) un domaine et un sous-domaine ;
   d) un nom de fichier et un nom de serveur.

10. L'outil de recherche qui est structuré selon une hiérarchie de catégories s'appelle :
    a) un répertoire ;   c) un catalogue ;
    b) un moteur de recherche ;   d) toutes les réponses précédentes.

Phrases à compléter

[annotation manuscrite: FTP, GOPHER, ETC.]

1. _Telnet_ est un service Internet qui permet à l'internaute de se connecter à un ordinateur éloigné et d'utiliser ses ressources.

2. Le service Internet _www_ utilise le protocole HTTP. ✓

3. Les parties de l'adresse d'une ressource Internet (URL) sont, de gauche à droite : 1) le/la _protocole_ 2) le nom Internet de l'ordinateur, 3) le nom du dossier, 4) le nom de la/du _fichier_

4. _URL_ désigne l'adresse d'un document accessible par le réseau Internet.

5. Le protocole News sert à _forums_.

6. Dans l'adresse IP 123.321.123.11, l'erreur est _____.

7. Un/une _serveur_ retourne à un navigateur une adresse IP en échange d'un nom Internet.

8. Un/une _lien hypertexte_ est une référence sur laquelle il suffit de cliquer pour avoir accès à un autre document.

9. Les intranets offrent, entre autres, les outils suivants à l'utilisateur : le courrier électronique, _page web_ l'accès protégé à son dossier personnel, le travail en équipe et les _forums_

10. La partie droite du nom d'un domaine d'une adresse de courriel indique _serveur_ *[annotation: DE COURRIEL ?]*

Questions à développement

1. Décrire le mécanisme qui s'enclenche lorsqu'on envoie un message par courrier électronique utilisant le TCP/IP.

2. Expliquer la différence entre les outils de recherche Gopher et WAIS.

3. Expliquer ce qui se passe dans l'ordinateur puis sur le réseau lorsqu'on navigue sur Internet et qu'on clique sur le lien hypertexte http://www.xyz.com. En respectant la chronologie des événements, décrire le ou les logiciels et les matériels mis en jeu dans ce processus.

4. Décomposer l'adresse Internet du service de la recherche de Sagesse-Santé, soit www.sagessante.ca./recherche/projets.html. Expliquer le rôle de chaque élément de l'adresse.

5. Décomposer l'adresse de courrier électronique du président de Sagesse-Santé, soit pdg@sagessante.ca. Expliquer le rôle de chaque élément de l'adresse.

Le **cyberespace** décrit les lieux virtuels (ordinateurs et réseaux d'ordinateurs) auxquels l'internaute peut accéder par l'inforoute. Il est composé de nombreux réseaux publics et privés.

LE RÉSEAU INTERNET

Internet envahit notre existence en se révélant la plus grande source d'information jamais imaginée. Ce réseau constitue l'élément le plus important de l'**autoroute électronique**. Celle-ci englobe l'ensemble des communications informatiques s'opérant entre les ordinateurs et les réseaux.

L'HISTOIRE D'INTERNET

À l'origine, le cyberespace est peu convivial et d'accès difficile. C'est pourquoi son usage se limite aux initiés. Avec l'arrivée des modems, les ordinateurs peuvent être reliés entre eux et, par le fait même, les usagers détenteurs d'un code d'accès et d'un mot de passe ont la possibilité de se brancher aux ordinateurs à partir d'un lieu éloigné. De nouveaux services voient le jour :

Telnet permet à un usager d'entrer en communication avec un autre ordinateur à partir de son propre ordinateur. Grâce à ce service, une des premières applications réseau, l'usager peut, s'il dispose d'un code d'accès et d'un mot de passe adéquat, travailler sur un ordinateur situé à distance.

Le service de **courrier électronique** (*e-mail*) permet de recevoir et d'envoyer des messages. Un message électronique est composé d'une enveloppe et du message lui-même. L'enveloppe comporte de l'information sur les adresses Internet de l'expéditeur et du destinataire ainsi que plusieurs oblitérations selon le chemin parcouru. Le message contient un en-tête indiquant les adresses électroniques de l'expéditeur et du destinataire, l'objet du message et le nom des fichiers joints. À la suite de l'en-tête apparaît le corps du message suivi d'une signature.

Une **adresse électronique** obéit à la syntaxe *nom d'usager@domaine*. Dans l'exemple myrtha.baron@vif.eclair.net, le nom de l'utilisateur du réseau est « myrtha.baron » et le domaine est « eclair.net ». Le domaine peut être précédé d'un nom de serveur de courriel (en l'occurrence « vif »). Les deux portions principales de l'adresse électronique, nom d'utilisateur et domaine, doivent être séparées par un arobas (@).

Les **groupes de discussion**, ou **forums électroniques**, permettent de participer à des discussions ou à des débats concernant une grande variété de sujets. En outre, ce service représente une véritable mine d'or pour quiconque est à la recherche d'une solution à un problème. Il suffit de poser une question dans un courriel et d'envoyer celui-ci à un forum spécialisé dans le domaine. La plupart du temps, un bon samaritain se charge de répondre. Il arrive souvent que la question ait déjà été posée et que la solution soit encore enregistrée parmi les nombreuses interventions. On peut donc trouver la réponse sans même avoir à poser de question. Le protocole utilisé est **News**.

Le **service FTP** permet de transférer des données et des fichiers d'un ordinateur à un autre.

Les **services Gopher** et **WAIS** sont des outils de recherche d'information fonctionnant à partir de mots-clés ou de listes hiérarchiques.

L'ÉVOLUTION D'INTERNET

Le premier réseau national, **Arpanet**, a été conçu par le gouvernement américain en 1969 en vue de créer un système de télécommunication à toute épreuve. L'armée et le gouvernement américains étaient les seuls utilisateurs du réseau. Par la suite, Arpanet a été réservé à l'usage des militaires, et un autre réseau, Internet, a été mis sur pied pour la communauté scientifique. Au début des années 1990, Internet est devenu un outil accessible à tous.

Internet est un réseau maillé – un réseau de réseaux. C'est un réseau ouvert et il est administré par une multitude de comités bénévoles. Tous les jours, des centaines de millions de personnes utilisent Internet.

Le protocole Internet (TCP/IP)

Le protocole **TCP/IP** est le protocole de communication standard pour les transmissions. Les éléments échangés sur le réseau grâce au protocole TCP/IP sont morcelés en paquets et envoyés sur différents chemins par des **routeurs** pour en optimiser le transfert. À la réception, les paquets sont réassemblés, toujours par le même protocole TCP/IP.

L'adresse Internet : numéro et nom

Sur le réseau Internet, chaque ordinateur est désigné par une **adresse Internet**, ou **adresse IP**, composée de quatre nombres inférieurs à 256. Les internautes ont la possibilité de se servir des **noms Internet**, plus mnémoniques, grâce aux **serveurs de noms**, dont les bases de données contiennent les noms et les numéros des adresses Internet.

INTERNET AUJOURD'HUI

De nos jours, tout le monde ou presque peut naviguer sur Internet. Cette « démocratisation » est due au fait qu'une grande partie de la population possède un micro-ordinateur et que les systèmes d'exploitation ainsi que les logiciels de navigation sont devenus conviviaux. On s'en sert surtout pour communiquer, se divertir, effectuer des recherches ou faire des emplettes.

Le Web (WWW)

Le **Web**, ou **World Wide Web**, désigne l'ensemble des documents qui sont reliés les uns aux autres au moyen des liens hypertextes et hypermédias. Ces derniers sont représentés sous forme de texte ou d'image. Ils permettent, avec l'aide du protocole **HTTP** (*HyperText Transfer Protocol*), de passer d'un site Web à un autre.

LES URL

Une **URL** (*Uniform Ressource Locator*) est l'adresse précise d'une ressource sur Internet. L'URL contient le protocole, suivi du nom Internet ou de l'adresse Internet du serveur où se trouve la ressource, puis du nom du dossier et, éventuellement, du ou des noms de sous-dossier dans lesquels se trouve le fichier. Dans l'exemple ftp ://jupiter.cheneliere. mcgraw-hill.ca/informatique/elements/ manuel.pdf, le fichier visé s'appelle « manuel.pdf » ; celui-ci se trouve dans le sous-dossier « elements » du dossier « informatique » du disque du serveur « jupiter.cheneliere.mcgraw-hill.ca ». Le protocole utilisé est « ftp ».

Le nom Internet se compose du nom du nœud (le serveur lui-même) suivi du sous-domaine et du domaine. En l'occurrence, le serveur s'appelle « jupiter » ; il appartient au sous-domaine

« cheneliere » du domaine « mcgraw-hill.ca ». Enfin, le nom Internet peut être remplacé par l'adresse Internet si on la connaît. Toutefois, le nom Internet *doit* être remplacé par l'adresse Internet par l'intermédiaire du serveur de noms afin que le navigateur puisse communiquer avec le serveur Web.

L'ITINÉRAIRE D'UNE DEMANDE DE RESSOURCE SUR INTERNET

Lorsqu'on clique sur un lien hypertexte ou qu'on entre une URL dans la barre d'adresse d'un navigateur, les événements suivants se produisent :
1. Le navigateur consulte le serveur de noms et lui donne le nom Internet contenu dans l'URL.
2. Le serveur de noms consulte ses propres bases de données, trouve l'adresse IP correspondant au nom Internet et la retourne au navigateur.
3. Le navigateur communique avec le serveur Web dont l'adresse IP lui a été fournie par le serveur de noms et lui demande le chemin mentionné dans l'URL.
4. Le serveur Web trouve le fichier recherché et l'envoie au navigateur.
5. Le navigateur reçoit le fichier, l'interprète et l'affiche à l'écran.

L'INTRANET, L'EXTRANET ET LE PARE-FEU

L'**intranet** applique à la gestion de l'information la technologie conçue et mise au point pour Internet. Les services disponibles sont, entre autres :
- le courrier électronique ;
- les pages Web ;
- la confidentialité des échanges ;
- les groupes de discussion.

L'**extranet** est un réseau privé qui repose sur la technologie d'Internet et qui permet de relier des entreprises exerçant des activités communes ou complémentaires.

Un **pare-feu** est un système de sécurité dont la mission est de protéger le réseau d'une entreprise contre toute forme d'intrusion. Un **serveur *proxy*** est un ordinateur qui filtre toutes les demandes d'information circulant de l'extérieur vers l'intérieur du réseau de l'entreprise, et vice versa.

Les fichiers et les bases de données

11

Ce chapitre présente :

1 l'organisation des données en ce qui a trait aux caractères, aux champs, aux enregistrements et aux fichiers ;

2 la différence entre traitement différé et traitement en temps réel ;

3 les différences entre fichiers maîtres et fichiers de transactions ;

4 les trois formes d'organisation de fichiers : séquentielle, directe et séquentielle indexée ;

5 les caractéristiques et les avantages des bases de données ;

6 les deux principaux éléments d'un système de gestion de bases de données (SGBD) ;

7 les trois modèles d'organisation des SGBD : hiérarchique, en réseau et relationnel ;

8 la distinction entre les bases de données individuelles, centralisées et réparties ;

9 les bases de données Web ;

10 les notions de productivité et de sécurité.

À l'instar d'une bibliothèque, les supports de stockage servent à conserver des informations. Mais comment ces informations sont-elles organisées ?

À une certaine époque, l'utilisateur d'un micro-ordinateur n'avait pas à connaître la structure des fichiers et des bases de données de façon approfondie. Cette situation a changé avec l'arrivée récente de microprocesseurs très puissants et avec l'accès à Internet et aux autres réseaux de communication. Pour exploiter un ordinateur avec un certain savoir-faire, on doit être capable d'accéder aux fichiers et aux bases de données (*voir la figure 11.1*) à partir de son ordinateur personnel ou d'un ordinateur central accessible par télécommunication.

Figure 11.1

Un exemple de base de données.

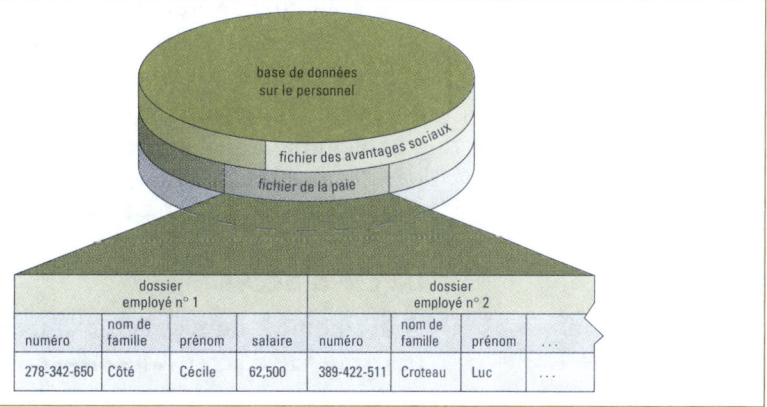

Les fichiers

Pour bien comprendre le fonctionnement des fichiers, il faut prendre connaissance de l'organisation des données, savoir ce qu'est une clé, pouvoir distinguer le traitement différé du traitement en temps réel et connaître les différentes organisations de fichiers.

Imaginons que vous désirez savoir si vous obtiendrez votre diplôme en juin. Peu de temps après avoir passé votre dernier examen, vous téléphonez au registraire de votre établissement scolaire pour connaître votre moyenne. On vous répond : « Désolé, ces résultats ne sont pas encore entrés dans l'ordinateur. » Pourquoi vous trouvez-vous dans l'impossibilité d'obtenir cette information ? L'ordinateur de l'établissement serait-il différent de celui de la banque, par exemple, où tous les dépôts et les retraits semblent s'enregistrer instantanément ?

L'organisation des données

Pour que des informations soient stockées sur les supports d'information puis traitées par l'ordinateur, on doit les organiser en groupes hiérarchisés comportant plusieurs degrés de complexité : caractère. champ, enregistrement et fichier.

- Un **caractère** peut être une lettre, un chiffre ou un caractère spécial, comme un signe de ponctuation ou le symbole « $ ».
- Un **champ** contient un caractère ou un groupe de caractères représentant une information. Sur un formulaire d'inscription ou un permis de conduire, le prénom d'une personne constitue un champ, le nom de famille, un deuxième champ, le sexe, l'adresse (le numéro et la rue) et la ville, d'autres champs, et ainsi de suite.
- Un **enregistrement** est un ensemble de champs regroupés. Toutes les données apparaissant sur le permis de conduire d'un individu en particulier, y compris le numéro et la date limite de validité, constituent un enregistrement.
- Un **fichier** est un ensemble d'enregistrements semblables. Un fichier pourrait contenir les données figurant sur tous les permis de conduire délivrés dans une ville.

La figure 11.2 illustre un exemple d'organisation des données. Notez que le nom de chaque étudiant est constitué de deux champs : l'un pour le nom de famille, l'autre pour le prénom.

La clé

Les données de la figure 11.2 contiennent, en plus du nom, un code permanent pour chaque étudiant. Ce code est-il essentiel ? On pourrait croire qu'il y a suffisamment de noms différents pour qu'on n'ait pas, de surcroît, à attribuer un numéro aux gens, surtout s'il s'agit d'un petit établissement d'enseignement. Or, quiconque se nomme Sonia Tremblay ou Michel Dupont sait pertinemment qu'il arrive souvent que plusieurs personnes portent le même nom. On utilise donc des numéros d'identification qui sont uniques, car les noms risquent de ne pas l'être.

La clé d'accès

Tout comme le nom de l'étudiant, ce numéro d'identification distinctif constitue une clé d'accès. Une clé d'accès est un champ particulier qui permet,

Figure 11.2
L'organisation des données.

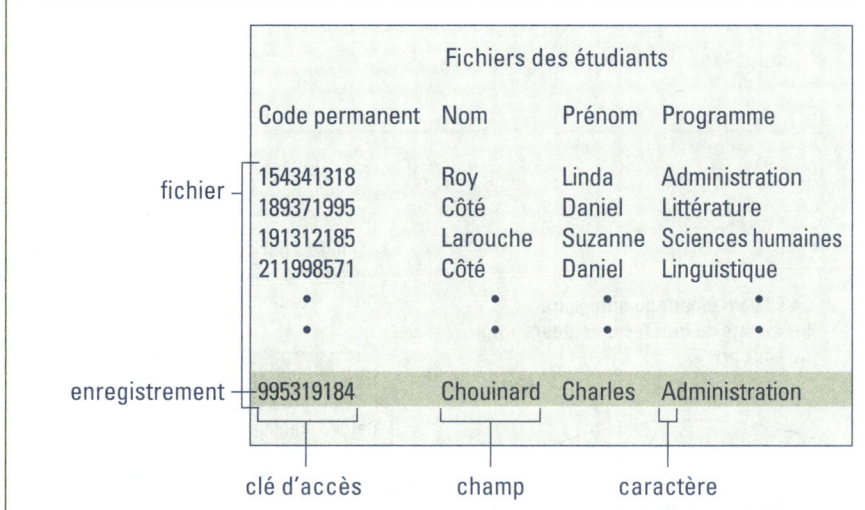

jusqu'à un certain point, de trouver un enregistrement. Par exemple, le nom, la date de naissance ou le numéro de téléphone peuvent aider à repérer l'enregistrement d'un individu. Cependant, ces champs ne suffisent pas toujours à repérer un enregistrement en toute certitude. C'est pourquoi on utilise plutôt une clé primaire.

La clé primaire

On appelle «clé primaire» un champ dont la valeur permet de distinguer chaque enregistrement de façon univoque. Voici quelques exemples de clés primaires : un numéro d'assurance sociale, un numéro de sécurité sociale, un numéro d'identité d'employé, un code permanent ou un code de produit. ✏

Le traitement différé et le traitement en temps réel

Il existe deux méthodes de manipulation de fichiers, soit le traitement différé et le traitement en temps réel (ou immédiat). On utilise ces deux méthodes dans des activités de gestion aussi banales que la production des listes de salaires.

- Le **traitement différé** permet d'accumuler des données pendant une période fixe de plusieurs jours ou de plusieurs semaines. Au terme de cette période, les données sont traitées dans un même «lot» en une même opération (*voir la figure 11.3*). Si le bureau du registraire de votre établissement scolaire procède par traitement différé, les différents départements (ou différentes facultés) accumulent les notes des étudiants dans des fichiers à mesure que la correction est faite. À la fin de la période allouée pour la correction, toutes ces notes sont intégrées aux dossiers des étudiants et les bulletins sont alors émis.

- Le **traitement en temps réel** : peut-être utilisez-vous une carte de crédit ou une carte de paiement ou de débit pour faire vos achats ? Ce type de carte exige un traitement en temps réel. Les données sont alors traitées au moment même où a lieu la transaction. Lorsque vous effectuez un

Figure 11.3

Le traitement par lots : les relevés mensuels de carte de crédit.

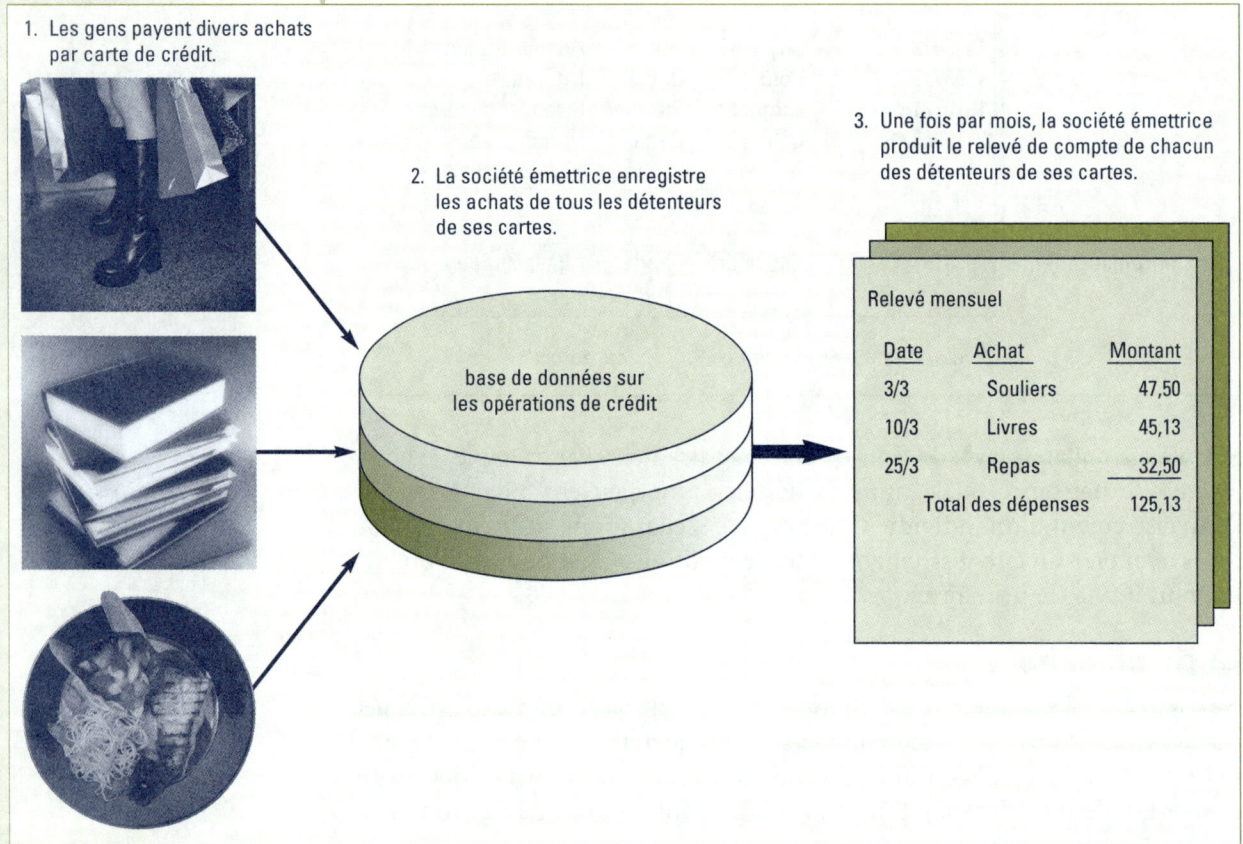

1. Les gens payent divers achats par carte de crédit.

2. La société émettrice enregistre les achats de tous les détenteurs de ses cartes.

3. Une fois par mois, la société émettrice produit le relevé de compte de chacun des détenteurs de ses cartes.

base de données sur les opérations de crédit

Relevé mensuel

Date	Achat	Montant
3/3	Souliers	47,50
10/3	Livres	45,13
25/3	Repas	32,50
	Total des dépenses	125,13

retrait à l'aide de votre carte bancaire, le système informatique ajuste immédiatement le nouveau solde de votre compte (*voir la figure 11.4*).

Il fut un temps où l'on ne disposait que de bandes magnétiques à accès séquentiel pour le stockage de l'information. Tous les traitements devaient être faits en différé par des ordinateurs centraux. Aujourd'hui encore, une large part du temps de traitement de ces ordinateurs est consacrée à ce type d'opération.

Le traitement en temps réel a été rendu possible grâce à l'avènement des disques magnétiques à accès direct. Le stockage à accès direct permet au programme d'accéder à un enregistrement donné très rapidement. En accès séquentiel, le programme doit parcourir tous les enregistrements l'un après l'autre jusqu'à ce qu'il trouve l'enregistrement désiré. Jusque tout récemment, l'entrée des données et le traitement en temps réel s'effectuaient à partir de terminaux spécialisés reliés à de gros ordinateurs. De plus en plus, les micro-ordinateurs servent à ces fins. Étant donné l'accroissement de la puissance des micro-ordinateurs, de nombreuses PME et certains services de grandes entreprises utilisent uniquement des micro-ordinateurs, seuls ou en réseaux, pour exécuter des tâches en temps réel.

Figure 11.4

Le traitement en temps réel :
le retrait au guichet
automatique bancaire.

1. Le client d'une banque demande un retrait de 200 $ à un guichet automatique.

2. Aussitôt, le système transmet électroniquement une demande à sa banque.

3. La banque vérifie s'il a les provisions pour couvrir la somme demandée.

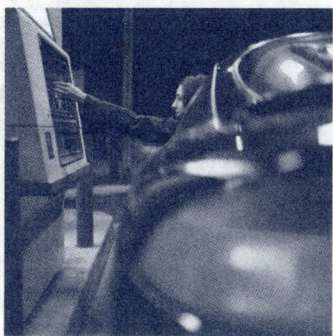

DEMANDE

APPROBATION

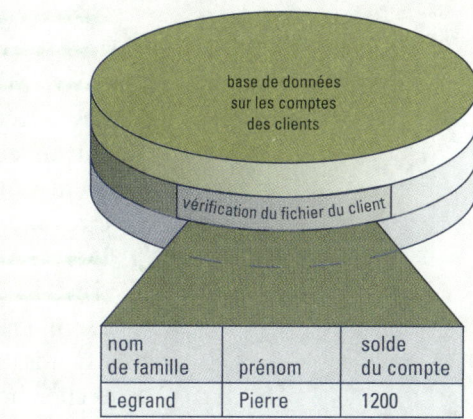

base de données
sur les comptes
des clients

vérification du fichier du client

nom de famille	prénom	solde du compte
Legrand	Pierre	1200

6. Le guichet automatique remet 200 $ au client.

5. La banque transmet son approbation électroniquement et déduit le solde de 200 $.

4. La banque établit que le solde est de 1200 $.

Les fichiers maîtres et les fichiers de transactions

On utilise généralement trois types de fichiers pour la mise à jour des données : le fichier maître, le fichier de transactions et le fichier historique.

- **Le fichier maître** est un fichier complet qui contient tous les enregistrements courants depuis la dernière mise à jour. Par exemple, le fichier de données utilisé pour dresser votre relevé de compte de téléphone ou votre relevé de compte de carte de crédit du mois dernier. Le fichier maître reflète le sommaire actuel de chaque dossier et il est utilisé tant pour le traitement en temps réel que pour le traitement différé.

- **Le fichier de transactions** est un fichier qui contient les modifications qui seront apportées au cours de la prochaine mise à jour du fichier maître (traitement différé) ou bien qui ont été apportées au fichier maître depuis le dernier relevé (traitement en temps réel). Les détails des transactions qui apparaissent sur votre relevé de compte proviennent du fichier de transactions.

- **Le fichier historique** est un fichier qui contient le cumul de toutes les transactions passées et qui ont été effacées du fichier des transactions. Il permet, par exemple, de retracer des opérations effectuées des mois auparavant. Certains organismes (les banques, les gouvernements) peuvent garder les fichiers historiques dans leurs archives pendant de nombreuses années avant de les détruire complètement.

Les formes d'organisation de fichiers

Il existe trois formes d'organisation de fichiers : séquentielle, directe et séquentielle indexée.

- **L'organisation séquentielle** : l'organisation la plus simple est sans contredit l'organisation séquentielle, dans laquelle les enregistrements sont emmagasinés les uns après les autres selon un ordre précis. Cet ordre est déterminé par la clé de chaque enregistrement, comme le code permanent de chaque étudiant (*voir la figure 11.5*).

  Cette organisation n'est efficace que lorsqu'on doit accéder à tous les enregistrements ou à la majorité d'entre eux, par exemple quand il faut envoyer des relevés de notes aux étudiants. La lecture est très rapide car, dès la lecture d'un premier enregistrement, chacun des enregistrements suivants est immédiatement accessible sans autre recherche ou déplacement. Toutefois, les enregistrements doivent être ordonnés et le tri peut être long.

  L'accès à un enregistrement particulier peut être très lent, ce qui constitue le plus grand inconvénient de l'organisation séquentielle. Par exemple, pour trouver l'enregistrement d'un étudiant sur un fichier à organisation séquentielle, le bureau du registraire devra effectuer une recherche parmi tous les enregistrements et les vérifier les uns après les autres, jusqu'à ce que le code permanent de l'étudiant soit trouvé.

- **L'organisation directe** : l'organisation directe est plus efficace pour obtenir des enregistrements particuliers. Les enregistrements ne sont pas placés physiquement les uns après les autres ; ils sont plutôt stockés à une adresse précise, déterminée à partir de leur clé primaire. Cette adresse est calculée par une technique dite de hachage. Les programmes de hachage utilisent la valeur numérique de chacun des caractères formant la clé primaire et, à l'aide d'opérations mathématiques plus ou moins complexes, calculent une adresse de stockage – la **clé physique**. On aura recours à cette opération aussi bien pour stocker des enregistrements que pour les récupérer (*voir la figure 11.6*).

  Contrairement aux fichiers séquentiels, qui sont stockés indifféremment sur bande magnétique ou sur disque, les fichiers à accès direct doivent être stockés sur disque. La rapidité d'accès à un enregistrement donné constitue l'avantage principal de cette organisation. Par exemple, si vos résultats scolaires sont stockés dans des fichiers à accès direct, le programme du registraire pourra y avoir accès très rapidement en utilisant votre code permanent pour calculer sa position sur le disque.

Figure 11.5

Un fichier à accès séquentiel.

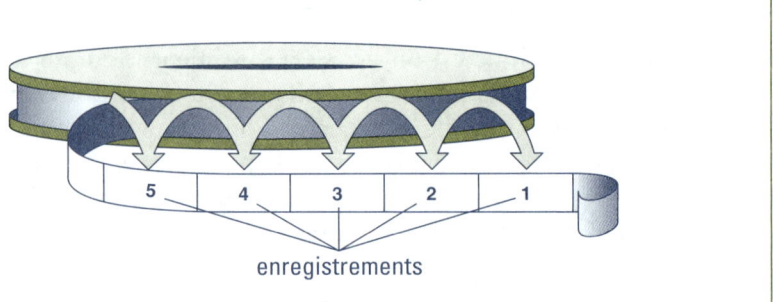

enregistrements

Figure 11.6

Un fichier à accès direct.

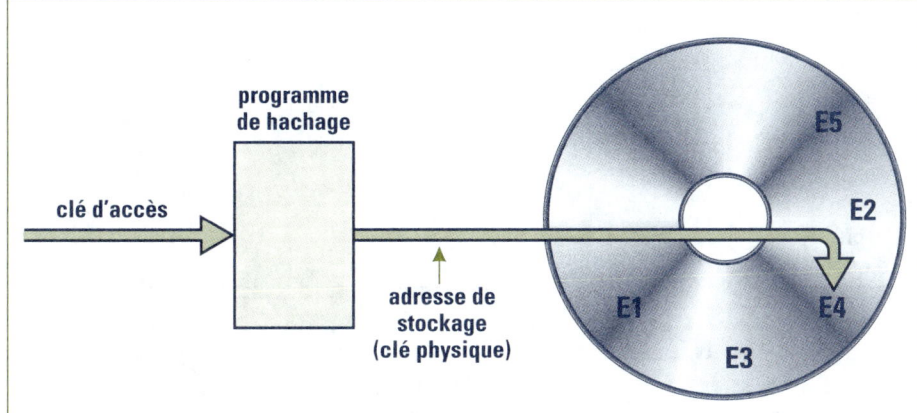

Le principal inconvénient du fichier à accès direct est qu'il nécessite plus d'espace disque que le fichier séquentiel. De plus, ce type d'organisation n'est pas aussi performant que l'organisation séquentielle lorsque le programme doit parcourir le fichier en entier, par exemple quand il s'agit de dresser la liste d'un grand nombre d'enregistrements.

- L'**organisation séquentielle indexée**: compromis entre l'organisation séquentielle et l'organisation directe, l'organisation séquentielle indexée place les enregistrements par ordre séquentiel tout en les réunissant dans des groupes. Toutefois, ce fichier renferme également un index. L'**index** contient la liste des clés de chaque groupe d'enregistrements avec la clé physique correspondante (l'adresse sur le disque). Lorsqu'un utilisateur recherche un enregistrement particulier, l'ordinateur consulte l'index et effectue la recherche directement à partir du début du groupe d'enregistrements (*voir la figure 11.7*).

Par exemple, les fichiers du registraire pourraient contenir un index groupant les codes permanents des étudiants comme suit: AAAA à ARCD, ARCE à BERG, et ainsi de suite. Pour trouver un code permanent donné (par exemple, BRIS02537617), l'ordinateur devra d'abord consulter l'index qui fournit l'adresse du groupe dans lequel se trouve ce code sur le disque (par exemple, de BRIN à CHAL), puis effectuer une recherche séquentielle à l'intérieur de ce groupe pour trouver le code permanent désiré.

L'organisation séquentielle indexée nécessite l'utilisation d'une unité de stockage à accès direct comme un disque. C'est la formule idéale pour mettre à jour occasionnellement de grandes quantités de transactions et trouver rapidement un enregistrement en particulier. Par exemple, à la fin de chaque mois, les établissements financiers produisent des relevés de compte à jour, qu'ils transmettent à leurs clients. Les enregistrements sont alors traités à la suite, comme s'il s'agissait d'une organisation séquentielle. Par ailleurs, au moment des transactions, les clients et les caissiers ont besoin d'accéder immédiatement aux informations des comptes qui les concernent, ce que l'index permet d'obtenir.

Figure 11.7

Un fichier à accès
séquentiel indexé.

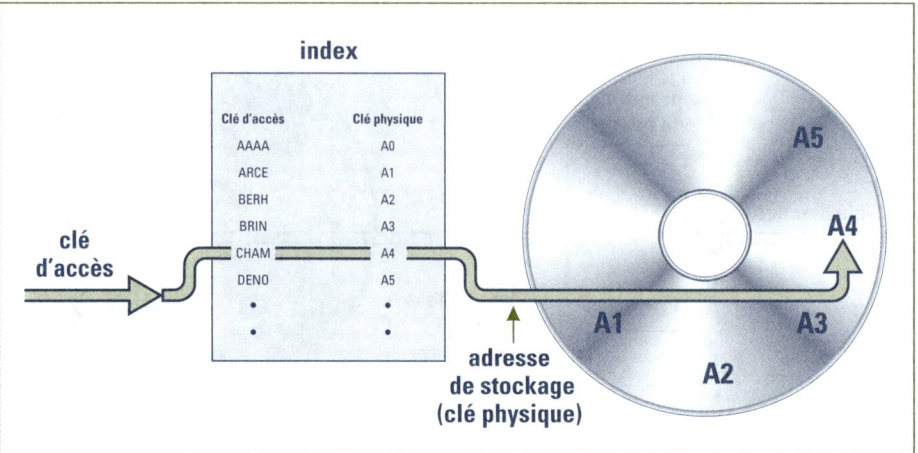

Le tableau 11.1 résume les avantages et les inconvénients des trois types d'organisation de fichiers.

TABLEAU 11.1		
Les trois formes d'organisation de fichiers		
Organisation	*Avantage*	*Inconvénient*
Séquentielle	Efficace lorsqu'il s'agit d'accéder à la totalité ou à une grande partie des enregistrements du fichier.	Accès lent à un enregistrement donné.
Directe	Accès rapide à des enregistrements particuliers.	Accès inefficace lorsqu'il s'agit de traiter la totalité ou une grande partie des enregistrements du fichier.
Séquentielle indexée	Permet à la fois l'accès séquentiel global et l'accès direct à un enregistrement donné.	Moins efficace que l'organisation séquentielle ; moins rapide que l'organisation directe.

Les bases de données

Une base de données permet de fusionner les informations de nombreux fichiers et d'éviter ainsi la présence de nombreux doublons.

Dans une entreprise, les données relatives à un même objet ou à une même personne peuvent être inscrites dans plusieurs fichiers. Par exemple, les données relatives à une cliente peuvent se trouver à la fois dans le fichier des ventes, dans le fichier de la facturation et dans le fichier des comptes clients. Si la cliente en question change de nom ou d'adresse, chacun des fichiers la concernant devra être mis à jour. Il y aura risque de confusion si un fichier est mis à jour et qu'un autre ne l'est pas. Par exemple, un achat pourra être livré à une nouvelle adresse ; la facture, envoyée à une ancienne adresse.

De plus, les informations ne possèdent pas autant de valeur lorsqu'elles sont éparpillées dans plusieurs fichiers. Si les employés du service du marketing désirent organiser une promotion spéciale pour leurs clients importants, peut-être devront-ils mettre de côté ce projet si l'information n'est contenue que dans le fichier de la facturation. Une base de données peut rendre accessible l'information utile.

Une **base de données** se définit comme un ensemble intégré de données. En d'autres termes, les données sont réparties sur un ensemble de fichiers et d'enregistrements logiquement reliés les uns aux autres.

Un outil indispensable

Qu'elles servent à des fins personnelles ou pour les besoins d'une entreprise, les bases de données offrent plusieurs avantages.

■ Le **partage**: l'information propre à un service d'une entreprise est accessible aux autres services.

■ La **sécurité**[1]: l'accès aux données peut être restreint aux utilisateurs qui détiennent le mot de passe et les permissions d'accès. Ainsi, seul le service de la paie aura accès aux échelles salariales des employés.

■ La **réduction de la redondance**: comme les divers services ont accès à un même fichier, il existe moins de fichiers, et la redondance des données s'en trouve réduite. On trouve ici l'avantage des réseaux, qui permettent de remplacer les copies multiples des fichiers dans un parc de micro-ordinateurs par un accès à une copie commune sur un serveur de fichiers.

■ L'**intégrité des données**: les systèmes fondés sur l'utilisation de fichiers indépendants ne permettent pas d'assurer l'intégrité des données, c'est-à-dire qu'une modification effectuée dans le fichier d'un service n'étant pas nécessairement reportée dans le fichier d'un autre service, les données deviennent rapidement incohérentes. Comme on peut s'en douter, une telle situation peut être problématique et causer des conflits lorsque les données servent de base à des prises de décision importantes touchant plus d'un service.

Les logiciels de gestion de bases de données

Des logiciels sont nécessaires à la création de bases de données, à leur modification et à leur accès. Ces logiciels sont des **systèmes de gestion de bases de données** (SGBD). Il en existe pour des ordinateurs de toute taille. Là aussi, l'accroissement de la puissance de traitement et l'utilisation généralisée de réseaux de communication reliés à des serveurs ont amené des changements du côté des SGBD des micro-ordinateurs, qui sont devenus semblables aux SGBD des ordinateurs centraux, et vice versa.

Un SGBD est constitué d'un dictionnaire des données et d'un langage de requête.

Le dictionnaire des données

Le **dictionnaire des données** contient la description de la structure des données utilisées dans la base de données. Le dictionnaire définit le nom utilisé pour désigner un champ en particulier et le type de données que contient ce champ (alphabétique, numérique ou autre). Il peut aussi préciser sa taille en

---

1. On s'entend généralement sur l'appellation **système d'information** ou encore **système d'information de gestion** pour désigner les progiciels permettant d'imposer un ensemble sophistiqué de restrictions d'accès aux bases de données. (N.d.T.)

nombre de caractères (octets). La figure 11.8 illustre un exemple de dictionnaire des données.

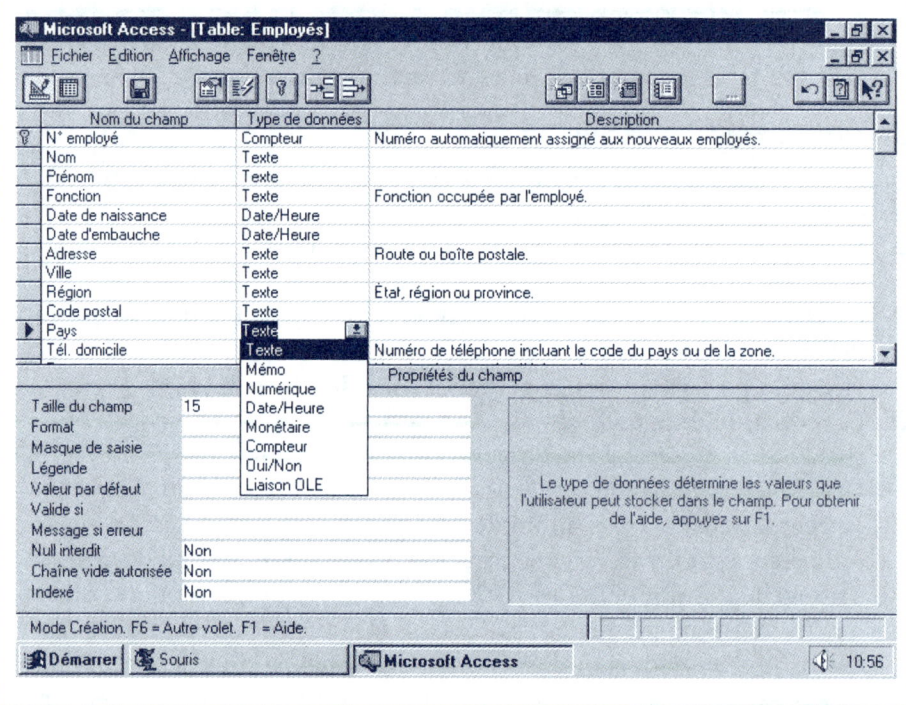

Le langage de requête

L'accès à la plupart des bases de données est assuré grâce à un **langage de requête**. Il s'agit d'un langage facile à utiliser et compréhensible pour la majorité des utilisateurs. Le SQL (*Structured Query Language*) est le langage de requête le plus répandu. Il comporte des commandes comme SELECT pour extraire des enregistrements de la base de données, UPDATE pour les mettre à jour, INSERT et DELETE pour en ajouter et en supprimer. Imaginons que vous désirez obtenir la liste de tous les vendeurs ayant un volume de ventes supérieur à leur quote-part. Vous pourriez entrer une requête à partir du modèle suivant: «SELECT *champ* FROM *table* WHERE *critère*». Par exemple, SELECT SalBase FROM Salaires WHERE Nom = "Nadeau, JC" ferait extraire le salaire de base de tous les employés JC Nadeau (si d'aventure il y en a plus d'un).

Les SGBD se présentent selon trois principales structures d'organisation: hiérarchique, en réseau et relationnelle.

Les modèles d'organisation des SGBD

L'objectif d'une base de données est d'intégrer des informations, c'est-à-dire de transformer des données isolées en informations utiles. Nous avons déjà vu que les fichiers peuvent être organisés de diverses manières (séquentiellement, par exemple) selon l'utilisation que l'on souhaite en faire. Les bases de données peuvent également avoir une structure différente, selon leur utilisation. Bien que plusieurs autres structures aient été mises à l'essai, les structures hiérarchique, en réseau et relationnelle demeurent les plus souvent employées.

La base de données hiérarchique

Dans la **base de données hiérarchique**, les champs sont structurés en **nœuds** – points reliés entre eux comme les branches d'un arbre inversé. Les nœuds placés au-dessous sont subordonnés à ceux qui sont placés au-dessus, comme dans une hiérarchie de directeurs dans une entreprise. La figure 11.9 illustre une base de données hiérarchique pour une petite partie du système de réservations d'une compagnie aérienne nationale. Chaque entrée est reliée à un seul **nœud père**, alors qu'un nœud père peut avoir plusieurs **nœuds fils**. Pour repérer un champ précis, on doit commencer la recherche à la racine de l'arbre et suivre les filiations jusqu'à ce qu'on obtienne l'information désirée.

Cependant, lorsqu'on efface un nœud père dans une base de données hiérarchique, on efface du même coup tous les nœuds qui lui sont subordonnés. De plus, un nœud fils ne peut être inséré que si un nœud père a déjà été créé. Cette organisation possède une structure extrêmement rigide qui limite son application : un seul nœud père par fils et aucune relation entre les nœuds fils. Dans notre exemple, si un passager possède deux réservations, on aura deux inscriptions qui n'auront aucun lien entre elles.

La base de données en réseau

Une **base de données en réseau** contient également des nœuds organisés hiérarchiquement. Toutefois, dans ce cas, chaque nœud fils peut posséder plus d'un nœud père. Il existe des liens additionnels – appelés « pointeurs » – entre les nœuds pères et les nœuds fils (*voir la figure 11.10*). Par conséquent, si vous comprenez la logique de cette organisation, vous constaterez que chaque étudiant peut avoir plus d'un professeur, que chaque professeur peut enseigner plus d'un cours et que les étudiants peuvent suivre plus d'un cours. On peut donc en conclure que la structure de base de données en réseau est plus souple et, dans bien des cas, plus efficace que la structure hiérarchique, mais, en même temps, beaucoup plus complexe.

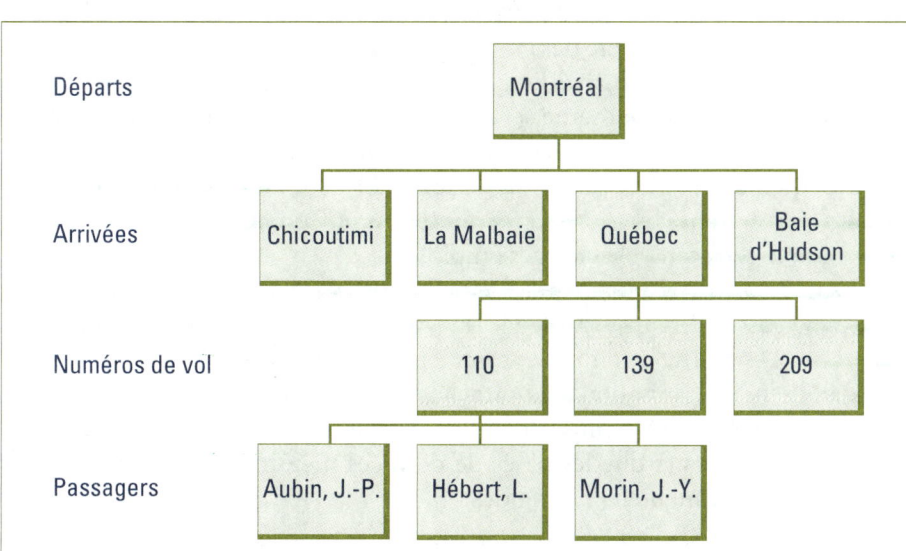

Figure 11.9

Un exemple de base de données hiérarchique.

Figure 11.10

Un exemple de base
de données en réseau.

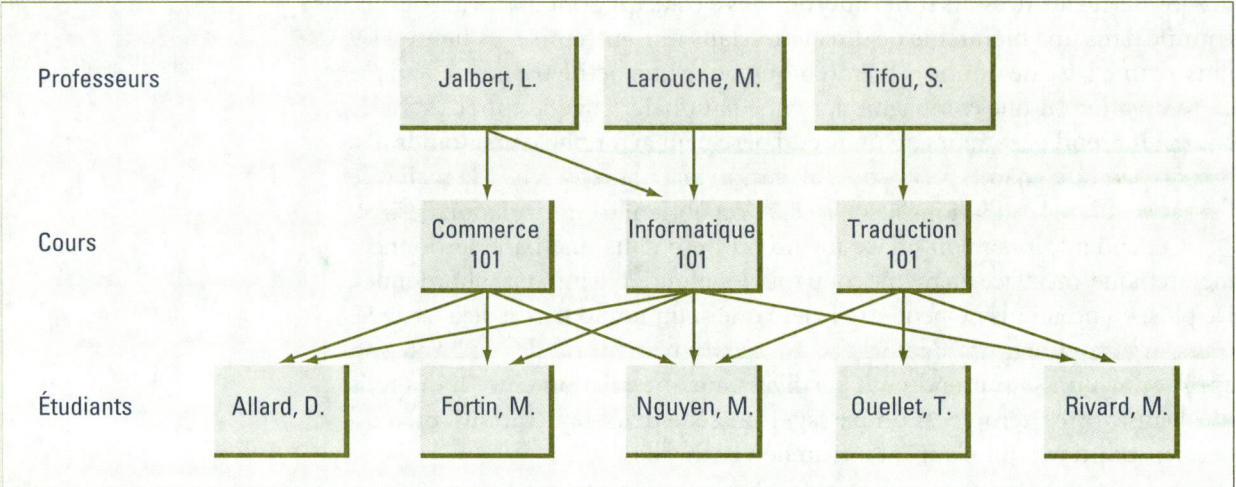

Professeurs	Jalbert, L.	Larouche, M.	Tifou, S.	
Cours	Commerce 101	Informatique 101	Traduction 101	
Étudiants	Allard, D.	Fortin, M.	Nguyen, M.	Ouellet, T.	Rivard, M.

La base de données relationnelle

~~L'organisation la plus souple d'entre toutes demeure la~~ **base de données rela-tionnelle.** ~~Da~~ns cette structure, il n'existe aucun chemin de type hiérarchique pour accéder aux données, celles-ci étant plutôt conservées dans diverses tables (fichiers) faites de lignes et de colonnes. ~~On appelle~~ **relation** ~~le lien qui relie deux tables~~.

La figure 11.11 illustre un exemple de base de données relationnelle. La table des EMPLOYÉS, au centre, contient, entre autres champs, les noms des employés, le numéro de code du service auquel ils sont rattachés ainsi que le code de leur échelon salarial. La table des SERVICES, à gauche, contient, entre autres champs, le numéro et le nom de chaque service. La table de droite contient la liste des échelons salariaux et de leurs particularités. Les tables EMPLOYÉS et SERVICES ont en commun le numéro de code du service, alors que les tables EMPLOYÉS et SALAIRES ont en commun le code de l'échelon de salaire.

En parcourant la table des employés, le programme constate que Jacques André relève du service 20 et consulte la table SERVICES pour obtenir toutes les informations sur ce même service. Aussi, le code de son échelon salarial, E4, permet de consulter la table SALAIRES pour constater, grâce à cette clé primaire, qu'il s'agit d'un salaire de base de 33 000 $. ~~Ces relations entre les tables permettent donc d'obtenir toutes les informations qui concernent, même indirectement, chacun des employés.~~

~~Les bases de données relationnelles possèdent l'avantage d'être~~ très ~~simples, c'est-à-dire qu'il est facile d'y entrer, d'y effacer et d'y modifier des données.~~ Les SGBD des micro-ordinateurs, comme dBASE, Access ou Paradox, utilisent l'organisation relationnelle. Les SGBD relationnels (par exemple, Oracle) sont beaucoup plus répandus dans les systèmes d'ordinateurs centraux et les serveurs que les bases de données hiérarchiques et les bases de données en réseau, bien plus rigides.

Figure 11.11

Un exemple de base
de données relationnelle.

SERVICES			EMPLOYÉS			SALAIRES		
Liste des services			Données sur les employés			Échelle salariale		
NOSERV	NOMSERV	...	NOSERV	NOM	SALAIRE	ÉCHELON	SALBASE	...
10	SIÈGE SOCIAL ...		**20**	André, Jacques	**E4**	E1	25 000	...
20	COMPTABILITÉ		30	Archambault, Jean	E5 ...	E2	27 000	...
30	MARKETING ...		30	Bleau, Joseph	E7 ...	E3	29 000	...
40	RESSOURCES HUMAINES		10	Caron, Claire	E4 ...	**E4**	33 000	...
50	PRODUCTION ...		30	De La Durantaye, Luc	E4 ...	E5	35 000	...
			50	Fortin, Michel	E6 ...	E6	40 000	...
			20	Jeannotte, Réjean	E7 ...	E7	45 000	...
			10	King, Jacqueline	E1 ...			

Les types de bases de données

On peut classer les bases de données en quatre catégories: individuelle, centralisée, répartie et Web.

La base de données individuelle

On trouve la **base de données individuelle** surtout sur les micro-ordinateurs. Il s'agit d'une collection de fichiers intégrés destinée à l'usage d'une seule personne. Généralement, les données et le logiciel de gestion de la base de données sont stockés sur son disque dur.

Ce type de base de données peut vous être utile. Si vous travaillez dans le domaine de la vente, par exemple, vous vous en servirez pour mettre à jour les dossiers de vos clients. Si vous êtes directeur commercial, vous l'utiliserez pour gérer les dossiers des vendeurs et leur performance. Si vous collectionnez des films sur DVD, vous inscrirez dans votre base de données les titres des films, leur durée, etc., ainsi que des renseignements sur les réalisateurs et les acteurs, pour ne nommer que ceux-là.

La base de données centralisée

La **base de données centralisée** est exploitée principalement au sein des organisations, où elle est mise à la disposition de l'ensemble des employés. Ce type de données, souvent intégré à un ordinateur central, est administré par un informaticien (qu'on appelle «administrateur de bases de données»). Les utilisateurs de la base de données y ont accès à partir de leur micro-ordinateur, grâce à un réseau local par exemple.

Il existe deux types de bases de données centralisées.

■ La **base de données interne**, qui contient les informations courantes sur tout ce qui a trait au fonctionnement de l'entreprise, comme le volume des ventes, des stocks et la production.

■ La **base de données ouverte**, qui incorpore la base de données interne à laquelle elle ajoute des informations obtenues de diverses bases de données commerciales. Les cadres et les professionnels y ont accès grâce à un

Il existe quatre types de bases de données: individuel, centralisé, réparti et Web.

réseau de terminaux et de micro-ordinateurs, et s'en servent pour prendre des décisions.

La base de données centralisée constitue la base des systèmes d'information. Par exemple, dans un grand magasin, elle sera un outil précieux. Le personnel responsable y enregistrera toutes les données relatives aux ventes ; le directeur commercial utilisera ces informations pour recenser ses meilleurs vendeurs afin de leur attribuer des gratifications de fin d'année proportionnelles à leur contribution ; la personne responsable des achats utilisera la base de données pour connaître les produits qui se vendent le mieux ou ceux qui sont le moins populaires, en vue d'ajuster ses commandes en conséquence ; enfin, un cadre combinera des informations sur les habitudes d'achat des clients de son magasin avec des informations sur les habitudes de consommation de la population en général tirées de bases de données externes et modifiera toutes ses stratégies de marketing conformément à ces données.

La base de données répartie

Il arrive fréquemment que les données d'une entreprise soient stockées à plusieurs endroits plutôt qu'à un seul. Les réseaux de communication permettent alors l'accès aux données d'un emplacement à un autre. Cette base de données est dite **répartie** et elle est située en un ou plusieurs endroits différents de celui où se trouve l'utilisateur. Un cas typique est celui des serveurs de bases de données sur un réseau client-serveur qui fournissent une liaison entre l'utilisateur et les données à distance.

Par exemple, certaines informations se trouveront dans des bureaux régionaux, d'autres au siège social, ou même dans une succursale située à l'étranger. Le volume des ventes d'une chaîne de grands magasins pourrait être localement réparti entre chacun des magasins, alors que les cadres des bureaux régionaux ou du siège social pourraient également y avoir accès.

La base de données Web

Une base de données Web est similaire à toute autre base de données à cette différence près qu'elle est accessible sur Internet. De nombreuses bases de données d'intérêt public sont accessibles par Internet. Souvent, ce sont des organismes gouvernementaux ou sans but lucratif qui les élaborent et les entretiennent. Lorsqu'on désire acheter ou louer à long terme une voiture d'occasion, par exemple, il est fortement recommandé, au préalable, de prendre connaissance de son historique afin de savoir si elle est libre de toute créance, ou si une compagnie d'assurances l'a déjà déclarée irréparable, accidentée, remise en état ou volée. Au Québec, on peut obtenir ce type de renseignements en consultant, à peu de frais, les bases de données de la SAAQ.

Le site Eurostat de l'Office statistique des Communautés européennes, qui est chargé de la diffusion à grande échelle d'informations statistiques communautaires, offre l'accès à plusieurs bases de données spécialisées dans les renseignements d'ordre commercial ou socioéconomique regroupés selon les régions, par exemple.

Le ministère des Affaires étrangères et du Commerce international du Canada donne l'accès à une base de données sur les ententes et les accords internationaux relatifs à l'environnement (*voir la figure 11.12*). On y trouve

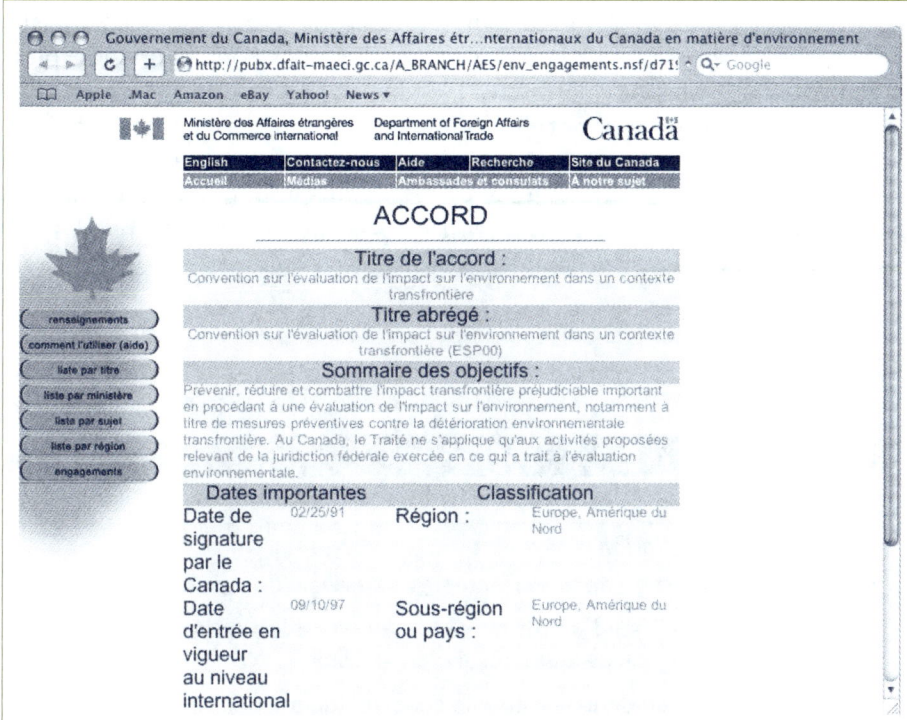

Figure 11.12

Une base de données
gouvernementale accessible
sur le Web.

des renseignements fondamentaux sur certains de ces accords et ententes, et de brefs résumés sur les engagements qu'ils contiennent.

Le grand public a accès à une multitude de bases de données Web, dans une grande diversité de domaines : météo, maisons à vendre, statistiques, numéros de téléphone, etc. Il suffit de savoir chercher !

Les moteurs de recherche disponibles sur Internet font une utilisation à grande échelle des bases de données. Ces programmes ont une double fonction. D'une part, ils parcourent Internet à la recherche d'informations qu'ils inscrivent dans des bases de données, relevant au passage l'URL d'où provient l'information, la date à laquelle cette dernière a été enregistrée, le contexte associé à un mot-clé, etc. D'autre part, les moteurs de recherche permettent à un internaute d'effectuer des recherches selon divers paramètres en spécifiant des mots-clés. Prenons le cas, par exemple, où vous voulez connaître le temps de gestation chez les éléphants. Vous entrez les mots-clés « éléphant » et « gestation » dans la case de saisie appropriée de l'outil de recherche. Ce dernier effectue alors une recherche exhaustive dans ses bases de données afin de trouver tous les enregistrements qui correspondent aux deux mots-clés. Les enregistrements qui satisfont aux critères de recherche sont alors extraits de la base de données et affichés à l'écran. Il ne vous reste plus qu'à visiter les différents liens proposés pour trouver l'information voulue.

La grande majorité des entreprises qui ont un site Web relèvent une foule d'informations sur les gens qui se rendent à leur adresse et enregistrent celles-ci dans des bases de données. Ainsi, lorsqu'on navigue sur Internet, des fichiers témoins (*cookies*) recueillent des informations nous concernant et les retournent au site Web visité. Ce dernier se sert de bases de données pour enregistrer, organiser et utiliser ces informations. Très souvent, les entreprises recueillent ces données afin d'assurer un meilleur service à leur clientèle. Toutefois, sur certains sites, les intentions sont moins louables : l'information est retenue pour être revendue au plus offrant.

Chaque fois que l'on fournit de l'information sur un site Web, au moyen d'un formulaire ou autrement, celle-ci est enregistrée dans une des bases de données de ce site. Habituellement, ce sont des programmes spéciaux, les scripts CGI (*Common Gateway Interface*), qui sont utilisés pour créer les formulaires d'inscription, lire les données saisies et les inscrire dans une base de données.

Le tableau 11.2 offre un résumé des caractéristiques des quatre types de bases de données.

TABLEAU 11.2	
Les quatre types de bases de données	
Type	**Description**
Individuel	Collection de fichiers intégrés à l'usage d'une seule personne.
Centralisé	Fichiers sur les activités courantes d'une entreprise et fichiers que partagent les membres d'un organisme.
Réparti	Base de données répartie géographiquement à laquelle on accède à l'aide d'un serveur.
Web	Bases de données d'intérêt public et celles des moteurs de recherche sur Internet.

Les problèmes relatifs aux bases de données et à leur utilisation

Les bases de données constituent une source importante de productivité. Dans les bibliothèques de certaines entreprises, on considère même que les bases de données électroniques possèdent une plus grande valeur que les livres ou les périodiques comme sources d'information. Cependant, les responsables doivent constamment déployer des efforts pour éviter qu'elles ne soient falsifiées ou utilisées à mauvais escient.

L'utilisation stratégique des données

Les bases de données aident les utilisateurs à se tenir à jour. Voici trois genres de bases de données, sélectionnés parmi des centaines, susceptibles d'aider les utilisateurs dans leurs activités commerciales d'ordre général ou particulier.

■ Les répertoires d'affaires, qui fournissent des adresses, des informations relatives aux domaines financier et commercial, des noms de produits et des marques de commerce.

■ Des données démographiques, comme des statistiques à l'échelle métropolitaine et régionale, des évaluations sur la population et les revenus des travailleurs, des statistiques d'emploi et des données sur le recensement.

Les bases de données aident les utilisateurs à se tenir à jour, mais leur sécurité demeure un point important. Elles doivent être supervisées par un administrateur de bases de données.

■ Des informations sur les statistiques du monde des affaires, comme des données financières sur les ventes publiques d'entreprises et sur le potentiel commercial de certains magasins de détail.

L'importance de la sécurité

Puisque les bases de données possèdent une grande valeur, leur sécurité revêt un caractère vital. Premièrement, les informations personnelles et privées ne doivent pas être utilisées à mauvais escient. Par exemple, le dossier de crédit ou le dossier médical d'une personne pourrait être utilisé pour déterminer un critère d'embauche ou l'attribution d'une promotion.

L'accès aux bases de données est tout aussi préoccupant. Il faut le restreindre aux personnes autorisées seulement. Par exemple, on entend souvent parler de virus qui s'introduisent dans les réseaux ou qui détruisent des bases de données. Les **virus informatiques** sont des blocs d'instructions cachées qui se propagent dans les réseaux et les systèmes d'exploitation, s'incrustant dans divers programmes et bases de données.

Pour améliorer la **sécurité**, des gardes postés dans des salles d'ordinateurs peuvent vérifier l'identité de chaque personne qui y pénètre. On peut aussi stocker les copies de sécurité dans un autre endroit protégé. Les questions de sécurité sont particulièrement importantes dans les entreprises qui utilisent des réseaux à grande échelle, puisque les violations peuvent provenir directement de l'extérieur de l'entreprise. Nous approfondirons ces questions de sécurité dans le dernier chapitre.

L'administrateur de bases de données

Les bibliothécaires des entreprises ont dû apprendre à se servir des bases de données de façon à pouvoir aider leurs collègues dans leur travail. Avec le temps, les bases de données de toutes sortes – pas seulement celles auxquelles on a accès à l'extérieur – ont acquis une importance telle que beaucoup de grandes entreprises engagent désormais un **administrateur de bases de données** pour les aider à déterminer la structure de données la plus appropriée aux besoins de leurs utilisateurs. Celui-ci vise à maximiser le rendement de l'ensemble du système et détermine les personnes qui auront accès (consultation ou modification) aux informations et le type d'accès qu'elles auront. Il voit aussi à assurer la sécurité physique de la base et à la protéger contre le feu, le vandalisme ou tout autre désastre en conservant des doubles des informations importantes. De plus, l'administrateur doit se préoccuper de la sécurité des données, de la protection de la vie privée et des questions d'éthique. Ces points seront traités dans le dernier chapitre.

La tâche de l'administrateur de bases de données est d'autant plus cruciale au sein des grandes organisations, privées et publiques, que les bases de données y constituent souvent une assise pour l'élaboration de systèmes d'information complexes destinés à répondre aux besoins des différents niveaux d'utilisateurs.

Questions de révision

1. Un enregistrement est une collection de fichiers reliés. **F**
2. Dans le cas du traitement en différé, les données sont traitées au moment où la transaction s'effectue. **F**
3. Le dictionnaire des données décrit la structure des données d'une base de données. ✓
4. Dans une base de données répartie, les données sont situées à différents endroits.
5. Lorsque le nombre de mises à jour d'un fichier maître est très faible et que les accès doivent être très rapides, l'organisation en accès direct est idéale. ✓
6. Les champs d'un enregistrement doivent tous être de même nature (de même type). **F**
7. Même si les disques sont des supports à accès direct, on peut y stocker un fichier de type séquentiel. ✓
8. Les bases de données relationnelles sont les plus flexibles, car il n'y a aucun lien entre les divers fichiers qui les composent.
9. L'organisation d'un fichier en accès séquentiel indexé est idéale lorsqu'on doit y accéder de façon ponctuelle et exhaustive.
10. L'adresse du secteur où se trouve un enregistrement est sa clé physique.

Questions à choix de réponses

1. Comment appelle-t-on un ensemble de champs reliés?
   a) des octets;
   b) des mots;
   c) un enregistrement;
   d) un fichier.

2. Un fichier temporaire contenant les changements récents qui seront apportés aux enregistrements est un fichier:
   a) maître;
   b) de données;
   c) de transactions;
   d) indexé.

3. L'organisation d'une base de données dont les champs et les enregistrements sont structurés en nœuds, et où un nœud fils n'a qu'un nœud père, est une base de données:
   a) hiérarchique;
   b) relationnelle;
   c) individuelle;
   d) en réseau.

4. Les blocs d'instructions cachées qui se propagent à l'intérieur des réseaux et détruisent les bases de données s'appellent:
   a) des nœuds;
   b) des virus;
   c) des relations;
   d) des pointeurs.

5. Le modèle d'organisation des bases de données le plus fréquent est la base de données:
   a) relationnelle;
   b) hiérarchique;
   c) Web;
   d) en réseau.

6. Les liens entre les données des bases de données en réseau s'appellent :
a) des relations ;
b) des pointeurs ;
c) des index ;
d) des nœuds.

7. Le type de traitement qui utilise un fichier temporaire cumulant des transactions afin d'effectuer périodiquement une mise à jour sur un fichier maître s'appelle :
a) le traitement différé ;
b) le traitement uniforme ;
c) le traitement en temps réel ;
d) le traitement temporaire.

8. Un fichier qui contient les changements apportés depuis un bon moment aux enregistrements d'un autre fichier est un fichier :
a) maître ;
b) système ;
c) de transactions ;
d) historique.

9. Quand on interroge un moteur de recherche en se servant de mots-clés, celui-ci cherche les adresses URL correspondantes :
a) sur Internet ;
b) sur le Web ;
c) dans ses bases de données ;
d) aucune des réponses précédentes.

10. Un champ qui permet de retrouver un – et un seul – enregistrement dans une base de données est une clé :
a) d'accès ;
b) primaire ;   B.
c) physique ;   ✓
d) logique.

Phrases à compléter

1. Le/la _____ sert à distinguer chaque enregistrement de façon unique.

2. Les fichiers d'une base de données relationnelle sont appelés _____.

3. Les bases de données _____ sont plus souples et plus faciles à utiliser que les bases de données hiérarchiques et en réseau.

4. Les grandes entreprises utilisent les services d'un _____ de bases de données pour déterminer la structure de la base de données et évaluer ses performances.

5. Deux avantages des _____ sur les fichiers sont de diminuer la redondance et d'augmenter l'intégrité des données.

6. Le traitement _____ est un mode de traitement dans lequel les données sont accumulées pendant une période fixe et traitées à un moment bien déterminé.

7. On appelle _____ un champ particulier d'un fichier qui permet jusqu'à un certain point de trouver et d'identifier un enregistrement, mais pas nécessairement de façon unique.

8. Sur le Web, ce sont les _____ qui sont utilisés pour créer les formulaires d'inscription, lire les données saisies et inscrire celles-ci dans une base de données.

9. Un enregistrement est constitué de plusieurs _____.

10. Dans l'organisation séquentielle indexée, c'est le/la/l' _____ qui permet l'accès direct aux enregistrements.

Questions à développement

1. Décrire les types de clés d'accès et fournir des exemples pour chacun.

2. Quelles sont les différences entre l'organisation de fichier séquentielle, l'organisation de fichier à accès direct et l'organisation de fichier séquentielle indexée?

3. Décrire les quatre types de bases de données.

4. Décrire les problèmes auxquels l'utilisation d'une base de données apporte une solution.

5. Définir les termes suivants et donner un exemple pour chacun : champ, enregistrement, fichier, base de données.

Pour exploiter un ordinateur avec un certain savoir-faire, un utilisateur doit être capable d'accéder aux fichiers et aux bases de données.

LES FICHIERS

L'organisation des données
- Un **caractère** est une lettre, un chiffre ou un caractère spécial.
- Un **champ** est un ensemble de caractères reliés.
- Un **enregistrement** est un ensemble de champs reliés.
- Un **fichier** est un ensemble d'enregistrements reliés.

La clé
Une **clé** est un champ permettant de trouver un enregistrement particulier dans un fichier. On distingue la **clé d'accès** et la **clé primaire**.

Le traitement différé et le traitement en temps réel
Il existe deux méthodes de traitement de fichiers. Elles utilisent trois fichiers distincts.
- Le **traitement différé**, dans lequel les transactions sont accumulées, puis traitées en une opération.
- Le **traitement en temps réel**, qui permet de traiter chaque transaction immédiatement.

Les fichiers maîtres, les fichiers de transactions et les fichiers historiques
- Un **fichier maître** est un fichier qui contient tous les enregistrements courants depuis la dernière mise à jour.
- Un **fichier de transactions** est un fichier temporaire dans lequel on accumule les modifications à apporter au cours de la prochaine mise à jour du fichier maître ou celles qui y ont été apportées récemment.
- Un **fichier historique** relate le suivi des modifications et peut être conservé très longtemps.

Les types d'organisation de fichiers
- Dans l'**organisation séquentielle**, les enregistrements sont emmagasinés les uns après les autres selon un ordre croissant ou décroissant.
- Dans l'**organisation directe**, les enregistrements sont stockés à une adresse précise (**clé physique**) qui peut être déterminée par leur clé d'accès.
- Dans l'**organisation séquentielle indexée**, les enregistrements sont stockés selon un ordre séquentiel, mais le fichier renferme également un **index** qui contient la liste des clés de chaque groupe d'enregistrements.

LES BASES DE DONNÉES

Une base de données est un ensemble intégré de données – un ensemble de fichiers et d'enregistrements logiquement reliés.

Un outil indispensable
Voici les avantages des bases de données.
- Le **partage** des données entre différentes personnes ou différents services.
- La **sécurité** des données assurée par des restrictions d'accès.
- La **réduction de la redondance** des informations dans les fichiers.
- Une **intégrité** des données accrue, puisque les modifications apportées à un fichier se répercutent sur les autres fichiers.

Les logiciels de gestion de bases de données
Un **système de gestion de bases de données** (SGBD) est un logiciel qui permet la création et la modification de bases de données, ainsi que l'accès à celles-ci. Un SGBD est constitué :
- d'un **dictionnaire des données**, qui décrit la structure des données utilisées dans la base de données (par exemple, si les données sont numériques, alphabétiques ou autres) ;
- d'un **langage de requête**, facile à utiliser pour accéder aux informations de la base de données.

L'ORGANISATION DES BASES DE DONNÉES

Voici les trois principaux modèles d'organisation de bases de données.

La base de données hiérarchique

Dans une **base de données hiérarchique**, les champs sont structurés en **nœuds** – points reliés comme les branches d'un arbre inversé. Une entrée peut avoir un **nœud père** et plusieurs **nœuds fils**. Il n'existe qu'un seul chemin d'accès pour un nœud donné.

La base de données en réseau

Dans une **base de données en réseau**, les nœuds sont organisés hiérarchiquement, mais un nœud fils peut avoir plus d'un nœud père. Il existe des liens additionnels, les **pointeurs**. On peut accéder à un nœud par plusieurs chemins.

La base de données relationnelle

Dans une **base de données relationnelle**, les données sont conservées dans diverses **tables** composées de lignes (enregistrements) et de colonnes (champs). On trouve les données grâce à un index. Les tables sont reliées entre elles par des **relations**.

LES TYPES DE BASES DE DONNÉES

Il existe quatre types de bases de données.

La base de données individuelle

La **base de données individuelle** (ou base de données sur micro-ordinateur) est un ensemble de fichiers intégrés utilisé principalement par une seule personne.

La base de données centralisée

Il existe deux types de bases de données centralisées.
- La **base de données interne**, qui contient les informations détaillées sur les activités de l'entreprise.
- La **base de données ouverte**, qui incorpore certaines informations de la base de données interne, en plus des informations obtenues de diverses bases de données privées.

La base de données répartie

La **base de données répartie** est distribuée géographiquement et est accessible par le truchement des lignes de télécommunication.

La base de données Web

Les **bases de données Web** sont accessibles sur Internet. Les moteurs de recherche en sont de grands utilisateurs. Ils y inscrivent, à côté de mots-clés, les URL, les dates de visite, le contexte, etc., afin de nous fournir les références sur demande.

Plusieurs organismes gouvernementaux ou sans but lucratif donnent au grand public l'accès à des bases de données à partir de leur site Web.

LES PROBLÈMES RELATIFS AUX BASES DE DONNÉES

Les bases de données permettent d'améliorer la productivité, mais elles comportent en même temps des risques sur le plan de la sécurité.

L'utilisation stratégique des données

Les bases de données aident les utilisateurs à se tenir à jour et à se préparer pour l'avenir. Parmi les bases de données disponibles, notons les répertoires d'affaires, les données démographiques, les informations sur les statistiques du monde des affaires et les bases de données de textes.

L'importance de la sécurité

Sur le plan de la sécurité, il existe deux préoccupations principales : que les données à caractère privé soient utilisées à mauvais escient et que des utilisateurs non autorisés y aient accès. Par exemple, on doit protéger les bases de données contre les **virus informatiques**. Ces virus sont des instructions cachées qui se propagent au sein de divers programmes et bases de données et qui peuvent les détruire.

L'administrateur de bases de données

L'**administrateur de bases de données** est un spécialiste qui détermine la structure des bases de données, les gère et établit les droits d'accès (qui aura accès à quel type de données).

Résumé

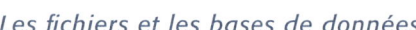

La programmation et les langages de programmation

Que fait-on pour trouver du travail ? On scrute les petites annonces dans les journaux, on vérifie auprès des agences d'emploi, on écrit aux employeurs, etc. En d'autres termes, on fait de la résolution de problèmes pour établir un plan. Après avoir déterminé le genre de travail qu'on veut obtenir, on s'attaque à la résolution de problèmes précis. Cette marche à suivre est la même pour la programmation.

Pourquoi devriez-vous connaître quelque chose à la programmation ? La réponse est simple. Non seulement se peut-il que vous soyez appelé à traiter avec des programmeurs dans l'exercice de vos fonctions, mais peut-être serez-vous amené à faire vous-même de la programmation. Un nouveau domaine est apparu : la mise au point d'applications individuelles qui permettent à des utilisateurs comme vous de créer leurs propres programmes d'application professionnelle, sans l'aide d'un programmeur. De cette façon, vous n'avez pas à attendre des mois avant que des programmeurs puissent se pencher sur les projets qui vous préoccupent.

Dans ce chapitre, nous décrirons la programmation en deux volets : 1. les étapes du processus de programmation ; 2. les principaux langages de programmation disponibles.

Les programmes et la programmation

Qu'est-ce que la **programmation**? Bien des gens pensent qu'elle se résume à entrer des mots dans un ordinateur. En fait, c'est beaucoup plus que cela. L'entrée des énoncés n'est qu'une partie de cette méthode de résolution de problèmes, appelée «programmation».

Qu'est-ce qu'un programme?

Pour bien comprendre le fonctionnement d'un **programme**, pensez à ce qu'il est: une séquence d'instructions qu'un ordinateur exécute afin de traiter des données. Ces instructions sont composées d'énoncés écrits selon les règles d'un langage de programmation particulier, comme Visual BASIC, C ou Java.

Comme nous l'avons mentionné dans les premiers chapitres, les logiciels d'application – ou programmes d'application – sont un type de programme destiné à exécuter du travail utile, comme du traitement de texte ou des opérations comptables. Le logiciel système, de son côté, s'occupe des tâches de soutien, comme la gestion des ressources de l'ordinateur. Dans ce chapitre, nous nous intéresserons aux programmes d'application.

Vous vous êtes probablement déjà familiarisé avec un type de programme d'application, soit les progiciels commerciaux, ces programmes qui sont prêts à l'emploi – comme les traitements de texte, les tableurs et les gestionnaires de bases de données. Or, un professionnel, voire l'utilisateur lui-même, peut également créer des programmes d'application sur mesure.

Qu'est-ce que la programmation?

Un programme est une séquence d'instructions qu'un ordinateur doit exécuter afin de traiter des données. La programmation, aussi appelée «conception de logiciels», est une tâche en six étapes qui crée cette suite d'instructions (*voir la figure 12.1*). Une seule de ces étapes – la troisième – consiste à entrer les instructions dans l'ordinateur.

Figure 12.1

Le processus de programmation.

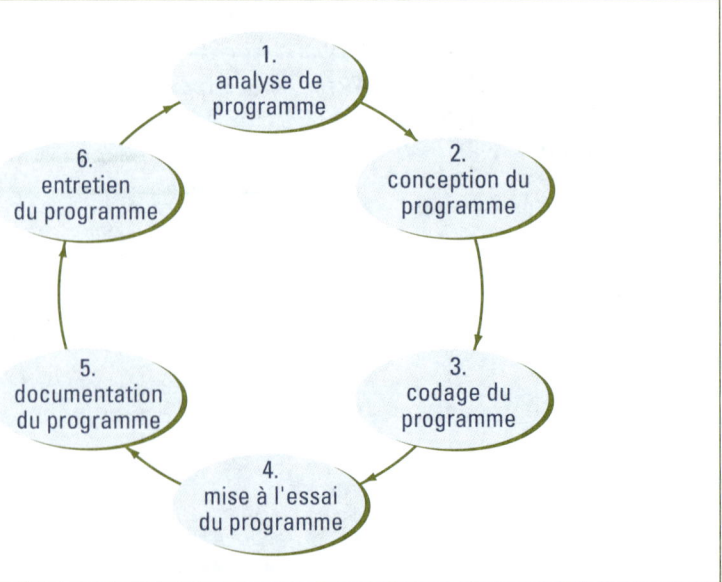

Voici les six étapes de la programmation :

1. l'analyse de programme ;
2. la conception du programme ;
3. le codage du programme ;
4. la mise à l'essai du programme ;
5. la documentation du programme ;
6. l'entretien du programme.

Première étape : l'analyse de programme

L'**analyse de programme**, qu'on peut également appeler « définition de programme » ou « paramétrisation du programme », exige du programmeur – vous-même, si c'est le cas – qu'il accomplisse cinq tâches touchant : 1. les objectifs du programme ; 2. les résultats escomptés ; 3. les données nécessaires ; 4. les exigences de traitement ; 5. la documentation.

La définition des objectifs du programme

On résout quotidiennement toutes sortes de problèmes : comment se rendre à l'école ou au travail, quel devoir ou quel travail faire en premier lieu, etc. Par conséquent, chaque jour, on doit déterminer ses objectifs, soit les problèmes qu'on veut résoudre. La programmation fonctionne de façon similaire en ce sens qu'on doit clairement énoncer le problème qu'on veut régler. Par exemple : « Je veux que le système de gestion du temps tienne compte du temps que j'attribue aux différentes tâches pour chaque client de l'agence de publicité. »

L'établissement de la liste des résultats escomptés

Idéalement, il faudrait déterminer les résultats avant d'entrer les données. En d'autres termes, on doit dresser la liste de ce que l'on désire obtenir de l'ordinateur avant de déterminer les données qui y seront entrées. La meilleure façon d'y arriver est d'imaginer les résultats attendus. L'utilisateur – non le programmeur – devrait esquisser ou écrire ce qu'il souhaite, et décrire la façon dont les résultats doivent être imprimés ou affichés à l'écran.

Par exemple, quiconque désirerait un rapport de gestion du temps pourrait écrire quelque chose s'apparentant à ce qui est illustré à la figure 12.2. Les factures à envoyer aux clients seraient un autre exemple de résultat escompté.

La détermination des données nécessaires

Une fois qu'on sait ce qu'on veut obtenir, on peut déterminer les données d'entrée ainsi que la source de ces données. Par exemple, pour un rapport de gestion du temps, on peut spécifier qu'une des sources des données sera constituée des relevés de temps des employés. Ces documents sont habituellement des comptes rendus ou des relevés des heures travaillées inscrites sur un bordereau (*voir la figure 12.3*).

Au cours de l'étape de l'analyse de programme, on détermine les objectifs, les résultats désirés, les données disponibles et les exigences de traitement du programme.

Figure 12.2

Un exemple de résultats qu'un utilisateur peut esquisser.

| | | Nom du client : *Alain Devos* | | |
| | | Mois et année : *Janvier 2005* | | |

Date	Employé	Nombre d'heures normales et taux horaire normal	Nombre d'heures supplémentaires et taux horaire	Montant facturé
2	M. Tremblay	5 h à 10 $	1 h à 15 $	65 $
	L. Miro	4 h à 30 $	2 h à 45 $	210 $

Figure 12.3

Le journal quotidien à la source des données.

Journal quotidien

Employé : *Armand*

Date : *12 janvier 2005*

Client	Tâche	Début	Fin
A	Clip commercial	8 h 30	11 h 00
B	Brochure	11 h 00	12 h 15
C	Rencontre client	14 h 00	15 h 00
D	Brochure	15 h 20	17 h 00

La description des exigences de traitement

Cette étape consiste à décrire les tâches du traitement qui doivent s'appliquer aux données pour produire les résultats. Une des tâches du programme de l'agence de publicité serait de compiler les heures travaillées pour chaque client.

La documentation des paramètres du système

Il est essentiel de documenter les paramètres du système. Il ne faut pas attendre à la fin du cycle pour préparer la documentation, mais l'élaborer à chaque étape. Ici, on doit enregistrer les objectifs du programme, les résultats escomptés, les données d'entrée nécessaires et les exigences de traitement.

Deuxième étape : la conception du programme

L'étape de la conception vise à élaborer l'algorithme détaillé correspondant aux étapes nécessaires pour résoudre le problème.

Après l'analyse, on accède à l'étape de la **conception du programme**. On vise ici à élaborer l'algorithme approprié et à produire la séquence des instructions qui y correspond. L'**algorithme** est l'ensemble des étapes menant à la résolution d'un problème, une recette en quelque sorte. Par exemple, un algorithme pour déterminer si trois valeurs *a*, *b* et *c* forment un triangle rectangle consisterait à calculer le carré de chacun de ces nombres, puis à vérifier si la plus grande des trois égale la somme des deux autres. Pour passer de l'algorithme au programme, on dispose de **techniques de programmation structurée**. Ces techniques comprennent: 1. l'analyse progressive; 2. le pseudo-code; 3. les organigrammes; 4. les structures logiques; 5. la programmation orientée objet; 6. la programmation événementielle; 7. les outils de génie logiciel.

L'analyse progressive

Après avoir déterminé les résultats et les données d'entrée, on peut utiliser l'**analyse progressive** pour établir les étapes de traitement du programme. Ces étapes sont appelées **modules**. Chaque module est composé d'énoncés du programme logiquement reliés.

La figure 12.4 illustre un exemple de l'analyse progressive pour un rapport de gestion du temps. Chacune des cases représente un module. Selon les règles de l'analyse progressive, chaque module devrait avoir une fonction unique. Le programme doit procéder d'un module à l'autre jusqu'à ce que tous les modules aient été traités par l'ordinateur. Trois des cases illustrées à la figure 12.4, «obtenir les données», «traiter les données» et «produire les résultats», correspondent aux trois principales opérations du système informatique: l'entrée, le traitement et la sortie.

Le pseudo-code

Le **pseudo-code** est la forme narrative de la logique du programme. En d'autres termes, il s'agit d'un résumé ou d'une ébauche du programme que l'on écrira plus tard. La figure 12.5 contient le pseudo-code d'un des modules du programme de gestion du temps. On y voit le raisonnement qui amène à déterminer le nombre d'heures – y compris les heures supplémentaires – consacrées à différentes tâches pour un client, le client A.

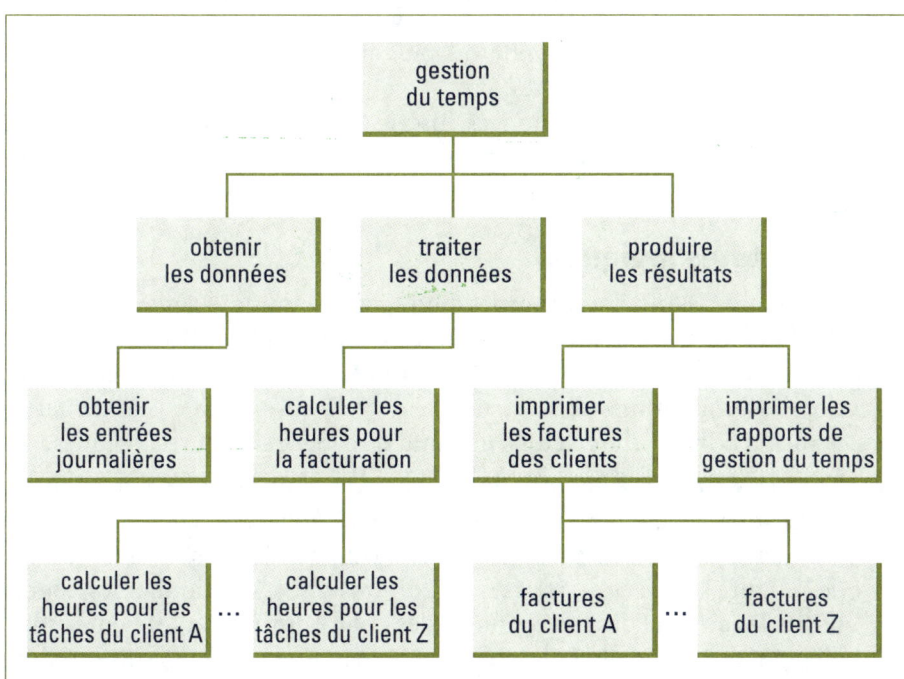

Figure 12.4

Un exemple d'analyse progressive.

Figure 12.5

Un exemple de
pseudo-code.

> **Calculer la facture du client A**
>
> Mettre le nombre total d'heures normales et d'heures supplémentaires à zéro.
>
> Obtenir les heures de début et de fin pour chaque projet.
>
> Si l'heure de fin dépasse 17 h, calculer les heures supplémentaires.
>
> Calculer les heures normales.
>
> Additionner les heures normales au total des heures normales.
>
> Additionner les heures supplémentaires au total des heures supplémentaires.
>
> S'il y a d'autres projets attribuables à ce client, recommencer et calculer les heures pour ces projets également.

Les organigrammes

On représente souvent des structures organisationnelles par des organigrammes. Ici, nous nous intéresserons aux **organigrammes de programmation**, aussi appelés ordinogrammes. Ces derniers sont la représentation graphique des algorithmes détaillés permettant de résoudre le problème de programmation. La figure 12.6 en illustre un exemple et contient les symboles standard des organigrammes de programmation. Cet organigramme représente la logique d'un seul module de l'analyse progressive : « Calculer les heures travaillées pour les tâches du client A. »

Voyons comment on crée l'organigramme

Nous avons vu au chapitre 6 que le processeur d'un ordinateur ne se borne pas à faire de l'arithmétique : il peut aussi faire des comparaisons – déterminer si une valeur est plus grande ou plus petite qu'une autre ou si deux valeurs sont égales ou différentes.

Comment savoir quels énoncés inscrire et dans quel ordre pour que l'organigramme soit logiquement correct ? L'utilisation de structures logiques constitue une solution.

Les structures logiques

Comment relier les différentes parties d'un organigramme ? La meilleure façon est d'utiliser les trois **structures logiques : séquentielle**, **sélective** et **itérative**. Les structures logiques sont des énoncés exécutables qui permettent d'écrire des programmes dits « structurés » ; cela élimine une grande partie des éléments d'incertitude. Jetons un coup d'œil aux structures logiques.

■ Dans la **structure séquentielle**, les énoncés sont exécutés selon l'ordre où ils apparaissent dans le programme (*voir la figure 12.7*).
Par exemple, examinons l'organigramme du calcul des heures travaillées de la figure 12.6. Les deux cases d'addition sont « Additionner les heures normales au total des heures normales » et « Additionner les heures supplémentaires au total des heures supplémentaires ». Elles se suivent donc

Figure 12.6
Un exemple
d'organigramme
de programmation
et l'explication des
symboles utilisés.

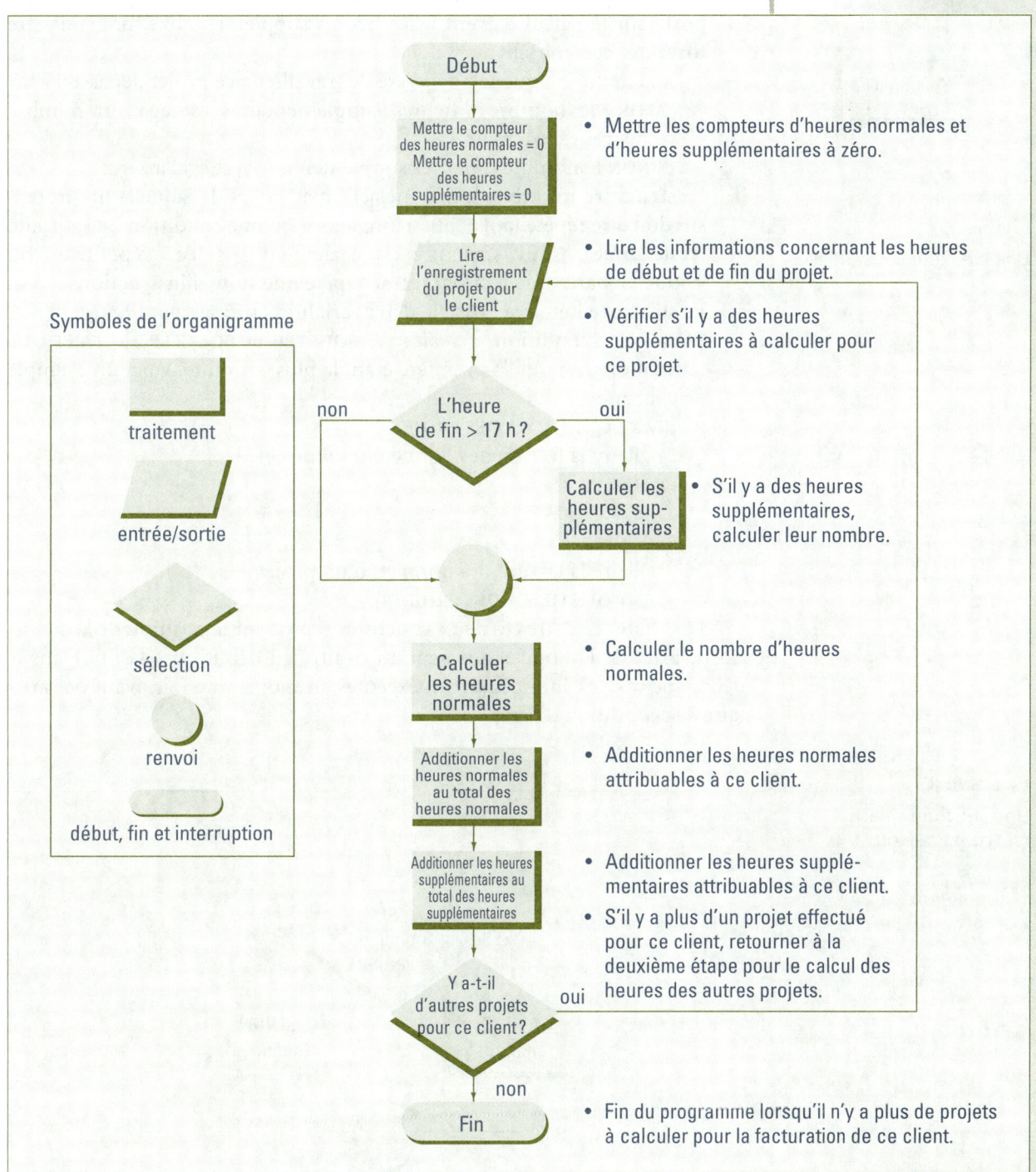

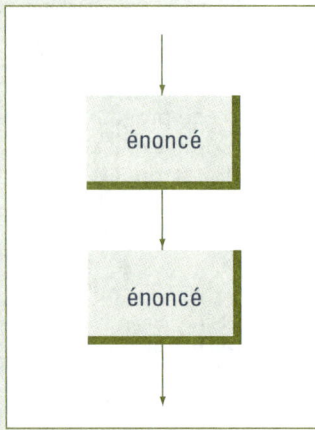

Figure 12.7

Une structure séquentielle.

logiquement et ne contiennent pas de décision – questions «oui ou non» – suggérant d'autres conséquences.

■ La **structure sélective** s'impose lorsqu'on doit déterminer lequel de deux chemins on doit emprunter (*voir la figure 12.8*). Cette structure est dite SI... ALORS... SINON... parce que c'est ainsi qu'on formule la décision.

Par exemple, la structure sélective de l'organigramme de la figure 12.8, qui porte sur le calcul d'éventuelles heures supplémentaires, pourrait être formulée comme suit :

> SI l'heure à laquelle on a cessé de travailler à ce projet dépasse 17 h,
> ALORS le nombre d'heures supplémentaires est égal au nombre d'heures excédentaires,
> SINON le nombre d'heures supplémentaires est égal à zéro.

■ La **structure itérative** décrit une action au cours de laquelle un processus doit être répété tant et aussi longtemps qu'une condition est satisfaite (reste vraie). Cette structure est également appelée «répétitive» ou «boucle» parce que le programme répète une suite d'instructions.

La structure itérative possède deux variantes (*voir la figure 12.9*) :
TANT QUE (condition = vraie) ... BOUCLER et BOUCLER ... TANT QUE (condition = vraie); la première étant la plus courante. Voici un exemple de chacune :

> TANT QUE (IL Y A DES PROJETS)
>   Faire la lecture des données d'un projet
> BOUCLER

et

> BOUCLER
>   Faire la lecture des données d'un projet
> TANT QUE (IL Y A DES PROJETS)

La différence entre ces deux structures repose sur la position de la condition d'arrêt de la boucle, qui peut apparaître au début ou à la fin. Dans le deuxième cas, les énoncés seront exécutés au moins une fois avant de satisfaire à la condition d'arrêt.

Figure 12.8

Une structure sélective
(SI... ALORS... SINON...).

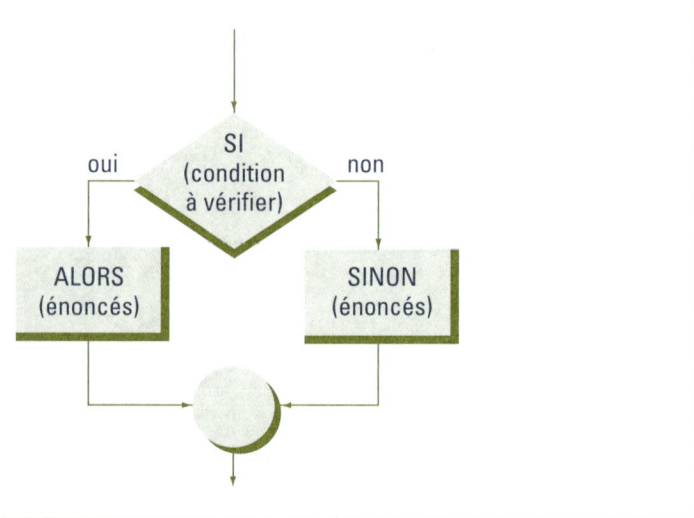

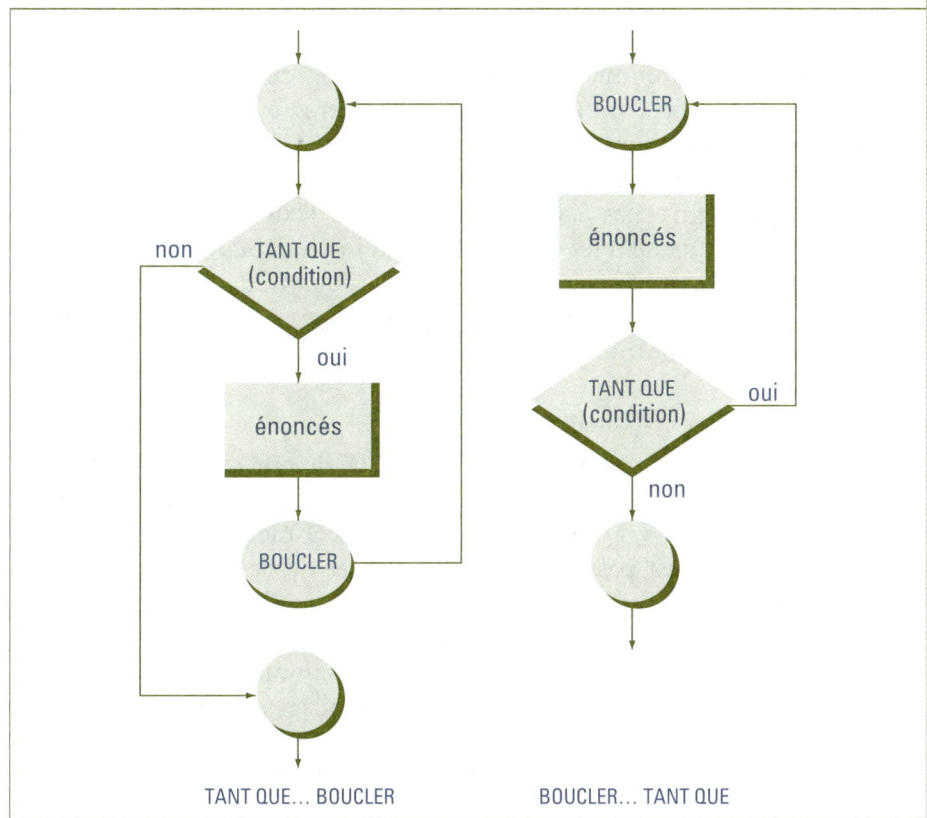

TANT QUE… BOUCLER   BOUCLER… TANT QUE

La programmation orientée objet (POO)

Les structures logiques ont aidé à éliminer les éléments d'incertitude du processus de programmation ; la **programmation orientée objet** aide, quant à elle, à en augmenter l'efficacité. Ce type de programmation se définit comme une technique qui organise un programme en objets contenant à la fois les données et les opérations de traitement nécessaires à l'accomplissement d'une tâche.

Au début, les programmes étaient conçus, depuis la première ligne de code jusqu'à la dernière, comme des entités gigantesques, un peu comme si l'on construisait une voiture à partir de feuilles de métal. La POO s'apparente à la construction d'une voiture à partir de pièces préfabriquées – carburateur, alternateur, ailes, etc. À l'instar de l'analyse progressive, la POO utilise des modules appelés « objets », qui sont des composants indépendants et réutilisables. En partant du principe que certaines fonctions sont communes, on peut concevoir des programmes au moyen de ces objets. Par exemple, plusieurs d'entre eux, comme les traitements de texte ou les tableurs, contiennent une instruction permettant d'obtenir une liste alphabétique de noms. Un programmeur peut se servir de ce module, ou objet, pour obtenir un ordre alphabétique dans un autre programme. Il n'est pas nécessaire de créer cette opération chaque fois.

La programmation événementielle

La POO a donné lieu à l'élaboration du concept de **programmation événementielle**. Le programmeur peut utiliser un objet déjà défini, par exemple une fenêtre qui affiche un texte en petits caractères, et définir comment cet objet réagira à un événement donné. Par exemple, si l'utilisateur clique sur la fenêtre, le texte sera agrandi ; s'il double-clique, le texte sera rapetissé. Ainsi, le programmeur n'a pas à gérer l'affichage du texte, qui est inclus dans l'objet, mais uniquement les deux segments d'instructions modifiant la taille du texte en réponse à l'intervention de l'utilisateur. Cette technique permet de mettre au point des applications complexes à partir d'interventions ponctuelles facilement contrôlables.

Les outils de génie logiciel

Les programmeurs sont toujours à la recherche de nouvelles méthodes leur permettant de rendre leur travail plus facile, plus rapide et plus fiable. Cela est particulièrement vrai lorsque le programme à mettre au point est très volumineux, qu'il est passé par plusieurs stades de développement et que plusieurs programmeurs y ont travaillé. Les **ateliers de génie logiciel** (AGL) facilitent la tâche en enregistrant chaque étape de l'évolution du projet. Ces outils fournissent assistance et automatisation au moment de la conception des programmes aussi bien qu'au moment du codage et de la mise à l'essai.

Le tableau 12.1 résume les techniques de programmation structurée.

TABLEAU 12.1	
Techniques de programmation structurée	
Technique	*Description*
Analyse progressive	Établissement des étapes importantes de traitement (modules)
Pseudo-code	Rédaction concise de la logique du programme
Organigramme de programmation	Esquisse graphique des étapes nécessaires à la résolution du problème
Structures logiques	Trois schémas organisationnels sont utilisés dans les organigrammes de programmation pour l'écriture de programmes structurés
Programmation orientée objet	Les programmes sont organisés en objets, ou modules, qui sont des composants indépendants et réutilisables
Programmation événementielle	Définition du comportement d'objets (de la POO) par rapport à des événements déclenchés par l'intervention de l'utilisateur
Outils de génie logiciel	Outils d'ingénierie logicielle assistée par ordinateur servant à assister le programmeur lors de la conception, du codage et de la mise à l'essai d'un programme

La dernière étape de la conception d'un programme consiste à documenter la logique de conception du programme. Ce rapport inclut généralement le pseudo-code, les organigrammes et les structures logiques.

Troisième étape : le codage du programme

L'écriture d'un programme s'appelle « codage ». À cette étape, on se sert de la logique élaborée au cours de l'étape de conception du programme pour réellement écrire le programme. Autrement dit, on écrit – avec un crayon et du papier ou en tapant sur un clavier – les lettres, les chiffres et les symboles du programme. C'est le code du programme qui indique à l'ordinateur ce qu'il doit faire. Le codage correspond à l'idée que se font bien des gens de la programmation. Pourtant, comme nous l'avons souligné, ce n'est là qu'une des six étapes du processus de programmation.

Le codage constitue la véritable opération d'écriture du programme, car il s'effectue au moyen d'un langage de programmation.

Un programme bien écrit

Quelles sont les qualités d'un programme bien écrit? Par-dessus tout, il doit être fiable, c'est-à-dire qu'il doit fonctionner en toutes circonstances. Il doit déceler les erreurs évidentes et courantes dans les données, et être compréhensible pour d'autres programmeurs; après tout, quelqu'un voudra peut-être apporter ultérieurement des changements au programme! La meilleure façon de coder efficacement un programme est d'écrire un programme structuré en utilisant les structures logiques décrites à la deuxième étape.

Quel langage choisir?

Le choix d'un langage de programmation pour écrire un programme est une décision importante, car il y en a des centaines. Pour les micro-ordinateurs, les plus populaires sont C++ et Visual BASIC. Nous décrirons les langages de programmation plus loin dans ce chapitre. Une fois qu'on a déterminé la logique du programme, on peut l'écrire (le coder) dans n'importe quel langage de programmation disponible sur l'ordinateur utilisé (*voir la figure 12.10*). Par la suite, on pourra passer à l'étape suivante, soit la mise à l'essai du programme.

Quatrième étape : la mise à l'essai du programme

L'étape de correction consiste à tester le programme et à en éliminer les erreurs – ou encore à le **déboguer**[1]. Il s'agit de faire exécuter le programme par l'ordinateur, puis d'ajuster les parties qui ne fonctionnent pas. Il existe deux types d'erreurs dans les programmes: les erreurs de syntaxe et les erreurs de logique.

Corriger un programme, c'est le tester et éliminer les erreurs de syntaxe et les erreurs de logique qu'il contient.

Les erreurs de syntaxe

Les **erreurs de syntaxe** sont des violations des règles syntaxiques du langage dans lequel le programme a été écrit. Par exemple, en C++, chaque énoncé doit se terminer par un point-virgule (;), sans quoi le programme ne pourra s'exécuter.

---

1. En anglais: *to debug*, éliminer les bogues (défauts de conception ou de réalisation se manifestant par des anomalies de fonctionnement).

Figure 12.10

Le programme de «calcul du temps» codé en C++.

```
/* Ceci est un programme qui calcule les temps de travail régulier et supplémentaire.
Les phrases placées entre astérisques sont des commentaires (documentation). */

/* On ajoute le code nécessaire aux opérations d'entrée/sortie */
#include <fstream.h>

/* Fonction principale du programme */
void main(void)
{
  ifstream input_file;/* Déclaration du fichier d'entrée */

/* Les 2 lignes qui suivent servent à déclarer le type des variables utilisées dans
ce programme.
float désigne des valeurs avec décimales et int, des valeurs entières. */
  float total_normal, total_supplem, normal, supplem;
  int heure_debut, minute_debut, heure_fin, minute_fin;

/* Les lignes suivantes contiennent les énoncés exécutables.
Ouverture du fichier de données */
  input_file.open("feuille_de_temps.txt", ios::in);

  /* Initialisation des variables */
  total_normal = 0;
  total_supplem = 0;

  /* Lecture du fichier de données */
  while(input_file != NULL)
  {
    input_file >> heure_debut >> minute_debut >> heure_fin >> minute_fin;

    /* Calcul du temps supplémentaire */
    if(heure_fin >= 17)
                    supplem = heure_fin + (minute_fin / 60.0);
    else
                    supplem = 0.0;

    /* Calcul des heures normales */
    normal = ((heure_fin - heure_debut) + (minute_fin - minute_debut) / 60.0 - supplem;
    total_normal += normal;
    total_supplem += supplem;
  }

  /* Impression des résultats */
  cout << "Temps régulier: " << total_normal << endl;
  cout << "Temps supplémentaire: " << total_supplem << endl;
}
```

Les erreurs de logique

Les **erreurs de logique** se produisent lorsque le programmeur a utilisé un calcul incorrect ou oublié une étape de programmation. Par exemple, s'il n'a pas appliqué le taux majoré au calcul des heures supplémentaires, il a commis une erreur de logique. Une telle erreur peut avoir pour conséquence le plantage du programme ou la production de résultats erronés.

Le processus de débogage

Plusieurs méthodes ont été conçues pour trouver ces deux types d'erreurs et les éliminer.

- La **tentative de traduction** : on teste le programme sur ordinateur en utilisant un programme de traduction. Ce type de programme tente de traduire le programme écrit, du langage de programmation (comme C++) en langage machine. Avant que le programme puisse s'exécuter, les erreurs de syntaxe doivent avoir été éliminées. Les erreurs de ce type sont détectées par le programme traducteur.

- Le **contrôle de programmation** : dans le contrôle de programmation, un programmeur vérifie une copie imprimée (corrige les épreuves) du programme, dans son bureau. Il parcourt tout ce listage, une ligne à la fois, à la recherche d'erreurs de syntaxe ou de logique.

- L'**essai manuel sur un échantillon de données** : on traite les données correctes ainsi que les données erronées en suivant la logique du programme – manuellement, et non sur l'ordinateur – pour vérifier les résultats du traitement.

- L'**essai d'échantillons de données sur ordinateur** : après avoir éliminé toutes les erreurs de syntaxe, on vérifie le programme tout en recherchant les erreurs de logique à l'aide d'échantillons de données qui mettent à l'épreuve chacun des énoncés du programme. Il s'agit du test alpha.

- L'**essai auprès d'un groupe d'utilisateurs** : cette étape, appelée « test bêta », consiste à trouver des utilisateurs qui essaieront le programme et feront part de leurs réactions avant que la version définitive soit distribuée.

Cinquième étape : la documentation du programme

La **documentation** décrit le programme et explique de quelle façon l'utiliser. Idéalement, elle devrait être rédigée à chaque étape, et non juste à la fin du processus de programmation. Au cours de l'étape consacrée à la documentation, on révise tous les documents écrits au cours des étapes précédentes et on en rédige la version finale. La documentation est importante pour toutes les personnes qui auront à utiliser le logiciel.

- Les **utilisateurs** : les utilisateurs doivent savoir se servir du logiciel. Certaines entreprises peuvent offrir des séances de formation animées par des personnes-ressources capables de guider les utilisateurs tout au long de l'exécution du programme. Toutefois, d'autres organismes s'attendent à ce que les utilisateurs apprennent à se servir d'un progiciel à partir de la documentation écrite, comme les manuels qui accompagnent les progiciels qu'on achète.

- Les **opérateurs** : on doit fournir de la documentation aux opérateurs d'ordinateur. Si, par exemple, le programme leur envoie un message d'erreur, ils doivent savoir quoi faire.

- Les **programmeurs** : même l'auteur du programme original peut en oublier certains aspects. D'autres programmeurs voulant le mettre à jour ou encore le modifier – assurer l'entretien du programme – risquent

Documenter, c'est décrire les objectifs et les procédures du programme.

d'être frustrés si la documentation est inadéquate. Ce type de documentation devrait inclure des textes explicatifs, les organigrammes, les listages du programme et des échantillons de résultats. Il pourrait également contenir un organigramme de système montrant comment ce programme en particulier est relié aux autres programmes dans le système informatique.

Sixième étape : l'entretien du programme

La dernière étape est celle de l'**entretien du programme**. Vous serez peut-être surpris d'apprendre que 75 % du coût total d'un programme est attribuable à son entretien pendant sa durée de vie utile. Cette activité est à ce point courante qu'on a créé pour elle un poste spécial, celui de programmeur de maintenance.

L'entretien consiste à s'assurer que les programmes soient exempts d'erreurs, qu'ils fonctionnent et fournissent un rendement adéquat. Les activités professionnelles dans ce domaine sont divisées en deux catégories : l'exploitation et l'évolution.

Le service de l'exploitation

Le service de l'exploitation trouve les erreurs d'exécution et les corrige, facilite l'utilisation des programmes et standardise les logiciels. La tâche devrait être minimale lorsqu'un programme a été conçu convenablement et lorsqu'on a eu recours aux techniques de programmation structurée.

L'évolution des systèmes

Cette catégorie est incontournable. Avec le temps, tous les organismes subissent des changements. Les programmes doivent donc être adaptés, notamment en raison des modifications apportées aux lois sur les taxes, des nouveaux besoins d'information et des nouvelles politiques de l'entreprise.

Cinq générations de langages de programmation

Les informaticiens parlent de niveaux ou de **générations de langages de programmation**. Ces langages sont dits de bas niveau quand ils sont écrits dans le langage que l'ordinateur utilise ou dans un langage qui en est proche (l'ordinateur comprend les bits 0 et 1 des données et des instructions). Les instructions utilisables dans un programme qu'on écrit dans un langage de bas niveau tiennent compte de l'architecture propre à l'ordinateur sur lequel on travaille. Les langages sont dits de haut niveau quand ils se rapprochent des langues utilisées par les humains. Les programmes écrits en langages de haut niveau sont totalement indépendants de l'architecture des ordinateurs ; ils sont transportables.

Il y a cinq générations de langages de programmation, allant du plus bas niveau au plus haut. Ce sont : 1. les langages machine ; 2. les langages d'assemblage ; 3. les langages procéduraux ; 4. les langages spécialisés ; 5. les langages naturels.

Les programmeurs mettent à jour les programmes afin d'en corriger les erreurs, d'améliorer leur utilisation, de les standardiser et de les adapter aux changements que vit l'entreprise.

On classe les langages de programmation en cinq générations, depuis les langages machine jusqu'aux langages naturels.

Première génération : les langages machine

Nous avons vu plus tôt que les données sont représentées par des octets constitués de bits 0 ou 1. Ces 0 et ces 1 reflètent l'état électrique – chargé ou non – d'un circuit de l'ordinateur, ou encore la présence ou l'absence de pulsations magnétiques sur un disque ou sur une bande magnétique. On a élaboré des procédés de codage à partir de ce système à deux états. Ces procédés nous permettent de construire des lettres, des chiffres, des signes de ponctuation et d'autres caractères spéciaux. Comme nous l'avons vu précédemment, les codes ASCII et Unicode sont deux exemples de procédés de codage.

Les données représentées en séquences de 0 et de 1 sont écrites en langage machine. Elles sont très difficiles à lire. Pour vous en rendre compte, imaginez un instant que vous devez écrire une instruction qui ressemble à ceci :

111100100111001111010010000100000111000000101011

Il existe plusieurs langages machine, car les langages varient d'une marque d'ordinateur à une autre, ce qui ne facilite pas la tâche.

Imaginons que l'on doive mettre au point une petite application modèle : inscrire une trentaine d'étudiants à un cours, entrer les notes obtenues aux examens, calculer les résultats des étudiants et les moyennes du groupe, puis représenter ces résultats sous forme de graphique. Si l'on devait aujourd'hui concevoir cette application en langage machine, il faudrait sûrement des années de travail acharné à un programmeur. (D'ailleurs, il faudrait probablement encore plus de temps pour dénicher un programmeur suffisamment fou pour se lancer dans une telle entreprise.)

Deuxième génération : les langages d'assemblage

Les langages d'assemblage ont un avantage indéniable sur les 0 et les 1 des langages machine puisque, pour chaque instruction machine, ils utilisent des abréviations, appelées **termes mnémoniques**, qui sont plus faciles à mémoriser pour les humains. L'instruction en langage machine que nous avons écrite précédemment pourrait s'exprimer de la façon suivante en langage d'assemblage :

CHARGER 210(8,13),02B(4,7)

Ce langage demeure encore assez obscur et, de fait, est aussi un **langage de bas niveau**. Bien que la mise au point de notre application témoin soit accélérée par rapport au langage machine, le gain reste modeste en raison de la complexité des opérations à envisager. De plus, le programme issu de cette opération de codage n'est pas directement exécutable puisqu'il est rédigé en caractères – ASCII, par exemple. Il doit être traduit en langage machine par un programme **assembleur**. Les langages d'assemblage diffèrent d'un ordinateur à un autre.

Troisième génération : les langages procéduraux

Les gens sont plus aptes à comprendre les langages qui ressemblent à leur propre langue (par exemple, le français) que le langage machine ou le langage d'assemblage. Les langages de programmation qui sont proches des langues naturelles sont considérés comme des **langages de haut niveau**. Mais voilà, pour être compris, même les langages de plus haut niveau exigent des utilisateurs qu'ils suivent une formation. Ce besoin s'applique tout particulièrement aux langages procéduraux.

Les **langages procéduraux** sont des langages de programmation comme Visual BASIC, C, C++, C# et Java. Ils sont appelés «procéduraux» parce qu'ils sont conçus pour exprimer un cheminement logique décrivant l'algorithme (procédure qui peut résoudre un problème particulier). COBOL, par exemple, facilite la programmation des applications destinées au domaine de la gestion, comme la paie des employés et le contrôle des stocks. Ce sont les langages de troisième génération. La majorité d'entre eux sont considérés comme transportables, c'est-à-dire qu'ils peuvent être exécutés sur plusieurs sortes d'ordinateurs sans qu'on ait à les récrire en entier. On peut donc en créer des copies exécutables sur n'importe quelle machine, pourvu qu'on dispose du programme traducteur approprié.

Pour qu'un langage procédural puisse fonctionner, il doit être traduit en langage machine, de façon que l'ordinateur puisse le traiter. Cette traduction est effectuée par des programmes appelés compilateurs et interprètes.

- Un **compilateur** convertit entièrement le programme écrit en langage procédural par le programmeur – qu'on appelle **programme source** – en un programme codé en langage machine – qu'on appelle **programme objet**. Ce programme objet peut être sauvegardé et exécuté plus tard. Pascal, C++ et C# sont des exemples de langages procéduraux qui utilisent un compilateur.

- Un **interprète** lit les directives du langage procédural, un énoncé à la fois, et le fait exécuter par l'ordinateur. Aucun programme objet n'est conservé. Java est un exemple de langage procédural utilisant un interprète.

Quelle différence y a-t-il entre l'utilisation d'un compilateur et l'utilisation d'un interprète? Lorsqu'un programme doit être exécuté, le compilateur requiert deux étapes. Ces deux étapes sont, d'une part, la conversion intégrale du programme source en programme objet et, d'autre part, l'exécution de celui-ci. L'interprète, quant à lui, ne nécessite qu'une étape. L'avantage d'un langage compilé réside dans le fait que, une fois sous la forme objet, le programme s'exécute plus rapidement. L'interprète est avantageux en ce qu'il facilite le développement des programmes. Un programme traducteur donné peut convertir les énoncés d'un seul langage et s'exécuter sur un seul système d'exploitation. Par exemple, il faut utiliser deux compilateurs différents pour traduire un programme source pour Unix et Windows.

Les principaux langages procéduraux que vous pourriez rencontrer sont les suivants.

- **BASIC**: abréviation de *Beginner's All-purpose Symbolic Instruction Code*, BASIC a déjà été un langage très populaire. Fréquemment utilisé dans les micro-ordinateurs et facile à apprendre, il convenait aux programmeurs néophytes ainsi qu'aux programmeurs expérimentés. Il revit actuellement sous sa forme moderne: le Visual BASIC (*voir plus loin*).

- **Pascal**: également populaire dans les micro-ordinateurs (il y a quelque temps) et facile à apprendre, Pascal – dont le nom vient de Blaise Pascal, mathématicien français du XVIIe siècle – est encore utilisé dans quelques programmes d'enseignement de l'informatique. Il a l'avantage de favoriser la programmation structurée, soit l'utilisation des structures séquentielle, sélective et itérative. Il en existe une version plus moderne et plus performante sous le nom de **Delphi**.

- **C** et **C++**: langage universel qui fonctionne bien sur les micro-ordinateurs, C est bien adapté à l'écriture des systèmes d'exploitation, des compilateurs, des systèmes de gestion de bases de données et de certaines applications scientifiques. Les programmes sont très facilement transportables, puisqu'il existe un compilateur pour chaque ordinateur. C++ est une version augmentée de C incorporant les techniques de la programmation orientée objet.

- **COBOL**: abréviation de *COmmon Business-Oriented Language*, COBOL était jusqu'à récemment le langage de programmation le plus utilisé en gestion. Écrire un programme en COBOL revient un peu à rédiger un plan de dissertation. Le programme est divisé en quatre parties. Chaque partie est à son tour divisée en sections, qui elles-mêmes sont divisées en paragraphes, puis en énoncés.

- **FORTRAN**: abréviation de *FORmula TRANslation*, FORTRAN a été un langage très utilisé pour des applications scientifiques et mathématiques. Sa force réside dans le traitement de formules complexes. De nombreux programmes scientifiques et d'ingénierie ont été écrits dans ce langage.

- **Visual BASIC** et **Visual C++**: ce sont deux versions avancées de BASIC et de C++ destinées à faciliter la programmation de logiciels exploitables dans l'environnement Windows. Ces deux langages possèdent les mêmes commandes que leurs versions d'origine, mais offrent en plus au programmeur tous les objets standard que l'on trouve dans Windows: fenêtres, cases de saisie, barres de menus, icônes, etc. L'utilisation de ces objets donne automatiquement au programme un air de famille avec les autres applications Windows.

- **Java**: Java est un langage de programmation qui a été conçu dans la foulée du développement de la toile mondiale (WWW) pour permettre d'insérer dans des pages Web de petites applications (*applets*) exécutables sur tout type d'ordinateur (petit ou gros) et dans tout système d'exploitation (Unix, Windows, Macintosh). Il est en voie de devenir un langage de programmation universel.

- **C#**: Le langage C# (prononcer C *Sharp*) est le descendant direct des langages C++ et Java. Constituant une des pièces de l'architecture **.NET** de Microsoft, il permet d'écrire des programmes sûrs et efficaces sur différentes plates-formes (au dire de Microsoft évidemment!). Sa structure syntaxique s'apparente beaucoup à celle de C++, tandis que son aspect sécuritaire s'inspire davantage de Java. Fer de lance de Microsoft pour les prochaines années, il se pose en concurrent direct de Java. L'avenir nous en dira plus…

Ce qui prendrait des années à concevoir en langage de bas niveau pourrait se résoudre en quelques mois, voire en quelques semaines, en langage de haut niveau. En Pascal ou en C, le programmeur devra gérer lui-même presque toutes les opérations: entrée des données, calculs, affichage des résultats sous forme de tableaux ou de graphiques. L'utilisation d'un langage orienté objet (comme Visual BASIC ou C++) sera un facteur d'efficacité très important dans la mesure où le programmeur disposera d'objets pertinents déjà définis.

Quatrième génération : les langages spécialisés

Les langages de troisième génération sont puissants, mais ils exigent de l'utilisateur une formation en programmation. Les langages spécialisés – aussi connus sous le nom de **langages de très haut niveau** – requièrent beaucoup moins de formation de la part de l'utilisateur.

Contrairement aux langages universels, les langages de quatrième génération sont conçus de façon à résoudre des problèmes précis. Par exemple, IFPS (*Interactive Financial Planning System*) sert à concevoir des modèles financiers. Excel et Access sont souvent considérés comme des langages de quatrième génération très polyvalents.

Ces programmes, qu'on appelle souvent « progiciels outils », se caractérisent par le fait que le programmeur n'a pas à définir la fine ligne de l'algorithme qui doit être utilisé. Il indique plutôt ce qu'il veut obtenir : le progiciel saura le lui donner. Ainsi, avec Excel, il suffit de sélectionner une suite de valeurs et de commander un affichage graphique pour que le résultat s'affiche selon le style choisi, les progiciels outils permettant de créer des applications très rapidement.

Plusieurs progiciels outils possèdent un **générateur d'application**. Ce programme auxiliaire peut créer un modèle d'application à partir de modules déjà préparés pour des tâches précises, par exemple le calcul des primes des heures supplémentaires des employés. De cette façon, le programmeur n'a qu'à sélectionner les modules appropriés, et le générateur d'application les assemblera dans un programme répondant aux exigences de l'utilisateur. Le programmeur pourra ensuite modifier le modèle pour mieux l'ajuster à ses besoins.

L'utilisation d'un progiciel outil comme Excel ou Access permettrait de concevoir notre application modèle dans des temps qui se calculent en heures, grâce à tous les outils que possèdent ces progiciels.

Cinquième génération : les langages naturels

Encore au stade de la conception, les langages naturels sont destinés à fournir une interface plus humaine – dite naturelle – entre les utilisateurs et l'ordinateur. Les langages naturels sont des langues humaines comme l'anglais, le français et le japonais. Les chercheurs espèrent également que les langages naturels permettront aux ordinateurs d'apprendre, de mémoriser de nouvelles informations et d'être aptes à s'améliorer à partir de celles-ci. De toute évidence, ce domaine offre de grands défis.

Le tableau 12.2 contient un résumé des cinq générations de langages de programmation.

TABLEAU 12.2		
Les cinq générations de langages de programmation		
Génération	*Nom*	*Exemple d'énoncé*
Première	Langage machine	10010001
Deuxième	Langage d'assemblage	CHARGER 210(8,13),02B(4,7)
Troisième	Langage procédural (de haut niveau)	Supplémentaire := 0 ;
Quatrième	Langage spécialisé	TROUVER = « Duguay »
Cinquième	Langage naturel	SI vertiges ALORS vérifier la température et la tension artérielle

Questions de révision

Vrai ou faux

1. Un programme est une suite d'instructions qu'un ordinateur exécute pour traiter des données.

2. La documentation est entièrement écrite à la dernière étape de la programmation.

3. Un compilateur traduit un langage de programmation de haut niveau en langage machine.

4. Le langage d'assemblage fait partie de la première génération des langages de programmation.

5. Pour pouvoir utiliser un langage de programmation sur un ordinateur, on doit disposer d'un compilateur (ou d'un interprète) de ce langage.

6. Le pseudo-code et l'organigramme sont deux techniques de programmation structurée qui permettent de décrire l'algorithme d'un module ou d'un programme.

7. En programmation, il est plus difficile de détecter une erreur de logique qu'une erreur de syntaxe.

8. Un programme source est toujours plus facile à comprendre que son équivalent en langage de bas niveau.

9. En programmation, la structure sélective décrit une action au cours de laquelle un processus doit être répété tant et aussi longtemps qu'une condition est satisfaite.

10. Les programmes écrits en langage de bas niveau sont transportables d'un ordinateur compatible IBM à un ordinateur Macintosh sans problème.

Questions à choix de réponses

1. Une méthode de programmation structurée qui représente graphiquement les étapes détaillées nécessaires à la résolution d'un problème s'appelle :
   a) l'analyse progressive ;
   b) le pseudo-code ;
   c) un organigramme ;
   d) les structures logiques.

2. La dernière chose à faire avant de terminer l'étape de la conception du programme est de :
   a) coder ;
   b) documenter ;
   c) sélectionner un langage de programmation ;
   d) déterminer les résultats.

3. La dernière étape de la programmation est celle :
   a) de la conception ;
   b) de l'analyse ;
   c) de l'entretien ;
   d) de la mise à l'essai.

4. Lequel des langages suivants est un langage de bas niveau ?
   a) le langage Java ;
   b) le langage BASIC ;
   c) le langage C++ ;
   d) le langage machine.

5. Une fois traduit en langage machine, un programme devient un :
   a) code source ;   c) code ROM ;
   b) code objet ;   d) code ASCII.

6. Parmi les éléments suivants, lequel n'est pas un langage de programmation ?
   a) Fortran ;   c) Java ;
   b) Dos ;   d) C.

7. Une erreur détectée au cours de la compilation d'un programme est une erreur :
   a) de logique ;   c) d'exécution ;
   b) de syntaxe ;   d) sans nom.

8. Un compilateur permet de traduire du langage :
   a) d'assemblage au langage procédural ;
   b) machine au langage de bas niveau ;
   c) machine au langage de haut niveau ;
   d) de haut niveau au langage machine.

9. L'instruction SI-ALORS-SINON est une instruction de structure :
   a) itérative ;   c) sélective ;
   b) séquentielle ;   d) séquentielle indexée.

10. Lequel des langages suivants est un langage de la cinquième génération ?
   a) le langage Visual Basic ;   c) le langage C++ ;
   b) le langage C ;   d) aucune des réponses précédentes.

Phrases à compléter

1. Au moment de l'analyse du programme, on doit spécifier les _____ avant les données requises.

2. La structure logique _____ est utilisée lorsqu'il est nécessaire de prendre une décision.

3. Soixante-quinze pour cent des coûts des logiciels sont attribuables à _____ du programme.

4. Un _____ est l'ensemble ordonné des étapes menant à la résolution d'un problème.

5. On peut dire d'un _____ qu'il s'agit d'un type de programme qui traite un programme source comme un fichier de données.

6. Les deux structures de programmation permettant de rompre le déroulement strictement séquentiel de l'exécution des instructions sont la structure itérative et la structure _____.

7. Pour qu'un programme puisse être exécuté par un ordinateur, il doit être en _____.

8. Dans un programme, une structure qui permet de choisir d'exécuter un énoncé ou un bloc d'énoncés est une structure _____.

9. Les différentes étapes de la production d'un programme sont l'analyse, la conception, le _____, la mise à l'essai, la documentation et l'entretien.

10. Dans un programme, un énoncé exécutable dont la structure n'est ni sélective ni itérative est un énoncé _____.

Questions à développement

1. Énumérer et décrire les six étapes du processus de programmation.
2. Nommer les trois structures logiques et en donner des exemples.
3. Nommer les cinq générations de langages de programmation et leurs principales caractéristiques.
4. Expliquer la différence entre un compilateur et un interprète.
5. Indiquer quels seraient les avantages d'un langage naturel de programmation si les recherches en ce domaine donnaient les résultats espérés.

Un **programme** est une suite d'instructions qu'un ordinateur exécute pas à pas afin de traiter des données. Ces instructions sont composées des énoncés d'un langage de programmation en particulier (comme BASIC). La programmation est une méthode en six étapes qui crée cette suite d'instructions.

PREMIÈRE ÉTAPE : L'ANALYSE DE PROGRAMME

L'**analyse de programme** consiste en la réalisation de cinq tâches.
- La définition des objectifs du programme à partir des problèmes à résoudre.
- L'établissement de la liste des résultats escomptés conformément à la disposition désirée.
- La détermination des données d'entrée et de leur source.
- La description des exigences de traitement qui s'appliquent aux données en vue de la production des résultats.
- La documentation des paramètres du système : les objectifs, les résultats, les données et le traitement.

DEUXIÈME ÉTAPE : LA CONCEPTION DU PROGRAMME

Au cours de la **conception du programme**, on élabore l'algorithme du programme et on envisage une solution en utilisant des techniques de programmation comme l'analyse progressive, le pseudo-code, les organigrammes, les structures logiques, la programmation orientée objet, la programmation événementielle et les outils de génie logiciel.

Les trois structures logiques
- La **structure séquentielle**, dans laquelle les énoncés sont exécutés les uns après les autres.
- La **structure sélective**, utilisée lorsqu'une décision doit être prise (SI… ALORS… SINON…).
- La **structure itérative**, au cours de laquelle un processus doit être répété tant et aussi longtemps qu'une condition est satisfaite. Elle peut prendre deux formes : TANT QUE BOUCLER… ou BOUCLER… TANT QUE. Cette structure porte également le nom de «boucle».

TROISIÈME ÉTAPE : LE CODAGE DU PROGRAMME

Le **codage** consiste en l'écriture du programme. Il y a plusieurs aspects importants à considérer au cours de la rédaction du programme, dont les suivants.
- La **qualité du programme** : les programmes bien écrits sont conçus à partir de structures logiques.
- Le choix du **langage de programmation** : le langage de programmation doit être approprié aux problèmes de programmation à résoudre.

QUATRIÈME ÉTAPE : LA MISE À L'ESSAI DU PROGRAMME

Déboguer un programme consiste à le mettre à l'essai pour en éliminer les **erreurs de syntaxe** (violations des règles du langage de programmation) et les **erreurs de logique** (calculs erronés, par exemple). Il y a plusieurs méthodes pour déboguer un programme. En voici quelques-unes.
- La **tentative de traduction** du programme sur ordinateur, effectuée par un programme traducteur.
- L'**essai d'échantillons de données sur ordinateur**, pour tenter de détecter les erreurs de logique en se servant de l'ordinateur et d'un échantillon de données.
- Le **contrôle de programmation**, dans lequel on relit avec soin une copie imprimée du programme.
- L'**essai manuel sur un échantillon de données** (ou test alpha), pour tester la validité des résultats.
- L'**essai auprès d'un groupe d'utilisateurs** (ou test bêta), qui permet de recueillir leurs commentaires et leurs critiques.

CINQUIÈME ÉTAPE : LA DOCUMENTATION DU PROGRAMME

Destinée aux utilisateurs, aux opérateurs et aux programmeurs qui seront appelés à se servir du programme, la **documentation** consiste en une description écrite de celui-ci et de la façon de l'utiliser. La documentation est surtout importante pendant l'étape de l'entretien du programme, là où on voudra peut-être le modifier afin de l'améliorer.

■ Les **utilisateurs** doivent savoir comment utiliser le programme et comment entrer les données pour obtenir les résultats escomptés.

■ Les **opérateurs** doivent savoir comment faire exécuter le programme, déceler les erreurs qu'il peut contenir et les corriger.

■ Les **programmeurs** doivent être en mesure d'expliquer le fonctionnement du programme et d'en assurer l'entretien.

SIXIÈME ÉTAPE : L'ENTRETIEN DU PROGRAMME

L'**entretien du programme** est la dernière étape du processus de programmation. Cette étape permet de s'assurer que le programme demeure efficace, qu'il ne contient pas d'erreurs et qu'il fournit un bon rendement.

Les principales activités liées à l'entretien d'un programme se divisent en deux catégories.

■ Le **service de l'exploitation**, dont le rôle est de trouver et de corriger les erreurs, de faciliter l'utilisation des programmes et de standardiser les logiciels.

■ L'**évolution des systèmes**, qui vise à modifier les programmes en fonction des changements que vit une organisation.

LES LANGAGES DE PROGRAMMATION

Il y a cinq générations de langages de programmation.

■ Première génération : les **langages machine**, dont les énoncés sont en chiffres binaires.

■ Deuxième génération : les **langages d'assemblage**, qui utilisent des termes mnémoniques pour les opérations.

■ Troisième génération : les **langages procéduraux**, plus près des langues naturelles que du langage machine. Ces langages sont universels et leurs énoncés expriment un cheminement logique. Exemples : Java, Visual BASIC et C++.

■ Quatrième génération : les **langages spécialisés**, conçus pour résoudre aisément des problèmes précis comme l'interrogation d'une base de données.

■ Cinquième génération : les **langages naturels**, encore au stade de la conception, qui devraient nous permettre d'interroger l'ordinateur dans notre langue maternelle.

Les programmes traducteurs

Un programme écrit en langage procédural doit être traduit par un **compilateur** ou pris en charge par un **interprète** pour que l'ordinateur puisse le traiter. Un compilateur lit un **programme source** et produit le **programme objet** correspondant directement exécutable. L'interprète lit les énoncés du programme source, en vérifie la correction et fait en sorte que le code binaire correspondant aux instructions équivalentes soit exécuté par l'ordinateur. Les programmes en langage d'assemblage doivent aussi être traduits en langage machine par un programme appelé **assembleur**.

L'ergonomie, l'éthique, les dangers informatiques et la sécurité

13

Ce chapitre présente :

1 l'ergonomie et la façon dont elle nous permet de prévenir les maladies physiques et mentales ;

2 les problèmes d'éthique : la protection de la vie privée, l'exactitude et la propriété des données, ainsi que l'accessibilité à celles-ci ;

3 les divers dangers informatiques et leurs effets, y compris la propagation des virus informatiques ;

4 les mesures de sécurité qui peuvent être prises ;

5 l'ordinateur écologique.

Les outils et les produits de l'ère informatique n'existent pas dans un monde à part. Comme nous l'avons mentionné au chapitre 1, un système informatique n'est pas constitué uniquement de logiciels, de matériel et de données, mais également d'humains ; et c'est justement parce que les humains en font partie que les systèmes informatiques peuvent être utilisés à bon ou à mauvais escient.

On compte près d'un milliard de micro-ordinateurs dans le monde (*voir la figure 13.1*). Des millions de personnes utilisent ces machines chaque jour durant des heures. Une grande partie de celles-ci sont affectées à des tâches administratives ou à des tâches de secrétariat. Que penser de l'omniprésence de cette technologie ? Représente-t-elle un danger pour notre santé ou notre sécurité ? Risque-t-elle d'envahir notre vie privée ? Dans ce chapitre, nous examinons quelques-unes des conséquences que cette technologie peut entraîner.

Figure 13.1

Le nombre de PC en fonction par pays (mars 2005).

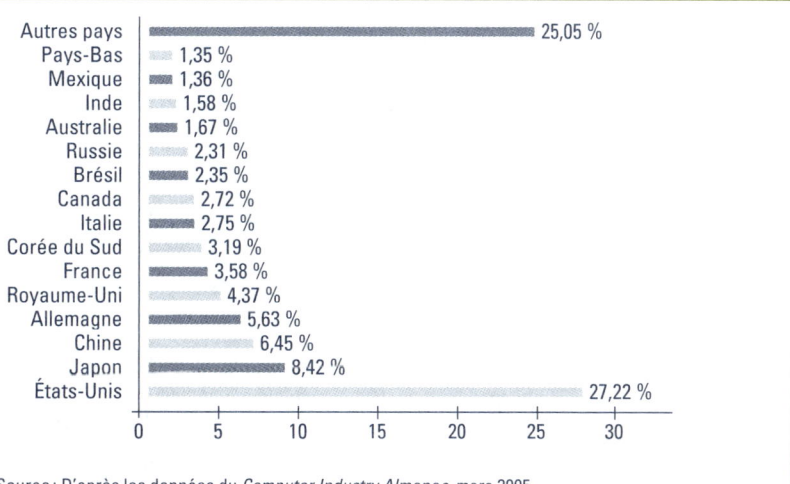

Source : D'après les données du *Computer Industry Almanac*, mars 2005.

L'ergonomie

L'ergonomie aide les utilisateurs d'ordinateurs à prendre des mesures pour éviter les risques de traumatismes physiques et mentaux, et à améliorer leur productivité.

Même si le prix des ordinateurs a chuté de façon considérable, ces appareils n'en demeurent pas moins des outils coûteux. Alors, pourquoi s'en procurer si ce n'est pas pour accroître l'efficacité des travailleurs ? Or, paradoxalement, les ordinateurs rendent parfois les gens moins productifs. Les personnes qui font de l'entrée de données de manière intensive, les commis et les opérateurs de traitement de texte par exemple, ou celles qui utilisent beaucoup l'ordinateur dans leur travail sont susceptibles d'éprouver certains problèmes de santé. C'est pourquoi l'ergonomie a pris de l'importance depuis quelques années.

L'**ergonomie** se définit comme l'étude scientifique des conditions de travail et des relations entre l'homme et la machine, où l'on se préoccupe d'adapter les outils de travail à l'être humain plutôt que de lui imposer des contorsions pour s'adapter à ses outils de travail. L'utilisation des ordinateurs ayant augmenté en importance, l'intérêt pour l'ergonomie dans le domaine de l'informatique s'est également accru. On invente de nouveaux modèles d'ordinateurs et de nouvelles façons de les utiliser de manière à améliorer la productivité et à diminuer les risques de douleurs et de malaises.

La santé physique

Le fait d'être assis devant un écran pendant de longues périodes dans des positions peu confortables risque d'entraîner des problèmes de santé comme la fatigue oculaire et des maux de tête et de dos. Les utilisateurs peuvent atténuer ces problèmes en prenant de fréquentes pauses et en se servant de meubles dont la conception est adaptée au travail sur ordinateur. La figure 13.2 illustre la mise en pratique de certaines recommandations formulées par des experts en ergonomie sur l'organisation idéale d'un bureau équipé d'un micro-ordinateur.

Une telle configuration est difficilement envisageable à partir d'un ordinateur portable. Il est par conséquent recommandé de se procurer un moniteur de taille normale si l'on prévoit des séances de travail prolongées, car les effets néfastes que nous venons d'évoquer se font sentir plus rapidement lorsqu'on fait usage d'un portable. On conseille également l'utilisation d'un clavier indépendant.

Les problèmes de santé physique liés à l'usage des ordinateurs sont nombreux. Ceux auxquels on s'est particulièrement attardé récemment sont les suivants :

- La fatigue oculaire et les maux de tête : nos yeux sont conçus de façon à mieux voir de loin. Or, les écrans d'ordinateurs imposent une lecture à courte distance pendant de longues périodes, entraînant ainsi une fatigue des yeux, des maux de tête et un dédoublement de la vision.

   Pour se reposer les yeux, il est conseillé de prendre une pause de 15 minutes toutes les heures ou toutes les deux heures. On évitera de placer un écran près d'une fenêtre ou d'une autre source lumineuse vive afin de réduire les reflets sur l'écran. On peut, au besoin, se procurer un filtre antireflet (*voir la figure 13.3*). Assurez-vous que la luminosité de l'écran est trois ou quatre fois plus élevée que l'éclairage ambiant. Tous les objets de votre

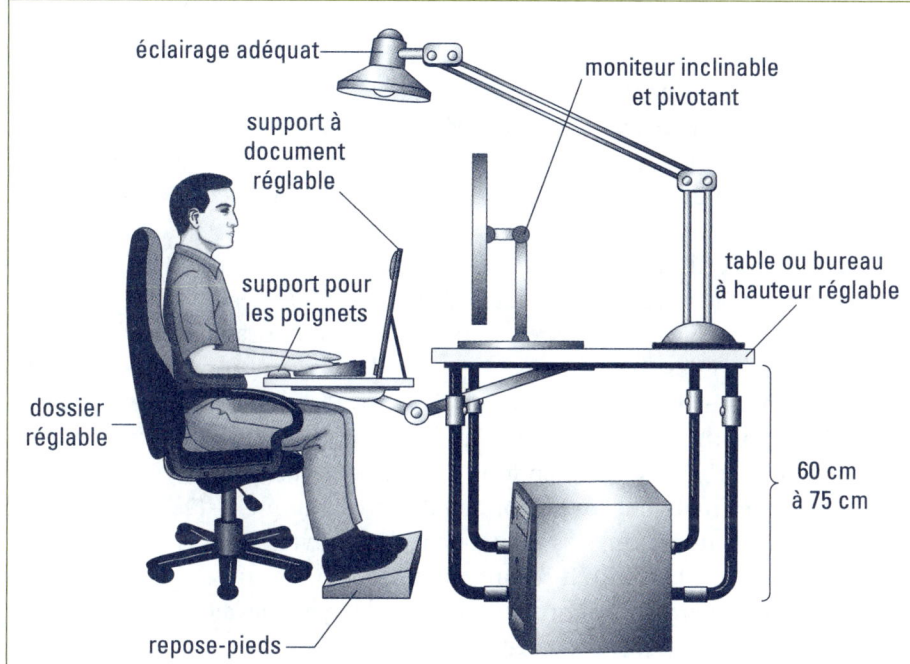

Figure 13.2

Quelques recommandations sur l'organisation idéale d'un bureau équipé d'un micro-ordinateur.

éclairage adéquat

moniteur inclinable et pivotant

support à document réglable

table ou bureau à hauteur réglable

support pour les poignets

dossier réglable

60 cm à 75 cm

repose-pieds

champ de vision doivent être à la même distance pour éviter des changements de focalisation trop fréquents. Par exemple, l'écran, le clavier et le porte-copie que vous utilisez devraient être placés à environ 50 cm de vos yeux. Nettoyez votre écran de temps à autre pour enlever la poussière accumulée.

- Les maux de dos et de cou : bon nombre de personnes travaillent avec des écrans et des claviers mal ajustés, et finissent par souffrir de maux de dos et de cou.

Pour éviter ces problèmes, assurez-vous que l'équipement dont vous disposez est réglable. Vous devriez pouvoir ajuster la hauteur des accoudoirs ainsi que la hauteur et l'angle de la chaise. De plus, veillez à ce que celle-ci vous offre un bon support lombaire. La table sur laquelle se trouve le moniteur devrait aussi être réglable de même que les porte-copies. Le moniteur devrait être inclinable et pivotant ; et le clavier, amovible.

- Les effets des champs électromagnétiques : à l'instar de plusieurs appareils ménagers, les écrans à rayons cathodiques des ordinateurs émettent un champ électromagnétique invisible qui traverse le corps humain. À la suite de nombreuses études épidémiologiques, certains experts ont craint qu'il puisse y avoir une relation entre l'exposition aux champs électromagnétiques et l'apparition de tumeurs cancéreuses, voire le risque de fausses couches chez les femmes enceintes. Ces études – qui portaient principalement sur les lignes à haute tension – ont mené au développement à l'échelle internationale d'une attitude de prudence prônant le « principe d'exposition minimale ». La norme TCO (versions TCO95 et TCO99), empruntée à la Suède, indique que l'appareil certifié respecte des normes d'émission minimale très strictes ainsi que l'environnement

Figure 13.3
Un filtre d'écran antireflet.

en ce qui concerne la consommation d'énergie et le recyclage de ses composants. Qu'il s'agit en fait d'un appareil «choix santé». Notez que les écrans non cathodiques – ACL, plasma ou OLED – n'émettent pas de champ électromagnétique.

- Les blessures découlant des mouvements répétitifs : les opérateurs de saisie de données peuvent faire jusqu'à 23 000 frappes par jour. En tant que grands utilisateurs de clavier d'ordinateur, ils sont prédisposés aux blessures causées par des mouvements répétitifs.

Un travail qui commande des gestes répétitifs et une rapidité d'exécution peut être la source de douleurs ou de blessures – lésions ou inflammations – au cou, aux poignets, aux mains et aux bras. Les gens qui travaillent dans les abattoirs, les usines textiles et d'automobiles sont depuis longtemps exposés à ces types de blessures. Le **syndrome du canal carpien**, blessure causée par des mouvements répétitifs, consiste en des lésions aux nerfs et aux tendons des mains ; il touche les grands utilisateurs d'ordinateurs. Les personnes atteintes indiquent que la douleur est parfois si intense qu'elles ne peuvent plus ouvrir de portes ni serrer de mains et qu'elles doivent recourir à une chirurgie corrective.

Avant l'avènement des ordinateurs, les dactylos devaient s'arrêter pour changer de feuille ou effectuer une correction, profitant de ce fait de brèves mais fréquentes pauses. Puisque les blessures dues aux gestes répétés sont aussi causées par la rapidité d'exécution du travail, on peut les éviter en s'arrêtant fréquemment de travailler pendant quelques minutes. Des claviers ergonomiques ont été récemment mis au point (*voir la figure 13.4*) pour pallier ce problème. Les experts conseillent également de prendre de bonnes nuits de sommeil, de faire de l'exercice, de perdre du poids, de s'asseoir correctement, de ne pas appuyer les poignets pendant la saisie – les repose-poignets ne doivent servir que pour les pauses – et d'apprendre des techniques de gestion du stress.

La santé mentale

La technologie informatique contribue à améliorer la productivité, mais elle engendre par ailleurs des irritants susceptibles de l'entraver.

- Les bruits : les ordinateurs sont parfois bruyants. Travailler pendant plusieurs heures à côté d'un ordinateur dont le ventilateur bourdonne sans

Figure 13.4

Un clavier ergonomique.

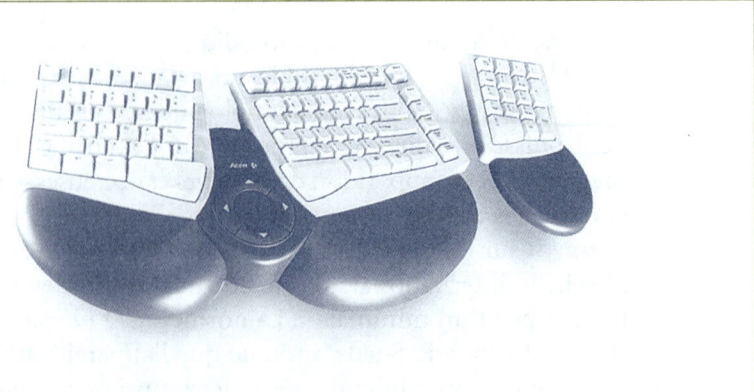

cesse, par exemple, risque de porter sur les nerfs. Les utilisateurs finissent par être victimes de maux de tête et de tensions à force d'être exposés aux sons aigus, mais presque inaudibles, des moniteurs. Cela est particulièrement vrai pour les femmes, puisqu'elles sont plus sensibles aux ultrasons que les hommes. Elles peuvent être affectées par ces ondes même si elles n'ont pas conscience de les entendre. Rien n'existe actuellement pour feutrer ces bruits.

- Le stress découlant d'un contrôle excessif: des recherches ont montré que les travailleurs dont le rendement est contrôlé électroniquement ont plus de problèmes que ceux dont le travail est supervisé par des êtres humains. Par exemple, un ordinateur peut contrôler le nombre de frappes qu'un commis à la saisie de données effectue dans une journée. Il est aussi possible de quantifier le temps nécessaire à un préposé à la clientèle pour s'occuper d'un appel téléphonique. L'entreprise peut alors décider de réduire le temps alloué à des tâches particulières et continuer à contrôler électroniquement les employés. Il arrive que de telles mesures provoquent l'apparition de problèmes de santé mentale ou physique. Par exemple, une étude a montré que les employés supervisés électroniquement disent davantage souffrir d'ennui, d'hypertension, d'anxiété, d'angoisse, d'agressivité et de fatigue chronique que ceux qui ne le sont pas. On a récemment découvert que le contrôle électronique n'est pas nécessaire. Federal Express et Bell Canada, par exemple, ont toutes deux abandonné la supervision électronique au profit d'une supervision occasionnelle effectuée par des êtres humains. Résultat: la productivité des employés s'est maintenue et a même augmenté dans certains cas.

Le néologisme **technostress** a été proposé pour décrire le stress associé à l'utilisation des ordinateurs. Le technostress est cette pression qui survient lorsqu'on doit s'adapter aux ordinateurs plutôt que l'inverse.

La conception de systèmes en fonction des personnes

Les appareils électroniques, des fours à micro-ondes aux micro-ordinateurs en passant par les magnétoscopes, nous promettent une plus grande efficacité et une rapidité accrue. Il arrive souvent, toutefois, que ces appareils soient dotés de tant de caractéristiques que les utilisateurs ne s'y retrouvent pas. Comme les microprocesseurs prennent en charge plus d'une opération, les fabricants se sentent obligés de les munir de tous les gadgets possibles. Ainsi, dans bon nombre de maisons et de bureaux, les appareils à la fine pointe de la technologie s'avèrent difficiles à utiliser pour de simples humains.

Une nouvelle tendance dans l'industrie consiste à laisser délibérément tomber certaines caractéristiques plutôt que d'offrir toutes les options imaginables. Ainsi, certains appareils électroniques de pointe comme les chaînes stéréo comportent maintenant moins de boutons et de voyants lumineux. Cette tendance touche aussi le domaine de l'information. On l'a vu avec la mise au point des prêts à l'emploi pour le matériel et les interfaces graphiques pour les logiciels. On rend ainsi les ordinateurs de plus en plus faciles à utiliser.

On tente, dans d'autres domaines, de concevoir des ordinateurs conviviaux. Par exemple, les psychologues ont observé que les travailleurs considèrent les systèmes experts – ces programmes complexes qui imitent les experts humains – de la même manière qu'ils voient les experts humains. Pour que les utilisateurs leur fassent confiance, les programmes doivent incorporer des procédures qui se rapprochent des méthodes logiques utilisées par les experts humains et doivent avoir l'air de penser comme un humain.

L'éthique

À votre avis, qu'est-ce qui devrait contrôler et limiter l'usage qu'on fait des ordinateurs? Votre première pensée ira bien sûr du côté des lois, et c'est naturellement le cas. Mais la technologie évolue si rapidement qu'il est difficile pour le système législatif d'être à jour dans la révision des lois et pour le système judiciaire de les faire appliquer. Ce qui contrôle essentiellement l'utilisation des ordinateurs, de nos jours, ce sont des règles d'éthique.

L'**éthique** se définit comme un ensemble de normes de conduite morale. L'éthique en informatique consiste en des lignes directrices relatives à l'utilisation moralement acceptable de l'ordinateur dans notre société. Quatre problèmes importants s'y rapportent.

- La protection de la vie privée. Elle concerne l'accumulation des données portant sur les gens et l'utilisation qu'on en fait.
- L'exactitude. Elle touche à la responsabilité qu'ont ceux qui recueillent les données de s'assurer qu'elles sont exactes et conformes à la réalité.
- La propriété. Elle fait référence à la personne ou à l'entreprise qui possède les données et les droits sur les logiciels.
- L'accessibilité. Elle impose à ceux qui détiennent des bases de données la responsabilité de contrôler qui peut accéder à ces données et qui peut s'en servir.

Nous avons tous droit à un traitement moralement correct. Cela inclut le droit de préserver des renseignements personnels, comme les cotes de crédit et les dossiers médicaux, afin que ces renseignements ne tombent pas entre les mains de personnes non autorisées. Bien des gens croient que ces droits sont grandement menacés. Voyons quelles sont les inquiétudes les plus répandues.

L'utilisation de vastes bases de données

Les grandes organisations accumulent sans cesse des données sur les gens. Par exemple, notre numéro d'assurance ou de sécurité sociale sert constamment de clé de recherche dans les bases de données qui concernent nos emplois, notre crédit et nos impôts. Ne devrions-nous pas nous inquiéter d'une mauvaise utilisation de ces «références croisées»?

Tous les jours, des données à notre sujet sont rassemblées et stockées dans de vastes bases de données. Par exemple, pour la facturation, les compagnies de téléphone répertorient les appels effectués, le nombre d'appels, etc. Un annuaire téléphonique spécial (appelé «bottin inversé») fournit en ordre la liste des numéros de téléphone suivis des noms des abonnés. De cette façon, les autorités gouvernementales ou autres peuvent facilement obtenir des renseignements sur les personnes auxquelles nous téléphonons. Les sociétés émettrices de cartes de crédit conservent des dossiers semblables. Les terminaux de point de vente (caisses enregistreuses qui comptabilisent les ventes et contrôlent les stocks) des supermarchés enregistrent tout ce que nous achetons, le moment où nous faisons nos achats, le nombre d'articles achetés et le montant que nous y consacrons. Les éditeurs de magazines, de journaux et de catalogues de vente à domicile font la même chose.

Il existe toute une industrie de collecteurs et de revendeurs de renseignements qui recueillent des données personnelles. Ils vendent ces renseignements à des entreprises de télémarketing, à des solliciteurs de dons, etc. Les bases de données des entreprises contiennent des informations – noms, adresses, etc. – sur environ 80 % des ménages nord-américains. Selon certains experts en protection de la vie privée, monsieur Tout-le-monde figure sur plus de 100 listes de publipostage et 50 bases de données.

De cette façon, vos goûts et vos habitudes de vie sont des produits commercialisables ; cela soulève trois questions.

- La diffusion de renseignements personnels sans le consentement des intéressés : comment vous sentiriez-vous si votre nom et vos goûts en matière de films étaient connus à la grandeur du pays ? C'est précisément ce que voulait faire, à un certain moment, la société de location de films vidéo Blockbuster. Que diriez-vous si une masse d'informations sur vos habitudes de consommation – amassées sans votre consentement – était accessible à toute personne possédant un micro-ordinateur ? Jusqu'à ce que Lotus Development Corporation et Equifax inc. laissent tomber leur projet, ces deux sociétés préparaient des disques compacts contenant des informations sur 120 millions de consommateurs nord-américains dans le but de les commercialiser. (Lotus soutenait vouloir offrir aux petites entreprises les mêmes informations dont disposent couramment les grandes organisations.) Finalement, aimeriez-vous que votre employeur puisse se servir de votre dossier médical pour prendre des décisions concernant les affectations de postes, les promotions et les mises à pied ? Une étude effectuée par l'université de l'Illinois a montré que, déjà en 1988, la moitié des entreprises du « Fortune 500 » utilisaient les dossiers médicaux des employés dans ce but ! Cette tendance s'est amplifiée avec les pressions exercées par les compagnies d'assurances auprès des gouvernements pour obtenir le droit d'utiliser les dossiers médicaux de leurs clients pour fixer leurs primes.

- Le vol d'identité : comment réagiriez-vous si vous appreniez qu'une personne a réussi à obtenir une carte de crédit ou un permis de conduire établi à votre nom et qu'elle s'en est servie pour acheter des vêtements, une voiture ou même une maison ? Cela se produit tous les jours. L'an dernier, plus d'un million de personnes ont été victimes de ce genre de crime appelé « vol d'identité ». Un **vol d'identité** est défini comme une fraude consistant à collecter et à utiliser, à des fins criminelles, des renseignements personnels à l'insu et sans l'autorisation de la victime pour agir en son nom.

- La distribution de renseignements inexacts : dans quelle mesure les renseignements en circulation sont-ils exacts ? Des erreurs qui se glissent dans un fichier informatique peuvent très bien se retrouver dans d'autres fichiers. Par exemple, les cotes de crédit peuvent être erronées et, même si vous corrigez une erreur dans un fichier, elle risque d'être maintenue dans d'autres. Ainsi, il arrive que des erreurs subsistent dans les fichiers informatiques pendant plusieurs années. Il est alors important que vous sachiez que vous avez des recours. Il existe des lois vous permettant d'accéder aux dossiers établis sur vous par les bureaux de crédit.

L'utilisation des réseaux informatiques

Imaginons que vous utilisez le système de courrier électronique de votre entreprise pour envoyer à un collègue un message peu flatteur au sujet de votre superviseur et que, plus tard, vous vous apercevez que votre patron a scruté votre correspondance. Ou imaginons que vous participez à un forum de discussion et que vous découvrez que la compagnie qui gère ce forum inspecte tous les messages et détruit ceux qu'elle juge inappropriés. Ce sont là deux cas vécus qui sont loin d'être isolés. On assiste tant en Europe qu'en Amérique à de nombreux litiges sur le congédiement d'employés pour cause «d'usage inapproprié» des équipements informatiques de leurs employeurs. Il s'agit en général de l'utilisation «immorale» ou «oiseuse» de la connexion Internet. Les compagnies disposent de **logiciels de surveillance de trafic** (*snoopware*) qui enregistrent les allées et venues sur Internet des utilisateurs de leurs réseaux. Ces logiciels de surveillance de trafic permettent de visualiser en direct le site visité par un employé et d'en bloquer l'accès immédiatement. Dans un ordre d'idées similaire, on observe actuellement que de plus en plus d'entreprises suppriment les jeux sur les ordinateurs de leurs réseaux et configurent leur système informatique de façon à empêcher totalement l'accès à Internet ou, à tout le moins, à bloquer l'accès à certains sites récréatifs considérés comme une source de lourdes pertes de temps. Les compagnies adoptent ces mesures de contrôle au nom de la responsabilité qui est la leur de tout savoir ce qui se passe dans leurs réseaux. Pour concilier cette responsabilité avec le droit à la vie privée de l'employé, on s'oriente vers l'adoption de lois qui, sans prohiber le contrôle électronique, obligeraient les employeurs à en informer leur personnel par écrit. Ceux-ci seraient également tenus d'aviser les employés, au moment du contrôle électronique, par un signal sonore ou visuel.

Ces problèmes sont amplifiés par l'utilisation croissante de l'autoroute électronique. En effet, la plupart des utilisateurs ont l'impression que leur vie privée n'est pas en jeu tant qu'ils ne divulguent pas de renseignements explicites dans leur courrier et au cours de leurs visites de sites Web. Pourtant, chaque message envoyé par Internet est susceptible d'être capté et analysé par des individus ou des organismes peu scrupuleux qui fouinent sur le réseau et peuvent vendre ainsi, à des fins commerciales, des listes d'adresses électroniques associées à des profils d'utilisation, et ce, sans la permission des personnes touchées.

De même, chaque fois que vous visitez un site Web, votre ordinateur enregistre l'adresse du site dans un tableau récapitulatif (aussi nommé «fichier historique»). Quiconque a accès à votre ordinateur peut donc suivre vos activités à la trace, y compris vos transactions financières. En même temps, les sites visités peuvent à leur tour décoder et enregistrer votre identité. Plusieurs sites placent même sur votre propre ordinateur et à votre insu des **fichiers témoins** (*cookies*), sortes de petits enregistrements où l'on note le nombre de fois que vous visitez le site, les activités que vous y avez accomplies, les renseignements que vous avez transmis. Bien sûr, le but officiel de ces attentions est tout à fait bienveillant: vous donner un meilleur service, plus rapide et donc plus efficace, au cours de vos visites subséquentes. N'empêche que les programmeurs astucieux peuvent interroger votre ordinateur et y trouver ces petites notes chaque fois que votre navigateur atteint une de leurs pages. Il existe deux types de fichiers témoins : les fichiers témoins traditionnels et les **logiciels espions**, appelés aussi « **espiogiciels** » (*spywares*). Les premiers se limitent à la surveillance de vos activités lorsque vous naviguez sur leur site et sont en état de dormance le reste du temps. Ils sont inoffensifs. Ce sont ces témoins qui permettent aux sites Web de vous accueillir par votre prénom, par exemple. Les seconds, une fois copiés sur le disque dur, sont constamment à l'affût de vos activités de navigation. Ils enregistrent tous les renseignements saisis au clavier et les transmettent à l'entreprise qui a, pour ainsi dire, « arraisonné » votre ordinateur. Des entreprises comme DoubleClick et Avenue A compilent des renseignements sur les internautes et vendent des profils d'intérêts et des listes de diffusion. L'intrusion de ces logiciels espions se fait le plus souvent à votre insu au cours d'un téléchargement de logiciel gratuit, une barre d'outils ou une carte de vœux, par exemple. Heureusement, les récentes versions des navigateurs Web vous permettent de filtrer ou d'interdire l'enregistrement des témoins sur votre micro-ordinateur. Mais attendez-vous, dans ce cas, à perdre l'accès à de nombreux sites importants qui exigent que vous leur laissiez le champ libre.

Les **anti-espiogiciels** : l'utilisation d'un utilitaire spécialisé, l'anti-espiogiciel (*anti-spyware*), est recommandée pour venir à bout des logiciels espions. Des programmes tels Ad-aware ou Spybot Search & Destroy repèrent les logiciels espions sur le disque dur et permettent de les éradiquer… jusqu'à la prochaine contamination (*voir la figure 13.5*) !

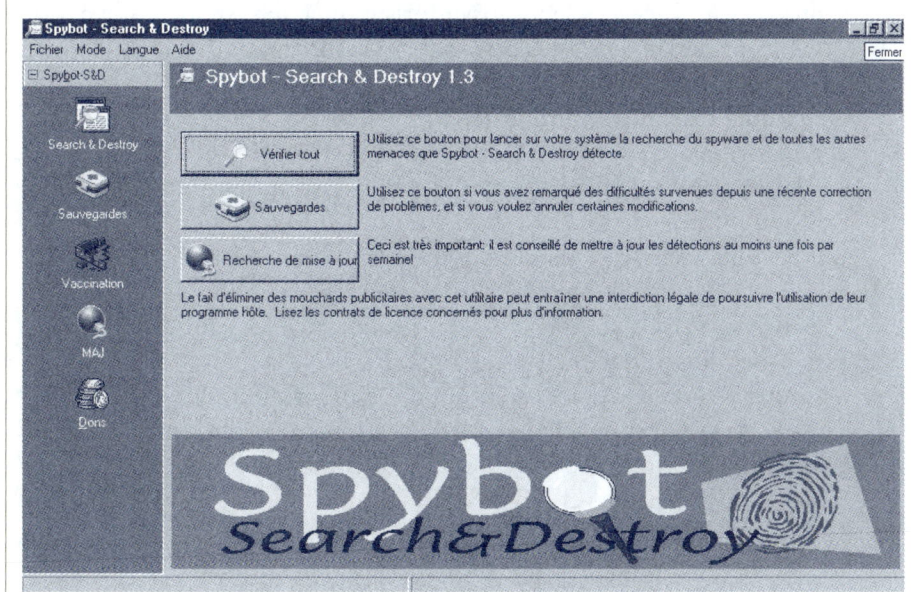

Figure 13.5

Un anti-espiogiciel.

Les dangers informatiques

La protection de l'information exige qu'on protège les systèmes informatiques contre les actes criminels, les risques liés aux intempéries ou aux désastres naturels et contre les autres dangers, du moins en partie.

Les délinquants informatiques

Un **délit informatique** est une action illégale où l'auteur du crime utilise des connaissances particulières sur la technologie informatique. Il existe plusieurs types de criminels de l'informatique.

- Les **employés**: la majorité des délinquants informatiques se trouvent parmi les gens pouvant accéder facilement aux ordinateurs, notamment les employés. Parfois, l'employé veut simplement voler quelque chose à son employeur – du matériel, des logiciels, des fonds électroniques, des renseignements confidentiels sur l'entreprise ou du temps d'utilisation. D'autres fois, il agit par vengeance et essaie de rendre la monnaie de sa pièce à l'entreprise.

- Les **utilisateurs externes**: les employés ne sont pas les seuls à avoir accès au système informatique d'une entreprise; certains fournisseurs ou clients ont aussi ce privilège. C'est le cas, par exemple, des clients des banques qui utilisent les guichets automatiques. Tout comme les employés, ces clients sont autorisés à utiliser le système et peuvent obtenir des mots de passe confidentiels, ou trouver d'autres moyens de commettre des délits informatiques. Nul n'est à l'abri de telles attaques et Microsoft elle-même a dû admettre en avoir été victime.

- Les **pirates informatiques**: il existe deux sortes de pirates, les *hackers*, ou **fouineurs**, et les *crackers*, ou **braqueurs**, qui ont des visées très différentes. Les *hackers* accèdent sans autorisation à un système informatique pour le plaisir et le défi. Les braqueurs informatiques font la même chose, mais dans un but malicieux. Ils essaient de voler des informations techniques ou d'introduire ce qu'ils appellent des « bombes » – programmes informatiques destructeurs – dans le système. Les braqueurs sont les véritables **pirates informatiques**. Les autres sont des bidouilleurs mordus de l'informatique. On a même vu des entreprises engager des braqueurs pour détruire les systèmes informatiques de leurs concurrents.

- Le **crime organisé**: le crime organisé a découvert que les ordinateurs utilisés par les gens d'affaires pour des motifs valables sont aussi exploitables à des fins illégales. Par exemple, les ordinateurs peuvent servir à assurer un suivi des objets volés ou des dettes de jeu illégal. De plus, les faussaires et les contrefacteurs se servent de micro-ordinateurs et d'imprimantes à laser pour produire de faux documents, comme des chèques, des chèques de voyage et des pièces d'identité.

- Les **terroristes**: les groupes terroristes bien informés et les gouvernements hostiles pourraient mettre l'économie mondiale en danger en détruisant les satellites de communication et, de ce fait, en interrompant le fonctionnement des systèmes de télécommunications. Le Département de la défense américain signale que ses systèmes informatiques sont sondés plus de 250 000 fois par année par des sources non identifiées.

Les types de délits informatiques

Voici quelques délits informatiques courants.

■ Dommages : des employés mécontents tentent parfois de détruire des ordinateurs, des programmes ou des fichiers. Par exemple, écrire un programme de type « cheval de Troie », qui contient des instructions pouvant détruire ou modifier un logiciel ou des données, est un acte criminel. Les **virus** informatiques sont devenus tristement célèbres au cours des dernières années. Ces virus sont des fragments de programmes (petits blocs d'instructions cachés) qui se propagent dans les réseaux et les systèmes d'exploitation, et qui s'infiltrent dans divers programmes et bases de données (*voir la figure 13.6*). Le **ver**, aussi appelé **bactérie**, est une variante de virus qui, en se recopiant sans cesse dans la mémoire et sur les disques, finit par surcharger le système informatique, provoquant ainsi un ralentissement ou même le gel du système. Les programmes de type **cheval de Troie** se présentent, comme leur illustre ancêtre, sous un déguisement alléchant. Ils revêtent la forme d'un jeu ou d'un logiciel d'écran de veille par exemple, tout en transportant un virus qui, une fois installé dans l'ordinateur, est prêt à sévir. Généralement, les virus infectent les micro-ordinateurs par l'entremise de copies de disquettes, de fichiers joints à un courriel ou par le téléchargement de programmes disponibles sur des sites de distribution. Les utilisateurs d'ordinateur doivent être très prudents lorsqu'ils acceptent des programmes ou des données de source inconnue, puisqu'il existe des virus informatiques fort dangereux – certains allant même jusqu'à détruire toutes les informations d'un système. Il existe des

Figure 13.6
Le fonctionnement
d'un virus informatique.

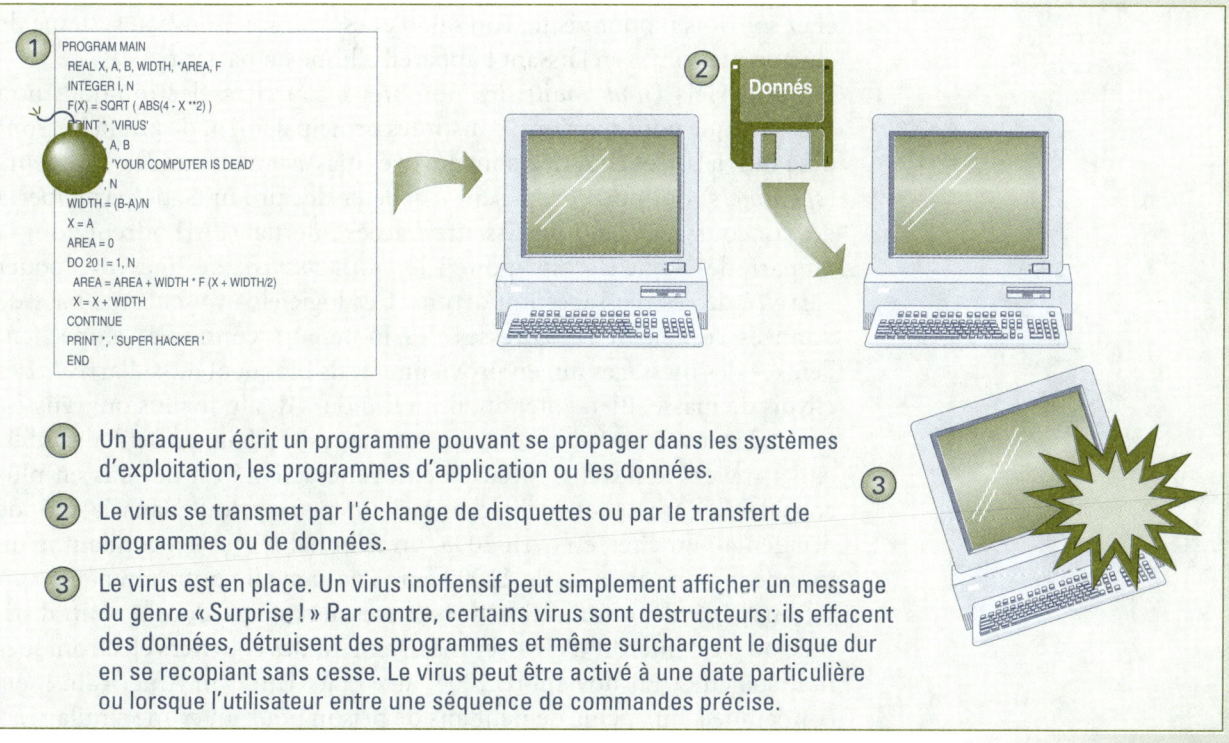

① Un braqueur écrit un programme pouvant se propager dans les systèmes d'exploitation, les programmes d'application ou les données.

② Le virus se transmet par l'échange de disquettes ou par le transfert de programmes ou de données.

③ Le virus est en place. Un virus inoffensif peut simplement afficher un message du genre « Surprise ! » Par contre, certains virus sont destructeurs : ils effacent des données, détruisent des programmes et même surchargent le disque dur en se recopiant sans cesse. Le virus peut être activé à une date particulière ou lorsque l'utilisateur entre une séquence de commandes précise.

programmes de détection de virus qui avertissent l'utilisateur lorsque certains d'entre eux ont pénétré dans un système. Malheureusement, de nouveaux virus sont créés constamment et ils ne peuvent pas tous être détectés à temps.

- Vols : les vols prennent des formes diverses : vol de matériel, de logiciels, de données ou de temps d'utilisation. Les voleurs peuvent s'emparer de l'équipement, mais un employé peut voler des données confidentielles, comme une liste de clients privilégiés, ou utiliser les ordinateurs de son employeur pour exploiter une entreprise personnelle au profit d'une autre société ; ce sont des « crimes de cols blancs ».

Le **piratage de logiciels**, copie non autorisée d'un programme utilisée à des fins lucratives, est aussi un délit. Selon les lois sur les droits d'auteur, le propriétaire d'un programme a le droit de faire une copie de sauvegarde d'un logiciel qu'il a acheté. Toutefois, aucune des copies ne doit être revendue ni donnée. Voilà qui peut surprendre les étudiants qui ont l'habitude d'« emprunter » des copies de logiciel d'un ami, mais la loi est ainsi faite. Ces emprunts sont illégaux et contraires à l'éthique. Les pénalités encourues pour la violation des lois sur les droits d'auteur se traduisent pour les contrevenants par l'obligation de verser des indemnités au concepteur du programme, par des amendes et même, dans certains cas, par l'emprisonnement.

- Intrusion : trouver le moyen de pénétrer dans un réseau informatique et d'y laisser un message révélant qu'il s'agit là de l'œuvre d'un plaisantin peut sembler anodin. C'est d'ailleurs la raison pour laquelle la plupart des pirates s'adonnent à ce genre d'activité. N'empêche que cet acte va à l'encontre de la loi et que, même si la manipulation semble sans danger, elle peut causer de l'anxiété et entraîner une perte de temps chez les utilisateurs du réseau. C'est un peu comme si on entrait sans autorisation chez son voisin pour visiter son salon et essayer son nouveau système de cinéma maison… en laissant l'appareil allumé en partant.

- Les **pourriels** (*junk mail*) : les nombreux courriers électroniques non sollicités que nous recevons, constitués principalement de publicité, sont des pourriels. Ces courriels sont envoyés massivement par des inondeurs (*spammers*) qui nous proposent d'acheter des produits, de participer à des concours, etc. Les fournisseurs d'accès Internet (FAI) offrent pour la plupart des logiciels anti-pourriels (*anti-spams*), destinés à bloquer l'arrivée de ces messages importuns. Ces logiciels utilisent une base de données contenant les adresses des inondeurs connus et empêchent l'entrée des messages qui en proviennent. Ils bloquent aussi l'arrivée des envois de masse. Bien entendu, il y a toujours des individus qui réussissent à découvrir les faiblesses de ces utilitaires et à faire passer leur publicité à travers le filtre. Heureusement, cette activité est de plus en plus considérée comme un délit criminel un peu partout dans le monde occidental. En effet, en avril 2005, un tribunal français a condamné un inondeur à une amende de 22 000 euros pour avoir contrevenu aux conditions générales d'utilisation des services de son FAI, dont le contrat stipule qu'il est interdit d'envoyer massivement des courriers électroniques non sollicités. En novembre 2004, aux États-Unis, un Américain a été condamné à une peine de neuf ans de prison pour un crime similaire.

- L'**hameçonnage** (*phishing*) est une tentative d'escroquerie fondée sur l'usurpation d'identité. Il consiste à envoyer de faux courriels qui utilisent l'identité d'un établissement financier, par exemple, et qui incitent le destinataire à se rendre sur un faux site Web, identique à celui de l'établissement, en cliquant sur un lien. Le pirate n'a alors qu'à récupérer les informations (code d'usager, mot de passe, etc.) saisies par le destinataire afin de s'en servir pour détourner des fonds.

- Les **fraudes «à la nigériane»**, ou **fraudes 419**, sont une autre forme de désagrément causé par les pourriels. Ces messages ont toujours, pour l'essentiel, le même contenu. D'abord, ils font part de la situation désespérée de l'expéditeur : celui-ci a un parent haut placé au gouvernement qui est mort exécuté en laissant une véritable fortune dans un compte bancaire auquel l'expéditeur n'a pas accès sous différents prétextes. Ce dernier vous demande alors de l'aide afin de sortir ces fonds (il s'agit souvent de millions de dollars!) de son pays. Pour ce faire, il a besoin que vous fassiez transiter le contenu du compte bidon par le vôtre. Il vous propose de prélever un certain pourcentage au passage pour vous remercier. Naturellement, vous devez soit donner directement les références de votre compte bancaire, auquel cas ce compte sera rapidement débité, soit avancer des frais qui ne seront jamais remboursés (*voir la figure 13.7*). Le Tracfin (Traitement du renseignement et action contre les circuits financiers clandestins) résume ainsi les conséquences auxquelles on s'expose : « Outre la perte des fonds ainsi avancés, la victime risque de se faire poursuivre en justice par les autorités de son pays [...] à partir des faux documents établis par les escrocs, et qu'on utilise à des fins frauduleuses les renseignements bancaires et tout autre document qu'elle aura communiqués pour la transaction sollicitée. Il NE FAUT JAMAIS RÉPONDRE à de telles sollicitations, identifiables par leur origine géographique, même si cette origine a tendance à se diversifier : initialement limitées à l'Afrique de l'Ouest, ces fraudes peuvent désormais avoir pour point de départ des pays d'Europe de l'Est et utiliser également comme vecteur des gains à une loterie internationale. Elles peuvent aussi provenir de pseudo-sociétés spécialisées dans les transferts internationaux de fonds. »

- Évidemment, l'utilisation d'un ordinateur pour perpétrer un crime comme la vente de produits frauduleux ou l'exploitation de pornographie infantile est aussi illégale. La chasse aux délits informatiques est très difficile ; elle a obligé les principaux corps policiers à mettre sur pied des escouades spécialisées. De plus, étant donné la nature transfrontalière d'Internet, des ajustements sont nécessaires pour harmoniser les droits de poursuite entre les différents pays.

D'autres dangers

Il existe d'autres dangers auxquels sont exposés les systèmes informatiques et les données. En voici quelques-uns.

- Les catastrophes naturelles : elles incluent le feu, les inondations, les ouragans, les tornades et les tremblements de terre. Même les personnes qui se servent d'un ordinateur à la maison devraient faire des copies de sécurité de leurs programmes et de leurs données en prévision de tels fléaux, et les conserver ailleurs que dans leur résidence.

Figure 13.7

Un pourriel de type fraude « à la nigériane ».

```
Bonjour cher,
                        Aide de projet transfert
[…] permettez-moi de chercher votre aide honorable sur le projet d'investissement
dans votre pays. Même si nous ne nous somme pas encore rencontrer face à face
avant, je crois que vous pouvez m'aider dans ce projet honorable pour notre avan-
tage mutuel.
Je suis […] la seule fille de défunt Caporal […] de la Sierra Leone. J'ai 17 ans
et je viens de la République de Sierra Leone.
Comme vous savez mon père a été accusé de mener un mouvement rebelle contre le
gouvernement de la Sierra Leone […] Après l'entente de paix à Lomé en 1999, entre
le gouvernement et le R.U.F, mon père a été nommé ministre […] et il a été juste à
arrêter et a détenu quelques mois plus tard pour des crimes de guerre. Après plu-
sieurs aspects de cour au tribunal criminel de guerre internationale en Sierra
Leone mon père plus tard est mort le 29/07/2003 à l'hôpital […]
Mais, avant sa mort à l'hôpital, il m'appelé et mon petit frère et nous informe du
gisement secret d'argent de $16,5 millions (seize millions cinq cents mille dol-
lars US) ce qu'il a déposé avec la banque à Abidjan, la République de Côte
d'Ivoire. Il m'a conseillé de rechercher un associé étranger honnête qui ne peut
pas me trahir […]
[…] J'ai été informé par la Banque que l'argent a été dormant à la banque dans un
compte suspens pendant des années maintenant parce qu'ils n'ont pas eu des nou-
velles de mon père pendant un temps très long.
[…] je veux que vous maintenant m'aidiez comme suit:
1. Aidez moi et mon petit frère à rechercher cet argent de la banque et à virer
l'argent sur votre compte dans votre pays en tant que le bénéficiaire en raison de
notre petit âge pour éviter n'importe quel soupçon.
2. Moi et mon petit frère ont acceptent de vous donner 20% de l'argent qui est
dans le compte avec la banque pour votre aide humble et nous avons également con-
venu que vous déduisent 5% de l'argent à titre de remboursements pour toutes les
dépenses que vous allez faire dès que l'argent sera transféré à votre compte dans
votre pays et garder notre équilibre de 75% jusqu'à ce que nous vous joignions
dans votre pays et l'employions dans n'importe quel investissement que vous recom-
manderez pour nous.
3. Vous serez gérant général de l'investissement de cet argent dans votre pays
dans n'importe quel investissement que vous pouvez recommander pour nous.
4. Nous croyons que vous ne nous trahirez pas quand cet argent est transféré à
votre compte dans votre pays. Je ne veux pas que vous disiez une autre personne au
sujet de cet argent jusqu'à ce que nous virions cet argent sur votre compte avec
succès pour éviter n'importe quelle trahison.
5. Je vous donnerai également le contact de la banque de sorte que vous puissiez
mener des arrangements à bonne fin pour le transfert de l'argent à votre compte
dans votre pays.
6. Vous nous aiderez à faire nos papiers de déplacement pour vous rencontrer dans
votre pays immédiatement que cet argent est transféré à votre compte dans votre
pays parce que nous voulons investir cet argent ainsi que vous et vivre dans votre
pays et continuer notre éducation et le reste de notre vie dans votre pays.
Ainsi si vous savez que vous pouvez manipuler ce transfert honnêtement pour nous
appelez-moi sur mon numéro de téléphone direct […] de sorte que nous puissions
discuter ou vous pouvez m'envoyer une réponse immédiate d'émail de sorte que nous
puissions prendre des arrangements finals car nous ne voulons pas à retarde le
transfert de ces fonds à votre pays pas plus. Ou envoyer moi émail dans ma boite
émail alternatif: […]
Nous attendons votre réponse immédiate et aimable.
Mes salutations, […]
```

- Les conflits civils et le terrorisme : les guerres, les émeutes et toute autre forme de trouble politique constituent des dangers réels dans certaines parties du monde. Dans les pays industrialisés, on doit tenir compte de la possibilité d'actes de sabotage.
- Les pannes technologiques : le matériel et les logiciels ne font pas toujours ce qu'on attend d'eux. Par exemple, une baisse du courant électrique causée par une panne partielle ou totale entraîne parfois la perte de données en mémoire centrale. Une surcharge d'électricité attribuable à la foudre ou à d'autres perturbations électriques affectant une ligne à haute tension peut causer un survoltage et entraîner la destruction de puces ou d'autres composants de l'ordinateur.

  De nombreux utilisateurs de micro-ordinateurs se procurent un protecteur contre les surcharges, un dispositif peu coûteux. Cet appareil se place entre l'ordinateur et la prise murale. Lorsqu'il y a surcharge de courant, un interrupteur est activé dans le protecteur, protégeant ainsi le système informatique.

  Un disque dur qui « s'écrase » ou qui tombe en panne, après avoir été heurté accidentellement par exemple, constitue une autre catastrophe technologique. Si l'utilisateur a omis de faire des copies de sécurité des données de son disque dur, ces dernières peuvent être perdues.
- Les erreurs humaines : les erreurs humaines sont inévitables. Celles qui surviennent pendant la saisie des données sont probablement les plus courantes ; les erreurs de programmation sont aussi assez fréquentes. Certains types d'erreurs proviennent d'une mauvaise conception ; c'est le cas lorsqu'un fabricant de logiciels met au point une commande d'effacement qui ressemble beaucoup à une autre commande. D'autres encore résultent de méthodes de travail inappropriées ; c'est le cas lorsque des employés de bureau sauvegardent des documents importants sous des noms de fichiers qu'aucun autre collègue ne connaît.

La sécurité

La **sécurité** informatique inclut la protection de l'information, du matériel et du logiciel contre les usages non autorisés et les dommages causés par les intrusions, le sabotage et les catastrophes naturelles. Quand on considère les nombreux risques auxquels sont exposés un système informatique et ses données, on comprend mieux pourquoi le domaine de la sécurité est en plein essor. En voici les principaux aspects.

Les mesures de sécurité consistent à restreindre l'accès à l'information, à prévenir les catastrophes et à faire des copies de sécurité des données.

Le cryptage des données

Toutes les informations qui transitent par Internet sont susceptibles d'être interceptées. Aussi les entreprises ont-elles pris depuis longtemps la bonne habitude de crypter (encoder) leurs messages. On imagine facilement que les informations échangées entre les banques pour les transferts de fonds sont soumises à des traitements rigoureux pour empêcher quiconque d'effectuer une fausse transaction. On a vu d'ailleurs au chapitre 4 que le commerce électronique était fondé sur la sécurité que procurent les programmes de cryptage.

Les particuliers ont désormais accès à ces protections grâce à des logiciels de cryptage PGP (*Pretty Good Privacy*), qui utilisent des techniques d'encodage permettant d'échanger des messages et des documents en toute confidentialité sur les réseaux. Ces logiciels sont généralement offerts gratuitement sur Internet.

La restriction d'accès

Les professionnels de la sécurité cherchent constamment des façons de protéger les systèmes informatiques contre les accès non autorisés. Parfois, ces mesures de sécurité nécessitent la présence de gardes dans les salles d'ordinateurs de l'entreprise et la vérification de l'identité de toute personne qui s'y présente. Très souvent, il faut être prudent lorsqu'on attribue des mots de passe, et l'on ne doit pas oublier de les modifier quand les détenteurs quittent l'entreprise.

Certains systèmes de sécurité se servent de la **biométrie**, science qui analyse les caractéristiques du corps humain. Ces systèmes utilisent des appareils qui reconnaissent les empreintes digitales, les signatures, les voix, les yeux ou même les visages (*voir la figure 13.8*).

Comme on l'a vu au chapitre 10, il existe des programmes spécialisés dans la protection des réseaux locaux d'une entreprise. Par exemple, un **pare-feu** (*firewall*) installé sur la passerelle (porte d'entrée) d'un réseau local filtrera toutes les communications et empêchera des utilisateurs extérieurs non autorisés d'accéder aux ordinateurs du réseau.

La prévention des catastrophes

Les entreprises et les personnes qui ne prennent pas de mesures en prévision de catastrophes ne font pas preuve de beaucoup de sagesse. La **sécurité physique** protège le matériel des dégâts naturels ou attribuables à des êtres humains. La **sécurité des données** concerne à la fois la protection des logiciels et des données contre leur falsification ou leur endommagement. Les grandes organisations doivent établir des **plans de redressement** en cas de catastrophe ; ceux-ci décrivent les façons de continuer à travailler jusqu'à ce que le fonctionnement normal des ordinateurs soit rétabli.

Certaines entreprises optent pour la mise sous clé du matériel, mais les employés considèrent souvent cette restriction comme une entrave, et la sécurité s'en trouve du même coup relâchée. Le feu et l'eau (y compris l'eau des extincteurs automatiques d'incendie) peuvent causer des dommages importants aux appareils. Pour faire face à de telles éventualités, plusieurs entreprises cherchent un arrangement coopératif qui leur permet de partager l'équipement avec d'autres sociétés. On prépare ainsi des installations d'urgence, qui prennent souvent la forme de centres informatiques tout équipés ou encore de simples locaux vides dans lesquels on peut installer du matériel.

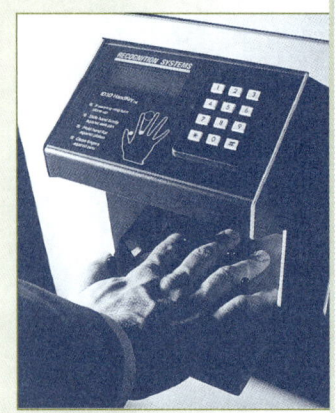

Figure 13.8

Un système de reconnaissance d'empreintes digitales.

La création de copies de sécurité des données

Les appareils sont remplaçables, contrairement aux données d'une entreprise. La majorité des organisations ont adopté des mesures de sécurité visant à empêcher la falsification et la détérioration des données et des logiciels. On sélectionne soigneusement le personnel, on surveille les mots de passe et l'on vérifie les données et les programmes de temps à autre. La méthode la plus sûre consiste à faire des copies de sécurité (*backups*) des données de façon régulière et à les ranger dans un endroit différent.

La sécurité concernant les micro-ordinateurs

Si vous possédez un micro-ordinateur, vous disposez d'une gamme de mesures de sécurité pour le protéger (*voir la figure 13.9*).

Figure 13.9

Protégez votre micro-ordinateur.

- Évitez les conditions extrêmes : n'exposez pas votre ordinateur à des environnements hostiles, comme la pluie, le soleil, le froid et la chaleur, la fumée de cigarette, les liquides et la nourriture, car ils peuvent l'endommager. Nettoyez votre équipement régulièrement et utilisez un protecteur de survoltage.
- Prémunissez-vous contre les virus : installez un programme antivirus et faites-en la mise à jour de façon régulière. Chaque fichier doit faire l'objet d'une vérification avant d'être installé sur le disque dur ou exécuté. Il est aussi nécessaire d'installer un pare-feu.
- Attention aux fichiers joints aux courriels : n'ouvrez jamais un fichier reçu par courriel dont l'extension est .exe, .com ou .dll par exemple, à moins que vous ne soyez totalement sûr de sa provenance.
- Faites la mise à jour de vos logiciels : il est fréquent que les logiciels système présentent des faiblesses sur le plan de la sécurité. Une fois informés de ces défauts, les fabricants mettent au point des correctifs, ou rustines (*patches*), qu'ils offrent sur leur site afin de pallier ces défaillances.
- Protégez votre ordinateur : munissez votre ordinateur d'un verrou. Si vous êtes membre d'un service d'information interactif, ne laissez pas traîner vos mots de passe à la vue de tous. Burinez votre numéro de permis de conduire sur vos appareils de façon qu'ils soient facilement identifiables dans l'éventualité où on les retrouverait chez un receleur.
- Protégez vos programmes et vos données : rangez vos disques convenablement, de préférence dans un boîtier muni d'une serrure. Faites fréquemment des copies de sécurité de tous vos fichiers importants. Rangez-les dans un endroit sûr et différent de celui où se trouve votre ordinateur.

L'ordinateur écologique

L'industrie des micro-ordinateurs se plie maintenant aux exigences du programme *Energy Star*. Mais nous pouvons aussi faire notre part.

Les micro-ordinateurs consomment 5 % de l'électricité utilisée dans les lieux de travail et, comme chacun le sait, plus la demande en électricité est grande, plus la pollution augmente et plus les ressources non renouvelables se raréfient. Le programme *Energy Star*, mis au point par l'agence de protection gouvernementale américaine (EPA), vise à inciter l'industrie informatique à économiser les ressources énergétiques. Pour satisfaire à ces exigences, un groupe d'une cinquantaine de fabricants de matériel informatique s'est fixé pour objectif de réduire les besoins en énergie des blocs système, des moniteurs et des imprimantes, et, dans cette optique, a introduit un nouveau concept, l'**ordinateur écologique**, dont la conception et la fabrication doivent respecter l'environnement. Recyclable et fait à partir de matériaux non polluants et non toxiques, un tel appareil doit consommer le minimum d'énergie, être plus silencieux que les modèles traditionnels et présenter des qualités ergonomiques supérieures.

Voici quelques caractéristiques des ordinateurs écologiques.

■ Bloc système : microprocesseur éconergique (qui consomme peu d'électricité) ; disque dur et microprocesseur réglables automatiquement en mode veille après un certain temps d'inactivité ; remplacement du bloc d'alimentation traditionnel par un adaptateur exigeant moins d'électricité ; élimination du ventilateur.

■ Moniteur : écrans plats, moins énergivores que les moniteurs à rayons cathodiques ; économiseurs d'écran et moniteurs à mise hors circuit automatique.

Les fabricants de micro-ordinateurs, Intel et Apple par exemple, utilisent de moins en moins de substances chimiques dangereuses dans leurs procédés de fabrication, notamment les chlorofluorocarbones (CFC) qu'on trouve dans les solvants et les décapants. (Les CFC voyagent dans l'atmosphère et sont reconnus comme l'une des causes de la dégradation de la couche d'ozone.) Ces restrictions s'appliquent également au nickel et à d'autres métaux lourds. Bien sûr, les fabricants ne respectent pas tous ces règles, mais la tendance est à la hausse.

Un comportement responsable

Vous pouvez vous aussi faire votre part. Ne laissez pas votre ordinateur fonctionner 24 heures sur 24, sept jours sur sept. Utilisez un économiseur d'écran et éteignez votre moniteur quand vous quittez la pièce pour un moment. Chaque année, une quantité colossale de papier est consommée – les entreprises utilisent à elles seules l'équivalent d'une pile haute de 80 000 km. Tout ce papier peut être recyclé. Il en va de même pour les boîtiers d'ordinateurs, les cartouches d'encre et les disquettes. L'an dernier, plus de 24 millions de micro-ordinateurs ont été mis à la poubelle. Seulement 14 % ont été recyclés. Il existe des entreprises qui se spécialisent dans la récupération des ordinateurs ; apportez-y vos vieux appareils.

1. L'utilisation des ordinateurs est essentiellement régie par des lois.

2. Un programme « cheval de Troie » est un virus qui se reproduit sans cesse jusqu'à ce qu'on doive éteindre l'ordinateur.

3. L'utilisation d'un portable peut causer une fatigue oculaire en peu de temps.

4. La surveillance électronique des employés constitue un facteur de stress, mais s'avère bénéfique puisqu'elle améliore la productivité.

5. Les immenses bases de données de certaines organisations peuvent être perçues comme une menace pour le droit à la vie privée.

6. L'accès non autorisé à un système informatique est un délit, peu importe la raison pour laquelle il est commis.

7. Les virus informatiques sont des programmes qui peuvent détruire des programmes ou des données, ou encore nuire au bon fonctionnement de l'environnement informatique.

8. Le logo *Energy Star* apposé sur un micro-ordinateur garantit que celui-ci est à la fine pointe de l'ergonomie et que l'utilisateur est protégé d'éventuelles blessures.

9. Les logiciels espions servent à surveiller les activités Internet des employés dans les entreprises.

10. Le recyclage du matériel informatique n'est pas encore une pratique très répandue ; cette réalité est préoccupante sur le plan environnemental.

1. L'étude des facteurs humains relatifs aux ordinateurs s'appelle :
   a) l'analyse des données ;
   b) l'ergonomie ;
   c) la performance des systèmes humains ;
   d) l'expertise.

2. Une blessure qui est causée par des mouvements répétitifs et qui entraîne des lésions aux nerfs et aux tendons des mains s'appelle :
   a) un virus ;
   c) le syndrome du canal carpien ;
   b) un pirate ;
   d) une bactérie.

3. La question d'ordre éthique qui touche le contrôle de la disponibilité des données s'appelle :
   a) la protection de la vie privée ;
   c) l'accessibilité ;
   b) l'exactitude des données ;
   d) la propriété.

4. La majorité des délinquants informatiques sont :
   a) des étudiants ;
   b) des pirates ;
   c) des employés ;
   d) des gestionnaires de bases de données.

5. L'utilisation dans un supermarché d'une caisse enregistreuse électronique munie d'un lecteur optique de codes à barres permet :
   a) de produire des factures détaillées ;
   b) d'exercer une surveillance sur le travail du caissier ;
   c) d'automatiser la gestion des stocks ;
   d) toutes les réponses précédentes.

6. Les programmes contre lesquels il faut se protéger s'appellent :
   a) des procédures ;   c) des microbes ;
   b) des virus ;   d) des vaccins.

7. Une des méthodes employées pour protéger les données transitant par Internet s'appelle :
   a) l'éthique ;   c) l'ergonomie ;
   b) le cryptage ;   d) le braquage.

8. Indiquer, parmi les éléments suivants, le porteur de virus :
   a) l'hameçonnage ;   c) le cheval de Troie ;
   b) le ver ;   d) la fraude 419.

9. Parmi les mesures énumérées ci-dessous, indiquer celles qui sont écologiques du point de vue des procédés de fabrication des micro-ordinateurs :
   a) l'élimination des métaux lourds ;
   b) l'utilisation des écrans plats ;
   c) l'usage de matériel éconergique ;
   d) toutes les réponses précédentes.

10. Parmi les éléments énumérés ci-dessous, lequel ne constitue pas un délit informatique ?
   a) le piratage ;
   b) le vol d'identité ;
   c) les rustines de systèmes d'exploitation ;
   d) l'envoi de pourriels.

Phrases à compléter

1. Les _____ sont des fichiers inoffensifs laissés dans votre ordinateur par les programmes des sites Web auxquels vous accédez.

2. Le terme _____ est utilisé pour décrire un stress dommageable associé à l'utilisation de l'ordinateur.

3. _____ informatique consiste en des règles de conduite morales relatives à l'utilisation des ordinateurs.

4. Les _____ sont des pirates informatiques qui violent les systèmes informatiques par défi.

5. Le _____ consiste à copier un logiciel sans autorisation et constitue un crime aux yeux de la loi.

6. Le moyen le plus efficace d'assurer la sécurité des données est de faire régulièrement des _____.

7. _____ est la science qui étudie les rapports entre l'être humain et son environnement de travail.

8. _____ est une tentative d'escroquerie par pourriel qui a l'Afrique pour origine.

9. Il y a actuellement près de _____ ordinateurs dans le monde.

10. Seuls les écrans _____ émettent un champ magnétique.

Questions à développement

1. Indiquer les types de délits informatiques.

2. Définir la sécurité informatique. Nommer trois façons de protéger les ordinateurs.

3. Indiquer des moyens pour éviter la fatigue oculaire ainsi que les maux de tête, de dos et de cou liés à l'usage des ordinateurs.

4. Grâce à l'informatique, les gouvernements et les entreprises détiennent de plus en plus de renseignements personnels sur les citoyens. Deux courants de pensée s'affrontent en ce qui concerne l'utilisation de ces bases de données : un privilégie par-dessus tout le respect de la vie privée ; l'autre, la lutte contre la fraude et le crime. Donner deux arguments en faveur de l'un ou l'autre des points de vue et les illustrer à l'aide d'exemples.

5. Nommer un des critères importants de l'ergonomie d'un poste de travail. Indiquer les modifications qui devraient idéalement être apportées au matériel informatique pour satisfaire pleinement les besoins ergonomiques.

Il y a environ un milliard d'ordinateurs dans le monde ; on peut donc en déduire que les problèmes relatifs aux ordinateurs touchent les gens de près.

L'ERGONOMIE

Les utilisateurs devraient prendre des mesures pour augmenter leur productivité et éviter les risques de traumatismes physiques ou mentaux. L'**ergonomie** est une science qui étudie les facteurs humains en relation avec le milieu de travail.

La santé physique
Voici certains problèmes liés à l'utilisation de micro-ordinateurs qu'il est possible de prévenir.
- La fatigue oculaire et les maux de tête : prenez des pauses fréquentes et évitez les reflets lumineux des écrans.
- Les maux de dos et de cou : utilisez des chaises, des tables, des écrans et des claviers réglables.
- Les champs électromagnétiques : les écrans d'ordinateurs émettent des champs électromagnétiques. Aucune étude n'a pu, à ce jour, en démontrer les effets malsains. Toutefois, une femme enceinte doit éviter les contacts rapprochés et fréquents.
- Les blessures causées par des mouvements répétitifs : ces blessures affectent le cou, les poignets, les mains et les bras. Le **syndrome du canal carpien**, quant à lui, dégénère en des lésions aux nerfs et aux tendons des mains et affecte les personnes qui utilisent un clavier pendant une longue période ; prenez fréquemment de courtes pauses pour éviter tous ces maux.

La santé mentale
Les irritants sont causés par :
- le bruit des ventilateurs et les sons aigus des moniteurs ;
- le stress découlant d'un contrôle excessif ou d'une utilisation de l'ordinateur qui s'avère nuisible à l'être humain (le technostress).

La conception en fonction des personnes
Les ordinateurs sont de plus en plus conçus pour être conviviaux.

L'ÉTHIQUE

En informatique, l'**éthique** concerne les lignes directrices régissant l'utilisation moralement acceptable de l'ordinateur dans notre société. Elle touche notamment à la protection de la vie privée, à l'exactitude et à la propriété des données ainsi qu'à l'accès à celles-ci.

L'utilisation de vastes bases de données
On accumule constamment des renseignements sur les gens dans de grandes bases de données. Par conséquent, toute une industrie de collecteurs et de revendeurs d'informations rassemblent des données personnelles sur les individus. Ils vendent ces renseignements aux spécialistes de la vente directe et à d'autres types de solliciteurs. N'hésitez pas à vous renseigner sur le contenu des dossiers vous concernant.

Le vol d'identité et la distribution de renseignements inexacts sont d'autres dangers qui menacent les consommateurs.

L'utilisation des réseaux informatiques
Il arrive que les réseaux d'information soient utilisés pour épier les employés ou pour appliquer des restrictions sur la nature des messages transmis entre les membres d'un réseau. Certains sites Internet enregistrent vos coordonnées à l'aide de **fichiers témoins** ou de **logiciels espions** lorsque vous les visitez ; l'intention est généralement bienveillante, mais il faut être au courant.

Les **espiogiciels**, qui scrutent toutes les activités, sont les plus redoutables. Il existe des programmes utilitaires, les **anti-espiogiciels**, conçus pour les supprimer.

LES DANGERS INFORMATIQUES

Préserver l'information implique qu'on protège les systèmes informatiques, du moins en partie, et qu'ils soient plus sécuritaires.

Les délinquants informatiques
Il existe diverses catégories de délinquants informatiques.
- Les **employés**, qui représentent la catégorie qui renferme le plus de criminels.
- Les **utilisateurs externes**, par exemple les fournisseurs et les clients.
- Les **pirates informatiques**, qui peuvent être divisés en deux groupes : les **foulineurs** (*hackers*), qui accèdent sans autorisation à un système informatique pour le plaisir et le défi ; les

braqueurs (*crackeurs*), qui font la même chose, mais dans un but malicieux.

- Le **crime organisé**, qui utilise les ordinateurs à des fins illégales, comme la falsification et la contrefaçon.
- Les **terroristes**, qui peuvent mettre l'économie en danger en paralysant les communications.

Les types de délits informatiques

Voici quelques délits informatiques courants.

- Le **virus** est utilisé pour altérer des fichiers et des données. Les virus informatiques sont des programmes qui se propagent à travers les réseaux et les systèmes d'exploitation, et qui s'infiltrent dans divers programmes et bases de données pour les rendre inutilisables. Le **ver**, ou **bactérie**, est une variante de virus qui surcharge le système informatique, provoquant un ralentissement ou un arrêt des activités. Le **cheval de Troie** est un programme qui transporte un virus.
- Le vol de matériel, de logiciels, de données ou de temps d'utilisation d'ordinateur est tout aussi condamnable. Le **piratage de logiciels**, qui consiste à copier des programmes sans autorisation en vue d'en tirer un profit, constitue également un délit. Les lois sur les droits d'auteur permettent de copier un logiciel uniquement pour en faire des copies de sécurité personnelles.
- La manipulation ou le fait de s'infiltrer dans un système informatique sans autorisation, pour le plaisir de la chose, constitue une autre forme de délit passible de poursuites.
- Les **pourriels**, qui sont des courriels publicitaires non sollicités, constituent en eux-mêmes une nuisance. Mais il y a pire ; certains pourriels comme l'**hameçonnage** et la **fraude « à la nigériane »** peuvent entraîner des conséquences graves si on se laisse prendre au piège.
- La vente de produits frauduleux ou l'exploitation de pornographie infantile à partir d'un ordinateur sont aussi illégales.

D'autres dangers

- Les autres dangers auxquels sont exposés les ordinateurs incluent les catastrophes naturelles, les conflits civils, le terrorisme, les pannes technologiques et les erreurs humaines.

LA SÉCURITÉ

La **sécurité** concerne la protection de l'information, du matériel et des logiciels, qui doivent être à l'abri des usages non autorisés et des dommages éventuels.

Le cryptage des données

Toutes les informations qui transitent par Internet étant susceptibles d'être interceptées, les entreprises prudentes cryptent (encodent) leurs données.

La restriction d'accès

Les systèmes informatiques se protègent en filtrant les utilisateurs, c'est-à-dire en leur demandant d'entrer un mot de passe. Les systèmes qui utilisent la **biométrie**, science qui mesure les caractéristiques des êtres humains, sont en mesure de reconnaître les empreintes digitales ou la voix.

La prévention des catastrophes

La **sécurité physique** concerne la protection du matériel contre les catastrophes naturelles ; la **sécurité des données** concerne quant à elle la protection des logiciels et des données contre la falsification ou les accidents.

De nombreuses organisations ont mis sur pied un plan de redressement en prévision de catastrophes. Ce plan décrit les façons dont les systèmes informatiques pourront continuer à fonctionner malgré le désastre subi. Il existe des centres informatiques d'urgence, déjà tout équipés, et des locaux vides où le matériel pourrait être installé.

Les copies de sécurité des données

On doit faire des copies de sécurité des données et les ranger dans des endroits sûrs.

La sécurité des micro-ordinateurs

- Évitez les conditions extrêmes, comme la chaleur et la fumée.
- Protégez votre ordinateur et munissez-le d'un verrou.
- Protégez vos programmes et vos données en mettant toutes vos copies de sécurité dans un endroit sûr.
- Évitez les virus grâce à un programme antivirus et à un pare-feu. Méfiez-vous des fichiers joints aux courriels de provenance inconnue. Faites des mises à jour régulières de vos logiciels système.

L'ordinateur écologique

Le programme *Energy Star* établit des normes en vue de la fabrication de micro-ordinateurs moins énergivores et moins polluants une fois mis au rebut.

Vous pouvez aussi faire votre part en recyclant papiers et autres matériels, et en éteignant votre système après une séance de travail.

Le système binaire

La représentation graphique et la représentation binaire

Vous avez vu au chapitre 2 que, si les informations peuvent facilement être représentées sous forme de symboles graphiques pour la communication entre humains, il en va tout autrement dès qu'il est question de les faire traiter par un ordinateur. Comme vous le savez, les ordinateurs sont faits de composants électroniques qui sont soit chargés soit non chargés, comme une lampe qui est allumée ou éteinte. Aussi l'utilisation du système binaire, dont le répertoire de symboles n'est composé que de deux éléments (0, 1), est tout à fait appropriée. En effet, le système binaire représente bien l'état des circuits électroniques durant le traitement des données puisqu'il reflète leur fonctionnement. Il est très facile, pour un électronicien, de créer des circuits électroniques pouvant additionner, multiplier ou comparer des bits 0 et 1.

Par exemple, les tables d'addition et de multiplication binaires sont des plus simples :

$0 + 0 = 0$	$0 \times 0 = 0$
$0 + 1 = 1$	$0 \times 1 = 0$
$1 + 0 = 1$	$1 \times 0 = 0$
$1 + 1 = 0$ avec une retenue de 1	$1 \times 1 = 1$

Il reste cependant à déterminer le code adéquat, c'est-à-dire la combinaison de ces 0 et de ces 1 qui permettra un maximum de souplesse et de rapidité.

La représentation binaire des informations non quantitatives

Voyons comment on en est arrivé au code ASCII qui utilise huit bits, ou un octet de mémoire (*voir le tableau A.2*). Il faut comprendre que le système binaire, qui ne dispose que de deux symboles pour représenter les données, génère la plupart du temps des formules plus longues que celles représentées en système décimal, formé, comme son nom l'indique, de 10 éléments différents. En fait, le nombre d'informations qu'on est en mesure de représenter dépend du nombre d'éléments qui composent le répertoire de symboles et du nombre de positions que pourront occuper ces symboles. Ainsi, s'il fallait élaborer un code au moyen du système décimal (celui qu'on utilise tous les jours) afin de représenter 1000 valeurs différentes, il suffirait de prévoir trois positions de largeur (avec les nombres 0, 1, 2, 3, 4, 5, 6, 7, 8, 9, 10, 11, ..., 999). Ce calcul se fait très facilement avec la fonction puissance (Base^{Largeur}) : $10^3 = 1000$. De même, un code qui représenterait les 26 caractères alphabétiques non accentués et qui distinguerait les majuscules des minuscules serait un code pouvant représenter 52 caractères différents. En base dix, il serait d'une largeur de deux chiffres. Toutefois, en base deux, pour réussir à représenter 52 données différentes, il faut prévoir au minimum six positions puisque $2^6 = 64$.

Examinons le tableau A.1.

TABLEAU A.1						
Nombre d'informations différentes selon la largeur de code						
	Base 10			Base 2		
Largeur	N^{bre} de valeurs	Puissance	Valeurs	N^{bre} de valeurs	Puissance	Valeurs
1	10	10^1	0-9	2	2^1	0 et 1
2	100	10^2	0-99	4	2^2	0 à 3
3	1 000	10^3	0-999	8	2^3	0 à 7
4	10 000	10^4	0-9 999	16	2^4	0 à 15
5	100 000	10^5	0-99 999	32	2^5	0 à 31
6	1 000 000	10^6	0-999 999	64	2^6	0 à 63
7	10 000 000	10^7	0-9 999 999	128	2^7	0 à 127
8	100 000 000	10^8	0-99 999 999	256	2^8	0 à 255
9	1 000 000 000	10^9	0-999 999 999	512	2^9	0 à 511
10	10 000 000 000	10^{10}	0-9 999 999 999	1024	2^{10}	0 à 1023
…	…	…	…	…	…	…

On constate que, peu importe la base choisie, plus le nombre de valeurs est grand, plus il faut de chiffres pour les représenter. Par exemple, les premiers ordinateurs ont longtemps utilisé le code BCD, dans lequel chaque caractère était représenté par un groupe de six bits. À cette époque, il n'était pas question de faire du traitement de texte puisque ce code ne permettait que les lettres non accentuées et majuscules (A à Z), les chiffres (0 à 9) et quelques caractères particuliers comme le point, la virgule, le plus et le moins. En somme, tout ce qu'il fallait pour des calculateurs scientifiques.

Dès qu'on a voulu se servir des ordinateurs pour faire de la gestion, puis ensuite du traitement général, on a dû repenser leur architecture pour étendre à huit bits, soit un octet, l'unité de représentation du caractère. Bien qu'il existe encore une divergence entre les codes EBCDIC et ASCII quant à la concordance entre chaque caractère et son équivalent binaire, tous les ordinateurs utilisent l'octet comme unité de stockage de l'information. C'est donc en kilo, méga, giga ou téraoctets que l'on mesurera la capacité de stockage d'un support physique.

Comme l'indique le tableau A.1, un code de huit bits permet 256 combinaisons différentes, pour une possibilité de 256 caractères différents. Or, le code ASCII ne définit comme standard que 128 de ces possibilités, soit les combinaisons dont le premier bit est 0. Les caractères définis incluent les lettres minuscules et majuscules utilisées dans le monde anglo-saxon, mais non les caractères accentués. Comme ceux-ci sont trop nombreux pour apparaître dans une même liste, il y a plusieurs codes ou codes de pages représentant les caractères nationaux des différents pays, soit le code ASCII étendu ou ANSI.

Les 128 premiers caractères sont communs, mais les 128 derniers sont différents. C'est ainsi que divers comités ont élaboré des pages de codes différentes pour prendre en charge les langues d'Europe de l'Ouest, d'Europe centrale et slaves (qui utilisent l'alphabet cyrillique), comme le russe, l'ukrainien, le bulgare et le serbe. Mais, avec ce système, on ne peut pas représenter par exemple des caractères cyrilliques et des caractères accentués du français dans le même document. Le problème se pose chaque fois que plusieurs langues doivent être représentées simultanément. Par ailleurs, pour certaines langues comme le chinois et le japonais, le codage sur 255 caractères est nettement insuffisant pour représenter les signes de base utilisés.

Si on prolongeait le tableau de quelques lignes, on verrait qu'avec un code d'une largeur de 16 bits (2 octets) on pourrait représenter 65 536 caractères différents, soit suffisamment pour encoder la plupart des alphabets du monde. Le consortium Unicode a ainsi assigné un code à tous les signes connus utilisés comme caractères dans les langues écrites. Ce code est de plus en plus employé. Il couvre le latin de base, le latin d'Europe de l'Ouest, le latin d'Europe de l'Est, l'arabe, l'arménien, le chinois, le coréen, les langues qui s'écrivent avec l'alphabet cyrillique, le grec, l'hébreux, le japonais, le persan, les caractères de l'Asie du Sud-Est, les neuf systèmes de caractères de l'Inde ainsi que l'alphabet phonétique international.

La représentation binaire des valeurs numériques

Imaginez que vous êtes archéologue, que vous découvrez des tables d'impôts du temps de Jules César et que vous voulez vérifier les calculs des percepteurs de l'époque. S'il vous fallait calculer le produit de XXIX par LXVII, vous penseriez sûrement à convertir d'abord ces nombres en chiffres décimaux, soit 29×67, à calculer le produit de la multiplication, soit 1943, et enfin à le reconvertir en chiffres romains, soit MCMXLIII[1]. Pourquoi? Parce qu'il vous est sûrement plus facile de compter avec le système décimal qu'avec le système romain. Il en est de même des ordinateurs qui, eux, calculent beaucoup mieux en système binaire qu'en système décimal.

Lorsqu'un programme vous demande votre âge, votre numéro de téléphone, votre revenu annuel ou encore votre numéro d'assurance ou de sécurité sociale, vous entrez au clavier une suite de chiffres décimaux (0-9), qui sont convertis en caractères ASCII binaires pour être ensuite traités. Tant qu'il s'agit de votre numéro de téléphone ou de votre numéro d'assurance sociale, l'information peut demeurer sans problème sous forme de caractères. Mais quand il s'agit d'informations quantitatives qui feront l'objet de calculs plus ou moins complexes, le programme doit convertir vos chiffres en données numériques binaires. À la fin, les résultats obtenus seront reconvertis en chiffres décimaux pour être affichés ou imprimés.

Comme un octet ne permet que 256 possibilités, on utilisera généralement plusieurs octets pour stocker une valeur. S'il s'agit d'une valeur entière, on utilisera souvent deux octets, ce qui, avec 65 536 possibilités, donnera un intervalle allant de −32 767 à +32 767. Au besoin, si les valeurs manipulées

---

1. XXIX vaut 10 + 10 + (10 − 1) = 29
   LXVII vaut 50 + 10 + 5 + 1 + 1 = 67
   MCMXLIII vaut 1000 + (1000 − 100) + (50 − 10) + 1 + 1 + 1 = 1943

Décimal	Binaire	Valeur	Décimal	Binaire	Valeur	Décimal	Binaire	Valeur	Décimal	Binaire	Valeur
0	00000000	NUL	32	00100000	SP	64	01000000	@	96	01100000	`
1	00000001	SOH	33	00100001	!	65	01000001	A	97	01100001	a
2	00000010	STX	34	00100010	"	66	01000010	B	98	01100010	b
3	00000011	ETX	35	00100011	#	67	01000011	C	99	01100011	c
4	00000100	EOT	36	00100100	$	68	01000100	D	100	01100100	d
5	00000101	ENQ	37	00100101	%	69	01000101	E	101	01100101	e
6	00000110	ACK	38	00100110	&	70	01000110	F	102	01100110	f
7	00000111	BEL	39	00100111	'	71	01000111	G	103	01100111	g
8	00001000	BS	40	00101000	(	72	01001000	H	104	01101000	h
9	00001001	HT	41	00101001	)	73	01001001	I	105	01101001	i
10	00001010	LF	42	00101010	*	74	01001010	J	106	01101010	j
11	00001011	VT	43	00101011	+	75	01001011	K	107	01101011	k
12	00001100	FF	44	00101100	,	76	01001100	L	108	01101100	l
13	00001101	CR	45	00101101	-	77	01001101	M	109	01101101	m
14	00001110	SO	46	00101110	.	78	01001110	N	110	01101110	n
15	00001111	SI	47	00101111	/	79	01001111	O	111	01101111	o
16	00010000	DLE	48	00110000	0	80	01010000	P	112	01110000	p
17	00010001	DC1	49	00110001	1	81	01010001	Q	113	01110001	q
18	00010010	DC2	50	00110010	2	82	01010010	R	114	01110010	r
19	00010011	DC3	51	00110011	3	83	01010011	S	115	01110011	s
20	00010100	DC4	52	00110100	4	84	01010100	T	116	01110100	t
21	00010101	NAK	53	00110101	5	85	01010101	U	117	01110101	u
22	00010110	SYN	54	00110110	6	86	01010110	V	118	01110110	v
23	00010111	ETB	55	00110111	7	87	01010111	W	119	01110111	w
24	00011000	CAN	56	00111000	8	88	01011000	X	120	01111000	x
25	00011001	EM	57	00111001	9	89	01011001	Y	121	01111001	y
26	00011010	SUB	58	00111010	:	90	01011010	Z	122	01111010	z
27	00011011	ESC	59	00111011	;	91	01011011	[	123	01111011	{
28	00011100	FS	60	00111100	<	92	01011100	\	124	01111100	|
29	00011101	GS	61	00111101	=	93	01011101	]	125	01111101	}
30	00011110	RS	62	00111110	>	94	01011110	^	126	01111110	~
31	00011111	US	63	00111111	?	95	01011111	_	127	01111111	DEL

sont très grandes, on utilisera plutôt quatre octets (32 bits), ce qui permettra de placer des valeurs allant d'environ −2 milliards à +2 milliards.

Par ailleurs, pour les calculs impliquant des valeurs fractionnaires simples ou scientifiques avec beaucoup de chiffres de précision (près de 20), quatre ou huit octets, soit 32 ou 64 bits par valeur, sont requis. On voit donc que le traitement impliquant un calcul sur de telles valeurs suppose que l'ordinateur puisse les traiter globalement.

La représentation binaire et la puissance de calcul

On entend souvent parler de la puissance de calcul d'un ordinateur. Cette puissance dépend bien sûr de la rapidité de fonctionnement, de la vitesse d'opération. Mais un facteur plus déterminant entre en jeu : la capacité de traitement de l'unité de calcul. La capacité, qu'on désigne sous le terme « longueur des mots », précise le nombre de bits qui peuvent être traités simultanément. Plus cette valeur est grande, plus l'ordinateur est puissant.

L'unité de calcul (l'UAL) des premiers micro-ordinateurs (par exemple, l'Altair ou l'Apple II) ne pouvait traiter qu'un octet à la fois. Pour effectuer

une addition ou, pire, une multiplication, elle devait subdiviser la tâche en plusieurs étapes, comme nous le faisons nous-mêmes quand nous calculons avec des nombres de plus d'un chiffre. Ces ordinateurs étaient adéquats pour traiter du texte ou exécuter des programmes nécessitant peu de calculs, mais leur puissance de calcul était faible.

Avec l'arrivée de l'IBM 8086, on est passé à un traitement de 16 bits simultanés. On pouvait donc calculer un petit entier d'un seul coup, mais il fallait quand même plusieurs étapes pour traiter les entiers longs et encore plus pour traiter les valeurs fractionnaires (dites réelles). Il s'agissait toutefois d'un progrès significatif sur les anciens modèles.

Depuis le 80486 d'Intel et le 68040 de Motorola, les micro-ordinateurs traitent 32 bits à la fois et peuvent donc faire presque tous les calculs en une seule étape. Ces machines exécutent les nombreux calculs requis pour afficher par exemple des images animées à l'écran sans sacrifier la qualité de la résolution et la variété de couleurs. Les registres des microprocesseurs les plus récents tels que l'Itanium d'Intel et l'Opteron d'AMD traitent 64 bits simultanément.

Quant aux superordinateurs, dont la caractéristique est justement la puissance de calcul, ils disposent de centaines d'unités pouvant chacune calculer des valeurs de 64 ou de 128 bits à la fois, soit des valeurs comportant de nombreux chiffres de précision, comme 3,14159265358979323846264…

Le bit de parité

Tout comme on entend parfois des parasites à la radio, il peut arriver qu'il y ait de l'interférence électronique dans un circuit ou sur une ligne de communication pendant la transmission d'un octet. Lorsqu'on tape la lettre F, par exemple, le F doit être représenté dans l'ordinateur comme ceci : 01000110, si on utilise le code ASCII. Par contre, si le dernier 0 se perd et devient 1, l'octet erroné se lira 01000111 – soit G plutôt que F. Existe-t-il une méthode permettant à l'UCT de détecter les erreurs de code dans les données qu'elle reçoit ?

Bien sûr ! La détection d'erreurs peut se faire grâce à l'adjonction automatique d'un bit de parité (ou bit de contrôle) supplémentaire à chaque caractère entré au clavier. Le bit de parité est ajouté de telle façon que le nombre de bits 1 d'un octet soit un nombre pair (*voir la figure A.1*). Par exemple, lorsqu'on tape la lettre F au clavier, le signal 01000110 est émis. Avant qu'il parvienne à l'UCT, le nombre de 1 est compté : il y en a trois. Comme c'est un nombre impair, le bit 1 est ajouté à la fin de l'octet de façon que les bits 1 soient en nombre pair. Le signal 010001101 est envoyé et, lorsqu'il parvient à l'UCT, le nombre de bits 1 est vérifié de nouveau. Si les bits 1 sont en nombre impair, il y a eu une erreur que l'on qualifie d'« erreur de parité ». Dans ce cas, l'unité centrale demande que le signal lui soit transmis de nouveau. Si l'erreur persiste, vous pourriez voir apparaître le message « erreur de parité » à l'écran.

Il est évident que ces systèmes de détection d'erreurs ne peuvent garantir l'exactitude de toutes les données. Prenons l'exemple d'un octet contenant deux bits 0 erronés : l'ordinateur accepterait cet octet sans détecter l'erreur parce que l'octet F avec deux bits 0 erronés contiendrait deux bits 1 au lieu de quatre. C'est pourquoi il existe une technique de détection plus sophistiquée nommée CRC (*Cyclic Redundant Checking*), aussi basée sur la redondance, qui est utilisée pour contrôler les échanges et le stockage de grandes quantités d'informations.

Figure A.1

Un système de détection d'erreurs utilisant la parité paire.

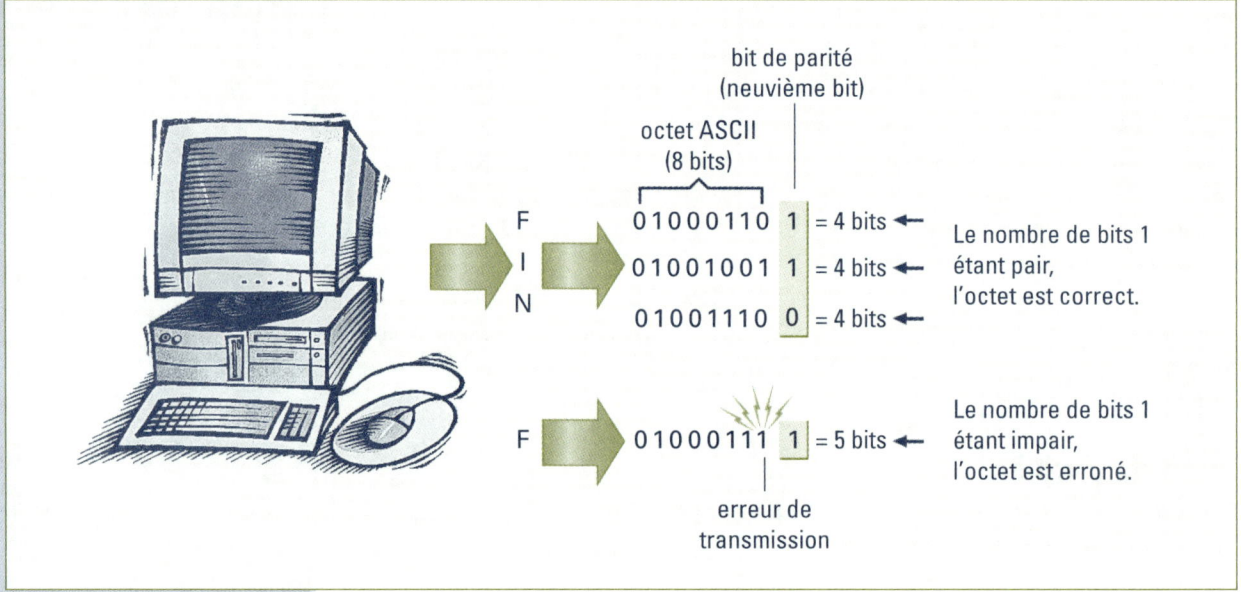

Guide d'achat
d'un micro-ordinateur

Si vous possédez déjà un micro-ordinateur, consultez aussi l'annexe C pour y trouver un Guide de mise à niveau d'un micro-ordinateur.

Un survol des critères conduisant à une prise de décision judicieuse

L'achat d'un micro-ordinateur ne représente peut-être pas un acte aussi lourd de conséquences que l'achat d'une maison ou d'une automobile mais, étant donné le coût potentiellement élevé d'un achat inconsidéré, il vaut la peine de se pencher sur quelques principes qui devraient vous aider à faire un choix acceptable, sinon optimal. L'achat d'un ordinateur devrait se faire en deux étapes : on doit d'abord décider du type de matériel qui répond le mieux aux besoins que l'on aura déterminés et, au moment même de l'achat, choisir les principaux détails de la configuration.

Nous allons donc aborder le sujet en ayant en tête deux objectifs : l'un, théorique ; l'autre, pratique.

- Vous sensibiliser aux principaux facteurs qui auront, le cas échéant, une incidence sur le choix du matériel envisagé : vos besoins/vos moyens ; famille Macintosh/compatible IBM ; ordinateur portable/modèle de table ; haut de gamme/bas de gamme ; matériel neuf/matériel d'occasion.
- Vous permettre, au moment de l'achat, de comprendre et d'évaluer la valeur ajoutée de chaque option en fonction du coût qu'elle comporte : puissance du microprocesseur, quantité de mémoire centrale et capacité du disque dur, taille du moniteur et type de carte graphique, acquisition d'un matériel multimédia, d'un modem ou d'une carte réseau, d'une imprimante et de périphériques ou d'accessoires comme un graveur, un disque rigide amovible, un scanneur, un lecteur DVD ou une carte PC/TV.

Les principes directeurs

La première étape consiste à définir l'orientation générale que prendra cette démarche. On se penche d'abord sur l'analyse des besoins afin de déterminer si l'achat est justifié. Dans l'affirmative, on précise quel montant d'argent il serait raisonnable d'y consacrer. Enfin, on doit établir quel type d'ordinateur serait le plus approprié.

Les besoins

Il s'agit avant tout de déterminer si vous avez *besoin* d'un ordinateur ou si vous avez *envie* d'un ordinateur. Le choix du type d'ordinateur et des caractéristiques optionnelles souhaitables variera beaucoup si vous incluez dans vos besoins le goût de la performance. Il est toujours agréable de posséder l'appareil le plus sophistiqué de son entourage, mais on peut souvent satisfaire ses besoins avec un appareil relativement peu puissant.

Que ce soit pour le travail ou les études, le besoin d'un ordinateur se mesure au nombre d'heures de travail que celui-ci permet d'épargner et, dans certains cas, aux tâches mêmes qu'il permet d'accomplir. Dans certains domaines d'activité, l'usage de la micro-informatique est tellement répandu que l'utilisation du micro-ordinateur fait partie de la formation. Bien sûr, si l'employeur ou l'établissement d'enseignement fournit un ordinateur personnel ou un parc de micro-ordinateurs, le besoin d'en posséder un se trouve

grandement comblé, bien que l'on doive s'attendre à ce que l'accès au matériel soit limité quand les périodes de pointe sont les mêmes pour tous. Cela dit, si vous décidez que vos *besoins* informatiques justifient un achat, rien ne vous empêche de joindre l'utile à l'agréable et d'en profiter pour vous faire *plaisir*.

Les considérations financières

Les contraintes financières sont pour la plupart des gens l'unique frein à un achat tous azimuts, mais ce frein est crucial. Aussi doit-on tenir compte des incidences de chaque décision sur le coût total. On doit cependant prendre certains facteurs en considération. Par exemple, si vous êtes étudiant et que la possession d'un ordinateur s'avère une nécessité, vous devez considérer les dépenses engagées comme un investissement dans votre avenir, au même titre que les frais de scolarité. D'ailleurs, il existe à peu près partout des programmes de prêts étudiants qui intègrent l'achat de matériel informatique. On ne doit pas oublier, cependant, qu'il faudra bien rembourser un jour.

De même, si vous êtes travailleur autonome et qu'un micro-ordinateur constitue pour vous un outil de productivité, vous devez le considérer comme une source de revenus potentiels et évaluer sa valeur de retour sur l'investissement. De plus, vous pourrez amortir une partie des coûts en les déduisant de vos impôts.

La famille d'ordinateur

Avant d'acheter, il faudra décider si vous optez pour la famille des Macintosh ou pour un modèle compatible IBM. Pour vous guider, observez le milieu dans lequel vous allez évoluer. Certains secteurs (journalisme, graphisme, recherche universitaire) utilisent massivement un type de machine en particulier, alors que d'autres montrent une plus grande diversité. Dans le premier cas, n'hésitez pas : choisissez l'appareil que vous retrouvez chez vos confrères – en cas de pépin, vous aurez ainsi des personnes-ressources capables de vous dépanner. Si vous pouvez vraiment choisir entre les deux familles d'ordinateurs, vous devez tenir compte de deux facteurs. D'abord, les Macintosh coûtent en règle générale sensiblement plus cher que les compatibles IBM de puissance équivalente, en raison de l'absence de clones meilleur marché. Par ailleurs, les récents modèles Macintosh, grâce à leur émulateur Windows, peuvent exécuter les programmes conçus pour les compatibles, alors que l'inverse n'existe pas pour l'instant. Par conséquent, si vous avez absolument besoin d'utiliser un logiciel qui n'existe pas en version compatible IBM (ce qui est tout de même assez rare), vous devez diriger votre choix vers le Macintosh.

Un modèle fixe ou un modèle portable

L'usage que vous prévoyez faire de votre micro-ordinateur déterminera si vous devez opter pour un modèle portable ou pour un modèle de table fixe. Étant donné que la miniaturisation imposée par les facteurs de taille et de poids entraîne une augmentation du prix, il faudra justifier de façon serrée le besoin de vous déplacer avec votre ordinateur et prendre en considération qu'il y a beaucoup plus de vols de portables à cause de la facilité avec laquelle

Annexe

ils peuvent se produire. Notez enfin que si vous devez utiliser régulièrement l'ordinateur pour de longues séances de travail à la maison, vous devrez peut-être envisager l'achat d'un moniteur supplémentaire, car certains petits écrans plats, surtout les moins chers, provoquent une fatigue oculaire beaucoup plus prononcée.

Choisir un modèle portable signifie donc que vous payerez beaucoup plus cher que pour un modèle fixe de même puissance, à moins que vous ne soyez prêt à retarder votre achat d'un an. En effet, les modèles portables haut de gamme coûtent près du double des modèles de table équivalents au moment de leur mise en marché. Cependant, comme leur prix baisse de près de la moitié après un an, il est possible d'obtenir cette année le modèle qui était parmi les plus performants l'année dernière, ce qui n'est quand même pas si mal!

Le haut de gamme ou le bas de gamme

Deux aspects doivent vous guider dans le choix d'un ordinateur haut de gamme ou bas de gamme. Vous pouvez considérer votre achat sous l'angle de la puissance et du rendement, ou encore sous celui de la qualité. Différents vendeurs vous présenteront des modèles équivalents sur papier, mais à des prix très différents sur les tablettes. Bien sûr, l'idéal est de trouver un modèle haut de gamme pour le prix d'un bas de gamme, mais ce n'est pas toujours possible, on s'en doute.

Au sujet de la puissance, retenez le fait que, quel que soit le modèle, l'ordinateur est toujours plus rapide que vous. Ainsi, si vous vous servez de l'ordinateur surtout pour traiter du texte, l'ordinateur bas de gamme prendra un dixième de seconde pour faire ce que le modèle haut de gamme fera en un centième de seconde. Verrez-vous seulement la différence? De même, si vous utilisez l'ordinateur principalement pour faire des recherches sur Internet, c'est le réseau de communication qui ralentira votre micro-ordinateur, peu importe sa puissance. Si vous travaillez avec de grandes quantités de données, ce sera l'accès au disque dur qui sera le goulot d'étranglement. Bien sûr, si vous œuvrez dans le domaine de l'ingénierie ou de l'infographie, où les programmes traitent des tonnes d'instructions et où des processus de calcul peuvent durer de longues minutes, alors là vous pourrez apprécier la différence de performance. Si ce n'est pas le cas, vous avez tout intérêt à demeurer dans les prix modestes.

Point important: n'anticipez pas vos besoins. N'achetez pas cette année l'ordinateur dont vous aurez besoin dans 18 mois. Il ne faut pas oublier que les ordinateurs bas de gamme de cette année sont les ordinateurs moyens de l'année dernière et les haut de gamme d'il y a deux ans. En achetant un bas de gamme cette année, vous disposerez donc d'un équipement que vos collègues les mieux équipés utilisaient il y a deux ans. Pensez-vous que leur équipement était inadéquat à ce moment-là? De fait, la vitesse avec laquelle le marché évolue a donné lieu depuis quelque temps à l'apparition de la philosophie de l'ordinateur «jetable». En effet, de nombreux utilisateurs qui s'étaient équipés d'un ordinateur haut de gamme dans l'espoir qu'il reste performant pendant plusieurs années ont constaté avec consternation qu'il était dépassé après une année seulement. D'où la tendance depuis peu à acheter un appareil bon marché (moins de 1000 $) au prix de la moitié et même du tiers d'un ordinateur haut de gamme et de le renouveler après un ou deux ans ; cette façon de procéder permet de faire des économies importantes si l'on tient compte du fruit de la revente.

Quant à la qualité du matériel, on peut expliquer certaines différences de prix par la garantie de qualité qu'offrent les grandes marques par rapport aux « assembleurs de garage ». Cependant, il faut faire la part des choses : les prix des composants électroniques varient tellement vite que vous trouverez du matériel au prix d'aujourd'hui dans une boutique et le même matériel au prix d'hier (donc plus cher) dans une autre. Plus que la marque elle-même, c'est l'endroit où vous achetez qui sera la garantie de qualité. Choisissez donc un vendeur bien établi, qui a de bonnes références et qui offre un bon service après-vente : il a tout intérêt à ne vendre que des produits de qualité, qu'il n'aura pas de mal à entretenir par la suite.

Du matériel neuf ou du matériel d'occasion

Avant de procéder à l'achat d'un micro-ordinateur, envisagez la possibilité de vous procurer un ordinateur d'occasion. Si vos besoins sont modestes, il est fort possible qu'un ordinateur sur son déclin puisse encore faire votre bonheur. On a vu que de nombreux professionnels renouvellent leur matériel régulièrement. « D'occasion » n'est pas synonyme de « usé ». Il existe des boutiques spécialisées dans la remise en marché de matériel informatique. Mais l'idéal est d'ouvrir les yeux (et les oreilles, bien sûr) et de trouver dans votre entourage des personnes qui pourront vous offrir la bonne occasion. Méfiance, cependant : n'oubliez pas que le prix du matériel informatique est sur une pente descendante raide. Une petite annonce du type « Ordinateur presque neuf payé 3200 $ – liquiderais pour 1800 $ » ne représente certainement pas une bonne occasion ; c'est probablement le prix actuel d'un ordinateur tout neuf équivalent. Ne payez qu'entre 500 $ et 900 $ pour un ordinateur d'occasion (selon la qualité des périphériques inclus) et pas plus de 200 $ pour un appareil périmé, c'est-à-dire qui ne peut pas exécuter les logiciels modernes.

Mais faites attention ! N'achetez un appareil d'occasion que s'il est immédiatement utilisable et qu'il peut satisfaire la majorité de vos besoins. Le grand danger qu'il y a à acheter du matériel d'occasion, c'est de lui ajouter un peu de ceci et un peu de cela pour en augmenter le rendement, et de se rendre compte à la fin qu'on a déboursé presque autant sinon plus qu'il en aurait coûté pour un neuf.

Le tableau B.1 résume les facteurs à considérer avant d'acheter un ordinateur.

La configuration idéale

Une fois prise la décision d'acheter, il importe de porter votre choix sur un appareil en particulier, avec ses composants standard et d'autres, optionnels. Méfiez-vous des vendeurs ; ils vous proposeront toute une série de modèles convenant parfaitement à votre premier choix. C'est là qu'il est primordial de bien avoir en tête les besoins que vous avez déterminés au début, car il sera difficile de distinguer clairement vos vrais besoins de vos simples désirs. En effet, voici ce qui risque de se produire. Peu importe que vous ayez opté pour le modèle bas, moyen ou haut de gamme, vous allez vous retrouver devant

TABLEAU B.1	
Facteurs à considérer avant l'achat d'un ordinateur	
Analyse des besoins	Avez-vous vraiment besoin d'un ordinateur? Dressez la liste des tâches qui nécessitent l'utilisation d'un ordinateur.
Considérations financières	Respectez votre budget. Vous pouvez peut-être vous servir de l'ordinateur du bureau ou de celui d'un ami ou d'un membre de votre famille.
Famille IBM ou Macintosh	Optez pour l'ordinateur qui vous permettra d'exécuter vos travaux importants. Si c'est possible, choisissez un appareil compatible avec ceux des gens qui pourraient vous aider ou avec lesquels vous échangerez des informations.
Modèle fixe ou modèle portable	Attention : un portable est plus cher, moins performant et plus facile à voler qu'un ordinateur fixe.
Puissance et qualité	Achetez selon vos besoins. Il n'est pas toujours nécessaire d'avoir l'ordinateur le plus rapide. Peut-être, cependant, avez-vous besoin d'un disque dur ou d'une mémoire de grande capacité.
Matériel neuf ou d'occasion	Un modèle haut de gamme d'occasion pourrait peut-être satisfaire vos besoins immédiats et il sera nettement moins cher.

une panoplie de modèles formant un continuum de combinaisons de tous les prix, du moins cher au plus cher. Ce modèle A n'est-il pas, à 1250 $, à peu près ce que vous désiriez? Eh bien, pour 100 $ de plus, le modèle B vous offre bien plus. Sans compter que le modèle C offre un bien meilleur rendement pour à peine quelques dollars de plus... et ainsi de suite. Et de cent dollars en cent dollars, vous finissez par payer 50 % de plus que le montant que vous vous étiez fixé. Or, plusieurs des options choisies répondent plus à un *désir* qu'à un *besoin*. Nous allons passer maintenant en revue les principaux paramètres qui déterminent la configuration de « votre » ordinateur.

Le choix du microprocesseur

Le choix du microprocesseur détermine en grande partie la puissance de votre futur ordinateur. L'évaluation du microprocesseur repose sur deux éléments : son type et sa vitesse d'horloge. Ainsi, dans le cas du PC, on trouve : Intel/Celeron 2,8 GHz, Intel/Xeon 3,4 GHz, Intel/Pentium IV 3,8 GHz, AMD/Sempron 2,0 GHz, AMD/Opteron 2,4 GHz, AMD/Athlon 2,6 GHz; et dans le cas du Macintosh : Motorola/PowerPC G4 1,5 GHz, Motorola/ PowerPC G5 2,0 GHz, etc. La fréquence d'horloge peut varier pour un même type de microprocesseur; par exemple, il existe des microprocesseurs AMD/ Athlon dont la vitesse d'horloge est inférieure à 2,6 GHz. Bien entendu, plus la fréquence est élevée dans une série, plus la capacité de calcul est grande. Toutefois, certains types de microprocesseurs sont plus puissants que d'autres ayant la même vitesse d'horloge, voire une vitesse supérieure. Ainsi, chez Intel, un Pentium IV sera supérieur à un Celeron de fréquence plus élevée. Il en va de même pour AMD dont le microprocesseur Athlon sera plus puissant que le Sempron de même fréquence. Enfin, que dire du PowerPC G5 qui, avec ses 2 GHz, est beaucoup plus performant que le Pentium IV, d'une cadence de 3,8 GHz! Il est de plus en plus difficile de comparer les microprocesseurs entre eux puisque certains utilisent des techniques de pointe comme l'*hyperthreading* ou l'architecture pipeline ou encore l'architecture bicéphale qui permet d'exécuter deux instructions en même temps. Ces microprocesseurs sont donc plus puissants même si leur vitesse est plus petite. Il faut savoir qu'une puissance plus grande du microprocesseur n'a d'effet que sur les calculs, et non sur l'accès aux données. Seuls certains logiciels sont touchés de façon importante. En somme, on pourrait dire que si vous ne savez pas si vous avez besoin d'un microprocesseur plus puissant, il est probable que vous n'en ayez pas besoin; ceux qui en ont besoin le savent, eux.

Si vous prévoyez avoir besoin de plus de puissance dans, disons, un an ou deux, mais que le processeur de niveau supérieur coûte beaucoup plus cher, gardez votre «petit» microprocesseur, mais assurez-vous que la carte maîtresse est **évolutive**: plus tard, quand les prix auront baissé, vous pourrez, à supposer que vous ayez encore besoin de plus de puissance, remplacer votre microprocesseur à meilleur prix. Prenez soin de conserver votre facture qui contient une description exacte de votre configuration et qui permettra plus tard de vérifier quelles modifications peuvent lui être apportées.

La quantité de mémoire centrale et la capacité du disque dur

La capacité de la mémoire centrale et celle du disque dur n'ont en commun que les prix qui, pour une taille égale, baissent de façon vertigineuse. De plus, on peut en tout temps ajouter des puces de mémoire, tout comme un deuxième disque dur, un lecteur ou un graveur de disque optique – ce dernier point doit cependant être vérifié. Bref, il suffit de prévoir les besoins à court terme et de reporter à plus tard l'achat de quantités supplémentaires. Notez cependant que, même si l'on ne gagne rien à disposer de plus d'espace disque que nécessaire, le fait d'avoir 1 ou 2 Go de mémoire vive améliore parfois considérablement la performance de l'ordinateur selon les logiciels utilisés et l'usage qu'on fait du multitâche quand plusieurs logiciels tournent en même temps. Un surplus d'espace disque peut s'avérer utile si on emploie Internet de façon intensive et qu'on accède à de nombreux documents audiovisuels dont on désire se faire une copie. Si, pour quelques dollars, par exemple 10% de plus, on vous offre un disque d'une capacité double, sautez sur l'occasion. Mais si le superdisque vous coûte le double du prix, attendez quelques mois et vous ferez des économies.

La taille du moniteur et le type de carte graphique

Les cartes graphiques très performantes, comprenant plusieurs mégaoctets de mémoire vidéo et des effets d'animation en trois dimensions, ne sont pas encore beaucoup utilisées par les logiciels d'application. De fait, seuls les jeux de simulation et d'aventure en réalité virtuelle en font usage. Il s'agit donc d'une option à placer dans la colonne des *plaisirs* plutôt que dans celle des *besoins*. Quant aux écrans de grande dimension (19 po et plus), ils sont surtout utiles à ceux qui travaillent souvent avec plusieurs fenêtres en même temps, car ils permettent de partager la surface de l'écran en plusieurs zones qui demeurent lisibles. Le néophyte qui se sert d'une seule application à la

fois utilise toute la surface d'affichage, si bien qu'un écran de 15 ou 17 pouces peut très bien lui suffire.

L'acquisition d'un matériel multimédia, d'un modem et d'une imprimante

Le matériel multimédia est peut-être le seul qu'il vaut la peine d'acheter, même s'il ne figure pas dans la colonne des besoins. De fait, on peut dire qu'il ne coûte rien puisqu'il est pratiquement intégré à tous les systèmes de base. Et comme, de toute façon, les logiciels modernes sont presque tous convertis au multimédia, ne pas le posséder serait une perte non seulement de plaisir, mais aussi d'efficacité. De plus, le cédérom et le graveur de CD-R sont généralement intégrés au multimédia. Le lecteur de cédérom représente une nécessité, car les nouveaux logiciels mis sur le marché viennent presque tous sur support optique. (Notez qu'au-delà de 20X la vitesse a généralement peu d'importance.)

L'utilisation d'un modem suppose presque l'accès à Internet et au Web. On doit alors envisager un abonnement à un fournisseur de services Internet, une mesure qui entraîne automatiquement des frais additionnels. Si vous n'y adhérez pas, le modem ne vous servira à rien. Par ailleurs, le modem est souvent offert en forfait avec le multimédia et vous n'aurez rien à gagner en l'excluant.

Quant à l'imprimante, choisissez-en une à jet d'encre plutôt qu'à laser. Le coût d'achat est sensiblement plus bas, et la qualité, presque aussi bonne, avec la couleur en plus. L'inconvénient de l'imprimante à jet d'encre réside davantage dans la vitesse que dans la qualité d'impression. Il est vrai que les cartouches d'encre coûtent très cher mais, en cherchant bien, vous trouverez sur le marché des «kits de remplissage» qui couperont vos frais de plus de la moitié.

Les accessoires : mémoire USB, graveur, scanneur, DVD ou carte PC/TV

Si vous devez transporter des fichiers, il sera peut-être nécessaire de vous procurer une mémoire USB. Vous pouvez aussi considérer cet achat comme une mesure de sécurité. Par exemple, si votre ordinateur sert à effectuer des travaux rémunérés (gérer la comptabilité d'une petite entreprise, par exemple), il serait inconcevable que la défaillance du disque dur entraîne la perte totale des dossiers de vos clients. La mémoire USB représente alors une assurance peu coûteuse contre ce risque que personne ne peut assumer. Assurez-vous que l'ordinateur que vous achetez comporte plusieurs prises USB à l'avant et à l'arrière. Elles sont extrêmement pratiques pour brancher un appareil photo ou un dictaphone numériques, une mémoire USB, etc.

Le lecteur de DVD remplace graduellement le lecteur de cédérom (qu'il peut aussi lire, par ailleurs). Alors, quelques dollars de plus vous permettront d'acquérir ultérieurement des jeux, des programmes multimédias et des films vidéo dont le nombre et la variété augmentent de façon exponentielle.

Vous pourrez peut-être, en échange de quelques billets, remplacer votre lecteur de DVD par un graveur. Celui-ci pourrait remplacer le disque amovible pour vos copies de sauvegarde en vous donnant en prime la possibilité de vous créer des disques compacts (audio) sur mesure à partir des nombreux sites de distribution de musique sur Internet. Quant au scanneur, il pourra vous aider à gérer et à informatiser vos albums photo, tout en vous permettant d'intégrer à vos travaux des textes écrits que vous pourrez «lire» automatiquement.

Quant à la carte PC/TV, elle peut difficilement se justifier dans la liste des besoins. Cela dit, il n'y a pas de mal à se faire du bien quand on en a les moyens…

Pour terminer, deux conseils. Apprenez à lire les publicités sur l'achat des systèmes intégrés des différents vendeurs. Vérifiez bien ce qu'on vous offre. Certains vendeurs vous affichent un système complet… qui «ne comprend ni le processeur ni le moniteur» (en tout petits caractères bien sûr)! Il importe donc de comparer des prix comparables. Et gardez jalousement votre facture, pour la garantie et pour une mise à niveau ultérieure.

Par ailleurs, n'oubliez pas qu'il existe sur le marché de nombreux périodiques spécialisés, tant en anglais qu'en français, dont la mission est d'évaluer sur des bancs d'essai tout le nouveau matériel qui arrive sur le marché. Ces articles de revue, qui pouvaient vous sembler fort hermétiques il y a quelque temps, pourront vous être d'un grand secours – maintenant que vous connaissez le sens de tous les termes techniques –, et ce, pour quelques dollars à peine. Vous pourrez y recourir au besoin.

Le tableau B.2 résume les facteurs à considérer pour déterminer la configuration de votre futur ordinateur.

TABLEAU B.2	
Facteurs à considérer pour déterminer la configuration de votre futur ordinateur	
Choix du microprocesseur	Considérez le type et la fréquence d'horloge. N'oubliez pas qu'une puissance plus élevée n'a d'effet que sur les calculs. Par ailleurs, les jeux de simulation sont très exigeants à cet égard.
Mémoire centrale et disque dur	Achetez selon vos besoins actuels. Vous pourrez augmenter la capacité du disque et de la mémoire plus tard, et les prix seront moins élevés.
Moniteur et carte graphique	Un écran de 15 ou 17 pouces est souvent suffisant. Les cartes graphiques très performantes sont surtout utilisées par les jeux de simulation.
Matériel multimédia, modem, imprimante	Un lecteur de cédérom est une nécessité. Pour naviguer sur Internet, vous aurez besoin d'un modem ou d'une carte réseau. Une imprimante à jet d'encre pourra sans doute combler tous vos besoins d'impression. Ayez soin d'avoir plusieurs prises USB.
Autres périphériques	Selon vos besoins ou vos désirs: achetez une mémoire USB ou un graveur de CD pour transporter de gros fichiers; offrez-vous un lecteur DVD ou une carte PC/TV pour vos loisirs.

Annexe

Guide de mise à niveau d'un micro-ordinateur

Les principes de base d'une mise à niveau

À la vitesse où vont les choses dans le domaine de l'informatique personnelle, il y a de fortes chances, si vous possédez un micro-ordinateur, qu'il soit déjà démodé, pour ne pas dire désuet par rapport à ce qu'on trouve actuellement sur le marché. Il n'est pas facile dans ce domaine de se tenir à la fine pointe du progrès. Pourtant, il est non seulement agréable mais parfois nécessaire de disposer d'un matériel à la hauteur sinon de ses attentes, du moins de ses besoins.

Que faire dans ce cas? Si vous en avez les moyens, le plus simple consiste bien sûr à acheter un nouvel ordinateur et à vous débarrasser de celui que vous avez. Il existe cependant une solution de rechange: la mise à niveau de votre ordinateur pourrait vous permettre d'atteindre vos objectifs à un coût bien moindre. Si vous retenez cette option, vous devrez la considérer sous les trois aspects suivants:

- l'étude des besoins;
- le choix du matériel;
- l'installation du matériel.

La première étape: l'étude des besoins

Une chose est sûre: toute amélioration apportée à un ordinateur se fera sentir sur sa performance. Aussi la question à se poser n'est pas tellement «Tel ajout vaut-il la peine?» mais plutôt «Cet ajout représente-t-il le meilleur investissement possible?» Par exemple, il n'est jamais judicieux de procéder à une mise à niveau générale, pièce par pièce, d'un vieux micro-ordinateur: le coût cumulatif dépassera de loin celui d'un appareil neuf. Une mise à niveau n'est rentable que dans le cas où il s'agit d'améliorer un ou deux éléments de l'ordinateur.

Il faut donc cibler la composante à améliorer et déterminer la solution la moins coûteuse pour y arriver. Par exemple, certains logiciels peuvent hisser la performance d'un matériel au niveau souhaité; voilà une solution plus économique que le remplacement de son ordinateur. Il est donc important de se fixer des objectifs. On peut distinguer trois façons de mettre son appareil à niveau:

- l'amélioration de sa performance;
- l'augmentation de ses capacités de stockage;
- l'ajout d'un type de matériel devenu nécessaire.

La deuxième étape: le choix du matériel

De façon générale, si votre objectif est d'améliorer la performance de votre ordinateur, vous devrez en examiner la mémoire vive, le microprocesseur et la carte vidéo. S'il s'agit de résoudre un problème de stockage, vous envisagerez l'acquisition d'un disque dur ou de mémoires USB. Enfin, si vous désirez ajouter du matériel spécialisé, vous devrez vous assurer que votre équipement actuel peut l'intégrer sans problème.

> *Si vous hésitez entre la mise à niveau de votre ordinateur et l'achat d'un nouvel appareil, consultez aussi l'annexe B. Vous y trouverez des critères utiles pour déterminer vos besoins.*

L'amélioration de la performance

Il est toujours frustrant, après avoir essayé un matériel dernier cri, de revenir à son vieil « engin » qui, par comparaison, semble être soudainement devenu anémique. Les secondes d'attente durent dès lors des minutes, voire des heures. Il suffit parfois de se faire une raison : le matériel répond adéquatement à la charge qui lui est attribuée. Il arrive cependant qu'on puisse améliorer la productivité de façon notable en contrepartie d'un léger investissement.

C'est le cas, par exemple, si votre ordinateur manque de mémoire vive. Les versions modernes des systèmes d'exploitation exigent une grande quantité de mémoire vive pour être efficaces. Même si la taille minimale requise peut être aussi basse que 64 Mo, on peut en utiliser avantageusement 256, 512 ou 1 Go, voire 2 Go. L'ajout de mémoire vive est souvent la façon la plus rentable d'améliorer la puissance d'un micro-ordinateur. Pour moins de 100 $, vous obtiendrez facilement un module (une barrette) de 512 Mo supplémentaires qui lui donneront un regain de vitalité.

Vous disposez de suffisamment de mémoire mais, au moment de l'achat, vous vous êtes contenté du microprocesseur le moins cher ? Il est souvent possible de remplacer un microprocesseur cadencé à une faible fréquence par un autre plus rapide.

Attention, cependant : vous ne pourriez pas passer directement de 233 MHz à 2 GHz (ce serait trop beau). Le choix du microprocesseur – tout comme celui de la mémoire – est soumis à la capacité de votre carte maîtresse de le recevoir. Il faut donc spécifier clairement au vendeur quelle carte vous avez (votre bon d'achat est une source fiable d'information) pour qu'il puisse vous recommander le bon matériel.

Enfin, si votre problème se limite à la vitesse d'affichage à l'écran, vous envisagerez l'achat d'une carte vidéo. Ce type de carte d'extension, qui dispose d'un bus spécial pour l'acheminement des données, se fixera sur votre carte maîtresse et accélérera les affichages successifs en les prenant en charge et en libérant ainsi le microprocesseur. C'est surtout dans le cas des logiciels à haute teneur graphique que l'effet se fera sentir : dessin, animation, jeux, etc. Ici encore, vous devez d'abord vous assurer que la carte choisie peut être accueillie par votre carte maîtresse.

L'augmentation de la capacité de stockage

À mesure que la taille moyenne des disques durs offerts dans les équipements de base augmente (elle double à peu près chaque année), les logiciels deviennent de plus en plus gourmands. De sorte que, à la suite des mises à niveau et des ajouts de logiciels, il y a de fortes chances que votre ordinateur commence à manquer d'espace. D'autant plus que, depuis quelque temps, on observe, chez les internautes, une tendance à se créer une discothèque sur leur disque dur à partir des nombreux diffuseurs de musique présents sur Internet. De même, grâce à l'accessibilité croissante des appareils photo numériques et des scanneurs, beaucoup d'utilisateurs gèrent directement leurs albums photos sur leur micro-ordinateur. Tout cela exige donc une capacité de stockage accrue.

Avant d'acheter, pensez un instant à la possibilité de mieux utiliser votre espace disponible, à faire le nettoyage en somme. Éliminer les logiciels et les

données périmés pourrait peut-être suffire. Il existe des programmes utilitaires spécialement conçus à cette fin. Mais attention, à l'achat ils peuvent coûter la moitié de ce que coûte un nouveau disque dur. En effet, pour à peu près 150 $ à 200 $, vous pouvez probablement multiplier par cinq ou dix (ou même plus) votre capacité de stockage au moyen d'un disque dur de 80 à 250 Go. Il suffit d'ajouter ce disque à celui que vous avez déjà, sans rien changer d'autre à la configuration de votre matériel.

Si votre nouveau disque est nettement supérieur à l'ancien, il peut être avantageux, sur le plan de la performance générale de votre ordinateur, d'en faire votre disque principal et d'y transférer votre système d'exploitation et les principaux logiciels. Mais il faudra alors réinstaller *tous* ces logiciels à partir de zéro. Enfin, notez que le choix d'un disque SCSI, très performant mais plus cher, implique aussi le coût d'installation d'une carte d'extension SCSI, nécessaire pour le faire fonctionner.

Par ailleurs, si vous avez besoin d'un système de copie de sécurité et d'un peu plus de mémoire disque, vous pouvez envisager l'acquisition d'un graveur de DVD sur lequel vous pourrez conserver les logiciels d'un usage peu fréquent. La facture sera peut-être un peu plus élevée, mais vous acquerrez la sécurité en prime.

L'ajout d'un périphérique particulier

Si votre besoin consiste simplement à ajouter un périphérique, comme une carte réseau, un lecteur de DVD, un scanneur, une imprimante à laser ou une carte PC/TV, il suffira généralement de vérifier si votre système peut l'intégrer. Encore une fois, ce sont les spécifications de votre carte maîtresse qui détermineront la faisabilité de l'opération. Si les exigences du nouveau périphérique (généralement indiquées sur la boîte) devaient vous amener à acquérir un surplus de mémoire ou un nouveau microprocesseur, il faudra examiner s'il ne serait pas plus avantageux d'acheter un nouvel ordinateur déjà équipé de ce périphérique.

La troisième étape : l'installation du matériel

Une fois que vous avez justifié le coût de la mise à niveau de votre ordinateur et déterminé le composant à remplacer ou à ajouter, vous devez procéder à l'installation et décider *qui* devrait la réaliser. Vous aurez généralement deux choix : payer un professionnel ou la faire vous-même.

Un professionnel

Dans la plupart des cas, votre vendeur vous offrira, pour quelques dollars supplémentaires, de confier l'installation à l'un de ses techniciens. C'est souvent la meilleure solution, même si cela augmente un peu le coût total et vous oblige à déplacer (deux fois) votre ordinateur et même à vous en priver pendant quelques jours. Vous obtiendrez, en compensation, une garantie ferme de bon fonctionnement. D'ailleurs, il est conseillé de payer par carte de crédit : en cas de non-respect du contrat de garantie, il est plus facile d'exercer des pressions et de se faire rembourser par la compagnie émettrice de la carte.

Vous-même

Vous entendrez sûrement des amis vous dire qu'ils ont eux-mêmes bidouillé sans problème leur ordinateur, que c'est à la portée de tout le monde et qu'il est inutile, par conséquent, de dépenser de l'argent pour faire faire ce que l'on peut faire soi-même. Ils ont raison : c'est effectivement à la portée du premier venu… à la condition de l'avoir déjà fait ! Car la difficulté n'est pas d'installer le matériel, mais de le faire sans rien briser et sans mettre en péril le fonctionnement général de l'ordinateur. Toutes ces pièces sont très fragiles et doivent être manipulées avec précaution. Un seul geste malhabile peut être fatal.

Parfois, il faut déplacer un petit levier avant de commencer, ou bien appuyer latéralement ou encore forcer d'un coup sec. Bref, si on ne sait pas exactement quoi faire (et ce n'est pas toujours évident), on risque de causer des dommages très coûteux. Essayez donc de vous faire aider par quelqu'un qui l'a déjà fait. Ou bien demandez simplement à votre vendeur de vous montrer, sur un de ses appareils, comment vous devez procéder et même, pourquoi pas ? de vous laisser vous exercer. En peu de temps, vous acquerrez une habileté à manipuler votre matériel.

Accès direct (*direct access*) Méthode de stockage de l'information basée sur un système d'adresses qui permet de repérer l'emplacement des éléments sur le support physique de telle façon qu'ils puissent être rapidement récupérés. Il en va ainsi des disques et de la mémoire – vive et morte.

Accès séquentiel (*sequential access storage*) Méthode de stockage de l'information dans laquelle les éléments sont stockés séquentiellement les uns derrière les autres. Pour accéder à un élément particulier, on doit lire tous les éléments qui le précèdent. Seul type d'accès possible sur une bande magnétique.

ACL (*LCD*) Voir Affichage à cristaux liquides.

Adaptation au matériel Prêt à l'emploi.

Administrateur de bases de données (*database administrator*) Personne qui détermine la structure d'une base de données et qui gère son utilisation.

Administrateur de système (*system administrator*) Personne responsable de la gestion d'un système informatique (réseau, base de données, serveur, etc.) sur le plan de la sécurité, du fonctionnement, de l'exploitation et de l'entretien.

Adresse (*address*) Coordonnées d'un élément constitutif d'un support d'information (piste, secteur sur disque, case mémoire, etc.).

Adresse de cellule (*cell address*) Position d'une cellule dans un tableur exprimée par la ligne et la colonne sur lesquelles elle se trouve.

Adresse électronique ou **adresse de courriel** (*e-mail address*) Information de l'en-tête d'un message permettant de retrouver son destinataire; elle se compose du nom du destinataire et du nom Internet de son serveur de courrier électronique. Par exemple moi.meme@monentre prise.com.

Adresse Internet ou **adresse IP** (*Internet address*) Quatre nombres entre 0 et 255 séparés par des points. Information associée à un nœud du réseau Internet pour l'identifier de façon univoque (ex.: 123.123.21.233).

Adresse mémoire (*memory address*) Valeur numérique attribuée à chaque case mémoire permettant à l'UCT d'y accéder directement.

Adresse URL (*URL*) Voir URL.

ADSL (*Asymmetric Digital Subscriber Line*) Voir Modem ADSL.

Affichage à cristaux liquides (*liquid crystal display*) Technologie d'affichage qui crée des images lorsque le cristal liquide reçoit une charge électrique. Surtout utilisé dans les écrans plats.

AGP (*Accelerated Graphic Port*) Technologie visant à accélérer le transfert d'information du bloc système vers le moniteur pour les applications à haute teneur graphique. La norme AGP régit le bus AGP, les cartes vidéo AGP et les ports AGP. Voir Bus AGP, Carte vidéo AGP et Port AGP.

Algorithme (*algorithm*) Ensemble des règles opératoires nécessaires à l'accomplissement d'une tâche.

Ambiguïté (*ambiguity*) Caractéristique des informations qui véhiculent plus d'un sens.

Amorce Voir Procédure d'amorce.

Analyse de programme (*program analysis, program specification*) Première étape de la programmation dans laquelle les objectifs, les résultats, les données et les traitements nécessaires sont déterminés.

Analyse fonctionnelle (*systems analysis*) Deuxième étape du cycle de vie d'un système durant laquelle le système actuel est étudié et les nouvelles exigences sont établies avec précision.

Angle de vision (*viewing angle*) Angle englobant l'espace des lieux d'où l'on peut voir ce qui est affiché à l'écran.

Antémémoire (*cache memory*) Voir Mémoire cache.

Anti-espiogiciel (*anti-spyware*) Logiciel qui détecte et élimine les logiciels espions.

Antivirus (*antivirus program*) Voir Programme antivirus.

Appareil multifonction (*multifunction machine*) Voir Imprimante multifonction.

Appareil photo numérique (*digital camera*) Appareil photographique au fonctionnement standard, mais qui enregistre l'image en mode binaire (matrice de points) dans des puces de mémoire vive ou sur un microdisque.

Applet (*applet*) Mini-application écrite en langage Java et qui, insérée dans un document Web, s'exécute directement sur l'ordinateur de l'internaute, peu importe le système d'exploitation utilisé.

Architecture (*architecture*) Structure logique d'un système.

Architecture fermée (*closed architecture*) Ordinateur conçu de façon qu'il est difficile de lui adjoindre de nouveaux dispositifs.

Architecture ouverte (*open architecture*) Ordinateur muni de fentes d'extension que l'on peut utiliser pour ajouter de la mémoire centrale ou d'autres accessoires.

Argent électronique (*e-money*) Support électronique sur lequel est stockée une valeur monétaire servant au commerce électronique.

Arpanet (*Advanced Research Project Agency Network*) Réseau maillé créé et utilisé par les agences gouvernementales et militaires américaines pour favoriser les échanges d'informations et de discussions entre les chercheurs. Ancêtre d'Internet.

ASCII (*ASCII*) Voir Code ASCII.

Assembleur (*assembler*) Programme traducteur qui lit un programme écrit en langage d'assemblage et le convertit en langage machine.

Ateliers de génie logiciel (AGL) (*Computer-Assisted Software Engineering*) Outils de programmation qui fournissent assistance et automatisation lors de la conception, du codage et de la mise à l'essai d'un programme.

Autoroute électronique ou **inforoute** (*information superhighway*) Ensemble des communications informatiques entre les grands réseaux d'ordinateurs.

Bactérie Voir Ver.

Balise HTML (*HTML tag*) Commande de mise en forme appartenant au langage HTML et composée d'un code entre chevrons simples (<>) indiquant au navigateur Web comment doivent être affichés les éléments d'une page Web.

Bande large (*broadband*) Largeur de bande la plus élevée – son débit est supérieur à 1,5 Mbps et peut atteindre 30 Gbps – qui s'applique aux voies de transmission des micro-ondes, des infrarouges, des câbles coaxiaux et des fibres optiques.

Bande magnétique (*magnetic tape*) Support physique de l'information de type séquentiel servant de stockage d'archives.

Bande moyenne (*mid-band*) Largeur de bande des lignes téléphoniques dédiées et numériques dont le débit varie de 64 Kbps à 1,5 Mbps.

Bande passante (*bandwidth*) Capacité de transmission d'une voie de communication.

Bande vocale (*voice band*) Largeur de bande propre aux lignes téléphoniques standard. Utilisée par les transmissions par modem, elle s'étend jusqu'à 64 Kbps.

Barre d'outils (*toolbar*) Barre composée de plusieurs icônes (voir ce terme) disposées en ligne ou en bloc et représentant des raccourcis pour accéder aux commandes.

Barre de boutons Voir Barre d'outils.

Barre de défilement (*scroll bar*) Barre qui permet à l'utilisateur de diriger le déplacement horizontal ou vertical d'un document affiché à l'écran dont la taille est supérieure à celle de sa fenêtre.

Base de connaissances (*knowledge base*) Base de données d'un système expert qui regroupe, sous forme de prédicats logiques, les connaissances d'experts dans un domaine particulier.

Base de données (*database*) Ensemble structuré et intégré de données, emmagasiné sur disque selon un format prédéfini et accessible à un ensemble d'utilisateurs grâce à un langage de requêtes.

Base de données en réseau (*network database*) Base de données dont les nœuds sont organisés hiérarchiquement mais où chaque nœud fils peut posséder plus d'un nœud père.

Base de données GPS (*Global Positioning System*) Base de données permettant de localiser un objet ou un individu grâce à la technologie GPS – basée sur des émetteurs qui envoient un signal électromagnétique distinctif capté par satellite et transmis à un ordinateur pouvant déterminer la position géodésique de l'émetteur.

Base de données hiérarchique (*hierarchical database*) Base de données dans laquelle les champs ou les enregistrements sont structurés en nœuds semblables à la hiérarchie des directeurs d'une société commerciale.

Base de données relationnelle (*relational database*) Organisation de base de données la plus souple dans laquelle les éléments de données sont rangés dans des tables (fichiers) entre lesquelles il est possible d'établir des relations (liens).

Base de données répartie (*distributed database*) Base de données accessible par divers réseaux de façon que les portions de la base de données soient placées à différents endroits.

BASIC (*Beginner's All-Purpose Symbolic Instruction Code*) Premier langage de programmation procédural interactif utilisé avec les ordinateurs personnels et facile à assimiler.

Biométrie (*biometrics*) Science qui mesure les caractéristiques du corps humain. Certains systèmes de sécurité se servent d'appareils biométriques qui peuvent reconnaître les empreintes digitales, les signatures ou la voix d'une personne.

BIOS (*Basic Input Output System*) Programmes de soutien stockés en mémoire morte qui prennent en charge l'ordinateur au moment du démarrage. Voir Procédure d'amorce et Procédure de diagnostic.

Bit (contraction de l'anglais *Binary Digit*) (*bit*) Un des chiffres du système de numération de base 2, représenté par 0 ou 1. Unité binaire d'information.

Bit de parité (*parity bit*) Bit additionnel et redondant permettant de vérifier l'exactitude des données transmises ou enregistrées.

Bitmap (*bitmap*) Voir Image en mode point.

Bits par seconde (*bits per second*) Voir bps.

Bloc (*block*) Enregistrements, caractères ou chiffres qui sont groupés et traités comme une unité.

Bloc système (*system unit*) Ensemble des éléments essentiels au fonctionnement d'un micro-ordinateur regroupant la carte maîtresse, le microprocesseur, la mémoire centrale, le bus et l'horloge interne.

Bloc-notes (*notebook*) Petit portable pesant entre 2 kg et 4 kg et pouvant facilement être inséré dans un porte-documents.

Bogue (*bug*) Défaut de conception ou de réalisation d'un système ou d'un programme se manifestant par des anomalies de fonctionnement.

Borne d'accès (*hotspot*) Lieu où se trouve une antenne permettant de se connecter à un réseau sans fil WiFi.

Boucle (*loop*) Voir Structure itérative.

Boucle infinie (*closed loop*) En programmation, énoncé itératif dont la condition d'arrêt

n'est jamais satisfaite et qui provoque l'exécution illimitée des instructions de cette structure.

Bouton de pointage ou **ergot de pointage** (*pointing stick*) Dispositif similaire à une gomme de crayon et placé au centre du clavier de certains portables où il remplace la souris.

bpi (abréviation de l'anglais *bit per inch*) Bit par pouce.

bps (abréviation de l'anglais *bit per second*) Bit par seconde. Unité de mesure de transmission des données.

Braqueur ou **casseur** (*cracker*) Pirate informatique qui accède sans autorisation à un système informatique dans un but malicieux. Voir Fouineur.

Bras d'accès (*access arm*) Dispositif porteur des têtes de lecture/écriture d'un lecteur de disque qui se déplace au-dessus de la surface du disque ou de la disquette entre le centre et la périphérie de façon à placer la ou les têtes de lecture/écriture sur les pistes choisies.

Bus (*bus line*) Circuits qui fournissent une voie de communication entre deux unités ou plus, par exemple, entre l'UCT, la mémoire et les contrôleurs, parmi lesquels on distingue les bus AGP, PCI et ISA.

Bus AGP (*AGP bus line*) Bus d'une largeur de 32 bits et dont la capacité de transfert peut atteindre 2 Go par seconde; utilisé pour acheminer directement les informations du bus système (processeur ou mémoire) à la carte vidéo. On peut y brancher un ou deux ports AGP. Voir AGP.

Bus d'entrée/sortie (*input/output bus*) Bus sur lequel les informations circulent entre le *chipset* et les contrôleurs des périphériques d'entrée/sortie.

Bus frontal ou **bus système** (*system bus*) Bus à très haute

vitesse situé entre la mémoire et le microprocesseur.

Bus ISA (*ISA bus line*) Bus de 16 bits construit selon la norme ISA. Son débit très lent (5 Mo par seconde) le restreint aux périphériques lents comme les cartes modem ou les cartes son. Voir ISA.

Bus PCI (*PCI bus line*) Bus rapide de 32 bits supportant des transferts de 130 Mo par seconde. Voir PCI.

C Langage de programmation de haut niveau adapté à l'écriture de logiciels système et d'autres applications complexes. Très répandu et aisément portable.

C++ Version avancée du langage C incorporant les techniques de programmation orientée objet.

Ca*Net II Composante canadienne du réseau Internet.

Câble coaxial (*coaxial cable*) Câble de transmission à haute fréquence.

Câble de fibre optique (*fiber-optic cable*) Câble de transmission résistant aux interférences électroniques, fait de filaments de verre et utilisant des impulsions lumineuses.

Canal (*channel*) 1. Désigne un choix de sujet lors d'une séance de clavardage dans Internet. 2. Équivalent du bus dans un ordinateur de grande taille.

CAO Voir Conception assistée par ordinateur.

Caractère (*character*) Lettre, chiffre ou symbole graphique spécial, représenté par un octet.

Carte d'extension (*expansion board*) Carte de périphériques optionnels habituellement ajoutée sur la carte maîtresse. Sert d'interface entre le périphérique et le bloc système.

Carte de communication ou **carte réseau** (*communication board*) Carte d'extension qui sert à brancher un ordinateur à un ou plusieurs ordinateurs pour former un réseau.

Carte de mémoire (*memory card*) Support d'information qui contient des pièces de mémoire flash, surtout utilisé dans les appareils multimédias (appareils photo numériques, baladeurs ou téléphones cellulaires).

Carte enfichable (*plug-in-board*) Voir Carte d'extension.

Carte graphique ou **carte vidéo** (*video board*) Carte d'extension servant de contrôleur d'écran.

Carte maîtresse, **carte système** ou **carte mère** (*system board, mother board*) Carte de circuits imprimés sur laquelle se trouvent l'UCT et la mémoire centrale des micro-ordinateurs.

Carte PC ou **carte PCMCIA** (*PC card*) Carte d'extension de taille réduite (format carte de crédit) servant de contrôleur sur les micro-ordinateurs portables. Il en existe différents types – carte réseau, carte modem, etc.

Carte PC/TV (*PC/TV card*) Carte d'extension qui, en reliant l'ordinateur au téléviseur, permet d'afficher à l'écran du moniteur une émission de télévision et d'afficher sur le téléviseur l'image multimédia du moniteur.

Carte son ou **carte multimédia** (*sound board*) Carte d'extension servant de contrôleur pour les lecteurs de CD, les haut-parleurs ou les microphones.

Carte vidéo AGP (*AGP video-card*) Carte vidéo, intégrée ou enfichée à la carte maîtresse, qui prend en charge la norme AGP et permet un affichage très rapide d'images animées à haute résolution.

Cartouche (*tape cartridge*) Petite cassette qui contient une bande magnétique de grande capacité servant à l'archivage ainsi qu'à la copie de sauvegarde des données.

CD-R (*CD-Recordable*) Type de disque optique vierge enregistrable une fois seulement.

CD-ROM ou **Cédérom** (*CD-ROM*) Disque compact à mémoire morte. Forme de disque optique de grande capacité sur lequel l'information, étant gravée une fois pour toutes, peut être lue mais non modifiée.

CD-RW (*CD-Rewritable*) Disque optique effaçable et réutilisable.

Cellule (*cell*) Intersection d'une ligne et d'une colonne dans un tableur.

Champ (*field*) Élément constitutif d'un enregistrement d'une base de données, formé de un ou de plusieurs caractères représentant une information.

Chargeur de disques ou **disque amovible à plusieurs plateaux** (*disk pack*, *hard-disk pack*) Disque rigide de haute capacité, à plusieurs plateaux et sur lesquels l'enregistrement se fait à l'aide de plusieurs têtes de lecture/écriture (une par surface).

Cheval de Troie (*Trojan horse*) Programme d'apparence inoffensive qui dissimule un virus.

Chipset Jeu intégré de puces dont le rôle est de synchroniser et de diriger les échanges sur le bus frontal et les bus d'E/S.

Circuit intégré à très grande échelle (*VLSI*) Technologie des ordinateurs de quatrième génération.

CL (*LCD*) Voir Affichage à cristaux liquides.

Clavardage électronique (*chat groups*) Activité dans laquelle un groupe d'internautes échangent des messages en direct.

Clavardoir (*chatroom*) Lieu de rencontre où des gens peuvent échanger en temps réel des points de vue par écrit.

Clavier (*keyboard*) Périphérique d'entrée ressemblant à un clavier de machine à écrire, mais qui est muni de touches additionnelles (touches de fonction, de déplacement, etc.).

Clé d'accès (*access key*) Champ particulier d'un fichier, comme un nom ou une adresse, qui permet de trouver un enregistrement.

Clé physique (*physical address*) Adresse d'un secteur sur un disque calculée par un programme de hachage à partir d'une clé primaire.

Clé primaire (*record key*) Champ d'un fichier, comme un numéro d'employé, qui permet d'identifier chaque enregistrement de façon univoque.

Client (*client*) Nœud qui utilise le réseau pour traiter des données et utiliser les ressources des autres nœuds (serveurs).

Client/serveur Voir Système client/serveur.

COBOL (*COmmon Business-Oriented Language*) Langage de programmation pour la gestion créé par l'amiral Grace Hopper de la marine américaine.

Codage (*coding*) Troisième étape du processus de programmation, au cours de laquelle s'effectue la transposition des instructions de l'algorithme en des énoncés d'un langage de programmation.

Code à barres (*bar code*) Type de code dans lequel les caractères alphanumériques sont représentés par des barres verticales Voir Code universel des produits.

Code alphanumérique (*alphanumeric code*) Mode de représentation des données qui utilise des lettres, des chiffres et d'autres caractères spéciaux (signes de ponctuation, symboles, etc.).

Code ASCII (*American Standard Code for Information Interchange*) Code binaire standard utilisé pour l'échange d'informations entre systèmes de traitement de données et d'information. Il est aussi utilisé pour la représentation des données sur la plupart des micro-ordinateurs.

Code d'usager ou **code d'accès** (*login name*) Donnée publique identifiant un usager d'un ordinateur ou d'un réseau d'ordinateurs.

Code EBCDIC (*Extended Binary Coded Decimal Interchange Code*) Code binaire standard de représentation des données utilisé sur les mini-ordinateurs et sur les ordinateurs centraux.

Code objet Voir Programme objet.

Code source Voir Programme source.

Code universel des produits (**CUP**) Code à barres standard identifiant les fabricants de biens et leurs produits.

Commande AIDE ou **écran d'aide** (*help command* ou *help screen*) Explications sur le fonctionnement de diverses tâches présentées à l'écran.

Commande d'annulation (*undo*) Élément de programmation d'un logiciel qui permet à l'utilisateur de corriger une erreur en ramenant son document à l'état précédant la ou les dernières commandes.

Commerce électronique (*e-commerce*) Activités commerciales effectuées sur Internet.

Compatibilité (*compatibility*) Qualité d'un système qui peut exécuter les programmes conçus pour un autre système.

Compilateur (*compiler*) Programme permettant de convertir la version source d'un programme (celle rédigée par le programmeur en langage de haut niveau) en une version objet (code machine exécutable) équivalente.

Compression et décompression des données (*data compression and decompression*) Méthode pour améliorer les performances d'un ordinateur en réduisant l'espace requis pour stocker un programme ou des données. Lors de la compression, les données d'entrée sont scrutées afin de trouver des façons de réduire la quantité de stockage requise, tout en laissant suffisamment d'informations de façon à pouvoir reconstruire les données originelles au moment de la décompression.

Compteur ordinal ou **registre d'adresse** (*instruction counter*, *program counter*) Registre de l'UCT qui garantit la continuité de l'exécution du programme en indiquant l'adresse en mémoire de la prochaine instruction du programme en voie d'exécution.

Concaténation (*concatenation*) Opération qui permet de relier (mettre bout à bout) des chaînes de données pour former une seule chaîne manipulable comme un tout.

Concentrateur (*hub*) Dispositif qui relie les nœuds d'un réseau.

Conception assistée par ordinateur (**CAO**) (*computer-aided design [CAD]*) Utilisation de logiciels de traitement d'images lors de l'élaboration du design et de l'analyse d'un produit à manufacturer.

Conception d'un programme (*program design*) Deuxième étape de la programmation, lors de laquelle on crée l'algorithme nécessaire à la production de la séquence des instructions qui y correspond en se servant des techniques de programmation structurée comme l'analyse progressive, les structures logiques ou le pseudo-code.

Connectivité (*connectivity*) Possibilités de connexions électroniques entre les ordinateurs, les sources d'information et les utilisateurs.

Contrôleur (*controller*) ou **contrôleur de périphérique**. Dispositif électronique reliant le bus au connecteur du périphérique et servant, sous la direction du programme pilote approprié, à gérer les entrées-sorties du périphérique.

Convivialité (*user friendly*) Qualité d'un système qui est facile à apprendre et à utiliser.

Cookies Voir Fichier témoin.

Copie de sécurité (*backup*) Duplicata d'un disque ou d'une disquette (données ou programmes).

Correcteur orthographique et grammatical (*spelling-checker program*) Fonction de correction linguistique utilisée avec un programme de traitement de texte qui décèle les mots dont l'orthographe est inconnue de son dictionnaire lexical et les phrases qui ne respectent pas les règles de grammaire qu'elle applique.

Coupe-feu Voir Pare-feu.

Courriel (*e-mail*) Voir Courrier électronique.

Courrier électronique ou **courriel** (*electronic mail* ou *e-mail*) Échange de courrier par l'intermédiaire d'ordinateurs connectés à un réseau.

Cryptage (*encryption*) Procédé qui modifie le texte d'un message de façon que seul le destinataire puisse le décrypter.

CUP Voir Code universel des produits.

Curseur (*cursor*) Repère lumineux affiché sur un écran et qui indique l'endroit où une donnée sera entrée ou modifiée.

Cyberespace (*cyberspace*) Ensemble des lieux virtuels (ordinateurs et réseaux d'ordinateurs) auxquels l'internaute peut accéder sur l'autoroute électronique.

Cycle de traitement (*machine cycle*) Séquence d'opérations nécessaires pour exécuter une instruction en langage machine.

Débogage (*debugging*) Recherche des bogues dans un programme en vue de le mettre au point.

Défilement (*scrolling*) Caractéristique qui permet à un texte de défiler vers le haut ou vers le bas sur l'écran.

Définition (*definition*) Mesure de la netteté des images et des caractères généralement exprimée par le nombre horizontal et vertical de pixels.

Défragmentation (*defragmentation*) Opération consistant à regrouper sur un disque les fragments de fichiers dispersés, afin d'optimiser le fonctionnement de l'ordinateur.

Délit informatique (*computer crime*) Action illégale commise au moyen de connaissances particulières sur la technologie informatique.

Delphi Version moderne du langage de programmation Pascal.

Démodulation (*demodulation*) Procédé utilisé par un modem permettant de convertir un signal analogique (modulé) en un signal numérique.

Dictionnaire de synonymes (*thesaurus program*) Programme utilisé entre autres avec un traitement de texte et permettant de trouver les synonymes ou les antonymes de certains mots.

Dictionnaire des données (*data dictionary*) Description de la structure des données d'une base de données.

Disque dur (*hard disk* ou *hard disk drive*) Unité de disque rigide scellée contenant un ou plusieurs disques de métal tour-

nant à haute vitesse et incluant les mécanismes de lecture/écriture.

Disque optique (*optical disk*) Support physique de l'information de type CD ou DVD pouvant contenir entre 650 Mo et 50 Go de données, et sur lequel l'écriture et la lecture se font grâce à des rayons laser.

Disque rigide (*hard disk*) Tout disque fait d'un matériau non flexible : chargeur de disques, disque dur, disque dur amovible.

Disque rigide amovible (*removable hard disk*) Disque rigide fonctionnant selon le même principe qu'une disquette, mais comportant une capacité de stockage une centaine de fois plus grande.

Disquette (*diskette*) Support magnétique d'informations fait d'un morceau circulaire et plat de vinyle qui tourne à l'intérieur d'une jaquette de protection.

Document de base (*source document*) Version originelle d'un document avant qu'un quelconque traitement lui soit appliqué.

Document HTML (*HTML document*) Document contenant des codes (balises) spécifiant les caractéristiques d'affichage et des liens hypertextes vers d'autres documents.

Documentation du programme (*program documentation*) Cinquième étape du processus de programmation consistant à rédiger une description du programme et de son utilisation. (La documentation devrait être rédigée tout au long du processus de programmation.)

Domaine Voir Nom de domaine.

Donnée (*data*) Information brute entrée dans un système informatique pour être traitée.

Dorsale (*backbone*) Nom donné aux lignes de communication à très haut débit qui relient les principaux nœuds géographiques d'Internet.

DOS Voir MS-DOS.

Dossier ou **répertoire** (*folder*) Emplacement d'un disque dur ou d'une disquette qui peut contenir, sous un nom commun, un ou plusieurs fichiers, voire d'autres dossiers.

Durée d'exécution (*execution time*) Délai nécessaire à la recherche des données, à l'exécution d'une instruction et au rangement des résultats en mémoire centrale.

DVD (*Digital Versatile Disk*) Disque optique de format compact de très grande capacité utilisable sur les appareils informatiques comme sur les appareils audiovisuels.

Écran (*screen*) Voir Moniteur.

Écran plat (*flat-panel display*) Écran mince, sans courbure, à affichage à cristaux liquides, à plasma ou organique.

Écran tactile (*touch screen*) Surface d'un moniteur qui permet l'entrée de commandes par la simple pression du doigt.

Écrasement de la tête de lecture/écriture (*head crash*) Désastre qui peut survenir sur un disque rigide lorsque la surface de la tête de lecture/écriture entre en contact avec la surface du disque magnétique. Un tel incident cause la perte d'une partie ou de la totalité des données se trouvant sur le disque.

Éditeur de pages Web (*Web authoring program*) Logiciel d'application qui permet de créer et de modifier des pages Web en incluant les directives HTML.

Égal à égal (*peer to peer*) ou **poste à poste** Se dit d'un réseau dans lequel il n'y a pas de nœud hôte et où les nœuds ont tous le même niveau d'importance.

Énoncé déclaratif (*declaration*) Instruction d'un programme qui sert à définir le type des variables utilisées.

Énoncé exécutable (*instruction*) Instruction d'un programme qui sert au traitement de l'information. Les énoncés exécutables sont organisés en structures séquentielles, sélectives et itératives.

Enregistrement (*record*) Ensemble de champs logiquement reliés.

Entrée directe (*direct entry*) Méthode d'entrée mécanique des données, plus fiable et plus rapide que l'utilisation d'un clavier.

Entrée manuelle (*keyboard entry*) Entrée des données à l'aide d'un clavier.

Entretien du programme (*program maintenance*) Dernière étape du processus de programmation qui permet de s'assurer que le programme demeure efficace et remplit ses objectifs.

Environnement virtuel Voir Réalité virtuelle.

Ergonomie (*ergonomics*) Étude des conditions de travail et des relations entre l'homme et la machine.

Ergot de pointage Voir bouton de pointage.

Erreur de logique (*logic error*) Erreur dans un programme qui produit des résultats aberrants.

Erreur de syntaxe (*syntax error*) Erreur détectée lors de la compilation ou de l'interprétation d'un programme et résultant de la violation des règles syntaxiques du langage de programmation utilisé.

Espiogiciel ou **logiciel espion** (*spyware*) Programme téléchargé dans l'ordinateur d'un internaute en vue de recueillir, à son insu et sans sa permission, des données personnelles.

Éthique (*ethics*) Normes de conduite morale.

Extranet (*extranet*) Réseau privé basé sur la technologie d'Internet permettant de relier des entreprises ayant des activités communes ou complémentaires.

Fabrication assistée par ordinateur (**FAO**) (*computer-aided manufacturing*) Ensemble des techniques qui permettent l'automatisation des différentes phases de fabrication d'un objet manufacturé, y compris les robots et les machines-outils.

Fax-modem (*fax-modem*) Carte d'extension ou boîtier externe qui permet à l'utilisateur de recevoir et d'envoyer des télécopies au moyen de son ordinateur et d'une ligne de communication.

Fenêtre (*window*) Cadre dans lequel le système d'exploitation place l'interface visuelle de chacune des applications en cours d'exécution.

Fente d'extension ou **logement** (*expansion slot*) Emplacement sur la carte maîtresse prévu pour accueillir une carte d'extension.

Feuille de style (*style sheet*) Modèle qui peut être utilisé en publication assistée par ordinateur pour définir l'apparence des brochures, des bulletins, des livres, etc.

Fiabilité (*reliability*) Qualité d'un système qui ne plante pas trop souvent.

Fichier (*file*) 1. Ensemble d'enregistrements logiquement reliés. 2. Ensemble de codes et de caractères regroupés sous un même nom.

Fichier à accès direct (*direct file organization*) Collection organisée d'informations dans laquelle une clé permet d'accéder directement à l'enregistrement recherché, sans qu'il soit nécessaire de lire les enregistrements à partir du début.

Fichier de transactions (*transaction file*) Fichier cumulant la liste des changements récents du fichier maître.

Fichier historique (*archive file*) Fichier qui contient le cumul de toutes les transactions passées et effacées du fichier des transactions.

Fichier maître (*master file*) Fichier qui contient tous les enregistrements courants depuis la dernière mise à jour.

Fichier séquentiel (*sequential file*) Fichier dans lequel les enregistrements sont stockés les uns après les autres, en ordre croissant ou décroissant.

Fichier séquentiel indexé (*index sequential*) Les enregistrements de ce fichier sont stockés de façon séquentielle, mais un index est utilisé pour accéder directement à un groupe d'enregistrements.

Fichier témoin (*cookie*) Fichier placé par un site Web sur l'ordinateur de l'internaute dans lequel sont notés le nombre de fois où cette personne a visité le site en question, le genre d'activités accomplies ou les informations transmises.

Flop (*floating point*) ou **mégaflop** ou **gigaflop** Opération de calcul en virgule flottante (méthode de codage des nombres réels servant d'unité de mesure de la capacité de calcul des ordinateurs).

Format de fichier (*file format*) Structure de données pour le stockage. Il existe de nombreux formats identifiables par le suffixe apposé au nom de fichier : txt, exe, pdf, zip, dat, bmp, jpg, mpg, doc, xls, mdb, gif, ppt, etc.

Formatage (*formatting*) 1. Processus qui permet de diviser logiquement une disquette ou un disque en divers secteurs et pistes avant de l'utiliser pour y inscrire des données et des programmes. 2. Mise en forme du texte d'un document.

FORTRAN (*FORmula TRANslation*) Langage de programmation procédural bien adapté aux applications scientifiques et mathématiques.

Forum électronique Voir Groupe de discussion.

Fouineur (*hacker*) Pirate informatique qui accède sans autorisation à un système informatique pour le plaisir et le défi. Voir Braqueur.

Fournisseur de services Internet (**FSI**) (*Internet service provider*) Entreprise qui possède des ordinateurs et des adresses Internet, et qui fournit, contre rétribution, une connexion à ce réseau.

Fréquence d'horloge (*clock frequency*) Cadence d'oscillation du cristal de quartz qui synchronise le déroulement des opérations sur le bus et dans le microprocesseur.

Fréquence de rafraîchissement (*refresh rate*) Nombre de fois par seconde où une image est réaffichée sur un écran cathodique.

FSI (*ISP*) Voir Fournisseur de services Internet.

FTP (*File Transfer Protocol*) Service régissant le transfert de fichiers entre les ordinateurs reliés par Internet.

Fureteur (*browser*) Voir Navigateur.

Gel (*crash*) Voir Plantage.

Génération de langages de programmation Famille de langages d'un même degré d'avancement. Il existe cinq générations de langages : les langages machine, les langages d'assemblage, les langages procéduraux, les langages spécialisés et les langages naturels.

Génie logiciel Voir Ateliers de génie logiciel.

Gestionnaire de bases de données (*database management system*) Logiciel servant à créer, à structurer et à organiser une base de données.

Gestionnaire d'informations personnelles (**GIP**) (*personal information manager*) Logiciel qui comprend des outils de productivité permettant de gérer des notes, des rendez-vous, le courrier électronique, les tâches à faire, le carnet d'adresses, etc.

Gigaoctet (*gigabyte*) Unité de capacité équivalant à 1 073 741 824 octets (environ 10^9 ou un milliard d'octets).

Go (*GB*) Abréviation de gigaoctet.

Gopher (*Gopher*) Service Internet offrant un outil de recherche répertoriant les fichiers disponibles pour le transfert par catégories d'intérêt.

Gratuiciel (*freeware*) Logiciel gratuit.

Graveur (*recorder*) Appareil qui permet d'enregistrer des données sur un disque optique de format CD ou DVD inscriptible ou réinscriptible.

Groupe de discussion (*news groups*) Service permettant à des internautes d'échanger des messages sur un sujet d'intérêt commun.

Hachage (*hashing*) Technique consistant à utiliser des opérations mathématiques pour convertir la valeur numérique d'un champ clé en une adresse de stockage (clé physique) déterminée.

Hacker Voir Fouineur.

Hameçonnage (*phishing*) Envoi de courriels frauduleux qui guident l'internaute sur un clone d'une page Web d'un établissement bancaire à partir d'où le pirate pourra enregistrer les informations fournies.

Hertz (*hertz*) Cycle par seconde.

Horloge externe (*external clock*) Oscillateur situé sur le *chipset* qui rythme la circulation des informations sur le bus frontal.

Horloge interne (*system clock*) Oscillateur situé dans une puce microprocesseur qui contrôle la rapidité d'exécution des opérations d'un ordinateur. Sa fréquence, mesurée en mégahertz (MHz) ou en gigahertz (GHz), est un multiple de celle de l'horloge externe.

Horloge système (*system clock*) L'horloge externe est plus lente que l'horloge interne. Voir Horloge interne et Horloge externe.

Hôte Voir Ordinateur hôte.

HPA Voir Moniteur à matrice passive.

HTML (*HyperText Markup Language*) Ensemble des règles et des commandes d'affichage (balises) permettant de définir un document pouvant être intégré à un site Web.

HTTP (*HyperText Transfer Protocol*) Service Internet normalisant le transfert des documents HTML entre les serveurs Web et leurs clients.

https (*https*) Protocole du service Web sécurisé.

Hyperlien Voir Lien hypertexte.

Hypermédia (*hypermedia*) Fonction d'hypertexte appliquée à des documents multimédias.

Hypertexte (*hypertext*) Fonction logicielle sophistiquée, conçue pour fonctionner selon les principes de la pensée humaine, permettant d'organiser des informations et d'y avoir accès de façon créative au moyen de liens hypertextes.

Hyperthreading Type de multiprogrammation qui permet d'effectuer plusieurs sousprocessus (portions de programme) simultanément.

Hz (*Hz*) Abréviation de Hertz.

IA Voir Intelligence artificielle.

Icône (*icon*) Symbole graphique représentant une commande, un logiciel ou un périphérique.

Image en mode point (*bitmap image*) Image représentée par les points qui la composent (pixels), qui sont traités de façon indépendante.

Image en mode vectoriel (*vector image*) Image représentée par les éléments qui la composent (points, lignes, courbes, contours, surfaces), qui sont traités par des calculs vectoriels.

Imprimante (*printer*) Appareil qui produit une trace écrite sur papier – un imprimé.

Imprimante à jet d'encre (*ink-jet printer*) Imprimante qui forme les caractères avec de fines gouttelettes d'encre projetées à haute vitesse sur le papier.

Imprimante à laser (*laser printer*) Imprimante qui crée des images point par point sur un tambour à l'aide d'un faisceau lumineux. Les caractères ainsi formés sont traités avec une poudre d'encre magnétisée, puis transférés du tambour sur le papier auquel ils adhèrent grâce à une technique de chauffe intense.

Imprimante multifonction ou **appareil multifonction** ou **tout-en-un** (*all-in-one machine*) Appareil qui intègre les fonctions d'une imprimante, d'un scanneur, d'un photocopieur et parfois d'un télécopieur.

Imprimé (*hard copy*) Sortie sur papier réalisée par une imprimante ou un traceur.

Index (*index*) Dans une organisation séquentielle indexée, la liste des clés de chaque groupe d'enregistrements avec l'adresse correspondante sur le disque.

Infographie (*computer graphics*) Ensemble des technologies informatiques portant sur le traitement des informations graphiques.

Information (*information*)
1. Donnée traitée par un système informatique. 2. Forme concrète que prend une connaissance pour le traitement automatique.

Informatique (*computer science* ou *data processing*) Science qui étudie le traitement automatique de l'information.

Inforoute Voir Autoroute électronique.

Infrarouge Voir Onde infrarouge.

Inondeur (*spammer*) Personne ou entreprise qui expédie des pourriels en grande quantité.

Installation (*installation*) Opération consistant à fournir au système d'exploitation, au moyen de programmes pilotes, les informations nécessaires pour qu'il puisse utiliser un matériel ou un logiciel nouvellement acquis.

Intelligence artificielle (**IA**) (*artificial intelligence*) Ensemble des techniques utilisées pour mettre au point des ordinateurs adoptant une démarche proche de la pensée humaine.

Interactif (*interactive*) Se dit d'un mode de traitement où il y a une communication immédiate entre un utilisateur et le système informatique.

Interface en mode texte (*character-based interface*) Interface utilisateur avec laquelle l'utilisateur doit taper les commandes au clavier ou choisir, en les tapant au clavier, des options dans des menus.

Interface graphique (*graphical user interface*) Interface utilisateur qui permet de sélectionner des options dans des menus déroulants ou en cliquant sur des icônes.

Interface utilisateur (*user interface*) Ensemble des outils utilisés pour gérer l'interaction entre un logiciel et son utilisateur.

Internaute (*internaut*) Utilisateur d'Internet.

Internet Vaste réseau multimédia mondial accessible à quiconque dispose d'un ordinateur et d'un moyen de connexion. Il prend en charge les services Web, FTP, etc.

Interprète (*interpreter*) Programme qui lit les directives d'un programme source écrit dans un langage procédural et qui contrôle leur exécution par l'ordinateur, un énoncé à la fois.

Intranet (*intranet*) Réseau d'entreprise qui utilise la technologie conçue et mise au point pour Internet incluant, entre autres, le courrier électronique, les pages Web et les groupes de discussion.

IRC (*Internet Relay Chat*) Service Internet permettant le clavardage électronique.

ISA (*Industry Standard Architecture*) Norme pour les bus et les cartes d'extension des premiers ordinateurs IBM. Au départ, elle visait les bus de 8 bits ; aujourd'hui, elle s'applique aux bus de 16 bits. Son débit est très lent (5 Mo par seconde). En voie d'être écartée au profit des ports USB. Voir Bus ISA.

Jaquette ou **pochette** (*jacket*) Enveloppe protectrice d'une disquette.

Java Langage de programmation universel surtout utilisé pour mettre au point des applets.

Justification (*alignment*) Procédé qui permet d'aligner un texte sur les marges gauche et droite.

Kilo-octet (*kilobyte*) Unité de capacité égale à 1 024 octets (environ 10^3 ou un millier d'octets).

Ko (*KB*) Abréviation de kilo-octet.

Langage d'assemblage (*assembly language*) Deuxième génération de langage de programmation. Langage de bas niveau utilisant une notation symbolique (noms représentatifs) pour désigner les instructions à exécuter et les données traitées.

Langage de bas niveau (*low-level language*) Langage de programmation dont les instructions, en langage machine ou d'assemblage, sont écrites pour un type d'ordinateur particulier.

Langage de haut niveau (*high-level language*) Langage de programmation dont les énoncés sont écrits indépendamment des ordinateurs sur lesquels ils seront exécutés.

Langage de programmation (*programming language*) Ensemble de caractères, de symboles et de règles qui permet de communiquer avec un ordinateur en vue de lui faire exécuter un ensemble d'instructions.

Langage de programmation portable (*portable programming language*) Langage qui produit des programmes facilement exportables, exécutables sur plusieurs sortes d'ordinateur.

Langage de requêtes (*query language*) Langage de quatrième génération facile à apprendre et à comprendre, utilisé pour l'interrogation de bases de données.

Langage machine (*machine language*) Première génération de langages de programmation où seuls les chiffres 0 et 1 sont utilisés pour représenter les instructions du programme et les données.

Langage procédural (*procedural language*) Troisième génération de langages de programmation, conçus pour résoudre des problèmes généraux.

Langage spécialisé (*problem-oriented language*) Quatrième génération de langages de programmation ; ce type de langage est conçu pour résoudre des problèmes particuliers en exigeant simplement de l'utili-

sateur qu'il décrive ce qu'il veut obtenir.

Langue naturelle ou **langage naturel** (*natural language*) Langue couramment utilisée par des êtres humains, tels le français et l'anglais. Par extension, langage de programmation de cinquième génération qui vise à utiliser des sous-ensembles des langues couramment utilisées par les humains pour faciliter l'interaction entre l'homme et la machine.

Largeur de bande (*bandwidth*) Densité de transmission d'un canal exprimée en bits ou en octets par seconde.

Lecteur de cartouche (*cartridge drive*) Périphérique de stockage qui enregistre sur une cartouche de bande magnétique.

Lecteur de code à barres (*bar-code reader*) Périphérique de balayage permettant de lire les codes à barres.

Lecteur de disque dur Voir Disque dur.

Lecteur de disquette (*flexible-disk drive*) Dispositif qui permet d'enregistrer et de récupérer de l'information sur une disquette.

Lecteur optique (*optical reader*) Périphérique d'entrée qui numérise par balayage des codes à barres, des images ou des objets en 3D.

Lien hypermédia (*hypermedia link*) Autre nom pour un lien de type hypertexte pointant vers un document multimédia.

Lien hypertexte (*hypertext link*) Référence insérée dans un document et indiquant l'emplacement d'un texte supplémentaire ailleurs dans ce document ou dans un autre document.

Linux (*Linux*) Système d'exploitation apparenté à Unix et dont il existe différentes versions

utilisables sur diverses architectures d'ordinateur.

Logement Voir Fente d'extension.

Logiciel (*software*) Ensemble de programmes destinés à effectuer un traitement sur un ordinateur. Autre terme pour désigner un programme.

Logiciel d'application (*application software*) Logiciel conçu dans le but d'accomplir une tâche utile à l'usager, comme du traitement de texte ou des tâches comptables.

Logiciel de base Voir Logiciel système.

Logiciel de gestion de projet (*project management software*) Logiciel qui permet aux utilisateurs de planifier, d'établir des échéanciers pour le personnel et de contrôler les ressources et les coûts d'un projet dans les délais alloués.

Logiciel de groupe de travail (*groupware*) Logiciel qui permet à plusieurs utilisateurs de travailler à un même document simultanément grâce à un réseau de communication.

Logiciel de présentation (**PréAO**) (*presentation graphics software*) Logiciel qui permet d'élaborer des diaporamas pour présenter et expliquer visuellement des idées et des concepts.

Logiciel de reconnaissance de caractères (*character recognition software*) Logiciel pouvant interpréter des symboles graphiques contenus dans une image et les convertir en caractères numériques (ASCII, par exemple) pour qu'ils puissent être traités par ordinateur.

Logiciel démo (*demoware*) Version d'essai gratuite d'un programme valide pendant un temps limité.

Logiciel espion (*spyware*) Voir Espiogiciel.

Logiciel sur mesure ou **clé en main** (*custom-made software* ou *custom program*) Logiciel créé par un professionnel pour résoudre un problème particulier.

Logiciel intégré (*integrated package*) Ensemble de programmes informatiques qui s'échangent facilement de l'information et partagent les mêmes ressources.

Logiciel libre (*open source software*) Logiciel libre de droits disponible en version source (donc modifiable selon les besoins du programmeur qui l'utilise).

Logiciel propriétaire (*proprietary software*) Logiciel protégé par les droits d'auteur.

Logiciel système (*system software*) Logiciel servant à effectuer des tâches de soutien ayant trait au fonctionnement d'un ordinateur. Le système d'exploitation est le logiciel système le plus important.

Longueur de mot (*word*) Unité qui décrit le nombre de bits (16, 32, 64, etc.) que l'UCT de l'ordinateur peut traiter à la fois au cours d'un cycle de traitement.

Mac OS Système d'exploitation des ordinateurs Macintosh de la société Apple.

Matériel (*hardware*) Équipement comme un clavier, un moniteur, une imprimante et un ordinateur. En deux mots, tous les objets tangibles par opposition aux logiciels.

Matrice active Voir Moniteur à matrice active.

Matrice de points Voir Image en mode point.

Matrice passive Voir Moniteur à matrice passive.

Mégahertz (**MHz**) (*megahertz*) Unité de fréquence égale à un million de cycles (battements) par seconde.

Mégaoctet (*megabyte*) Unité de capacité égale à 1 048 576 octets (environ 10^6 ou un million d'octets).

Mémoire (*primary storage*) Partie de l'ordinateur qui contient temporairement les données, les instructions et les résultats au cours d'un traitement informatique. Voir Mémoire morte et Mémoire vive.

Mémoire cache (*cache memory*) Petite quantité de mémoire vive intégrée au microprocesseur, ou intercalée entre celui-ci et la mémoire centrale, servant à stocker un bloc d'instructions et de données du programme en cours d'exécution.

Mémoire CMOS (*CMOS memory*) Puce de mémoire qui ne perd pas son contenu en cas de panne d'électricité et dont le contenu peut être modifié.

Mémoire électronique (*electronic storage*) Support de stockage entièrement électronique. Voir Carte de mémoire et Mémoire USB.

Mémoire flash (*flash memory*) Type de mémoire vive rémanente pouvant conserver les informations sans besoin de tension électrique.

Mémoire morte (*read-only memory*) Puces qui contiennent des programmes et des données qui ont été imprimés en usine. Ces programmes et ces données ne peuvent pas être effacés.

Mémoire non rémanente (*volatile storage*) Mémoire temporaire dont le contenu est effacé lorsque l'alimentation électrique est interrompue, ou remplacé lorsque de nouvelles données y sont inscrites.

Mémoire rémanente (*non-volatile storage*) Mémoire permanente, effaçable ou non, utilisée pour conserver des programmes et des données.

Mémoire USB (*USB memory key*) Support de stockage électronique qui se branche directement sur un port USB.

Mémoire virtuelle (*virtual memory*) Caractéristique d'un système d'exploitation qui augmente la capacité de mémoire disponible pour l'exécution d'un programme par l'utilisation du disque dur.

Mémoire vive (*random-access memory*) Mémoire temporaire non rémanente utilisée pour contenir les données et les programmes en cours de traitement.

Menu (*menu*) Liste des commandes d'un logiciel affichées à l'écran.

Menu contextuel (*pop-up menu*) Menu apparaissant à l'écran (souvent lorsque l'utilisateur clique sur le bouton droit de la souris) et offrant les fonctions les plus fréquemment utilisées dans le contexte où se trouve le pointeur.

Menu déroulant (*pull-down menu*) Liste des commandes d'un logiciel affichées dans des boîtes et reliées à la barre de menu située au haut de l'écran.

Messagerie instantanée (*instant messaging*) Service de messagerie interactif.

Métamoteur (*meta search engine*) Moteur de recherche qui fait appel à plusieurs autres moteurs de recherche.

MHz Abréviation de mégahertz.

Micro-ordinateur (*microcomputer*) Ordinateur de petite taille, peu coûteux, dont l'unité centrale de traitement est un microprocesseur (tient sur une seule puce). On l'appelle également « ordinateur personnel ».

Microprocesseur (*microprocessor*) Puce électronique contenant l'UCT d'un micro-ordinateur.

Microseconde (*microsecond*) Fraction de seconde égale à un millionième de seconde (10^{-6}).

Milliseconde (*millisecond*) Fraction de seconde égale à un millième de seconde (10^{-3}).

Mini-ordinateur (*mini-computer*) Ordinateur d'une taille et d'une puissance qui se situent entre celles des micro-ordinateurs et celles des ordinateurs centraux. Initialement conçu comme un ordinateur central spécialisé.

Mise au point d'un programme (*program test*) Quatrième étape du processus de programmation au cours de laquelle on procède à l'essai d'un programme de façon à éliminer les erreurs de syntaxe et les erreurs de logique.

Mise en antémémoire (*caching*) Technique consistant à placer temporairement des informations sur un support d'accès plus rapide pour améliorer les performances. Elle est utilisée par le microprocesseur pendant l'exécution d'un programme et par les programmes pilotes pendant la lecture ou l'écriture sur disque ou sur disquette.

Mo (*MB*) Abréviation de mégaoctet.

Mode point Voir Image en mode point.

Mode vectoriel Voir Image en mode vectoriel.

Modem (acronyme de MOdulateur-DÉModulateur) (*modem*) Dispositif qui convertit les signaux numériques de l'ordinateur en signaux analogiques pouvant voyager sur des lignes téléphoniques, et vice versa.

Modem ADSL (*ADSL modem*) Adaptateur numérique qui remplace le modem lors d'une transmission numérique à haute vitesse utilisant les lignes téléphoniques.

Modem câble (*cable modem*) Adaptateur numérique qui remplace le modem lors d'une transmission numérique utilisant le réseau de câblodistribution.

Modem numérique (*digital modem*) Adaptateur numérique à très haute vitesse qui remplace un modem (ex.: le modem câble et le modem ADSL).

Modulation (*modulation*) Procédé utilisé par un modem permettant de convertir un signal numérique en un signal analogique.

Moniteur (*monitor*) Périphérique de sortie qui ressemble à un poste de télévision sur l'écran duquel s'affichent les données traitées par l'ordinateur.

Moniteur à matrice active (*TFT* ou *Thin Film Transistor*) Technologie d'affichage pour les écrans plats qui utilise une matrice de transistors luminescents (un pour chaque pixel affichable). L'affichage est plus précis et le nombre de couleurs disponibles, plus élevé.

Moniteur à matrice passive (*HPA* ou *High Performance Addressing*) Technologie d'affichage à cristaux liquides pour les écrans plats où chaque point de la matrice peut être polarisé et filtrer le passage de la lumière qui éclaire le fond du panneau. Consomme très peu d'énergie mais offre une moins bonne qualité d'image.

Mot de passe (*password*) Donnée confidentielle associée à un code d'accès pour en valider l'authenticité.

Moteur de recherche (*search engine*) Logiciel qui produit une liste de sites Web dont le contenu correspond à des mots clés fournis par l'internaute.

MS-DOS (*Microsoft Disk Operating System*) Système d'exploitation qui était anciennement la norme pour tous les ordinateurs dits «compatibles IBM».

Multifenêtre (*multiwindowing*) Se dit d'un système d'exploitation multitâche qui affiche chaque tâche en cours d'exécution dans sa propre fenêtre.

Multimédia (*multimédia*) Technologie permettant d'intégrer plusieurs types de médias dans un document.

Multiprogrammation (*multiprogramming*) Mode d'exploitation d'un ordinateur qui permet de placer plusieurs programmes en mémoire et de les exécuter en même temps.

Multitâche (*multitasking*) Caractéristique d'un système d'exploitation qui permet à un utilisateur de faire exécuter plusieurs tâches en même temps.

Multitraitement (*multiprocessing*) Forme de multiprogrammation sur les ordinateurs munis de plusieurs processeurs dans laquelle les programmes sont exécutés en parallèle par les différents processeurs.

Multiusager (*multiuser*) Se dit d'un système d'exploitation qui permet à plusieurs usagers de travailler en même temps tout en assurant l'intégrité des données de chacun.

Nanoseconde (*nanosecond*) Fraction de seconde égale à un milliardième de seconde (10^{-12}).

Navigateur (*browser*) Logiciel de navigation pouvant interpréter les codes HTML des pages Web de façon à les afficher à l'écran. Ce type de logiciel permet aussi l'utilisation de liens hypertextes pour sauter d'une page Web à une autre.

Navigation (*browsing*) Consultation interactive de documents hypertextes ou hypermédias.

Nœud (*node*) Point d'une arborescence (relié à la façon des branches d'un arbre) dans une base de données ou un réseau.

Nœud fils (*child node*) Nœud de niveau immédiatement inférieur au nœud courant dans une base de données hiérarchique ou en réseau.

Nœud père (*parent node*) Nœud immédiatement au-dessus du nœud actuel dans une base de données hiérarchique ou en réseau.

Nom de domaine (*domain name*) Partie d'un nom Internet qui identifie l'organisme.

Nom Internet (*Internet name*) Adresse Internet sous forme alphanumérique. Elle inclut de façon hiérarchique, de droite à gauche, le nom du domaine, celui du sous-domaine s'il y a lieu, et le nom du nœud lui-même (ex.: www.monentre prise.com). Voir URL.

Numériseur (*digitizer*) Appareil utilisé pour entrer le tracé d'un dessin ou d'une photographie dans un ordinateur. (À ne pas confondre avec un scanneur.)

Obturateur de protection (*write-protect notch*) Encoche présente sur la jaquette d'une disquette pour empêcher toute écriture sur celle-ci et protéger ainsi les données qui s'y trouvent.

Octet (*byte*) Groupe de huit bits adjacents traités comme une unité. Il y a 256 combinaisons de bits différentes dans un octet.

OLED (*Organic Light-Emitting Diode*) Technologie des écrans plats ultra minces, flexibles et transparents.

Onde infrarouge Onde électromagnétique, proche du spectre des couleurs, utilisée pour transmettre des commandes entre des périphériques et un ordinateur situés dans une même pièce.

Ordinateur (*computer*) Dispositif conçu pour accepter de l'information, la traiter et fournir des résultats en suivant pas à pas un ensemble détaillé d'instructions.

Ordinateur central (*mainframe*) Ordinateur généralement placé dans une pièce spéciale-ment aménagée pour loger ses câbles et lui fournir la climatisation adéquate. Ce type d'ordinateur peut exécuter des milliards d'instructions de programme à la seconde. Il est utilisé par de grandes organisations.

Ordinateur de poche (*palm*) Dispositif électronique autonome, aussi appelé «agenda électronique», combinant les fonctions d'un logiciel de gestion d'informations personnelles (GIP).

Ordinateur de table ou **fixe** (*desktop computer*) Micro-ordinateur sédentaire installé sur une table ou sur un bureau.

Ordinateur écologique (*green PC*) Ordinateur dont la conception doit respecter l'environnement.

Ordinateur hôte (*host computer*) Ordinateur central ou mini-ordinateur auquel un usager peut se connecter en s'identifiant à l'aide d'un mot de passe.

Ordinateur personnel (*personal computer*) Voir Micro-ordinateur.

Ordinateur portable (*portable computer*) Micro-ordinateur pouvant être facilement transporté d'un endroit à un autre.

Organigramme de programmation ou **ordinogramme** (*program flowchart*) Représentation graphique de la séquence détaillée des étapes nécessaires à la résolution d'un problème.

Outils de programmation Programmes traducteurs qui lisent un programme source – écrit en langage de haut niveau – et, soit le traduisent en un programme objet directement exécutable, soit fournissent à l'UCT le code objet correspondant. Voir Compilateur et Interprète.

P2P Voir Égal à égal.

Page d'accueil (*home page*) Page principale d'un site Web.

Page de démarrage (*home page*) Page Web affichée par un navigateur au moment de son lancement.

Page Web (*Web page*) Document HTML intégré à un site Web auquel on accède par le protocole HTTP.

Paiement électronique (*telepayment*) Méthode utilisée par certains internautes pour régler leurs factures qui consiste à effectuer des versements d'argent de façon électronique – à partir d'un ordinateur.

Palette de couleurs (*colour palette*) Jeu des couleurs que l'on peut obtenir en choisissant l'intensité du bleu, du rouge et du vert. On trouve des palettes de 256, de 64 000, de 16 millions et de 65 millions de couleurs selon la largeur de code utilisée.

Paquet (*data packet*) Portion d'un message électronique.

Pare-feu ou **coupe-feu** (*firewall*) Système de sécurité permettant de protéger un ordinateur ou un réseau contre les intrusions.

Partagiciel (*shareware*) Logiciel gratuit, souvent distribué en version réduite, mais qu'il suffit d'enregistrer pour en obtenir une version complète ou pour avoir accès aux mises à jour du produit. L'auteur du partagiciel demande souvent une contribution volontaire.

Pas de masque (*dot pitch*) Distance entre les pixels contigus à l'écran.

Pascal (*Pascal*) Langage de programmation procédural utilisé sur les micro-ordinateurs et dans les cours de programmation. Nommé ainsi en l'honneur de Blaise Pascal, mathématicien du XVIIe siècle.

Passerelle (*network gateway*) Porte d'accès entre deux réseaux. Notion organique et matérielle.

Pavé numérique (*numeric keypad*) Bloc des touches affichant les chiffres de 0 à 9 sur le clavier.

Pavé tactile (*touchpad*) Dispositif de pointage des ordinateurs portables qui a la forme d'un carré et sur lequel on glisse le doigt pour déplacer le pointeur à l'écran.

PCI (*Peripheral Component Interconnection*) Norme régissant le bus PCI et les cartes d'extension que l'on peut y connecter. Voir Bus PCI.

PCI-X ou **PCI Express** Évolution plus rapide du bus PCI.

Peer to Peer Voir Égal à égal.

Périphérique d'entrée (*input device*) Appareil qui accepte des données et les transmet à l'ordinateur en format binaire.

Périphérique d'entrée vocale (*voice-input device* ou *voice-recognition system*) Appareil d'entrée directe qui convertit la parole humaine en codes numériques qu'un ordinateur peut traiter.

Périphérique de balayage (*scanning device*) Appareil d'entrée directe qui convertit des images en données numériques que l'ordinateur peut traiter.

Périphérique de communication Voir Modem et Carte de communication.

Périphérique de pointage (*pointing device*) Appareil d'entrée directe qui permet de pointer les données et les commandes à entrer.

Périphérique de sortie (*output device*) Appareil qui donne accès à l'information traitée par un ordinateur.

Périphérique de sortie vocale (*voice-output device*) Appareil qui convertit l'information issue d'un ordinateur sous forme de paroles de synthèse.

Périphérique de stockage (*secondary storage*) Appareil qui contient un support physique, comme une disquette, un disque rigide, un disque optique, une bande magnétique ou des puces électroniques, et servant à conserver de façon permanente les programmes et les données.

Périphérique de télécopie Voir Télécopieur.

PGP (*Pretty Good Privacy*) Programme de cryptage des données, incorporé dans les navigateurs, pouvant brouiller un message de façon sécuritaire.

Photostyle (*light pen*) Dispositif sensible à la lumière, ayant la forme d'un crayon, utilisé avec un moniteur spécial pour l'entrée de commandes.

Picoseconde (*picosecond*) Fraction de seconde égale à un billionième de seconde (10^{-12}).

Pilote (*driver*) Logiciel propre à un périphérique décrivant en détail, pour le compte du système d'exploitation, les instructions nécessaires pour obtenir de celui-ci l'activité désirée.

Pipeline (*pipeline*) Type de multiprogrammation qui permet de traiter simultanément plusieurs instructions consécutives en commençant l'exécution d'une instruction avant que celle de la précédente soit terminée.

Piratage de logiciel (*software piracy*) Copie non autorisée de programmes dans le but de réaliser des profits personnels.

Pirate informatique (*cracker*) Personne qui commet un délit informatique. Voir Fouineur et Braqueur.

Piste (*track*) Sur un disque, anneau concentrique où les données sont enregistrées.

Pixel (contraction de *Picture Element*) (*pixel*) La plus petite zone (point) d'un écran pouvant être allumée ou éteinte, teintée de diverses nuances de gris ou de couleurs.

Plantage ou **gel** (*crash*) Panne d'ordinateur qui entraîne son arrêt complet, l'ordinateur ne répondant plus à aucune commande.

Plasma (*plasma*) Technique d'affichage des écrans plats utilisant un mélange de gaz (néon, hélium et xénon) qui émet de la lumière par ionisation des particules gazeuses.

Point d'insertion (*insertion point*) Nom donné au curseur lorsque celui-ci indique l'endroit où sera placée une information saisie au clavier.

Pointeur (*pointer*) 1. Branchement additionnel entre les nœuds pères et les nœuds fils dans une base de données de type réseau. 2. Symbole à l'écran qui suit les mouvements de la souris.

Pointeur de cellule (*cell pointer*) Indicateur qui identifie la cellule courante dans un tableur.

Pont (*bridge*) Passerelle entre deux réseaux qui ont la même configuration.

POO Voir Programmation orientée objet.

Port AGP (*Accelerated Graphics Port*) Connexion entre le bus AGP et une fente d'extension AGP permettant d'installer une première ou une deuxième carte vidéo AGP.

Port d'accès (*port*) Voie d'accès à un périphérique situé à l'extérieur du bloc système. Utilisé pour brancher un périphérique, une imprimante par exemple.

Port d'accès asynchrone (*asynchronous communications port*) Voir Port sériel.

Port FireWire (*FireWire port*) Port d'accès servant à brancher des appareils multimédias à haute vitesse.

Port parallèle (*parallel port*) Port d'accès auquel on peut brancher des lignes permettant une transmission en parallèle, c'est-à-dire un octet à la fois.

Port sériel (*serial port*) Port d'accès servant à la transmission en série, c'est-à-dire un bit à la fois.

Port USB Voir USB.

Portable (*portable computer*) Modèle compact de micro-ordinateur muni de piles rechargeables, pesant à peine quelques kilos et transportable en bandoulière.

Portail (*portal*) Site Web servant de porte d'accès à Internet et qui offre, en plus des informations qui lui sont propres, des liens vers des sites extérieurs d'intérêt général de façon à attirer le plus grand nombre d'internautes possible.

Poste à poste Voir Égal à égal.

Poste de travail (*workstation*) Micro-ordinateur parmi d'autres dans un réseau composé principalement de micro-ordinateurs.

Pourriel (*junk e-mail*) Courrier électronique non sollicité, envoyé massivement par un inondeur, qu'on s'empresse généralement de mettre à la poubelle.

PPP (*Point to Point Protocol*) Programme et protocole de communication entre un fournisseur de services Internet et un client relié par accès téléphonique.

PréAO Voir Logiciel de présentation.

Presse-papiers (*clipboard*) Zone de mémoire vive réservée à Windows dans laquelle l'utilisateur peut stocker des objets (document, image, fichier, texte, etc.) et les récupérer ailleurs dans le même document ou dans un autre document.

Prêt à l'emploi (*plug and play [PnP]*) ou **adaptation au matériel** Ensemble de normes logicielles et matérielles permettant l'installation automatique de nouveaux périphériques.

Procédure (*procedure*) Règle ou directive à suivre lors de l'utilisation du matériel, des logiciels et des données.

Procédure d'amorce (*boot-strap loader*) Programme faisant partie du BIOS, stocké de façon permanente dans les circuits de mémoire morte d'un ordinateur. Lorsque celui-ci est mis sous tension, ce programme va chercher le système d'exploitation sur une disquette ou sur le disque dur, et le charge en mémoire centrale vive.

Procédure de diagnostic (*diagnostic procedure*) Programme faisant partie du BIOS, stocké de façon permanente dans les circuits de mémoire morte d'un ordinateur. Lorsque celui-ci est mis sous tension, ce programme procède à la vérification des circuits électroniques.

Processeur (*processor*) Élément qui réalise les traitements sur les données entrées dans un ordinateur.

Progiciel (*package software*) Ensemble de programmes conçus par des professionnels et vendus en boutique pour réaliser des traitements informatiques standard, comme le traitement de texte.

Programmation (*programming*) Procédure en six étapes qui permet de créer un programme : analyse, conception, codage, mise à l'essai, documentation et entretien.

Programmation événementielle (*event programming*) Méthode de programmation où le programmeur ne définit que les segments de programmation

décrivant l'action résultant de l'intervention de l'utilisateur.

Programmation orientée objet (**POO**) (*object-oriented programming*) Méthode de programmation dans laquelle les éléments du programme sont organisés en objets qui ont chacun leurs propriétés et qui peuvent communiquer et collaborer entre eux dans l'exécution d'une tâche.

Programme (*program*) Ensemble d'instructions fournies à un ordinateur pour lui indiquer les étapes à exécuter pour accomplir une tâche.

Programme antivirus (*antivirus program*) Utilitaire qui analyse les fichiers d'un ordinateur pour y détecter des virus et les détruire.

Programme d'entretien de fichiers (*file compression program*) Utilitaire qui permet de compacter et de défragmenter un fichier afin d'éviter qu'il occupe des espaces morcelés sur le disque.

Programme de dépannage (*troubleshooting program*) Utilitaire qui surveille l'exécution des programmes et tente de détecter tout signe de malfonctionnement de façon à corriger la situation avant que des dommages irréparables soient causés.

Programme de désinstallation (*uninstall program*) Utilitaire qui permet de supprimer tous les fichiers constitutifs d'un programme.

Programme de nettoyage (*clean-up program*) Utilitaire qui permet de détecter et d'effacer des fichiers inutiles.

Programme de sauvegarde (*back-up program*) Utilitaire qui permet d'effectuer une copie de sécurité d'un disque dur.

Programme objet (*object program*) Version exécutable (en langage machine) d'un programme.

Programme résident (*memory-resident program*) Programme qui reste en mémoire tout au long d'une session de travail, jusqu'à ce que l'ordinateur soit éteint.

Programme source (*source program*) Version non exécutable d'un programme écrit en langage procédural.

Programme utilitaire (*utility program*) Programme qui effectue des tâches de soutien comme la défragmentation d'un disque dur, la compression de fichiers ou la sauvegarde des données d'un disque dur.

Programmeur (*programmer*) Personne dont le travail consiste à concevoir, à rédiger et à mettre au point des programmes informatiques.

Protecteur de surcharge (*voltage spike protector*) Appareil placé entre un ordinateur et une prise murale. Lors d'une surcharge d'électricité, l'interrupteur de courant est activé, ce qui protège l'ordinateur.

Protection de la vie privée (*privacy*) Sujet de l'éthique informatique concernant l'accumulation et l'utilisation des données sur les individus.

Protocole (*protocol*) Ensemble de règles que les ordinateurs doivent suivre lors d'une transmission d'informations.

Protocole TCP/IP Voir TCP/IP.

Pseudo-code (*pseudocode*) Langage symbolique utilisé pour rédiger la version narrative de la logique d'un programme.

Publication assistée par ordinateur (PAO), édition électronique ou **éditique** (*desktop publishing*) Mode de production de documents intégrant des textes, des graphiques et des images, et dont la présentation est de qualité professionnelle grâce à l'utilisation d'une imprimante à laser.

Puce ou **puce électronique** (*chip*) Plaquette de silicium qui comporte plusieurs circuits intégrés assumant différentes fonctions. La mémoire est composée de plusieurs puces tandis que l'UCT des micro-ordinateurs tient sur une seule puce.

Qualitative Se dit d'une information nominale qui ne représente ni une quantité ni une progression et qui ne peut pas faire l'objet d'un calcul.

Quantitative Se dit d'une information qui représente une quantité et qui peut faire l'objet d'un calcul.

RAID (*Redundant Arrays Inexpensive Disks*) Utilisation de disques durs peu coûteux reliés ou groupés en un réseau à l'aide d'un logiciel spécial. Ils améliorent la performance en accroissant la rapidité, la capacité et la sécurité du stockage sur disque.

RAM (*Random Access Memory*) Voir Mémoire vive.

RealAudio et *RealVideo* Technologie de transmission en temps réel qui permet de diffuser des émissions radiophoniques ou télévisées en direct sur le Web.

Réalité virtuelle (*virtual reality*) Ensemble de logiciels et d'équipements sensoriels interactifs (casque et gants) qui permettent aux utilisateurs d'expérimenter des réalités différentes du monde réel.

Redondance (*redundancy*) Complexification d'un code sans ajout d'information.

Registre arithmétique (*arithmetic register*) Registre de l'UAL servant à contenir temporairement les valeurs à calculer et les résultats des calculs.

Registre d'adresse Voir Compteur ordinal.

Registre d'instruction ou **registre de contrôle** (*instruction register*) Registre de l'UCC qui reçoit une copie de l'instruction en cours d'exécution.

Relation (*relationship*) Dans une base de données relationnelle, lien qui relie deux tables.

Répertoire Voir Dossier.

Réseau domestique (*home network*) Petit réseau local reliant les micro-ordinateurs des membres d'une même famille à l'intérieur de leur domicile.

Réseau en boucle (*ring network*) Réseau dans lequel chacun des dispositifs est relié à deux autres et où les messages circulent autour de l'anneau ainsi formé jusqu'à leur destination.

Réseau en étoile (*star network*) Réseau d'ordinateurs ou de périphériques reliés à un ordinateur central – hôte – qui contrôle les communications.

Réseau en ligne (*bus network*) Réseau dans lequel chaque ordinateur contrôle ses propres communications, sans système hôte, et où tous les signaux utilisent la même ligne de communication appelée « bus ».

Réseau étendu (*wide area network*) Réseau d'ordinateurs qui relie des utilisateurs dans divers pays ou continents.

Réseau informatique (*computer network*) Deux ordinateurs ou plus reliés ensemble.

Réseau local (*local area network*) Réseau reliant des ordinateurs qui sont à proximité les uns des autres, comme dans un même édifice.

Réseau maillé (*hybrid network*) Réseau constitué de plusieurs ordinateurs reliés les uns aux autres d'une façon souple permettant l'échange d'information selon plusieurs chemins possibles.

Réseau réparti (*distributed network*) Réseau à l'échelle nationale qui utilise des relais micro-ondes et des satellites pour atteindre des utilisateurs sur une grande distance.

Résolution (*resolution*) Nombre de pixels (définition) par unité de surface.

RISQ (Réseau d'informations scientifiques du Québec) Réseau québécois relié à Internet et qui regroupe les universités et les collèges québécois, des compagnies privées et des groupes de recherche de toutes sortes.

Robot (*robot*) Machine pouvant être programmée pour accomplir plusieurs tâches, utilisée notamment dans les usines.

Robotique (*robotics*) Science et technique qui traite de la conception et de l'utilisation des robots. Domaine d'intérêt de l'intelligence artificielle.

ROM (*Read Only Memory*) Voir Mémoire morte.

Routeur (*router*) Serveur Internet qui achemine les paquets d'informations suivant le chemin le plus favorable.

Saisie au kilomètre (*power typing*) Caractéristique des traitements de texte qui amène automatiquement un mot à la ligne suivante lorsqu'il dépasse la marge droite du document.

Sans fil (*wireless*) Technologie qui permet de communiquer par ondes infrarouges ou par ondes électromagnétiques, sans avoir recours à des câbles.

Satellite (*satellite*) Souvent utilisé pour relayer les transmissions micro-ondes lorsqu'il est placé sur orbite géostationnaire (positionné toujours au même endroit par rapport à la Terre).

Sauvegarde (*backup* ou *saving*) 1. Opération qui consiste à faire une copie de sécurité des données. 2. Enregistrement sur un support physique du travail en cours.

Savoir-faire informatique (*computer competency*) Capacité de se servir d'un ordinateur pour satisfaire ses besoins en information.

Scanneur (*image scanner, scanner*) Appareil d'entrée directe qui analyse le contenu visuel d'une page et le convertit par balayage en signaux électroniques pouvant être conservés dans un ordinateur.

Scanneur manuel (*wand reader*) Petit scanneur spécial utilisé pour la reconnaissance optique de caractères comme les prix figurant sur les étiquettes.

Secteur (*sector*) Portion d'une piste sur un disque.

Sécurité des données (*data security*) Protection des logiciels et des données contre les falsifications ou les modifications non autorisées.

Sécurité physique (*physical security*) Protection du matériel informatique contre d'éventuelles catastrophes.

Semi-quantitative ou **qualitative ordonnée** Se dit d'une information qui représente une progression mais pas une quantité et qui peut faire l'objet d'un regroupement mais non d'un calcul.

Serveur (*server*) Nœud qui coordonne le partage des ressources et les communications sur un réseau.

Serveur de fichiers (*file server*) Dispositif de disques rigides de grande capacité de mémorisation accessible à distance.

Serveur de noms (*data name server*) Nœud du réseau Internet qui contient et gère une base de données de noms de domaine et leur adresse IP correspondante.

Serveur de stockage (*storage server*) Ordinateur destiné au stockage de données.

Serveur *proxy* (*Proxy server*) Ordinateur qui filtre toutes les demandes d'information qui circulent de l'extérieur vers l'intérieur du réseau de l'entreprise, et vice versa.

Serveur Web (*Web server*) Ordinateur relié au réseau Internet disposant d'un logiciel dont le rôle est de transmettre sur demande les pages Web qui y résident.

Service Internet (*Internet service*) Ensemble des programmes utilisant un protocole de communication commun et service que peut en tirer l'usager.

SGBD Voir Système de gestion de bases de données.

shttp Voir https.

Signal analogique (*analog signal*) Signal transmis par des ondes de différentes fréquences à l'intérieur d'un intervalle donné, par exemple, la voix humaine.

Signal numérique (*digital signal*) Signal constitué d'une suite d'impulsions représentant une suite de codes binaires.

Site FTP (*FTP site*) Serveur du réseau Internet qui offre un catalogue de fichiers pouvant être copiés.

Site Web (*Web site*) Ensemble structuré de pages Web reliées, résidant sur un même serveur, appartenant à une entreprise ou à un particulier, et dont l'URL est l'adresse de sa page d'accueil.

Souris (*mouse*) Périphérique d'entrée qu'on déplace sur une surface plane pour diriger les mouvements du pointeur à l'écran et doté de boutons (touches spéciales) pour sélectionner des commandes.

Sous-domaine (*subdomain*) Élément facultatif d'un nom Internet qui précise une partie de l'organisme mentionné dans le domaine.

Sous-menu (*submenu*) Liste de commandes présentées à l'écran à la suite de la sélection d'une option du menu de niveau supérieur.

Station de relais (*relay station*) Édifice muni d'antennes paraboliques dont le rôle est de relayer les messages transmis par micro-ondes.

Station de travail (*workstation*) Micro-ordinateur très performant souvent utilisé en tant que serveur dans un réseau.

Stockage (*storage*) Opération qui consiste à conserver des informations sur un support physique.

Structure itérative (*loop structure*) Structure logique de programmation permettant de répéter un traitement sous certaines conditions.

Structure sélective (*selection structure*) Structure logique qui permet d'exécuter ou non un ensemble d'instructions.

Structure séquentielle (*sequence structure*) Structure logique dans laquelle un énoncé de programme en suit un autre.

Structure SI... ALORS... SINON... (IF... THEN... ELSE... *structure*) Structure de sélection logique en programmation.

Structures BOUCLER... TANT QUE et TANT QUE BOUCLER... Deux formes particulières de structures itératives (répétitives) en programmation.

Structures logiques de programmation (*logic structures*) Structures qui contrôlent le déroulement de l'exécution des instructions d'un programme (séquentielle, sélective et itérative).

Suite logicielle (*suite*) Ensemble de logiciels très puissants vendus conjointement et pourvus de mécanismes facilitant le passage et l'échange d'information de l'un à l'autre.

Superordinateur (*supercomputer*) Ordinateur pouvant exécuter plusieurs milliards d'instructions à la seconde.

Support physique (*physical medium*) Matériel servant à la conservation des informations. En informatique, on distingue les disques magnétiques et optiques, les mémoires électroniques et les bandes magnétiques.

Surbrillance (*highlighting*) Contraste lumineux permettant la mise en évidence d'une portion de texte ou de données à l'écran.

Surcharge de courant (*current overload*) Excès de voltage qui peut détruire des puces et d'autres composants de l'ordinateur.

SVGA (*Super Video Graphics Array*) Norme d'affichage de 1800 sur 600 pixels, optimale pour les écrans de 15 po.

SXGA (*Super eXtended Graphics Array*) Norme d'affichage de 1280 sur 1024 pixels, optimale pour les écrans de 19 po et de 21 po.

Syndrome du canal carpien (*carpal tunnel syndrome*) Blessure causée par des mouvements répétitifs qui consiste en des lésions douloureuses aux nerfs et aux tendons des mains.

Système (*system*) Ensemble d'activités ou d'éléments conçu pour atteindre un but.

Système binaire (*binary system*) Système de numération à base 2, dont les chiffres sont 0 et 1.

Système client/serveur (*client/ server system*) Environnement de traitement de données dans lequel les utilisateurs peuvent se servir de leur propre micro-ordinateur et avoir accès à d'autres ordinateurs et à d'autres ressources matérielles et logicielles.

Système d'égal à égal (*peer-to-peer system*) Réseau dans lequel les nœuds partagent de façon égale la responsabilité de coordonner les activités.

Système d'exploitation (*operating system*) Ensemble intégré de programmes dont le rôle est de gérer les ressources d'un système informatique telles que la manipulation de fichiers, l'exécution de programmes ou le contrôle du clavier et de l'écran.

Système de communication (*communication system*) Système électronique qui transmet des données d'un endroit à un autre par des voies de transmission.

Système de gestion de bases de connaissances (*knowledge-based system*) Programme basé sur des faits et des règles communément acceptés quant à la façon dont certaines décisions doivent être prises ou certaines tâches accomplies. Voir Système expert.

Système de gestion de bases de données (SGBD) (*data-base management system* [*DBMS*]) Système composé d'un dictionnaire et d'un langage de requêtes qui permet la définition, la création et la mise à jour des informations d'une base de données de même que l'accès à celles-ci.

Système de messagerie vocale (*voice-messaging system*) Système informatique relié à des téléphones qui convertit la voix humaine en bits et stocke les messages dans des boîtes vocales en vue d'une consultation ultérieure.

Système de reconnaissance de la parole (*speech recognition system*) Logiciel qui comprend des commandes vocales.

Système de reconnaissance de mots (*word recognition system*) Logiciel qui permet de dicter un texte à un ordinateur.

Système de traitement en temps partagé (*time-sharing system*) Système qui permet à plusieurs utilisateurs de partager les ressources d'un ordinateur central ou d'un serveur.

Système de traitement réparti (*distributed data processing system*) Système informatique dans lequel le traitement est assuré par des ordinateurs centraux et des mini-ordinateurs séparés géographiquement, mais reliés par un réseau de communication.

Système expert (*expert system*) Système de gestion de bases de connaissances qui imite le savoir d'experts humains entraînés dans un domaine particulier.

Système informatique (*computer system*) Système composé des utilisateurs, du logiciel, du matériel et des données.

Tablette graphique (*digitizing tablet*) Appareil qui permet de créer des images qui sont automatiquement numérisées avec un stylet spécial.

Tableur ou **chiffrier électronique** (*electronic spreadsheet*) Programme de création et de manipulation interactives de tableaux numériques basé sur la feuille comptable traditionnelle.

Taux de transfert (*peak data-transfer rate*) Quantité d'informations transmises dans un laps de temps donné. S'exprime en bits par seconde ou, pour plus de commodité, en octets par seconde.

TCP/IP (*transmission control protocol/Internet protocol*) Protocole standard pour les transmissions sur Internet reposant sur la décomposition des messages en paquets autonomes et sur le système d'adresses uniques des nœuds.

Technique de programmation structurée (*structured programming technique*) Technique de programmation utilisant l'analyse progressive, les organigrammes de programmation ou le pseudocode.

Technostress (*technostress*) Stress associé à l'utilisation de l'ordinateur.

Téléchargement et **télétransfert** (*down-loading, uploading*) Processus de transfert de données entre deux ordinateurs où celui qui reçoit « télécharge » et celui qui envoie « télétransfère ».

Télécommunication (*telecommunication*) Communication à distance.

Téléconférence (*teleconférence*) Communication visuelle entre des personnes reliées par un réseau, informatique ou non, au moyen de Webcams ou de caméras de télévision.

Télécopieur ou **fax** (*fax machine*) Appareil spécialisé permettant l'envoi et la réception d'images de documents par lignes téléphoniques. Les documents sont balayés et envoyés électroniquement à un autre appareil de même type qui convertit les signaux électroniques en une image et la reproduit sur du papier.

Télématique (*telematics*) Ensemble des technologies obtenues par le rapprochement de l'informatique, des télécommunications et du multimédia.

Télésauvegarde (*data vaulting*) Utilisation d'Internet pour la sauvegarde de données sur le disque d'un ordinateur à distance.

Télétravail (*telecommuting*) Procédé qui permet d'envoyer son travail au bureau au moyen d'un ordinateur plutôt que de s'y rendre soi-même.

Telnet (*Telnet*) Service Internet permettant à un usager d'utiliser un ordinateur distant en se servant de son ordinateur comme terminal.

Temps d'accès (*access time*) Temps nécessaire pour repérer l'endroit où une information doit être lue ou écrite sur un support physique (disque, bande magnétique, etc.).

Temps d'attente ou **délai de rotation** (*rotational delay time*) Temps de rotation du disque sous la tête de lecture/écriture.

Temps d'exécution d'une instruction (*instruction time*) Temps nécessaire à l'unité de contrôle pour aller chercher une instruction dans la mémoire centrale et procéder à son exécution.

Temps de positionnement (*seek time*) Temps que met la tête de lecture/écriture pour se placer au-dessus d'une piste en particulier.

Temps de transfert (*data transfer time*) Temps nécessaire au transfert des données du secteur du disque à la mémoire.

Téraoctet (*terabyte*) Unité de capacité qui correspond à 1 099 511 627 776 octets (environ 10^{12} ou 1 billion d'octets).

Terminal (*terminal*) Appareil d'entrée et de sortie constitué d'un clavier, d'un moniteur et de liaisons pour joindre un ordinateur à distance.

Terminal de point de vente (**TPV**) (*point-of-sale terminal*) Appareil utilisé comme caisse enregistreuse, constitué d'un clavier, d'un écran, d'une imprimante et d'un lecteur de carte de crédit.

Terminal intelligent (*intelligent terminal*) Micro-ordinateur utilisé pour la communication avec un autre ordinateur à distance.

Terminal Internet (*Internet terminal*) Terminal intelligent peu coûteux connecté à un téléviseur et à une ligne téléphonique et qui donne accès à Internet.

Terminal simple (*dumb terminal*) Terminal utilisé pour l'entrée et la sortie de données uniquement. Il n'effectue aucun traitement indépendant.

Tête de lecture/écriture (*read-write head*) Dispositif utilisé pour la lecture et l'écriture sur un support physique d'information.

TFT Voir Moniteur à matrice active.

To (*TB*) Abréviation de téraoctet.

Toile mondiale ou **Toile** Voir Web.

Topologie réseau (*netware topology*) Architecture ou structure d'un réseau.

Touche [**ENTRÉE**] (*Enter key*) Touche utilisée pour valider une commande tapée au clavier d'un ordinateur.

Touche [**RETOUR**] (*Return key*) Voir Touche [ENTRÉE].

Touche de raccourci Voir Touches de fonction.

Touches alphanumériques (*typewriter keys*) Touches représentées par des lettres, des chiffres et des signes de ponctuation sur un clavier.

Touches de déplacement du curseur (*directional arrow keys*) Touches représentées par des flèches et touches [Début], [Fin], [Page Haut], [Page Bas].

Touches de fonction (*Function keys*) Touches nommées [FI], [F2], etc., dont le rôle varie selon le logiciel utilisé et servant en général à des tâches fréquemment demandées comme le soulignement dans un traitement de texte.

Touches spécialisées (*specialized keys*) Touches spéciales du clavier telles que [Échap], [Entrée], [Maj], [Ctrl] ou [Alt].

Tout-en-un (*all-in-one*) Voir Imprimante multifonction.

TPV Voir Terminal de point de vente.

Traceur (*plotter*) Périphérique de sortie spécialisé qui produit des images graphiques de grande qualité sur des feuilles de grande dimension, comme des dessins d'architecte.

Traducteur Voir Outils de programmation.

Traitement de texte (*word processing*) Logiciel permettant de créer, de manipuler et d'imprimer des documents comme des lettres, des rapports, des contrats et des livres.

Traitement différé (*batch processing*) Technique par laquelle les données sont accumulées pendant un certain temps avant d'être soumises au programme pour un traitement global.

Traitement distribué ou **réparti** (*distributed computing*) Utilisation d'un réseau de plusieurs ordinateurs situés dans des endroits différents en vue du traitement de données.

Traitement en temps réel (*real-time processing*) Traitement réalisé dès la disponibilité des données.

Transaction (*transaction*) Événement dont les données sont enregistrées dans un fichier ou dans une base de données, comme l'embauche d'un employé, une commande d'un client ou la livraison de matériaux par un fournisseur.

Transmission asynchrone (*asynchronous transmission*) Mode de transmission des données dans lequel chaque octet envoyé doit être précédé d'un signal de départ et suivi d'un signal d'arrêt.

Transmission en parallèle (*parallel data transmission*) Mode de transmission de données dans lequel plusieurs bits circulent de manière simultanée sur des lignes différentes.

Transmission en série (*serial data transmission*) Mode de transmission de données dans lequel les bits transmis circulent les uns à la suite des autres.

Transmission synchrone (*synchronous transmission*) Mode de transmission dans lequel les données sont transmises par blocs à un rythme prédéterminé.

Tube à rayons cathodiques (*cathode-ray tube [CRT]*) Périphérique de sortie semblable à un écran de télévision.

Type d'accès (*access type*) Critère de classement des supports physiques de l'information. L'accès peut être de type direct ou séquentiel. Voir Accès direct et Accès séquentiel.

Unicode (*Unicode*) Code de 16 bits servant à la représentation commune des caractères des langues internationales, y compris celles, comme le chinois ou le japonais, où le code ASCII de 8 bits ne suffit pas.

Unité arithmétique et logique (**UAL**) (*arithmetic-logic unit*) Partie de l'unité centrale de traitement d'un ordinateur regroupant les circuits chargés d'exécuter les opérations arithmétiques et logiques commandées par les programmes.

Unité centrale de traitement (**UCT**) (*central processing unit [CPU]*) Partie essentielle de l'ordinateur assurant le traitement des informations placées en mémoire. Elle est composée de l'unité de contrôle, de l'unité arithmétique et logique et de registres.

Unité de commande et de contrôle (**UCC**) (*control unit*) Partie de l'UCT qui se charge de diriger l'exécution des instructions des programmes.

UNIX (*UNIX*) Système d'exploitation portable conçu à l'origine par AT&T et qui a été adapté à un éventail d'ordinateurs et de micro-ordinateurs.

URL (*Uniform Resource Locator*) Adresse d'un document sur le réseau Internet. Elle est formée du protocole à utiliser, du nom Internet du serveur où se trouve le document, du chemin d'accès et du nom du document.

Usager (*user*) Personne qui se sert d'un système ou qui est autorisée à s'en servir.

Glossaire

USB (*Universal Serial Bus*) Port d'accès standardisé et en voie de remplacer les ports sériels et parallèles. Il permet de brancher une centaine de périphériques simultanément.

Utilisateur (*end user*) Personne qui utilise un micro-ordinateur ou des ordinateurs de grande taille.

Utilitaire (*utility program*) Voir Programme utilitaire.

UXGA (*Ultra Super VGA*) Norme d'affichage de 1600 sur 1200 pixels, optimale pour les écrans de 23 po ou plus.

Variable (*variable*) Nom donné dans un programme à une zone de mémoire utilisée pour stocker une donnée et dont le contenu peut varier au cours de l'exécution du programme.

Ver ou **bactérie** (*computer worm*) Virus qui surcharge le système informatique en se recopiant sans cesse dans la mémoire et sur les disques, entraînant un ralentissement ou un arrêt des activités.

Version (*version*) Numéro qui accompagne le nom d'un logiciel et qui indique son niveau de mise à jour. Il peut y avoir plusieurs éditions d'une même version d'un logiciel.

Virus informatique (*computer virus*) Instructions parasites pouvant contaminer le disque dur et les bases de données en s'y insérant, provoquant ainsi des dommages graves (la destruction partielle ou totale des données du système) ou bénins (simple affichage de messages inopportuns).

Visual BASIC (**VB**) et **Visual C++** Versions avancées des langages BASIC et C++ destinées à faciliter la programmation de logiciels pour l'environnement Windows.

VLSI (*Very Large Scale Integration*) Voir Circuit intégré à très grande échelle.

Vol d'identité (*identity theft*) Usurpation de l'identité d'une victime potentielle en vue de la frauder.

WAIS (*WAIS*) Service Internet complémentaire au Gopher à l'origine des moteurs de recherche d'Internet.

Web (*Web*) Ensemble des documents qui sont reliés les uns aux autres au moyen de tous les liens hypertextes et hypermédias, d'où son nom de « toile mondiale » (WorId Wide Web).

Webcam (*Webcam*) Caméra numérique qui se branche directement sur l'ordinateur et permet de diffuser des images en ligne par Internet.

WiFi (*wireless fidelity*) Norme de réseau sans fil qui utilise des bornes d'accès et une bande de fréquences située autour de 2,4 GHz.

Windows Système d'exploitation mis au point par la société Microsoft pour les ordinateurs IBM et ceux qui leur sont compatibles. On note une version domestique (85/98/Me/ XP Edition Familiale) et une version réseau (NT/2000/XP Pro).

World Wide Web Voir Web.

WXGA (*Wide eXtended Graphics Array*) Norme d'affichage de 1366 × 768 pixels destinée aux écrans dont le rapport largeur-hauteur est de 16:9.

XGA (*eXtended Graphics Array*) Norme d'affichage de 1024 sur 768 pixels pour une palette de 256 à 16 millions de couleurs, optimale pour les écrans de 17 po et de 19 po.

Accelerated graphics port Port AGP
Access arm Bras d'accès
Access key Clé d'accès
Access time Temps d'accès
Access type Type d'accès
Acoustic coupler Coupleur acoustique
Ada Ada
Address Adresse
ADSL modem Modem ADSL
AGP bus line Bus AGP
Algorithm Algorithme
Alignment Alignement
All-in-one Tout-en-un
All-in-one-machine Imprimante multifunction *ou* appareil multifonction *ou* tout-en-un
Ambiguity Ambiguïté
Analog signal Signal analogique
Analytical graphic Graphique analytique
Anti-spyware Anti-espiogiciel
Antivirus program Programme antivirus
Applet Applet
Applications generator Générateur d'applications *ou* générateur automatique de programmes (GAP)
Application software Logiciel d'application
Archive file Fichier historique
Arithmetic registers Registres arithmétiques
Arithmetic-logic unit (ALU) Unité arithmétique et logique (UAL)
Artificial Intelligence (AI) Intelligence artificielle (IA)
ASCII (*American Standard Code for Information Interchange*) Code ASCII
Assembler Assembleur
Assembly language Langage d'assemblage
Asynchronous communications port Porte de communication asynchrone
Asynchronous transmission Transmission asynchrone
Backbone Dorsale
Backup *Sauvegarde ou* copie de sauvegarde
Bandwidth Largeur de bande
Bar code Code à barres
Bar-code reader Lecteur de code à barres
BASIC (*Beginner's All-Purpose Symbolic Instruction Code*) BASIC

Batch processing Traitement différé
Baud Baud
Binary system Système binaire
Biometrics Biométrie
Bit Bit (contraction de l'anglais *Binary digit*)
Bitmap image Image en mode point
Block Bloc
Bootstrap loader Programme d'amorce
bpi bpi (abréviation de l'anglais *bit per inch*)
bps bps (abréviation de l'anglais *bit per second*)
Bridge Pont
Broadband Bande large
Browser Navigateur *ou* fureteur
Browsing Navigation
Bug Bogue
Bulletin Board Service (**BBS**) Babillard électronique
Bus line Bus
Bus network Réseau en ligne
Byte Octet
C programming language Langage de programmation C
Cable modem Modem câble
Cache memory Antémémoire
CAD-CAM Conception et fabrication assistées par ordinateur (CFAO *ou* CAO/FAO)
Carpal tunnel syndrome Syndrome du canal carpien
Cartridge drive Lecteur de cartouche
Cathode-ray tube (CRT) Tube à rayons cathodiques (TRC)
CD-R CD-R
CD-RW CD réinscriptible
CD-ROM Cédérom
Cell Cellule
Cell address Adresse de cellule
Cell pointer Pointeur de cellule
Central processing unit (CPU) Unité centrale de traitement (UCT)
Chain printer Imprimante à chaîne
Channel Canal
Character Caractère
Character recognition software Logiciel de reconnaissance de caractères
Character-based interface Interface en mode texte

Chat groups Clavardage électronique

Chatroom Clavardoir

Checklist Liste de contrôle (aide-mémoire)

Child node Nœud fils

Chip Puce (microplaquette ou pastille)

Chipset *chipset*

Client Client

Client/server system Système client-serveur

Clipboard Presse-papiers

Clock frequency Fréquence d'horloge

Closed architecture Architecture fermée

Closed loop Boucle infinie

CMOS memory Mémoire CMOS

Coaxial cable Câble coaxial

COBOL (*COmmon Business-Oriented Language*) COBOL

Coding Codage

Communication board Carte de communication *ou* carte réseau

Communications system Système de communication

Company database Base de données centralisée

Compatibility Compatibilité

Compiler Compilateur

Computer Ordinateur

Computer competency Savoir-faire informatique

Computer crime Délit informatique

Computer graphics Infographie

Computer network Réseau informatique

Computer science Informatique

Computer system Système informatique

Computer virus Virus informatique

Computer worm Ver *ou* bactérie

Computer-Aided Design (CAD) Conception assistée par ordinateur (CAO)

Computer-Aided Design and Manufacturing (CAD-CAM) Conception et fabrication assistées par ordinateur (CFAO *ou* CAO/FAO)

Computer-Aided Manufacturing (CAM) Fabrication assistée par ordinateur (FAO)

Computer-Aided Software Engineering (CASE) Tool Outil de génie logiciel assisté par ordinateur (GLAO)

Computer-Assisted Software Engineering Atelier de génie logiciel (AGL)

Computer-based information system Système d'information

Concatenation Concaténation

Connectivity Connectivité

Control unit Unité de commande et de contrôle (UCC)

Controller Contrôleur

Cracker Braqueur *ou* pirate informatique

Crash Gel *ou* plantage

Current overload Surcharge de courant

Cursor Curseur

Cursor control keys Touches de déplacement

Custom-made software *ou* **custom program** Logiciel fait sur mesure

Cyberspace Cyberespace

Cylinder cylindre

Cylinder method Adressage par cylindre

Daisy wheel printer Imprimante à marguerite

Data Données

Data communications system Système de communication

Data compression and decompression Compression et décompression de données

Data dictionary Dictionnaire de données

Data Name Server (DNS) Serveur de noms

Data packet Paquet

Data security Sécurité des données

Data transfer time Temps de transfert

Data vaulting Télésauvegarde

Database Base de données

Database administrator Administrateur de bases de données

Database management system (DBMS) Système de gestion de bases de données (SGBD) *ou* gestionnaire de bases de données

Debugging Débogage *ou* déverminage

Declaration Énoncé déclaratif

Decision Support System (DSS) Système d'aide à la décision

Decision table Grille de décision

Demand report Rapport *ad hoc*

Demoware Logiciel démo

Demodulation Démodulation

Desktop computer Ordinateur de table

Desktop publishing Publication assistée par ordinateur (PAO) *ou* édition électronique *ou* éditique

Diagnostic procedures Procédures de diagnostic

Digital Audiotape Drive (DAT) Enregistreur de cartouche

Digital camera Appareil photo numérique

Digital modem Modem numérique

Digital signal Signal numérique

Digitizer Numériseur

Digitizing tablet Tablette de numérisation

Direct access Accès direct

Direct access storage Stockage *ou* mémoire à accès direct

Direct approach Approche directe

Direct entry Entrée directe

Direct file organization Fichier à accès direct

Direct-connect modem Modem à connexion directe

Direct-image plotter *ou* **direct imaging plotter** Traceur thermique

Directional arrow keys Touches de déplacement du curseur

Disk address Adresse physique

Disk caching Mise en antémémoire

Disk drive Unité de disque

Disk pack Chargeur de disques

Diskette Disquette

Distributed computing Traitement distribué *ou* réparti

Distributed Data Processing (DDP) System Système de traitement réparti

Distributed database Base de données répartie

Distributed network Réseau réparti

DO… UNTIL… and DO… WHILE… structures Structures BOUCLER… TANT QUE… et BOUCLER… TANT QUE…

Documentation Documentation

Domain name Nom de domaine

Dot-matrix printer Imprimante matricielle *ou* à aiguilles

Dot pitch Pas de masque

Downloading Téléchargement

Downsizing Migration

Draft-quality printer Imprimante rapide à impression de qualité «listage» ou de qualité «brouillon»

Driver Pilote

Drum plotter Traceur à tambour

Dumb terminal Terminal simple (littéralement «non intelligent»)

DVD DVD

EBCDIC (*Extended Binary Coded Decimal Interchange Code*) Code EBCDIC

E-commerce Commerce électronique

EL display *ou* **Electro luminescent display** Moniteur à affichage électroluminescent

Electronic bulletin board Babillard électronique

Electronic mail *ou* **e-mail** Courrier électronique

Electronic spreadsheet Tableur *ou* chiffrier électronique

Electronic storage Mémoire électronique

Electrostatic plotter Traceur électrostatique

E-mail Courrier électronique *ou* courriel

E-mail address Adresse électronique

E-money Argent électronique

Encryption Cryptage

End user Utilisateur

Enter key Touche [ENTRÉE]

EPROM (*Erasable Programmable Read-Only Memory*) EPROM

Ergonomics Ergonomie

Ethics Éthique

Event programming Programmation événementielle

Exception report Rapport de cas

Execution time *ou* **e-time** Durée d'exécution

Executive Information System (EIS) Système d'information de haute direction

Expansion board Carte d'extension

Expansion slot Fente d'extension

Expert system Système expert

External clock Horloge externe

External modem Modem externe ou non intégré

Extranet Extranet

Facsimile transmission machine *ou* **Fax machine** Télécopieur

Fax-modem Fax-modem

Fiber-optic cable Câble de fibre optique

Field Champ

File Fichier

File format Format de fichier

File server Serveur de fichiers

FireWire port Port Firewire

Flash memory Mémoire flash

Flatbed plotter Table traçante

Flat-panel display Écran plat

Flexible-disk drive Unité de disquette

Floating point Flop, mégaflop et gigaflop

Floppy disk Disquette

Flowchart Organigramme

Folder Dossier

Formatting Formatage

FORTRAN (*FORmula TRANslation*) FORTRAN

Freeware Gratuiciel

Front-end processor Processeur frontal

FTP (*File Transfer Protocol*) FTP

FTP site Site FTP

Function keys Touches de fonction

Gantt chart Diagramme de Gantt

Gas-plasma display Écran à affichage au plasma

GB *ou* **G-Byte** (*gigabyte*) Go (gigaoctet)

Generations of programming languages Générations de langages de programmation

Gigabyte (**GB** *ou* **G-Byte**) Gigaoctet (Go)

Gopher Gopher

Graphic monitor Moniteur graphique

Graphical User Interface (**GUI**) Interface graphique

Green PC Ordinateur écologique

Grid chart Grille d'entrée-sortie

Groupware Logiciel de groupes de travail

Hacker Fouineur

Hard copy Imprimé

Hard disk Disque dur

Hard-disk cartridge Cartouche de disque

Hard-disk drive Lecteur de disque rigide

Hard-disk pack Chargeur de disques

Hard-sectored diskette Disquette à sectorisation matérielle ou fixe

Hardware Matériel

Hashing Hachage

Head crash Écrasement des têtes de lecture/écriture

Head switching Commutation des têtes

Help command *ou* **help screen** Commande AIDE *ou* écran d'aide

Hierarchical database Base de données hiérarchique

High-level language Langage de haut niveau

Highlighting Surbrillance

Home network Réseau domestique

Home page Page d'accueil *ou* page de démarrage

Host computer Système hôte *ou* ordinateur hôte

Hotspot Borne d'accès

HTML (*HyperText Markup Language*) HTML

HTML document Document HTML

HTML tag Balise HTML

HTTP (*HyperText Transfer Protocol*) HTTP

HTTPS (*HyperText Transfer Protocol Secure*) HTTPS

Hub Concentrateur

Hybrid network Réseau maillé

Hypermedia Hypermédia

Hypermedia link Lien hypermédia

Hypertext Hypertexte

Hypertext link Lien hypertexte

Hypertext software Logiciel hypertexte

Hyperthreading *Hyperthreading*

Icon Icône

Identity theft Vol *ou* usurpation d'identité

IF... THEN... ELSE... structure Structure SI... ALORS... SINON...

Image scanner Scanneur

Impact printer Imprimante à impact

Index Index

Index sequential file organization Fichier séquentiel indexé

Individual database Base de données individuelle

Information Information

Information superhighway Autoroute électronique *ou* Inforoute

Information system Système d'information

Ink-jet plotter Traceur à jet d'encre

Ink-jet printer Imprimante à jet d'encre

Input device Périphérique d'entrée

Input/output bus Bus d'entrée/sortie

Insertion point Point d'insertion

Installation Installation

Instant messaging Messagerie instantanée

Instruction Énoncé exécutable

Instruction counter Compteur ordinal

Instruction register Registre d'instruction

Instruction time *ou* **i-time** Temps d'exécution d'une instruction

Integrated circuit Circuit intégré

Integrated package Logiciel intégré

Intelligent terminal Terminal intelligent

Interactive Interactif

InterBlock Gap (**IBG**) Espace interbloc

Internal hard disk Disque rigide interne

Internal modem Modem interne

International network Réseau international

Internaut Internaute

Internet Internet

Internet address Adresse Internet

Internet name Nom Internet

Internet number Numéro Internet

Internet service Service Internet

Internet Service Provider (**ISP**) Fournisseur de services Internet (FSI)

Internet terminal Terminal Internet

Interpreter Interprète

Intranet Intranet

ISA bus Bus ISA

ISP (*Internet Service Provider*) Fournisseur de services Internet (FSI)

Jacket Jaquette *ou* pochette

Junk e-mail Pourriel

KB *ou* **K-byte** (*kilobyte*) Ko (kilo-octet)

Keyboard Clavier

Keyboard entry Entrée manuelle

Kilobyte (KB *ou* **K-byte)** Kilo-octet (ko)

Knowledge base Base de connaissances

Knowledge-based system Système de gestion de bases de connaissances *ou* système expert

Language translator Traducteur

Laptop computer Ordinateur portatif

Laser printer Imprimante à laser

LCD (Liquid Crystal Display) ACL (affichage à cristaux liquides)

Letter-quality printer Imprimante de qualité «courrier»

Light pen Photostyle

Linux Linux

Liquid-Crystal Display (LCD) Affichage à cristaux liquides (ACL)

Local Area Network (LAN) Réseau local

Local bus Bus local

Logic error Erreur de logique

Logic structure Structure logique de programmation

Logical record Enregistrement logique

Login *ou* **login name** Code d'accès *ou* code d'usager

Loop Boucle

Loop structure Structure itérative

Low-level language Langage de bas niveau

Machine cycle Cycle de traitement

Machine language Langage machine

Magnetic tape Bande magnétique

Magnetic tape drive *ou* **magnetic tape unit** Dérouleur de bande magnétique

Magnetic-Ink Character Recognition (MICR) Reconnaissance magnétique des caractères

Mail-merge feature Courrier informatisé

Mainframe computer Ordinateur central

Mainframe operating system Système d'exploitation pour ordinateur central

Management Information System (MIS) Système intégré de gestion (SIG)

Mass storage device Mémoire de masse

Massively parallel processing Traitement parallèle lourd

Master file Fichier maître

MB *ou* **M-Byte** (*megabyte*) Mo (mégaoctet)

Medium band Bande moyenne

Megabyte (MB *ou* **M-byte)** Mégaoctet (Mo)

Megahertz (MHz) Mégahertz (MHz)

Memory address Adresse d'une case mémoire

Memory card Carte de mémoire

Memory-resident program Programme résident

Menu Menu

Meta search engine Métamoteur de recherche

Metropolitan Area Network (MAN) Réseau métropolitain

Microcomputer Micro-ordinateur

Microcomputer operating system Système d'exploitation pour micro-ordinateur

Microprocessor Microprocesseur

Microsecond Microseconde

Microwave Micro-onde

Mid-band Bande moyenne

Millisecond Milliseconde

Minicomputer Mini-ordinateur

Modem Modem (acronyme de *MOdulateur-DÉModulateur*)

Modulation Modulation

Monitor Moniteur

Motherboard Carte maîtresse

Mouse Souris

MS-DOS (*Microsoft Disk Operating System***)** MS-DOS

Multifunction board Carte d'extension multifonctionnelle *ou* carte multifonction

Multifonction machine Imprimante multifonction

Multimedia Multimédia

Multiprocessing Multitraitement

Multiprogramming Multiprogrammation

Multitasking Multitâche

Multitasking software Logiciel multitâche

Multi-user Multiusager

Multiwindowing Multifenêtre

Nanosecond Nanoseconde

Natural languages Langues (*ou* langages) naturelles

NDIS modem Modem RNIS

Netware topology Topologie réseau

Network database Base de données en réseau

Network gateway Passerelle

Neural network Réseau neuronique

Newsgroups Groupes de discussion

Node Nœud

Non-impact printer Imprimante sans impact

Non-volatile storage Mémoire rémanente

Notebook Bloc-notes

Notebook personal computer Ordinateur bloc-notes

Numeric keypad Pavé numérique

Object program Programme objet

Object-oriented programming (OOP) Programmation orientée objet (POO)

OLED (*Organic Light-Emitting Diode*) display Écran à diodes électroluminescentes organiques

Open architecture Architecture ouverte

Open source software Logiciel libre

Operating system Système d'exploitation

Optical disk Disque optique

Optical-character recognition (OCR) Reconnaissance magnétique de caractères (RMC)

Optical-mark recognition (OMR) Lecture optique de marques (LOM)

Optical reader Lecteur optique

Organization chart Organigramme hiérarchique

Output device Périphérique de sortie

P2P (*Peer-to-Peer*) Système d'égal à égal *ou* poste à poste

Packaged software Progiciel

Page printer Imprimante page par page

Parallel approach Approche parallèle

Parallel data transmission Transmission en parallèle

Parallel port Port parallèle

Parent node Nœud père

Parity bit Bit de parité

Pascal Pascal

Password Mot de passe

PC/TV card Carte PC/TV

PCI bus line Bus PCI

Peak data-transfer rate Taux de transfert

Peer-to-peer system (P2P) Système d'égal à égal *ou* poste à poste

Pen Plotter Traceur à plume

Periodic report Rapport périodique

Personal computer Ordinateur personnel

Personal Information Manager (PIM) Gestionnaire d'information personnel (GIP)

Personal organiser Organisateur personnel

PERT (*Program Evaluation Review Technique*) Chart Schéma PERT

Phased approach Approche graduelle

Phishing Hameçonnage

Physical address Clé physique

Physical medium Support physique

Physical record Enregistrement physique

Physical security Sécurité physique

Picosecond Picoseconde

Pipeline Pipeline

Pixel Pixel

Peer-to-peer system (P2P) Système d'égal à égal *ou* poste à poste

Plasma Plasma

Platform scanner Scanneur de table *ou* lecteur de table

Plotter Traceur *ou* table traçante

Plug and play (PnP) Prêt-à-l'emploi, prêt-à-tourner, *Plug and play (PnP)*

Plug-in board Carte enfichable

Point-of-sale terminal *ou* POS terminal Terminal de point de vente

Pointer Pointeur

Pointing device Appareil *ou* périphérique de pointage

Pointing stick Bouton de pointage *ou* ergot de pointage

Polling Technique d'appel *ou* interrogation

Pop-up menu Menu contextuel

Port Port de communication *ou* port d'accès

Portable computer Ordinateur portable ou portable

Portable programming language Langage de programmation transportable

Portal Portail

Power typing Saisie au kilomètre

PPP (Point to Point Protocol) PPP

Preliminary investigation Analyse des besoins

Présentation graphics software Logiciel de présentation (PréAO)

Primary storage Mémoire centrale

Printer Imprimante

Privacy Protection de la vie privée

Problem-oriented language Langage spécialisé *ou* langage de très haut niveau

Procedural language Langage procédural

Procedure Procédure

Processor Processeur

Program Programme

Program analysis Analyse de programme

Program code Code du programme

Program counter Compteur ordinal

Program design Conception du programme

Program documentation Documentation du programme

Program flowchart Organigramme de programmation

Program maintenance Entretien du programme

Program specification Analyse de programme

Program test Mise au point d'un programme

Programmer Programmeur

Programming Programmation

Programming language Langage de programmation

Project management software Logiciel de gestion de projet

PROM (Programmable Read-Only Memory) Mémoire morte programmable

Proprietary database Banque d'informations *ou* base de données commerciale

Proprietary software Logiciel propriétaire

Protocol Protocole

Prototype Prototype

Proxy server Serveur *proxy*

Pseudocode Pseudo-code

Pull-down menu Menu déroulant

Query language Langage de requêtes

RAM (Random-Access Memory) Mémoire vive

Reading data Lecture

Read-write head Tête de lecture/écriture

Real time processing Traitement en temps réel

Record Enregistrement

Record key Clé primaire

Recorder Graveur

Redundance Redondance

Redundant Arrays of Inexpensive Disks (RAID) Système de répartition RAID

Refresh rate Fréquence de rafraîchissement

Register Registre

Relational database Base de données relationnelle

Relationship Relation

Relay station Station de relais

Reliability Fiabilité

Removable hard hisk Disque rigide amovible

Resolution Résolution

Return key Touche [RETOUR]

RGB monitor (Red-Green-Blue monitor) Moniteur RVB (moniteur rouge vert bleu)

Ring network Réseau en boucle

RISC (Reduced Instruction Set Computer) RISC

Robot Robot

Robotics Robotique

ROM (Read-Only Memory) Mémoire morte

Rotational delay time Temps d'attente *ou* délai de rotation

Router Routeur

RS-232C connecter Connecteur RS-232

Satellite Satellite

Saving Sauvegarde

Scanner Scanneur

Scanning device Appareil *ou* périphérique de balayage

Screen Écran

Screen resolution Résolution d'écran

Scroll bar Barre de défilement

Scrolling Défilement

Search engine Moteur de recherche

Secondary storage Support de stockage

Sector Secteur

Sector method Stockage par secteur

Seek time Temps de positionnement

Selection structure Structure sélective

Sequence structure Structure séquentielle

Sequential access storage Mémoire à accès séquentiel

Sequential file Fichier séquentiel

Serial data transmission Transmission en série

Serial port Port sériel

Server Serveur

Shared database Base de données centralisée

Shareware Partagiciel

Sharing resources Partage des ressources

shttp shttp

Silicon chip Puce de silicone

Smart terminal Terminal semi-intelligent

Soft copy Visualisation

Soft-sectored diskette Disquette à sectorisation logicielle

Software Logiciel

Software piracy Piratage de logiciel

Sound board Carte de son *ou* carte multimédia

Source document Document de base

Source program Programme source

Spammer Inondeur

Special-purpose keys Touches spécialisées *ou* touches de contrôle

Specialized keys Touches spécialisées

Speech recognition system Système de reconnaissance de mots

Speech-recognition device Appareil *ou* périphérique de reconnaissance de la parole

Spelling-checker program Correcteur orthographique

Spreadsheet Tableur

Spyware Espiogiciel *ou* logiciel espion

Star network Réseau en étoile

Storage Stockage

Storage server Serveur de stockage

Structured programming technique Technique de programmation structurée

Structured walkthrough Revue de projet

Style sheet Feuille de style
Subdomain Sous-domaine
Submenu Sous-menu
Suite Suite logicielle
Supercomputer Super-ordinateur
Supermicro Supermicro
Supermini Supermini
Synchronous transmission Transmission synchrone
Syntax error Erreur de syntaxe
System Système
System administrator Administrateur de système
System analyst Analyste fonctionnel
System board Carte système
System bus Bus frontal *ou* bus système
System cabinet Boîtier système
System clock Horloge interne *ou* horloge du système
System flowchart Organigramme d'analyse
System unit Bloc système
Systems analysis Analyse fonctionnelle
Systems analysis and design Analyse fonctionnelle et organique
Systems design Analyse organique
Systems development Mise au point d'un système
Systems implementation Implantation d'un système
Systems life cycle Cycle de vie d'un système
Systems maintenance Entretien d'un système
Systems software Logiciel de base
Tape cartridge Cartouche
Tape library Bandothèque
TB *ou* **T-byte** (*terabyte*) To (téraoctet)
TCP/IP (*Transmission Control Protocol/ Internet Protocol*) TCP/IP
Technostress Technostress
Telecommunication Télécommunications
Telecommuting Télétravail
Teleconferencing Téléconférence
Telematics Télématique
Telepayment Paiement électronique
Telnet Telnet
Terabyte (**TB** *ou* **T-byte**) Téraoctet (To)
Terminal Terminal
Thermal printer Imprimante thermique
Thesaurus program Dictionnaire de synonymes et d'antonymes
Time-sharing system Système de traitement en temps partagé

Toolbar Barre d'outils *ou* barre de boutons
Top-down program design *ou* **top-down analysis** Analyse progressive
Touchpad Pavé tactile
Touch screen Écran tactile
Touch-tone device Appareil de type «Touch-Tone» (marque déposée de AT&T)
Track Piste
Transaction Transaction
Transaction file Fichier de transactions
Transaction processing system Système de traitement de transactions
Trojan horse Cheval de Troie
Trojan horse program Programme de type «cheval de Troie»
Tuple Nuplet
Twisted pairs Paires torsadées
Typewriter keys Touches alphanumériques
Undo Commande d'annulation
Unicode Unicode
Uninstall program Programme de désinstallation
UNIX UNIX
Uploading Téléchargement
URL (*Uniform Resource Locator*) URL
USB memory Mémoire USB
User friendly Convivialité
User interface Interface utilisateur
Utility program Programme utilitaire
Vector image Image en mode vectoriel
Version Version
Video board Carte graphique *ou* carte vidéo
Video-Display Terminal (**VDT**) Terminal à écran de visualisation
Viewing angle Angle de vision
Virtual memory Mémoire virtuelle
Virtual reality Réalité virtuelle
VLSI (*Very Large Scale Integration*) Circuit intégré à très large échelle
Voice band Bande vocale
Voice-input device *ou* **voice-recognition system** Appareil *ou* périphérique d'entrée vocale *ou* système de reconnaissance vocale
Voice-messaging system Système de messagerie vocale
Voice-output device Appareil *ou* périphérique de sortie vocale
Volatile storage Mémoire non rémanente
Voltage spike protector Protecteur de surcharge
WAIS WAIS
Wand reader Scanneur manuel

Lexique

Web Web
Web authoring program Éditeur de pages Web
Web page Page Web
Web server Serveur Web
Web site Site Web
Webcam Webcam
Wide Area Network (WAN) Réseau étendu *ou* réseau réparti
Wireless fidelity (WiFi) Norme WiFi
Window Fenêtre
Windowing software Logiciel multifenêtre
Wireless Sans fil
Wireless modem Modem sans fil
Word Longueur de mot (machine)
Word processing Traitement de texte

Word recognition system Système de reconnaissance de mots
Word wrap Retour à la ligne automatique, saisie au kilomètre
Workstation Poste de travail *ou* station de travail
Worm (bacteria) Ver (bactérie)
WORM (*Write Once, Read Many*) Disque WORM *ou* disque optique non effaçable
Write-enable ring Bague d'autorisation d'écriture
Write-protect notch Obturateur d'interdiction d'écriture
WXGA (*Wide eXtended Graphics Array*) Norme WXGA
WYSIWYG (*What You See Is What You Get*) Tel écran, tel écrit

Index

Index

Sources des photographies

Figure 1.2 :   Imprimé avec la permission de Microsoft Corporation
Figure 1.5 :   Photo : D. Page
Figure 1.8 :   Royalty-Free/Istockphoto
Figure 1.9 :   Royalty-Free/Istockphoto
Figure 1.11 : Bettmann/Corbis
Figure 1.14 : Bettmann/Corbis
Figure 1.15 : Bettmann/Corbis
Figure 1.16 : Royalty-Free/Istockphoto
Figure 1.17 : Royalty-Free/Istockphoto
Figure 1.20 : Volker Steger/SPL/Publiphoto
Figure 1.22 : AP Photo
Figure 2.5 :   Cette image est une gracieuseté de Silicon Graphics Inc.
Figure 2.6 :   Cette image de PC IBM a été reproduite avec la permission d'IBM Canada Ltd., copyright 2005.
Figure 2.8 :   Cette image de PC IBM a été reproduite avec la permission d'IBM Canada Ltd., copyright 2005.
Figure 2.9 :   Cette image est une gracieuseté de Sun Microsystems.
Figure 2.10 : Sony Electronics Inc.
Figure 2.11 : Gracieuseté de PalmOne Inc.
Figure 2.12 : Wacom Technology Corporation
Figure 3.14 : Photo : Richard Labelle
Figure 3.20 : Roger Ressmayer/Corbis
Figure 3.21 : Rodney White/AP Wide World
Figure 4.11 : Source : www.voir.ca/martineau sur le site voir.ca du journal *Voir.*
Figure 4.21 : Royalty-Free/Istockphoto
Figure 5.3 :   Gracieuseté de PalmOne Inc.
Figure 5.6 :   Réalisation : Alexis/Sukria.net
Figure 5.8 :   Réalisation : Pinguinéo
Figure 6.2 :   Roger DuBuisson/Corbis
Figure 6.5 :   Gracieuseté d'Intel
Figure 6.10 : Photo : L. Besner/Point Virgule
Figure 7.2 :   Amy Petra/PhotoEdit
Figure 7.3 :   Gracieuseté de Man & Machine, Inc.
Figure 7.4 :   Gracieuseté de Microsoft Corporation
Figure 7.6 :   Wacom Technology Corporation
Figure 7.7 :   Gracieuseté de Logitech
Figure 7.8 :   À gauche : David Young Wolff/PhotoEdit
               À droite : Christina Charisius/Reuters NewMedia/Corbis
Figure 7.12 : Gracieuseté d'Olympus America
Figure 7.14 : Gracieuseté d'IBM Corporation
Figure 7.15 : Mycom PCWeb
Figure 7.16 : Gracieuseté de Universal Display Corporation
Figure 7.18 : Gracieuseté de Canon USA